Developments in Heat Transfer

연료전지에서의 수송현상

박한용 · 황영진 · 정건용 공역

Transport Phenomena in Fuel Cells

WIT PRESS

Editors : B.Sunden and M.Faghri

서울산업대학교 에너지기술인력양성센터
ENERGY TECHNOLOGY EDUCATION CENTER

A-JIN 도서출판 아진

Transport Phenomena in Fuel Cells

Editors : B.Sunden
and M.Faghri

"나의 가는 길은 오직 그가 아시나니 그가 나를 단련하신 후에는
내가 정금같이 나오리라 (욥23 : 10)"

Translation from the English language edition:
Transport Phenomena in Fuel Cells by Editors : B.Sunden and M.Faghri

Translation by Ajin Publishing Company Translated Edition
ISBN : 978-89-5761-255-2
Printed in Korea

머리말

연료전지는 차세대 에너지 시스템과 수송용 차량에서 중요한 역할을 하리라고 기대된다. 그러기 위해서는 제조단가를 감소시키고 성능을 개선하는 데 있어 획기적인 진전이 요구된다. 현재는 고체산화물 연료전지(Solid Oxide Fuel Cell, SOFC), 수소이온교환막 연료전지(Proton Exchange Membrane Fuel Cell, PEMFC), 그리고 직접메탄올 연료전지(Direct Methanol Fuel Cell, DMFC) 등이 주목을 받고 있다.

그러나 아직까지 연료전지와 관련된 열과 물질수송 과정의 많은 부분이 제대로 규명되어 있지 않다. 예를 들면 다상(多相, multi-phase) 유동에 있어서 다차원적(multi-dimensional) 유동과 열전달, 다공질 물질에서의 기체의 다중성분(multi-component) 수송, 열 발생을 포함한 전기화학적 반응 등이 그것이다. 또한 사용되는 연료에 따라 차세대 연료전지의 설계구조를 수정할 필요가 있다. 따라서 마이크로 수준에서의 물질수송 과정 또한 연구할 필요가 있다. 다른 중요한 고려사항으로는 산소공급, 물 관리, 배기가스 열의 회수나 제거를 위한 공기관리 시스템이다.

현재 전 세계적으로 광범위한 연구와 개발이 연료전지 분야에서 이루어지고 있다. 이에 대한 결과는 다양한 전문저널과 학술대회를 통해서 전파되고 있나. 그러나 연료전지에서의 수송현상을 포괄적으로 분석하여 다룬 책이 출판되어 있지 않다.

이 책은 SOFC, PEMFC 및 DMFC에서의 수송과정을 이해하는 데 도움이 되고자 한다. 9 개로 이루어진 각 장(chapter)은 광범위한 주제를 다루고 있으며, 각 분야에서 뛰어난 전문가들이 집필한 것이다.

1 장은 SOFC의 열역학 및 전기화학적 기초를 다루고 있다. 효율, 에너지 분포, 전기화학적 평형, 전압손실, 저항손실 및 물질전달 저항에 의한 손실 등을 설명하고 있다. 또한 SOFC에서 국소 기전력(electromotive force, EMF) 및 전체 기전력을 결정하는 결합된 수송과정에 대한 모델링과 시뮬레이션이 제시된다. 2 장은 평판형 SOFC의 단일셀(single cell)과 스택(stack)을 모델링하기 위한 다양한 수치적 기법을 설명한다. 3 장에서는 간접내부개질을 포함한 관형(管形, tubular) SOFC의 해석을 위한 수치모델이 제시되며, 셀의 최대 온도와 온도구배를 줄이기 위한 연구 결과와 이에 대한 전략이 논의된다. 4 장은 열, 물질전달, 2상(two-phase)수송과 SOFC와 PEMFC에 대한 영향을 수치적으로 분석한다. 5 장에서는 PEMFC 전극에서의 수송현상에 대해 다루고, 전극의 물리적 특성 또한 논의된다. 초점이 되

는 것은 물질의 구동력 및 다양한 유동체제(flow regime)과 함께 다공질 물질에서의 2상 흐름이다. 수학적 모델 또한 제시된다. 6 장은 다양한 설계구조와 운전 파라메터가 연료전지 성능에 미치는 영향을 평가하기 위해 PEMFC를 수학적으로 모델링하고 시뮬레이션한 결과를 보여준다. 3 차원 모델은 설계와 운전의 최적화에 이용될 수 있고, PEMFC 스택과 시스템의 모델링과 이해를 위한 중요한 요소가 된다. 7 장은 간략화된 모델을 얻기 위해 지배적인(governing) 파라메터를 규명함에 있어 스케일링(scaling, 일정한 비율로 크기를 줄이거나 늘이는 것) 영향과 무차원화(nondimensionalization) 및 점근적 기법을 이용하며, 이를 PEMFC와 DMFC에서 실제 적용한 결과를 제시하고 있다. 8장에서는 PEMFC 스택에 대한 수학적 모델을 다룬다. 스택에서의 압력, 연료와 산화물질의 유량에 대한 분포가 수력학적(水力學的, hydraulic) 네트워크 해석에 의해 결정된다. 마지막으로, 9 장은 DMFC 기술의 최근 개발동향에 대해 설명한다. 2상 마이크로 유체역학(microfluidics), 열과 물질수송을 포함하여 중요한 물질수송 현상을 밝히기 위한 실험과 모델링 작업이 제시된다.

모든 장에서는 이해를 쉽게 하기 위해 일관된 단어와 기호를 사용하고 있으며, 이 책은 산업 및 연구 분야의 대학원생과 엔지니어에게 귀중한 지식을 제공할 것이다.

우리는 이 책의 저자들과 교정을 위해 노력한 분들에게 감사를 표한다. 또한 이 책을 출판하는 데 있어서 WIT 출판사의 협조와 인내, 그리고 격려와 도움을 감사하게 생각한다. 또한 우리 편집자들은 재정 지원을 한 스웨덴의 Wenner-Gren 센터 재단에 감사를 표하고자 한다.

B. Sunden, M. Faghri

2005 년

차 례

Chapter1
SOFC에서의 다중 물질수송 1

Chapter 2
평판형 고체산화물 연료전지의 수치 모델 51

Chapter 3
간접 내부 연료개질식 관형 SOFC의 전기화학적 및 열유체 모델링 103

Chapter 4
PEMFC와 SOFC의 열 및 물질전달현상과 모델링 방법들 161

Chapter 5
다공질 가스확산전극에서의 2상 수송 211

Chapter 6
수소이온교환막 연료전지의 시뮬레이션 257

Chapter 8
수력학적 네트워크 방법에 의한 PEMFC 스택의 모델링 339

Chapter 9
직접메탄올 연료전지의 2상 마이크로유체역학, 열과 물질 수송 377

Chapter 1

SOFC에서의 다중 물질수송

P. W Li, L. Schaefer & M. K. Chyu
기계공학과, 피츠버그 대학, 미국

개 요

이 장에서는 고체산화물 연료전지(Solid Oxide Fuel Cell, SOFC)의 기본적인 이론과 실제 운전에 대한 세 가지 중요한 문제를 논의한다. 2 절에서는 연료전지의 열역학적 및 전기화학적 기초를 설명한다. 구체적으로는 연료의 산화를 통해 연료전지의 화학에너지를 직접 전기에너지로 변환할 때 이상적인 효율과 에너지 분포를 다루고 있다. 메탄 및 천연가스가 연료로 사용되는 경우, 내부개질 및 이동반응(shift reaction)을 포함한 SOFC의 화학적 평형에 대한 문제 역시 이 절에서 사세히 다룬다. 실제로 연료전지의 운전 시 발생하는 전압 손실은 3 절에서 다루며, 활성화분극(activation polarization), 저항손실(ohmic loss), 그리고 물질수송저항으로 인한 손실 등이 포함되어 있다. 4 절에서는 연료전지의 성능에 영향을 미치는 결합유동과정(coupled process of flow), 열/물질 전달, 화학반응 및 전기화학적 현상 등이 분석되어 진다. 또한 SOFC에서의 국소 및 전체 기전력(起電力, electromotive force, EMF)을 결정하는 유동장(flow field), 온도 및 물질농도에 대한 모델링과 시뮬레이션이 자세하게 설명되어 있다.

1 서론

연료전지는 연료의 산화반응에 의해 화학에너지를 직접 전기에너지로 변환하는 장치이다. 연료가 연소과정을 통해 산화되면서 열적-기계적-전기적 에너지 변환이 발생하는 기존의 화력발전소와는 근본적으로 나르나. 그러므로 카르노사이클의 효율 한계가 존재하는 열기관과는 달리, 연료전지는 일반적으로 열기관보다 에너지변환 효율이 훨씬 더 높다[1]. 이상적으로 연료전지에서는 연료 산화시의 Gibbs 자유에너지 변화량이 직접 전기에너지로 변환된다[1, 2].

대부분의 연료전지가 모두 그러하듯이, SOFC의 핵심 요소는 그림 1에 나타나 있는 것과 같이 다공질 연료극(anode)과 공기극(cathode) 사이에 삽입된 얇은 전해질층으로써, 이온만을 통과시키고 가스는 통과시키지 않는다.

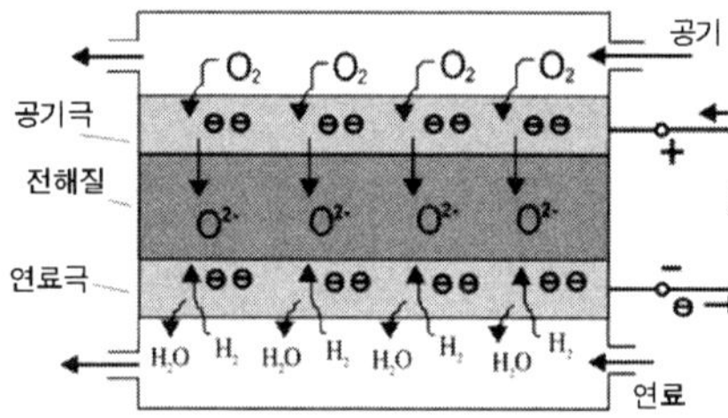

그림 1. SOFC의 동작 원리

SOFC의 전해질은 전하를 수송하는(charge-carrying) 산화물 이온만을 통과시키는 고체산화물이다. 전력을 발생시키기 위해, 연료의 산화로 인해 연료극에서 방출된 자유전자는 외부의 부하 또는 회로를 통해 공기극으로 이동해야 한다. 그러므로 전해질은 이온만을 통과시켜야 하며, 연료극에서 방출된 전자가 같은 길을 따라 음극으로 이동하는 것을 방지해야 한다. 산화물 이온은 전해질 양면 사이의 화학적 전위차(potential difference)에 의해 전해질을 가로질러 이동하게 되며, 이 화학적 전위차는 연료극에서 연료의 산화로 인해 발생한다. 이 화학적 전위차는 전해질 양면 사이의 기전력에 비례하고, 외부 부하 또는 회로에 나타나는 단자전압을 형성한다.

고체산화물 전해질은 높은 온도(600~1000℃)에서만 충분한 이온전도성을 가지고 있다. 또한 SOFC의 높은 운전온도 때문에 값비싼 촉매 없이도 연료극 반응이 빠르게 된다. SOFC 배기가스의 높은 온도는 가스터빈(gas turbine, GT)에 사용될 수 있다. 따라서 SOFC-GT의 복합시스템을 사용하면, SOFC의 저온발열량(low heating value, LHV) - 전기화학적 생성물인 수분이 기체상태라는 것을 의미 - 기준으로 최소한 66.3 %의 효율을 달성할 수 있다[3-6]. SOFC는 연료로부터 만들어진 이온이 아닌 산화물 이온의 수송을 통해 동작하기 때문에, 원칙적으로는 수 많은 가스 상태의 연료를 산화시키는 데 이용될 수 있다. 특히 SOFC는 연료로서 CO와 H_2를 사용할 수 있으므로, CO와 H_2의 혼합가스를 포함하고 있는 개질기 가스를 연료로 사용할 수 있다[7, 8]. 최근에는 암모니아 또한 SOFC의 연료로 사용될 수 있음이 보고된 바 있다[9].

SOFC는 고온에서 동작하기 때문에 에너지변환 효율과 구성요소 안전성이 산업계에서 관심사항이 되고 있다. 2 절에서는 다음 사항에 대해 논의할 것이다.

(1) 에너지변환과 물질 변화의 열역학적 및 전기화학적 기초
(2) 실제 운전 시의 전압 손실
(3) 유체의 유동과 열 및 물질전달이 운전 효율과 안전에 미치는 영향
(4) 성능, 유동장, 온도, 물질농도 등을 시뮬레이션하기 위한 수학적 모델 유도

2 SOFC에 대한 열역학적 및 전기화학적 기초

연료전지에서의 에너지변환 효율과 변환과정의 물질분포를 연구하기 위해서는 기본적인 원리를 이해해야 한다. 전해질 양면 사이의 화학적 전위, 즉 기전력은 열역학, 전기화학, 이온/전자 전도, 그리고 열/물질 전달 등이 상호 관련되어 있다. 이 절에서는 SOFC 시스템에 대한 열역학적 및 전기화학적 기초를 설명한다.

산화물 B에 의한 연료 A의 등온산화(isothermal oxidation)는 다음 식으로 나타낼 수 있다.

$$aA + bB + \cdots \rightarrow xX + yY + \cdots \tag{1}$$

반응에서 엔탈피(enthalpy), Gibbs 자유에너지, 엔트로피(entropy) 생성의 체계적인 변화는 다음과 같은 관계가 있다.

$$\Delta H = T\Delta S + \Delta G \tag{2}$$

SOFC에서 운전온도는 600 ~ 1000 ℃이며 가스의 압력은 상대적으로 높지 않다. 따라서 가스상태의 반응물과 생성물은 이상기체로 생각할 수 있으며, 화학적인 엔탈피 변화는 다음 식으로 나타낼 수 있다.

$$\Delta H = (xh_X + yh_Y + \cdots) - (ah_A + bh_B + \cdots) \tag{3}$$

여기서 h는 비엔탈피(specific enthalpy)이다. 가스가 순수기체이고 이상기체이며 1 atm이라면 표준상태에 있다고 한다. 표준상태는 기호에 윗첨자로 0을 써서 표시한다. 1 몰의 화학물질에 의한 Gibbs 자유에너지를 화학적 전위(chemical potential)라 부른다. 온도 T와 압력 p의 이상기체의 경우 화학적 전위는 다음

식으로 나타내진다.

$$g = g^0 + RT \ln \frac{p}{p^0} \tag{4}$$

여기서 R은 기체상수이며 p^0는 1 atm의 표준압력이다. 때로는 식 (4)의 로그항의 분모에 있는 p^0항을 생략할 수도 있지만, 그 경우 압력 p는 단위가 atm이 되어야 한다. 식 (1)의 Gibbs 자유에너지의 체계적인 변화는 표준상태 Gibbs 자유에너지 및 반응물과 생성물의 분압의 항으로 나타낼 수 있다.

$$\begin{aligned} \triangle G &= (xg_X + yg_Y + \cdots) - (ag_A + bg_B + \cdots) \\ &= [xg_X^0 + g_Y^0 + \cdots] - [ag_A^0 + bg_B^0 + \cdots] + RT\ln\frac{(p_X/p^0)^x (p_Y/p^0)^y \cdots}{(p_A/p^0)^a (p_B/p^0)^b \cdots} \\ &= \triangle G^0 + RT\ln\frac{(p_X/p^0)^x (p_Y/p^0)^y \cdots}{(p_A/p^0)^a (p_B/p^0)^b \cdots} \end{aligned} \tag{5}$$

여기서

$$\triangle G^0 = (xg_X^0 + yg_Y^0 + \cdots) - (ag_A^0 + bg_B^0 + \cdots) \tag{6}$$

여기서 G^0는 온도 T에서 표준반응(즉, 표준 대기압 p^0 = 1 atm에서 각 반응물이 공급되고 각 생성물이 제거되는 반응)의 Gibbs 자유에너지 변화이다.

화학적 전위($\triangle G$)로부터 유도된 이론적인 기전력(EMF)은 Nernst 전위이다.

$$E = \frac{-\Delta G}{n_e F} = \frac{-\Delta G^0}{n_e F} + \frac{RT}{n_e F}\ln\frac{(p_A/p^0)^a (p_B/p^0)^b \cdots}{(p_X/p^0)^x (p_Y/p^0)^y \cdots} \tag{7}$$

여기서 F(= 96486.7 C/mol)는 파라데이(Faraday) 상수이다. 표준반응의 우측 첫 번째 항은 이상전위(ideal potential)라 하며 다음과 같이 나타낸다.

$$E^0 = \frac{-\Delta G^0}{n_e F} \tag{8}$$

여기서 n_e는 연료가 식 (1)의 반응으로 산화될 때 a 개의 연료분자에서 발생하는 전자의 수이다. Gibbs 자유에너지 변화량 $-\triangle G$가 전력으로 변환되는 반면, 엔트로피 생성량 $-T\triangle S$는 연료의 전기화학적 산화로 인해 방출되는 열에너지이다. 이상기체의 경우 h와 g^0는 모두는 오직 온도의 함수로써, SOFC의 반응에 사용되는 가스물질에 대한 표 1(a)와 (b)에 주어져 있다. 위에서 언급한 것처럼 연료전지의 기전력이 화학적 전위로부터 결정될 수 있는 반면, I로 표시되는 연료전지로부터 흘러나오는 전류는 연료와 산화물의 몰 당 소비율에 직접적인 관계가 있으며, 다음 식으로 주어진다.

$$m_{fuel} = \frac{I}{n_e^{fuel}F} \qquad mo_2 = \frac{I}{n_e^{O_2}F} \tag{9}$$

여기서 $n_e^{O_2}$는 산소에 대한 것으로, 전기화학적 반응식(식 (1))으로 얻어진 b 개의 산소분자 당 전자의 수이다. 또 n_e^{fuel}은 a 개의 연료분자 당 얻어진 전자의 수이다.

2.1 수소연료에 의한 운전

SOFC가 수소가스로 동작한다면, 수소의 산화는 연료전지에서 유일한 전기화학적 반응이며, 다음의 화학식으로 나타낼 수 있다.

$$H_2 + \frac{1}{2}O_2 = H_2O(gas) \tag{10}$$

표 1(a). 물질의 엔딜피와 표준상태 Gibbs 자유에너지

화학식 분자	CO 28.01		CO_2 44.01		H_2 2.016	
T (K)	h (kJ/kmol)	g° (kJ/kmol)	h (kJ/kmol)	g° (kJ/kmol)	h (kJ/kmol)	g° (kJ/kmol)
298.15	−110530	−169474	−393510	−457254	0	−38968
300	−110476	−169816	−393441	−457641	53	−39217
320	−109892	−173796	−392687	−461967	630	−41866
340	−109309	−177819	−391916	−466308	1209	−44521
360	−108725	−181877	−391128	−470688	1791	−47241
380	−108141	185927	−390326	−475142	2373	−49953
400	−107555	−190035	−389507	−479627	2959	−52721

420	−106967	−194201	−388675	−484141	3544	−55508
440	−106377	−198337	−387827	−488719	4131	−58305
460	−105887	−202671	−386966	−493318	4715	−61157
480	−105195	−206763	−386094	−497982	5298	−64062
500	−104599	−210999	−385205	−502655	5882	−66968
550	−103102	−221737	−382938	−514498	6760	−74970
600	−101588	−232568	−380603	−526583	8811	−81849
650	−100053	−243573	−378207	−538822	10278	−89432
700	−98507	−254677	−375756	−551316	11749	−97171
750	−96938	−265838	−373250	−564800	13223	−104977
800	−95353	−277193	−370704	−576704	14702	−112898
850	−93749	−288569	−368112	−589622	16186	−121004
900	−92129	−300119	−365480	−602720	17676	−129114
950	−90499	−311659	−362821	−615996	19175	−137290
1000	−88840	−323340	−360113	−629413	20680	−145520
1100	−85495	−346965	−354626	−656576	23719	−162291
1200	−82100	−370940	−349037	−684317	26797	−179363
1300	−78662	−395082	−343362	−712432	29918	−196672
1400	−75187	−419587	−337614	−741094	33082	−214158
1500	−71680	−444280	−331805	−770105	36290	−231910
1600	−68145	−469265	−325941	−799541	39541	−249899
1700	−64585	−494515	−320030	−829350	42835	−268095
1800	−61004	−519824	−314079	−859479	46169	−286471
1900	−57404	−545324	−308091	−889871	49541	−305189

이 전기화학적 반응의 Nernst 전위는 다음과 같이 될 것이다.

$$E_{(H_2+1/2O_2=H_2O)} = \frac{-\Delta G^0_{(H_2+1/2O_2=H_2O)}}{2F} + \frac{RT}{2F}[zn(p_{H_2}/p^0)_{anode}]$$
$$+ \ln\left(p_{O_2}/p^0\right)^{0.5}_{cathod} - \ln\left(p_{H_2O}/p^0\right)_{anode}] \quad (11)$$

온도 T(K)에서의 이상적인 화학적 전위는 편람[11]에 의해 주어진 자료로부터 계산될 수 있다.

표 1(b). 물질의 엔탈피와 표준상태 Gibbs 자유에너지

화학식 분자량	O^2 31.999		H_2O (Gas) 18.015		CH_4 16.043	
T (K)	h (kJ/k mol)	$g°$ (kJ/k mol)	h (kJ/k mol)	$g°$ (kJ/k mol)	h (kJ/k mol)	$g°$ (kJ/k mol)
298.15	0	−61151	−241814	−298105	–	–

300	54	−61536	−241752	−298452	−74448	−130398
320	643	−65661	−241079	−302263	−73718	−134166
340	1234	−69826	−240404	−306126	−72974	−137948
360	1828	−74024	−239726	−309998	−72213	−141801
380	2425	−78325	−239045	−313943	−71432	−145684
400	3025	−82495	−238362	−317882	−70631	−149591
420	3629	−86797	−237675	−321885	−69808	−153598
440	4236	−91112	−236985	−325865	−68962	−157578
460	4847	−95433	−236291	−329947	−68094	−161658
480	5463	−99849	−235592	−334040	−67202	−165698
500	6084	−104266	−234889	−338139	−66287	−169837
550	7653	−115382	−233115	−348890	−63892	−180327
600	9244	−126656	−231313	−359173	−61356	−191016
650	10859	−138056	−229493	−369828	−58671	−201899
700	12499	−149551	−227622	−380712	−55853	−213073
750	14158	−161117	−225732	−391707	−52897	−224347
800	15835	−172885	−223812	−402852	−49818	−235898
850	17531	−184684	−221860	−414130	−46613	−247638
900	19241	−196669	−219876	−425526	−43296	−259566
950	20965	−208745	−217860	−436930	−39866	−271666
1000	22703	−220897	−215814	−448514	−36336	−283936
1100	26212	−245378	−211623	−471993	−28981	−309041
1200	29761	−270239	−207308	−495908	−21274	−334834
1300	33344	−295426	−202872	−520072	−13254	−361264
1400	36957	−320883	−198321	−544681	−4956	−388416
1500	40599	−346551	−193663	−569563	3587	−416113
1600	44266	−372374	−188906	−594826	12347	−444293
1700	47958	−398632	−184056	−620276	21295	−473235
1800	51673	−424967	−179121	−646221	30406	−502574
1900	55413	−451507	−174108	−672288	39658	−532432

표 1(c)는 SOFC에서 일반적으로 사용되는 가스물질에 대한 이상적인 화학적 전위와 엔탈피를 나타내고 있다. 연료극 가스 혼합물에서의 전기화학적 평형을 알고 있다면, 다음 식이 성립한다.

$$\Delta G = -\Delta G^0_{(H_2+1/2O_2=H_2O)} + RT[\ln(pH_2/p^0)_{anode} + \ln(po_2/p^o)^{0.5}_{anode} - \ln(pH_2O/p^0)_{anode}] = 0 \quad (12)$$

표 1(c). 물질의 엔탈피와 표준상태 Gibbs 자유에너지

반 응	$H_2 + 1/2O_2 = H_2O$ (가스)			$CH_4 + H_2O = 3H_2 + CO$		$CO + H_2O = H_2 + CO_2$	
T (K)	ΔH (kJ/mol)	ΔG^0 (kJ/mol)	E_0 (V)	ΔH (kJ/mol)	ΔG^0 (kJ/mol)	ΔH (kJ/mol)	ΔG^0 (kJ/mol)
298.15	−241.814	−228.561	1.184	–	–	–	–
300	−241.832	−228.467	1.184	205.883	141.383	−41.160	−28.590
320	−242.031	−227.567	1.179	206.795	137.035	−41.086	−27.774
340	−242.230	−226.692	1.175	207.696	132.692	−40.994	−26.884
360	−242.431	−225.745	1.170	208.587	128.199	−40.886	−26.054
380	−242.631	−224.828	1.165	209.455	123.841	−40.767	−25.225
400	−242.834	−223.914	1.160	210.315	119.275	−40.631	−24.431
420	−243.034	−222.979	1.155	211.148	114.758	−40.489	−23.563
440	−243.234	−222.004	1.150	211.963	110.191	−40.334	−22.822
460	−243.430	−221.074	1.146	212.643	105.463	−40.073	−21.857
480	−243.622	−220.054	1.140	213.493	100.789	−40.009	−21.241
500	−243.813	−219.038	1.135	214.223	96.073	−39.835	−20.485
550	−243.702	−216.229	1.121	214.185	82.570	−39.961	−18.841
600	−244.746	−213.996	1.109	217.514	72.074	−38.891	−16.691
650	−245.201	−211.368	1.095	218.945	59.858	−38.383	−14.853
700	−245.621	−208.766	1.082	220.215	47.595	−37.878	−13.098
750	−246.034	−206.172	1.068	221.360	35.285	−37.357	−12.232
800	−246.432	−203.512	1.055	222.383	22.863	−36.837	−9.557
850	−246.812	−200.784	1.040	223.282	10.187	−36.317	−7.927
900	−247.173	−198.078	1.026	224.071	−2.369	−35.799	−6.189
950	−247.518	−195.268	1.012	224.752	−14.934	−35.287	−4.697
1000	−247.846	−192.546	0.998	225.350	−27.450	−34.779	−3.079
1100	−248.448	−187.013	0.969	226.266	−52.804	−33.789	0.091
1200	−248.986	−181.426	0.940	226.873	−78.287	−32.832	3.168
1300	−249.462	−175.687	0.910	227.218	−103.762	−31.910	6.050
1400	−249.882	−170.082	0.881	227.336	−128.964	−31.024	9.016
1500	−250.253	−164.378	0.852	227.266	−154.334	−30.172	11.828
1600	−250.580	−158.740	0.823	227.037	−179.843	−29.349	14.651
1700	−250.870	−152.865	0.792	226.681	−205.289	−28.554	17.346
1800	−251.127	−147.267	0.763	226.218	−230.442	−27.785	20.095
1900	−251.356	−141.346	0.732	225.669	−256.171	−27.038	22.552

식 (12)를 식 (11)에 대입하면 식 (10)의 전기화학적 반응에 대한 다른 형태의 Nernst 전위식이 얻어진다.

$$E_{(H_2 + \frac{1}{2}O_2 = H_2O)} = \frac{RT}{2F}[\ln(p_{O_2}/p^0)^{0.5}_{cathode} - \ln(p_{O_2}/p^0)^{0.5}_{anode}] \tag{13}$$

연료극에서의 산소분압은 반응으로 인해 매우 낮으므로(10^{-22} bar 수준) [2], 연료극 유동에서의 다른 주요한 물질의 분압에 큰 영향을 미치지 않는다. 따라서 식 (10)의 전기화학적 반응에 의한 Nernst 전위를 결정하기 위해 수소와 수증기의 분압을 계산할 때, 연료극 유동에서의 산소분압은 무시할 수 있다. 이제부터 식 (1)과 같은 전기화학적 반응의 경우, Nernst 전위를 결정하기 위해 통상 식 (7)을 사용할 것이며, 이 식에는 공기극의 산소분압과 연료극의 연료분압 및 생성물 분압이 사용된다.

식 (10)의 전기화학적 반응에서 수소와 산소의 몰 당 소비율은 다음과 같이 식 (9)로부터 쉽게 구할 수 있다.

$$m_{H_2} = \frac{I}{2F} \quad ; \quad m_{O_2} = \frac{I}{4F} \tag{14}$$

앞서 언급한 대로, 고체산화물 전해질이 충분한 이온전도성을 유지하기 위해서는 SOFC 내부가 고온이 되어야 한다[2, 4]. 이로 인해 메탄과 같은 탄화수소 연료를 개질하기 위한 적절한 환경이 조성된다. 실제로 SOFC는 산화물 이온이 전해질층을 통해 공기극에서 연료극으로 수송되는 원리로 동작하기 때문에, 연료유로에 존재하는 수소와 일산화탄소의 개질 생성물은 모두 연료로서 사용될 수 있다. 이러한 장점 때문에 SOFC는 직접 탄화수소를 연료로 사용할 수 있으며, 또한 최소한 메탄을 예비개질 또는 부분개질시켜 CH_4, CO, CO_2, H_2 및 H_2O 성분이 포함된 가스를 연료로 사용할 수 있다. 따라서 SOFC의 연료유로에서는 개질반응과 이동반응이 발생하고 있다. SOFC가 고온에서 동작한다는 것은 촉매로서 고가의 귀금속이 필요하지 않다는 것을 의미하기 때문에 실제로 연료극은 그러한 화학반응에서 촉매로 작용하는 훌륭한 물질이 된다[12].

만약 연료유로에 CH_4, CO, CO_2, H_2, 그리고 H_2O의 다섯 가지 기스물질이 존재한다면 SOFC는 내부개질반응과 이동반응이 함께 발생되고 있을 것이다. 따라서 물질의 몰분율(연료전지의 기전력에 결정적인 요소이다)을 결정하는 데 있어서 전기화학적 반응 뿐만 아니라 개질 및 이동 화학반응을 고려할 필요가 있다.

$$\text{개질반응 : } CH_4 + H_2O \leftrightarrow CO + 3H_2 \tag{15}$$

$$\text{이동반응 : } CO + H_2O \leftrightarrow CO_2 + H_2 \tag{16}$$

SOFC의 높은 운전온도때문에 연료의 반응이 빠르게 일어나므로, 가스물질의 몰분율을 결정할 때 개질반응 및 이동반응이 화학적인 평형상태에 있다고 가정하는 것이 일반적이며, 이렇게 하면 계산이 크게 간단해 진다. 화학적 평형 개념으로부터 반응물과 생성물은 $\triangle G = 0$의 조건을 만족시켜야 한다. 그러므로 연료유동에 있어서 5 개 가스물질의 몰 분율이나 분압은 다음의 두 식과 같은 관계가 있다.

$$K_{PR} = \frac{\left(\frac{p_{H_2}}{p^0}\right)^3\left(\frac{p_{CO}}{p^0}\right)}{\left(\frac{p_{CH_4}}{p^0}\right)\left(\frac{p_{H_20}}{p^0}\right)} = \exp\left(-\frac{\triangle G^0_{reforming}}{RT}\right) \tag{17}$$

$$K_{PS} = \frac{\left(\frac{p_{CO_2}}{p^0}\right)\left(\frac{p_{H_2}}{p^0}\right)}{\left(\frac{p_{CO}}{p^0}\right)\left(\frac{p_{H_20}}{p^0}\right)} = \exp\left(-\frac{\triangle G^0_{shift}}{RT}\right) \tag{18}$$

지배적인 전기화학적 반응은 H_2의 산화라고 보고된 바 있으며[12], 이는 기전력에 가장 큰 영향을 미친다. 그러나 동시에 CO의 전기화학적 산화 또한 가능하며, SOFC에서 어느 정도는 발생할 것이다. CO와 CO_2의 혼합물을 사용하여 동작하는 연료전지는 H_2보다는 CO의 전기화학적 산화가 더 느리다고 알려져 있다[14]. 그럼에도 불구하고 기전력 식을 구하기 위해서 전기화학적 산화과정이 H_2나 CO를 포함하는지 여부를 구별할 필요성은 없다. 다음의 논의는 이 점을 명백히 할 것이다.

연료극 가스에서 식 (16)의 이동반응이 화학적 평형상태에 있을 때 다음 식이 성립한다.

$$\begin{aligned}\triangle G = &\left[g^0_{CO_2} + RT\ln\left(\frac{p_{CO_2}}{p^0}\right) + g^0_{H_2} + RT\ln\left(\frac{p_{H2}}{p^0}\right)\right] \\ &- \left[g^0_{CO} + RT\ln\left(\frac{p_{CO}}{p^0}\right) + g^0_{H_2O} + RT\ln\left(\frac{p_{H_2O}}{p^0}\right)\right] = 0\end{aligned} \tag{19}$$

이 식을 다시 정리하면 다음과 같다.

$$\begin{aligned}&g^0_{CO_2} + RT\ln\left(\frac{p_{CO_2}}{p^0}\right) - \left[g^0_{CO} + RT\ln\left(\frac{p_{CO}}{p^0}\right)\right] \\ &= g^0_{H_2O} + RT\ln\left(\frac{p_{H_2O}}{p^0}\right) - \left[g^0_{H_2} + RT\ln\left(\frac{p_{H_2}}{p^0}\right)\right]\end{aligned} \tag{20}$$

식 (20)의 양 쪽에서 $\left[(1/2)g^0_{O2} + RT\ln(p_{O_2}/p^0)^{1/2}_{cathode}\right]$의 항을 빼면 다음과 같은 결과가 된다.

$$g^0_{CO_2} - g^0_{CO} - \frac{1}{2}g^0_{O_2} + RT\ln\left(\frac{p_{CO_2}}{p^0}\right) - RT\ln\left(\frac{p_{CO}}{p^0}\right) - RT\ln\left(\frac{p_{O_2}}{p^0}\right)^{\frac{1}{2}}_{cathode} \quad (21)$$
$$= g^o_{H_2O} - g^o_{H_2} - \frac{1}{2}g^o_{O_2} + RT\ln\left(\frac{p_{H_2O}}{p^0}\right)$$
$$- RT\ln\left(\frac{p_{H_2}}{p^0}\right) - RT\ln\left(\frac{p_{O_2}}{p^0}\right)^{\frac{1}{2}}_{cathode}$$

식 (17)의 좌측은 CO, 우측은 H_2의 전기화학적 산화의 Gibbs 자유에너지 변화라는 것을 쉽게 알 수 있다. 양변을 $2F$로 나누면, 식 (17)은 다음과 같이 더욱 간단하게 된다.

$$E_{(H_2 + 1/2O_2 = H_2O)} \quad = \quad E_{(CO + 1/2O_2 = CO_2)} \quad (22)$$

여기서 $E_{(H_2 + 1/2O_2 = H_2O)}$는 식 (11)에 주어져 있으며, CO의 전기화학적 산화에 대한 Nernst 전위는 다음과 같다.

$$E_{(CO + 1/2O_2 = CO_2)} = \frac{-\Delta G^O_{(CO + 1/2O_2 = CO_2)}}{2F} + \frac{RT}{2F}[\ln(p_{CO}/p^0)_{anode} \quad (23)$$
$$+ \ln(p_{O_2}/p^0)^{0.5}_{anode} - \ln(p_{CO_2}/p^0)_{anode}]$$

내부개질 SOFC의 EMF는 H_2의 전기화학적 산화로부터 계산하는 것이 바람직하지만 물질의 소모와 생성은 식 (10), (15), (16)의 반응으로부터 결정된다.

이상의 논의로부터 전기화학적 반응은 수소에 의해 이루어진다고 가정할 수 있고 CO의 전기화학적 연료값은 화학적 평형상태 하에서 이동반응에 의해 수소와 교환된다는 것을 명확하다. 따라서 다음의 분석에서는 오직 H_2만을 전기화학적 연료로 고려하며, CO는 단지 이동반응에 참여한다.

편리를 위해, CH_4와 CO와 H_2의 몰 유량은 각 분자식으로 표시된다. 연료유로에서 식 (15), (16), (10)의 세 반응에서 소비되는 CH_4, CO, H_2의 몰 유량을

$\bar{x}$, $\bar{y}$, $\bar{z}$라 가정하면, 연료유로의 입구 및 출구 사이의 5가지 물질의 변화량은 다음과 같이 서로 연관되어 있다[8, 15].

$$CH_4^{out} = CH_4^{in} - \bar{x} \tag{24}$$

$$CO^{out} = CO^{in} + \bar{x} - \bar{y} \tag{25}$$

$$CO_2^{out} = CO_2^{in} + \bar{y} \tag{26}$$

$$H_2^{out} = H_2^{in} + 3\bar{x} + \bar{y} - \bar{z} \tag{27}$$

$$H_2O^{out} = H_2O^{in} - \bar{x} - \bar{y} + \bar{z} \tag{28}$$

M_f로 표시되는 연료의 전체 몰 유량은 연료유로에서 관심의 대상이 되는 부분의 입구에서 출구까지 다음과 같이 변화한다.

$$M_f^{out} = M_f^{in} + 2\bar{x} \tag{29}$$

한편 몰 분율에 비례하는 물질의 분압은 관심부분의 출구에서 식 (15)와 (16)을 만족시켜야 하므로 다음과 같이 된다.

$$K_{PR} = \frac{\left(\dfrac{CO^{in} + \bar{x} - \bar{y}}{M_f^{in} + 2\bar{x}}\right)\left(\dfrac{H_2^{in} + 3\bar{x} + \bar{y} - \bar{z}}{M_f^{in} + 2\bar{x}}\right)^3\left(\dfrac{p}{p^0}\right)^2}{\left(\dfrac{CH_4^{in} - \bar{x}}{M_f^{in} + 2\bar{x}}\right)\left(\dfrac{H_2O^{in} - \bar{x} - \bar{y} + \bar{z}}{M_f^{in} + 2\bar{x}}\right)} \tag{30}$$

$$K_{PS} = \frac{\left(\dfrac{H_2^{in} + 3\bar{x} + \bar{y} - \bar{z}}{M_f^{in} + 2\bar{x}}\right)\left(\dfrac{CO_2^{in} + \bar{y}}{M_f^{in} + 2\bar{x}}\right)}{\left(\dfrac{CO^{in} + \bar{x} - \bar{y}}{M_f^{in} + 2\bar{x}}\right)\left(\dfrac{H_2O^{in} - \bar{x} - \bar{y} + \bar{z}}{M_f^{in} + 2\bar{x}}\right)} \tag{31}$$

여기서 p는 관심의 대상인 부분에서 연료유동의 전체 압력이다. 앞서 언급한 대로, 전기화학적 반응은 H_2의 산화때문이므로 수소의 소모량은 전해질층을 통과하는 전하의 전달율이나 전류 I와 직접적인 관계가 있다.

$$\bar{z} = I/(2F) \tag{32}$$

전기화학적 반응으로부터, 공기극에서 산소의 몰 소비량은 식 (14)를 이용하여 계산할 수 있다. 식 (30)~(32)에 대한 해를 구하면 물질의 변화량 $\bar{x}$, $\bar{y}$, $\bar{z}$를 구할 수 있다. 마지막으로, 반응한 CH_4와 CO의 몰 수가 결정되면, 개질반응에서 흡수된 열과 이동반응에서 방출된 열을 구할 수 있다.

$$Q^{Reforming} = \Delta H^{Reforming} \cdot \bar{x} \tag{33}$$

$$Q^{Shift} = \Delta H^{Shift} \cdot \bar{y} \tag{34}$$

그렇지만, 식 (30)과 (31)의 해를 구하기 전에 식 (32)에서 연료전지의 전류를 알아야 한다. 이는 SOFC의 반응과정에서 이온전도와 전류 흐름의 상호 의존성은 물론이고 물질의 몰 변화량 및 기전력이 서로 크게 관련되어 있음을 나타낸다. SOFC의 이온전달율이나 전류흐름은 3 절에서 논의될 것이다.

3 전위 손실(Electrical potential losses)

어떠한 연료전지가 실제로 운전되더라도 이상적인 효율은 달성되지 않는다. 사실 연료전지에서는 실제의 출력전위가 전기화학적 반응에 의한 이상적인 기전력보다 더 낮아지는 원인으로 세 가지의 전위강하(potential drop)가 있다. 부하조건에 따른 연료전지 성능은 대표적으로 그림 2와 같은 분극곡선(polarizatim curve)으로 나타낼 수 있다.

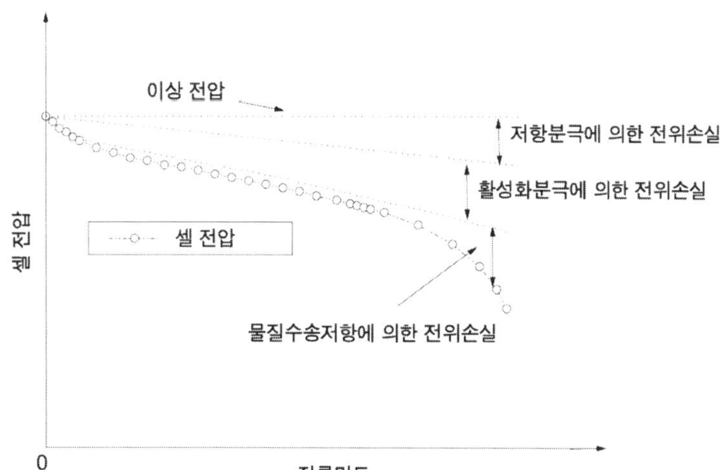

그림 2. 연료전지 운전 시의 과전압(over-potential)

전류밀도가 증가하면, 셀 전위는 서로 다른 주요한 저항으로 인해 3 가지의 전위손실이 발생한다. 활성화저항으로 인한 전위강하는 활성화분극으로써 시스템의 전기화학적 반응과 관련이 있다. 또 다른 전위강하는 이온과 전자가 각각 전해질과 전극에서 이동할 때 연료전지 구성요소의 저항 때문에 발생한다. 연료와 산화물의 유동에서 전류밀도가 커짐에 따라 급격히 증가하는 세 번째 전위강하는 대부분 물질수송저항이나 농도분극에 기인한다. Nernst 방정식을 살펴보면 연료전지의 기전력은 전해질/전극 경계면에서의 온도와 가스물질의 분압의 함수이며, 따라서 그 가스물질들의 몰 분율에 직접 비례한다. 연료유동에서, 연료는 유동의 중심영역으로부터 연료극 표면으로 수송되거나 확산되어야 하며, 또한 전기화학적 반응의 생성물은 역으로 반응장소에서 연료유동의 중심영역으로 수송되거나 확산되어야 한다는 것을 명심해야 한다. 공기극에서는 산소가 공기유동의 중심영역으로부터 공기극 표면으로 수송되고 확산되어야 한다. 연료와 공기의 유동으로 인해 반응물이 소모되고 생성물이 발생하면 반응물의 몰 분율은 감소하고 생성물의 몰 분율은 증가할 것이다. 물질수송과정의 이러한 저항들로 인해 전류밀도가 높아서 연료전지의 전위가 급격히 감소할 때 유동체와 전극표면 사이의 농도구배가 큰 경우에만 반응장소에 반응물을 공급하고 생성물을 제거할 수 있을 것이다.

전술한 모든 전압강하로 인해 시스템의 엔트로피 생성으로 인한 열 $(-T \triangle S)$과 함께 부가적인 열에너지가 방출될 것이다. SOFC의 열전달 문제는 4 절에서 고려될 것이다.

3.1 활성화분극

활성화분극은 연료전지에서 전류와 이온의 흐름에 앞서 극복되어야 할 전자장벽(electronic barrier)이다. 전기화학적 반응을 포함한 화학반응은 에너지 장벽을 가지고 있으며, 이 장벽은 반응하는 물질에 의해 극복되어야 한다. 활성화분극 또한 전극에서의 반응이 적절한 비율로 진행되는 값까지 에너지장벽을 극복하기 위한 부가적인 전위로 볼 수 있다[16-18].

Butler-Volmer 식은 활성화분극 η_{Act}를 잘 나타낸 수식이다.

$$i = i_0 \left\{ \exp\left(\beta \frac{n_e F \eta_{Act}}{RT} \right) - \exp\left[-(1-\beta) \frac{n_e F \eta_{Act}}{RT} \right] \right\} \tag{35}$$

여기서 β는 전달계수(transfer coefficient)로써 연료전지에서는 보통 0.5이며 [16], i는 실제 전류밀도, i_0는 교환전류밀도이다. 전달계수는 반응률 상수를 변화시키는 분극 변화분의 일부로 볼 수 있다. 교환전류밀도 i_0는 평형전위에서 전극의 순반응 및 역반응 비율이다. 교환전류밀도가 크다는 것은 전기화학적 반응률이 높고 연료전지 성능이 우수하다는 것을 의미한다. 식 (35)의 n_e는 각 반응마다 전달된 전자의 수로서, 식 (10)의 반응의 경우 2이다. β = 0.5의 값을 식 (35)에 대입하면 다음과 같은 새로운 식을 얻을 수 있다.

$$i = 2 i_0 \sinh\left(\frac{n_e F \eta_{Act}}{2RT}\right) \tag{36}$$

이 식으로부터 활성화분극은 다음과 같이 나타낼 수 있다.

$$\eta_{Act} = \frac{2RT}{n_e F} sinh^{-1}\left(\frac{i}{2i_o}\right) \quad \text{또는} \quad \eta_{Act} = \frac{2RT}{n_e F} \ln\left[\left(\frac{i}{2i_0}\right) + \sqrt{\left(\frac{i}{2i_o}\right)^2 + 1}\right] \tag{37}$$

활성화분극이 큰 경우, 식 (37)은 다음과 같이 간단하고 잘 알려져 있는 Tafel 식으로 근사화시킬 수 있다[16].

$$\eta_{Act} = \frac{2RT}{n_e F} \ln\left(\frac{i}{i_o}\right) \tag{38}$$

한편 활성화분극이 작으면, 식 (37)은 선형적인 전류–전압 식으로 근사화된다[16].

$$\eta_{Act} = \frac{2RT}{n_e F}\left(\frac{i}{i_o}\right) \tag{39}$$

그러나 정확한 활성화분극을 계산하려면 식 (37)을 사용해야 한다.

연료극과 공기극의 경우 교환전류밀도값(i_0)이 다르고, 또한 전기화학적 반응의 온도와 가스의 분압[18, 19], 전극 재료에 따라서도 다르다. i_0 값을 결정하는 것은 각 문헌에 따라 다르다[16–22]. 어떤 문헌들[18–20]에서는 이 값을 수식화하고 있지만, 수식화에 사용된 몇 가지 파라메터는 제대로 제공하고 있지 않다. 반면에 Chan 등[16]의 연구에서는 i_0에 대한 실험적인 값이 주어져 있는데, SOFC에서 연료극의 i_0값은 5300 A/m^2, 공기극의 i_0값은 2000 A/m^{2}를 사용했다. 그러나 이 값들을 설정하는 방법에 대해서는 설명이 없다[16]. 또한 Keegan 등[17]은 실험데이터를 만족시키는 시뮬레이션 결과를 얻기 위해 i_0값을 조정했다. 그러나 조정된 i_0값의 크기는 제시하지 않았다. 우리 저자들은 연료극과 공기극의 i_0값으로 각각 약간 더 높은 값인 6300 A/m^{2}와 3000 A/m^{2}를 사용하였으며[23, 24], 그 결과 여러 문헌들[25-28]의 실험결과와 시뮬레이션한 연료전지 단자전압이 매우 잘 일치하였다. 그럼에도 불구하고 i_0값은 전기화학적 반응의 온도와 압력에 따라 변화한다. 우리 저자들의 연구[23]에 의하면, 800~1000 ℃의 온도와 15 atm까지의 압력에서 동작하는 SOFC의 경우, 연료극의 i_0값은 5300~6300 A/m^2, 공기극의 i_0값은 2000~3000 A/m^{2}를 사용하기를 권장한다.

3.2 저항손실

저항손실은 전해질층의 이온 전도저항 뿐만 아니라 전극과 전류집전판의 저항 등에 기인한다. 따라서 연료전지 구성요소의 재질 전도도와 전류가 흐르는 통로가 SOFC의 전체 저항에 가장 큰 영향을 미치는 요소이다.

지금까지의 SOFC에서는, 알칼리와 희토류 원소가 적절하게 첨가(doping)된 란탄 망가나이트(lanthanum manganite)가 공기극에 사용되고[20, 27], 이트리아 안정화 지르코니아(yttria stabilized zirconia, YSZ)가 매우 성공적으로 전해질로 사용되어 왔으며, 전해질 위로 니켈/YSZ를 사용하여 연료극이 형성되어 있다.

온도는 SOFC 재질의 전도도에 큰 영향을 미칠 수 있다. 예를 들면, 특히 전해질의 경우, 온도가 600 ℃에서 1000 ℃로 증가하면 저항은 수백 배 더 작아질 수 있다. 문헌에서 제시된 SOFC 구성요소의 저항에 대한 식이 표 2에 정리되어 있다.

표 2. SOFC 구성요소의 저항에 대한 식

	공기극 (Ω·cm)	전해질 (Ω·cm)	연료극 (Ω·cm)	인터커넥터 (Ω·cm)
Bessette *et al.* [29]	$0.008114e^{500/T}$	$0.00294e^{10350/T}$	$0.00298e^{-1392/T}$	–
Ahmed *et al.* [30]	*0.0014	$0.3685 + 0.002838e^{10300/T}$	*0.0186	*0.5
Nagata *et al.* [18]	*0.1	$10.0e^{[10092(1/T-1/1273)]}$	*0.013	*0.5
Ferguson *et al.* [31]	$\frac{T}{4.2\times10^5}e^{1200/T}$	$\frac{1}{3.34\times10^2}e^{10300/T}$	$\frac{T}{9.5\times10^5}e^{1150/T}$	$\frac{T}{9.3\times10^4}e^{1100/T}$

* 온도 1000 ℃의 경우

우리는 표 2의 식에 대해 주의깊게 검사하였다. Bessette 등[29]이 제시한 식이 신뢰성이 있다고 알려졌으며, Ahmed 등[30]과 Nagata 등[18]의 식과 거의 동일한 예측치를 나타내었다. Ferguson 등[31]의 식에 의한 연료극 저항의 예측 데이터는 다른 식에 의한 예측치와 크게 다름을 알 수 있다.

전해질을 통한 전하이송물질의 통과 또는 전해질을 통한 이온전도는 전류의 흐름처럼 전하전달이라고 가정하는 것이 합리적이다. 그림 3과 같은 평판형(planar) SOFC에서 전하가 전해질층을 수직으로 통과한 뒤 마루(rib)라[1] 부르는 유로벽을 통해 전류가 모인다. 평판형 SOFC에서 Iwata 등[19]에 의해 모델링된 전류흐름에 대한 회로망은 집전 통로가 유로벽이 된다. 그러나 가스 유로의 높이와 넓이는 작으며(3 mm 이하), 유로벽을 통한 전기저항은 무시할 수 있다[30]. 이렇게 간략화 하면 전류는 거의 유일하게 수직으로 모아진다고 생각할 수 있으며, 이는 공기극, 전해질, 연료극의 3중층에 수직으로 전류가 흐른다는 것을 의미한다. 따라서 국소 전류밀도를 계산할 때, 저항손실은 다음과 같이 간단히 설명된다[30].

$$I = \triangle A \cdot \frac{\left(E - \eta^a_{Act} - \eta^c_{Act}\right) - V_{cell}}{\left(\delta^a \rho^a_e + \delta^e \rho^e_e + \delta^c \rho^c_e\right)} \tag{40}$$

여기서 $\triangle A$는 공기극/전해질/연료극 3중층의 단위면적이며, 이 부분을 통해 전류 I가 흐른다. δ는 각 층의 두께, ρ_e는 전극과 전해질의 저항률, V_{cell}은 셀의 단자전압, 그리고 우측 항의 분모는 3중층 저항의 합이다. 체적 $\triangle A \times \delta$에서의 전류 흐름에 의한 줄열(Jaule heating)은 다음과 같이 연료극에 대한 식으로 표현된다.

$$Q^a_{Ohmic} = I^2 \cdot \left(\delta^a \rho^a_e / \triangle A\right) \tag{41}$$

또한 두께와 저항을 바꾸면 이 식을 전해질과 공기극에 적용할 수 있다.

1) 공기 및 연료의 유로는 마루와 골로 이루어져 있으며 마루부분을 rib, 골 부분을 land라 한다.(역자주)

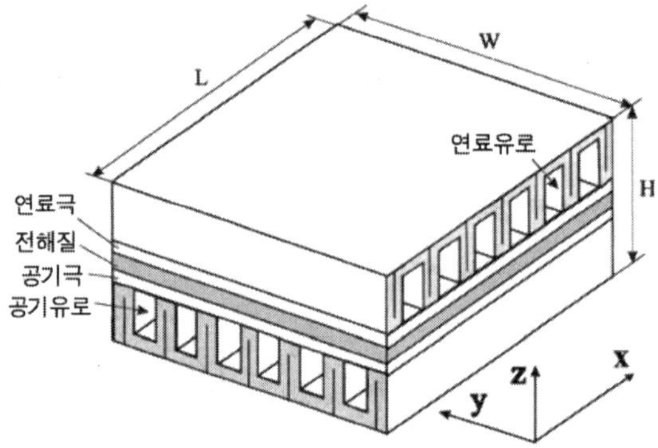

그림 3. 평판형 SOFC의 개략도

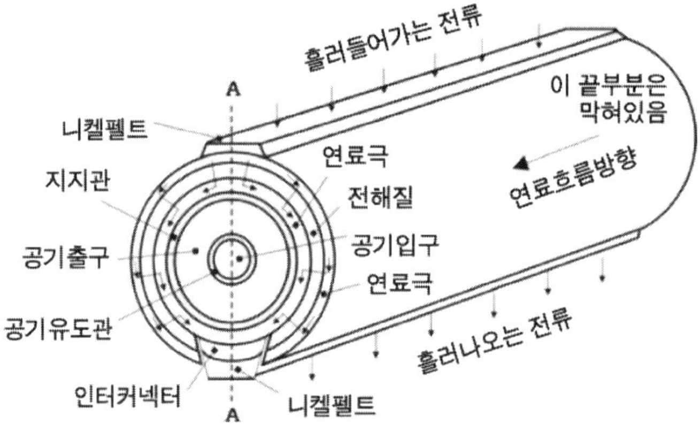

그림 4. 관형 SOFC의 개략도

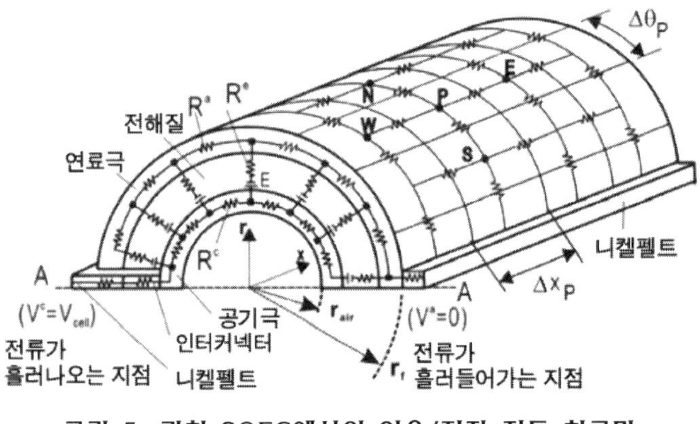

그림 5. 관형 SOFC에서의 이온/전자 전도 회로망

예를 들면 관형 (tubular) SOFC(그림 4)에서처럼 연료전지의 전류통로가 상대적으로 긴 경우 전류가 원주방향을 통해 모이게 되면, 평판형 SOFC에 비해 전류통로가 훨씬 더 길어지게 된다[32]. 원주 통로를 따라 흐르는 전류에 의한 저항손실과 줄 가열(Joule heating)을 설명하기 위해, 그림 5와 같은 전류회로망[23, 25, 33, 34]을 사용할 수 있다.

셀에서 전류회로망은 원주방향으로 대칭이므로, 분석에서 관형 셀의 상반부만을 그물망 형태로 전개시켰다. 전해질을 통한 연료극에서 공기극으로의 국소적인 전류통로는 국소 기전력, 연료극과 공기극에서의 국소 전위, 그리고 전해질층의 이온전도저항 등에 기초하여 결정할 수 있으며, 다음과 같이 된다.

$$I = \frac{E - \eta^a_{Act} - \eta^c_{Act} - (V^c - V^a)}{R^e} \tag{42}$$

여기서 V^a와 V^c는 연료극과 공기극의 전위, R^e는 두께 δ^e와 단위면적 $\triangle A$에 의해 정해지는 전해질층의 이온전도저항이다.

$$R^e = \rho^e_e \cdot \delta^e / \triangle A \tag{43}$$

여기서 ρ^e는 전해질층의 이온저항률(ionic resistivity)이다.

식 (35)를 사용하여 전해질을 가로질러 흐르는 국소 전류를 구하기 위해서는 V^a와 V^c에 대한 추가식이 필요하다. 연료극 회로망의 특정 부분에 키르히호프의 전류법칙을 적용하면, 중심 격자점 P의 전위와 인근의 점(동, 서, 남, 북)의 전위 및 공기극의 대응하는 격자점 P 사이의 관계식은 다음과 같이 구할 수 있다.

$$\left(\frac{V^a_E - V^a_P}{R^a_e} + \frac{V^a_W - V^a_P}{R^a_w}\right) + \left(\frac{V^a_N - V^a_P}{R^a_n} + \frac{V^a_S - V^a_P}{R^a_s}\right) + \left[\frac{V^c_P - V^a_P - \left(E_P - \eta^P_{Act}\right)}{R^e_P}\right] = 0 \tag{44}$$

같은 방식으로 공기극의 격자점 P에 대한 식은 다음과 같다.

$$\left(\frac{V_E^c - V_P^c}{R_e^c} + \frac{V_W^c - V_P^c}{R_w^c}\right) + \left(\frac{V_N^c - V_P^c}{R_n^c} + \frac{V_S^c - V_P^c}{R_s^c}\right) + \left[\frac{V_P^a - V_P^c - \left(E_P - \eta_{Act}^P\right)}{R_P^e}\right] = 0 \tag{45}$$

여기서 R^a와 R^c는 연료극과 공기극의 단위격자 저항으로써 저항률, 전류통로의 길이, 전류가 흐르는 면적 등에 의해 결정된다. η_{Act}^P는 연료극과 공기극을 포함한 전체 활성화분극이다.

공기극과 연료극에서의 단위격자에 대한 모든 식이 주어지면, 식 (37)과 (38)의 쌍을 나타내는 행렬을 만들 수 있다. 그러한 전위 행렬식의 해를 구하기 위해 다음과 같은 근사화가 필요하다.

1. 셀 관의 양쪽 끝면에서는 세로 방향으로 전류가 흐르지 않으므로 세로 방향으로는 절연되어 있다는 조건을 적용할 수 있다.
2. 연료극 또는 공기극이 전류가 흘러나가거나 들어오는 니켈 펠트(felt)와 접촉하지 않는 한, 그림 4와 5처럼 대칭면 A–A에서 연료극과 공기극의 전류는 원주를 따라 흐르지 않는다.
3. 높은 전기전도도 때문에 니켈펠트의 전위는 균일하다고 가정된다.
4. 두 니켈펠트 사이의 전위차가 셀의 단자전압이므로, 연료극과 접촉하고 있는 니켈펠트에서의 전위는 영(zero)이라 가정할 수 있다. 따라서 공기극과 접촉하고 있는 니켈펠트에서의 전위가 연료전지의 단자전압이 될 것이다.

일단 모든 국소 기전력이 얻어지면, 행렬식에서 유일하게 알 수 없는 조건은 셀로부터 흘러나가는 총 전류와 공기극과 접촉하고 있는 니켈펠트에서의 전위이다. 이것은 SOFC의 성능을 예측할 때 사용되는 두 가지 방법을 강조하고 있다. 셀로부터 얻어진 총 전류가 초기조건으로 주어진다면 단자전압을 예측할 수 있다. 반면 단자전압이 주어지면 총 전류, 즉 전체 전해질층을 통과하는 국소 전류의 합을 예측할 수 있다.

일단 전극층에서 전위가 얻어지면, P 부근에 중심이 있는 체적에 대한 체적 줄 가열량은 다음과 같이 될 것이다.

$$\dot{q}_P^a = \frac{1}{2}\left[\frac{(V_E^a - V_P^a)^2}{R_e^a} + \frac{(V_W^a - V_P^a)^2}{R_w^a} + \frac{(V_N^a - V_P^a)^2}{R_n^a} + \frac{(V_S^a - V_P^a)^2}{R_s^a}\right] / \left(\Delta x_P \cdot r^a \cdot \Delta\theta_P \cdot \delta^a\right) \tag{46}$$

$$\dot{q}_P^c = \frac{1}{2}\left[\frac{(V_E^c - V_P^c)^2}{R_e^c} + \frac{(V_W^c - V_P^c)^2}{R_w^c} + \frac{(V_N^c - V_P^c)^2}{R_n^c} + \frac{(V_S^c - V_P^c)^2}{R_s^c}\right] / \left(\Delta x_P \cdot r^c \cdot \Delta\theta_P \cdot \delta^c\right) \tag{47}$$

$$\dot{q}_P^e = \left[\frac{(E_p - \eta_{Act}^P - V_P^c - V_P^a)^2}{R_P^e}\right] / \left(\Delta x_P \cdot r^e \cdot \Delta\theta_P \cdot \delta^e\right) \tag{48}$$

여기서 위첨자 a, c, e가 표시된 r과 δ는 각각 연료극, 공기극, 전해질에 대한 평균 반경과 두께를 나타낸다. 그림 5에 나타나 있는 것처럼 Δx_P와 $\Delta\theta_P$는 P를 중심으로 한 축방향과 원주방향의 격자의 크기이다. 연료극과 공기극에서의 활성화분극으로부터 발생된 체적열량은 다음과 같다.

$$\dot{q}_{Act}^{P,a} = I_P \cdot \eta_{Act}^{P,a} / (\Delta x_P \cdot r^a \cdot \Delta\theta_P \cdot \delta^a) \tag{49}$$

$$\dot{q}_{Act}^{P,a} = I_P \cdot \eta_{Act}^{P,a} / (\Delta x_P \cdot r^c \cdot \Delta\theta_P \cdot \delta^a) \tag{50}$$

P 주위 영역의 연료극/전해질 경계면에 발생하는 열역학적인 열 발생량은 다음과 같다.

$$Q_P^R = (\Delta H - \Delta G) \cdot I_P / (2F) \tag{51}$$

3.3 물질수송과 농도 분극

연료와 공기 유동에 있어서 반응물과 산화제는 점차적으로 소모되어 줄어들며, 따라서 기전력도 점점 감소될 것이다. 반면에 물질수송저항으로 인해 가스물질의 농도는 유동의 중심영역과 전극표면 사이에서 달라지므로, 전극표면에서 반응물의 분압이 낮아지고 생성물의 분압은 높아질 것이다. 따라서 연료전지 단자전압은 Nernst 방정식에 의한 이상적인 값보다 더 낮아질 것이다. 셀의 전류밀도가 높으면, 반응물을 공급하고 생성물을 제기할 필요가 더욱 커시브로 농도분극이 더욱 커지고, 따라서 셀의 출력 전위는 크게 감소할 것이다.

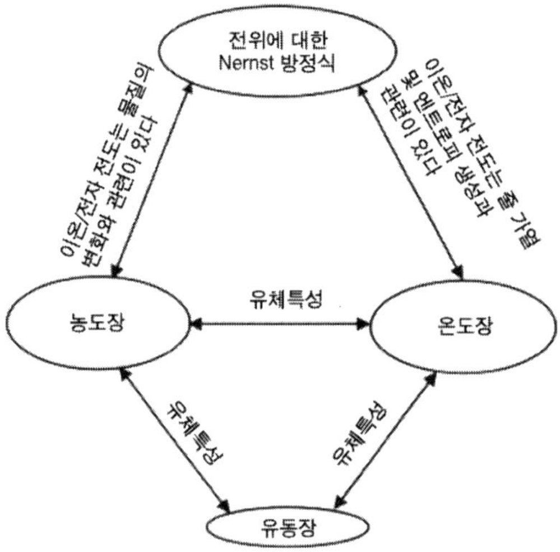

그림 6. 농도분극과 다른 파라메터들 사이의 상호 관계

기전력을 계산할 때 농도분극을 고려하기 위해 전극 표면에서 반응물과 생성물의 국소 분압을 사용한다. 그러나 이것은 연료와 산화제가 존재하는 유로에서 가스물질에 대한 농도장의 해를 필요로 하고, 이 해는 간단히 1 차원적 해석[35-37]에 의해 구할 수도 있고 질량보존 지배방정식[23, 38-40]에 대한 복잡한 2 차원 또는 3 차원 해석에 의해 구할 수도 있다. 실제로 농도장은 가스유동, 온도, 그리고 그림 6에 나타나 있는 것과 같은 기전력 분포 등에 크게 관련이 있다. 첫째, 가스물질의 질량분율은 유동장에서의 가스거동을 결정하는 반면, 유동장은 가스물질의 농도분포와 온도에 영향을 미친다. 둘째로, 가스물질의 농도장과 온도분포는 기전력을 결정하는 반면, 기전력에 의한 이온/전자 전도는 연료전지에서의 질량변화와 열발생량을 결정한다. 연료전지 성능과 온도, 가스물질 농도 및 유동장의 자세한 분포를 예측하기 위해 SOFC를 모델링할 때 이 파라메터들의 상호의존성은 다음의 절에서 자세히 논의될 것이다.

4 관형 SOFC의 컴퓨터 모델링

SOFC 시스템이나 하이브리드 SOFC/GT 시스템을 설계할 때 SOFC의 평균전류밀도에 대한 단자전압의 특성곡선은 매우 중요하다. 하이브리드 시스템을 고려 중이라면, SOFC의 온도나 농도장과 같은 다른 정보 또한 SOFC 자체나 하부 설비의 안전한 운전을 위해 큰 관심을 기울여야 한다. SOFC의 운전 성능이나 온도에 대한 실험 데이터들이 제시된 바 있지만[25-28], 높은 운전온도 때문에 SOFC에 대한 엄격한 시험은 여전히 어렵다. 따라서 SOFC의 수치적 모델링은 매우 필요하다.

SOFC에 대한 컴퓨터 시뮬레이션의 목적은 평균전류밀도에 대한 단자전압(미리 정해진 운전조건에 따른 결과)으로 운전특성을 예측하는 것이다. 단자전압, 외부로 흐르는 전류, 그리고 외부부하와 같은 조건은 물론이고 연료와 산화물의 유량과 열역학적 상태를 고정시킴으로써 SOFC의 운전조건이 결정된다[45]. 연료와 산화물의 유량과 열역학적 조건은 내부조건, 그리고 단자전압, 외부로 흐르는 전류, 그리고 외부부하 등은 외부조건이라 부를 수 있다. 배터리와 마찬가지로, SOFC의 외부 부하조건에 의해 연료/산화물의 소비량과 전기화학적 반응에서의 생성물의 발생량이 결정된다. 연료전지에서의 유일한 차이점은 연속적으로 연료/산화물을 공급하고 생성물 및 폐기물을 제거하는 것이다.

외부의 파라메터를 설정하는 또 다른 방법에 의하면, SOFC의 수치모델을 구성할 때 알지 못하는 다른 파라메터를 예측하기 위해서 다음의 세 가지 방법이 사용된다.

(1) 외부로 흐르는 총 전류를 예측하기 위해 내부조건과 단자전압을 사용한다.

(2) 단자전압을 예측하기 위해 외부로 흐르는 전류와 내부조건을 사용한다.

(3) 단자전압과 전류밀도를 예측하기 위해 내부조건과 외부부하를 사용한다.

세 가지 방법을 사용할 때 필요한 반복적인 계산 시간은 매우 다르다. 첫 번째 방법에서는 셀의 단자전압을 알고 있으므로 일단 가스물질의 온도와 분압을 알고 있다면, 평판형 SOFC의 경우 식 (42)를 사용하여 식 (44)를 풀고 관형 SOFC의 경우는 역시 식 (42)를 사용하여 식 (45)를 풀면 국소 전류를 얻을 수 있다. 국소 전류를 합산한 값이 SOFC에서 흘러나오는 총 전류가 된다. 그러나 두 번째 방법에서는, 먼저 단자전압을 가정할 필요가 있으며, 그 뒤 계산된 총 전류가 설정된 값과 일치할 때까지 국소 전류를 합하여 총 전류와 비교해야 한다. 이 계산 과정에서 가장 가까운 단자전압값을 반복적으로 구하는 적절한 방법이 필요하다. 총 전류를 구하기 위해 단자전압을 가정할 필요가 있다는 점에서 세 번째 방법은 두 번째 방법과 비슷하다. 전류에 대한 전압의 비가 미리 설정된 부하의 크기와 동일할 때에만 계산이 완료될 것이다.

에너지변환 원리, 화학적 평형, 전위 손실, 그리고 SOFC의 운전 등을 이해함으로써 이제 SOFC에 대한 컴퓨터 모델을 구성할 수 있다. 일반적으로 전극에서 다른 형태의 전류통로 때문에 발생하는 저항손실과 줄 가열을 제외하고는 관형 SOFC와 평판형 SOFC에 대한 모델링과 계산과정은 다소 공통적인 특징을 가지고 있다. 상대적으로 관형 SOFC의 전극은 전류통로가 더욱 복잡하며[27], 차후의 분석에서 논의될 것이다. 평판형 SOFC에 대한 모델링 연구는 본 저자들과 다른 문헌[17, 19, 30, 31, 39, 47-49]에서 찾아볼 수 있다.

다음의 절에서는 수치 모델을 수립하기 위해 다루어야 할 세 가지 문제점에 대해 언급할 것이다.

4.1 계산 영역의 개요

실제의 관형 SOFC 스택은 그림 7처럼 여러 개의 관형 셀이 모여 셀 다발을 형성하고 이것이 용기 내부에 설치된다. 예비개질기(pre-reformer)는 셀 다발 부근에 설치될 수도 있다[50, 51]. 모델링을 간단히 하기 위해, 대부분의 단일 관형 SOFC는 가스물질의 온도와 농도가 같은 환경에서 동작한다고 가정한다. 이 가정에 의해 해석영역을 정의할 수 있으며, 그 영역은 그림 7의 사각형 점선 부분과 같이 단일셀이 포함되어 있다. 그러면 이 점선 사각형 외부로는 어떠한 유속(flow velocity)도 없고 어떠한 열과 물질의 흐름도 없어야 한다는 조건이 성립한다. 이로 인해 셀 스택의 해석이 크게 단순해 진다. 단일 셀 및 해석 영역에 대한 열/물질 전달과 화학적/전기화학적 성능 분석을 통해, 전체 셀 스택의 성능을 평가하기 위한 매우 유용한 결과를 얻을 수 있다.

또한 관의 길이 방향을 고려하면 관형 SOFC를 둘러싸는 점선 사각형 영역의 열과 물질 전달은 본질적으로 3 차원적이다. 운동량, 에너지 및 물질의 보존에 대한 3 차원 지배방정식의 해를 구하기 위해서는 수 많은 분할된 메시점(mesh point)이 필요하고, 이는 엄청난 계산량을 필요로 한다. 이러한 계산량을 줄이기 위해 관형 SOFC를 둘러싸고 있는 사각영역을 등가의 원형 영역으로 근사화시킴으로써, 단일 관형 SOFC를 둘러싸고 있는 영역은 그림 7과 같이 2 차원의 축대칭 형태가 된다.

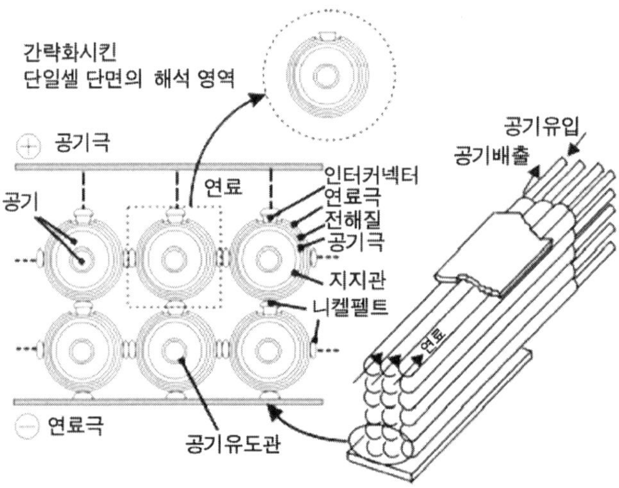

그림 7. 셀 스택으로된 관형 SOFC의 개략도

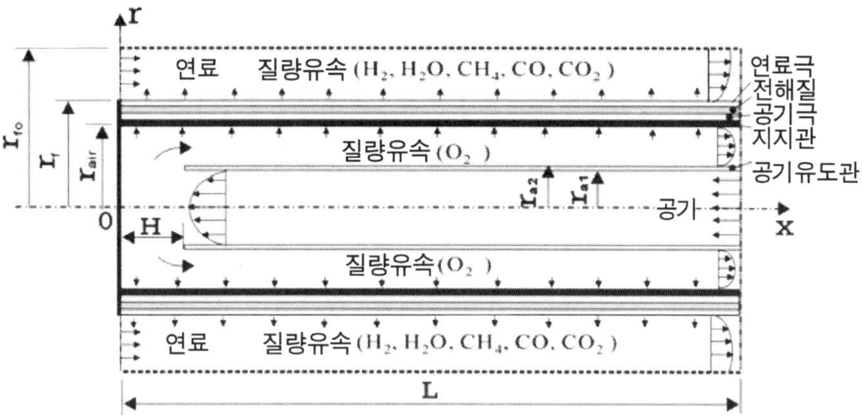

그림 8. 관형 SOFC의 계산 영역

그러나 이렇게 근사화하여도 경계에서의 열과 물질의 전달은 변함없이 차단되어 유속(flux)이 영(zero)임을 명심해야 한다.

앞서의 논의로부터, 축대칭의 2차원($x - r$) 계산영역은 그림 8처럼 나타낼 수 있으며, 이 영역은 연료 및 공기의 유동영역과 셀 관 및 공기유도관(air-inducing tube)의 고체영역을 포함하고 있다.

4.2 지배방정식과 경계 조건

물질의 질량분율(mass fraction)이 유동장에서 변화하므로, 모든 유체의 열적 특성 및 수송 특성은 국소적인 물질 농도와 온도 및 압력의 함수이다. 따라서 운동량, 에너지 및 물질보존(질량분율에 근거)에 대한 지배방정식은 열적 특성 및 수송 특성이 변화하게 된다.

$$\frac{\partial(\rho u)}{\partial x}+\frac{1}{r}\frac{\partial(r\rho v)}{\partial r}=0 \tag{52}$$

$$\begin{aligned}\frac{\partial(\rho uu)}{\partial x}+\frac{1}{r}\frac{\partial(r\rho vu)}{\partial r} &= -\frac{\partial p}{\partial x}+\frac{\partial}{\partial x}\left(\mu\frac{\partial u}{\partial x}\right)+\frac{1}{r}\frac{\partial}{\partial r}\left(r\mu\frac{\partial u}{\partial r}\right)\\ &\quad+\frac{\partial}{\partial x}\left(\mu\frac{\partial u}{\partial x}\right)+\frac{1}{r}\frac{\partial}{\partial r}\left(r\mu\frac{\partial v}{\partial x}\right)\end{aligned} \tag{53}$$

$$\begin{aligned}\frac{\partial(\rho uv)}{\partial x}+\frac{1}{r}\frac{\partial(r\rho vv)}{\partial r} &= -\frac{\partial p}{\partial r}+\frac{\partial}{\partial x}\left(\mu\frac{\partial v}{\partial x}\right)+\frac{1}{r}\frac{\partial}{\partial r}\left(r\mu\frac{\partial v}{\partial r}\right)\\ &\quad+\frac{\partial}{\partial x}\left(\mu\frac{\partial u}{\partial r}\right)+\frac{1}{r}\frac{\partial}{\partial r}\left(r\mu\frac{\partial v}{\partial r}\right)\quad\frac{2\mu v}{r^2}\end{aligned} \tag{54}$$

$$\frac{\partial(\rho CpuT)}{\partial x}+\frac{1}{r}\frac{\partial(r\rho CpvT)}{\partial r}=\frac{\partial}{\partial x}\left(\lambda\frac{\partial T}{\partial x}\right)+\frac{1}{r}\frac{\partial}{\partial r}\left(r\lambda\frac{\partial T}{\partial r}\right)+\dot{q} \tag{55}$$

$$\frac{\partial(\rho uY_J)}{\partial x}+\frac{1}{r}\frac{\partial(r\rho vY_J)}{\partial r}=\frac{\partial}{\partial x}\left(\rho D_{J,m}\frac{\partial Y_J}{\partial x}\right)+\frac{1}{r}\frac{\partial}{\partial r}\left(r\rho D_{J,m}\frac{\partial Y_J}{\partial r}\right)+S_J \tag{56}$$

이 식들은 전체 계산영역에 일반적으로 적용된다. 그러나 수치계산 시 고체영역에서는 속도가 0으로 설정된다. 에너지보존 방정식에서 화학적 및 전기화학적 반응(식 (33), (34), (51))으로부터의 열에너지와 $\dot{q}$로 표시되는 전극과 전해질에서의 줄 가열량(식 (46) −(50))은 적절한 위치에서 연료전지의 소스(source) 항으로 포함되어 있다. 가스물질의 농도확산에 의한 에너지 확산을 나타내는 몇몇 항은 그 크기가 매우 작아 무시할 수 있다[52, 53]. 운동량과 열 및 물질의 보존방정식에 대한 경계조건은 다음과 같다.

1. 대칭축 또는 $r=0$ 상에서 $v=0$, $\partial\phi/\partial r=0$이다. 여기서 ϕ는 v를 제외한 일반 변수를 나타낸다.
2. $r=r_{fo}$의 제일 바깥의 경계에서는 단열조건이 주어져 있다. 가스물질이 투과하지 않고 화학반응 또한 일어나지 않는다고 가정하므로 $v=0$, $\partial\phi/\partial r=0$이다. 여기서 ϕ는 v를 제외한 일반 변수를 나타낸다.
3. $x=0$에서 연료 입구는 이미 설정된 균일한 속도와 온도 및 가스물질의 질량분율을 가지고 있다. 고체 부분은 $u=0$, $v=0$, $\partial T/\partial x=0$, $\partial Y_J/\partial x=0$이다.
4. $x=L$에서 공기 입구는 미리 설정된 균일한 속도와 온도 및 가스물질 질량분율을 가지고 있다. 가스 출구는 $v=0$, $\partial u/\partial x=0$, $\partial T/\partial x=0$, $\partial Y_J/\partial x=0$이다. 관 끝의 고체 부분은 $u=0$, $v=0$, $\partial T/\partial x=0$, $\partial Y_J/\partial x=0$이다.
5. $r=r_{air}$인 공기/고체의 계면과 $r=r_f$인 연료/연료극 계면에서는 $u=0$로 가정한다.

연료유동 통로에서 질량유량은 산화물 이온의 전달로 인해 x 방향을 따라 증가한다. 마찬가지로 산소가 산화되고 산화물이온이 연료극으로 전달됨으로 해서 공기유동 통로에서는 공기유량이 감소한다. 따라서 $r=r_{air}$ 및 $r=r_f$에서의 방사속도(radial velocity)는 다음과 같다.

$$v_f=\frac{\sum\dot{m}_x^{fuel,\ species}}{\rho_x^{fuel}}|r=r_f \tag{57}$$

$$v_{air} = \frac{\sum \dot{m}_x^{air,\ species}}{\rho_x^{air}} | r = r_{air} \tag{58}$$

여기서 $\dot{m}$ [kg/m^{2}s]는 전극과 유체의 계면에서의 가스물질의 질량유속(mass flux)으로서, 연료전지에서 전기화학적 반응에 의해 발생한다. $r = r_{air}$ 및 $r = r_f$의 계면에서 화학반응에 참가하는 모든 성분의 질량분율은 확산과 대류효과를 고려함으로써 계산할 수 있다[54, 55].

$$\dot{m}_x^{J,air} = -D_{J,air}\,\rho_x^{air}\,\frac{\partial Y_J}{\partial r} + \rho_x^{air}\,Y_J\,v_{air} \tag{59}$$

$$\dot{m}_x^{J,fuel} = -D_{J,fuel}\,\rho_x^{fuel}\,\frac{\partial Y_J}{\partial r} + \rho_x^{fuel}\,Y_J\,v_f \tag{60}$$

표 3. SOFC 재질의 특성

	열전도도 (W/(m K))	Cp (J/(kg K))	밀도 (kg/m^3)
공기극	^{d}11; ^{c}2.0; ^{b}2.0	^{b}623	^{a}4930
전해질	^{d}2.7; ^{c}2.7; ^{b}2.0	^{b}623	^{a}5710
연료극	^{c}11.0; ^{d}6.0; ^{b}2.0	^{b}623	^{a}4460
지지관	^{c}1.0		
공기유도관	^{c}1.0		
인터커넥터	^{b}13; ^{c}2.0; ^{d}6.0	^{b}800	^{a}6320; ^{b}7700

[a]Ahmed 등[30], [b]Recknagle 등[39], [c]Nagata 등[18], [d]Iwata 등[19]

위 식 (57)－(60)에서의 가스물질에 대한 질량유속은 이온/전자 전도와 크게 관계있다는 것을 유의해야 된다. 전기화학적 반응에 의한 질량 변화와 관련 질량 유속의 결정은 2 절에서 논의했다(식 (30)－(32)). 그 결과 고체/유체 경계면에서 식 (59)와 (60)으로부터 유도되는 질량/몰분율은 분압, 따라서 식 (11)에 의한 국소 기전력을 결정하는 데 사용된다.

SOFC에서 사용되는 고체 재질의 특성이 표 3에 주어져 있으며, 문헌에 따라 약간 차이가 있다. 단일가스의 속성은 참고문헌 [11]과 [56]에서 얻을 수 있다. 혼합가스의 경우는 문헌 [11, 57]을 참고하면 되고, 특성을 계산하기 위해 필요한 몇 가지 식은 문헌 [11]에 있으며, 다음 절에서 제시한다.

점도에 대한 혼합규칙은 다음과 같다.

$$\mu_m = \sum_{i=1}^{n} \frac{X_i \mu_i}{\sum_{j=1}^{n} X_j \phi_{ij}}; \quad \phi_{ij} = \frac{1}{8^{1/2}}\left(1 + \frac{M_i}{M_j}\right)^{-1/2}\left[1 + \left(\frac{\mu_i}{\mu_j}\right)^{1/2}\left(\frac{M_j}{M_i}\right)^{1/4}\right]^2 \tag{61}$$

여기서 μ_m [Pa·sec]은 혼합물의 점도이고 μ_i나 μ_j [Pa·sec]는 각 단일 가스의 점도이다. M_i와 M_j는 가스물질의 분자량이며, X_i와 X_j는 몰분율이다. 또 $i = j$이면 $\phi_{ij} = 1$이다.

대기압 이하에서 가스의 열전도도에 대한 혼합규칙은 다음과 같다.

$$k_m = \sum_{i=1}^{n} \frac{X_i k_i}{\sum_{j=1}^{n} X_j A_{ij}} \tag{62}$$

$$A_{ij} = \frac{1}{4}\left\{1 + \left[\frac{\mu_i}{\mu_j}\left(\frac{M_j}{M_i}\right)^{3/4}\left(\frac{T + S_i}{T + S_j}\right)^{1/2}\right]\right\}^2\left(\frac{T + S_{ij}}{T + S_i}\right)$$

여기서 k_m [W/(m·K)]과 k_i [W/(m·K)]는 혼합물과 가스물질의 열 전도도이고, $S_{ij} = C(S_i S_j)^{1/2}$이며, $C = 1.0$이지만, 가스물질 i나 j 또는 양쪽 모두가 큰 극성을 띠고 있다면 $C = 0.73$이다. 그리고 헬륨, 수소, 네온의 경우 S_i나 S_j는 79 K이다. 그렇지 않으면 $S_i = 1.5\,T_{bi}$와 $S_j = 1.5\,T_{bj}$이다. 여기서 T_b는 가스물질의 비등점 온도이고, T의 단위는 K이다.

가스 혼합물이 대기압 이상이면 위에서 구한 k_m 값을 다음과 같이 수정해야 한다.

$$k = k' + \frac{A \times 10^{-4}\left(e^{B\rho_r} + C\right)}{\left(\frac{T_c^{1/6} M^{1/2}}{P_c^{2/3}}\right) Z_c^5} \tag{63}$$

$$\begin{array}{llll}
\rho_r < 0.5, & A = 2.702, & B = 0.535 & C = -1.000, \\
0.5 < \rho_r < 2.0, & A = 2.528, & B = 0.670 & C = -1.069, \\
2.0 < \rho_r < 2.8, & A = 0.574, & B = 1.155 & C = 2.016,
\end{array}$$

여기서 k [W/(m·K)]는 관심 대상 혼합물이 온도 T[K]와 압력 P일 때 가스의 열전도도이다. k' [W/(m·K)]는 온도 T와 대기압에서 식 (62)를 사용하여 얻은 열전도도이다. $\rho_r = V_c / V$는 감소된 밀도이고, V_c[m^3/kmol]는 임계 몰체적, V[m^3/kmol]는 T와 P에서의 몰체적, T_c[K]는 임계온도, M은 분자량, P_c[MPa]는 임계압력, $Z_c = P_c V_c / (RT_c)$는 임계 압축인자(compressibility factor), R은 가스상수로서 0.008314 MPa·m^3/(kmol· K)이다.

혼합물의 임계특성은 다음 식에 의해 얻어진다.

$$P_{cm} = P_{pc} + P_{pc}\left[5.808 + 4.93\left(\sum_{i=1}^{n} X_i w_i\right)\right]\left[\frac{T_{cm} - T_{pc}}{T_{PC}}\right] \tag{64}$$

$$T_{cm} = \sum_{j=1}^{n}\left(\frac{X_j V_{cj}}{\sum_{i=1}^{n} X_i V_{ci}} T_{cj}\right) \tag{65}$$

$$V_{cm} = \sum_i \sum_j \phi_i \phi_j v_{ij} (i \neq j), \tag{66}$$

여기서

$$\phi_j = \frac{X_j V_{cj}^{2/3}}{\sum_{i=1}^{n} X_i V_{ci}^{2/3}}, \quad v_{ij} = \frac{V_{ij}(V_{ci} + V_{cj})}{2.0}, \quad V_{ij} = -1.4684\left(\left|\frac{V_{ci} - V_{cj}}{V_{ci} + V_{cj}}\right|\right) + C$$

여기서 C는 탄화수소 시스템의 경우 영이고, 비 탄화수소(non-hydrocarbon) 가스를 포함하고 있는 시스템의 경우는 0.1559이다. 위의 모든 식에서 X_i나 X_j는 혼합물 속의 가스들의 몰분율, ω_i는 가스물질의 편심인자, P_{cm}과 T_{cm} 및 V_{cm}은 혼합물의 임계특성들, P_{pc}와 T_{pc}는 혼합물의 유사임계특성으로써, 다음과 같이 표현된다.

$$T_{pc} = \sum_{i=1}^{n} X_i T_{ci}, \qquad P_{pc} = \sum_{i=1}^{n} X_i P_{ci} \tag{67}$$

표 4. 식 (68)을 사용하기 위한 원자확산체적

원자 및 구조적 확산체적 증분 v [II]			
C	16.50	H_2	7.07
H	1.98	N_2	17.9
O	5.481	O_2	16.6
N	5.69	CO	18.9
방향쪽 고리	−20.2	CO_2	26.9
이종원자 고리	−20.2	H_2O	12.7

혼합물 중에서 한 종류의 가스의 나머지 종류의 가스에 대한 확산도는 다음 형태로 표시된다.

$$D_{im} = \frac{1 - X_i}{\sum_{i,j \neq 1} X_j / D_{ij}}, \qquad D_{im} = \frac{0.01013\ T^{1.75}\left(\dfrac{1}{M_i} + \dfrac{1}{M_j}\right)^{0.5}}{P\ \left[\left(\sum v_i\right)^{1/3} + \left(\sum v_j\right)^{1/3}\right]^2} \tag{68}$$

여기서 T, P, D의 단위는 K, Pa, 그리고 m^2/sec이다. M_i나 M_j는 가스물질의 분자량이며, 표 4에 제시된 것처럼 모든 v_i나 v_j는 원자, 작용기(group) 및 구조적 특징에 대해 아래첨자 성분에 대한 작용기기여값(group contribution value)을 더한 것이다.

4.3 수치 계산

SOFC에서 유동장, 온도장 및 농도장을 수치적으로 계산하기 위해 r 방향과 x 방향 모두 충분한 격자수를 가지는 메시 시스템이 형성되어야 한다. 모든 지배방정식은 유한체적 기법(finite volume approach)을 사용하여 이산화되며, 속도장과 압력장의 연관성을 다루기 위해 SIMPLE 프로그램을 사용할 수도 있다[58, 59].

셀 관과 공기유도관 사이의 온도 차이는 복사열을 전달할 정도로 충분히 클 수도 있다. 따라서 문헌 [60]에서 소개된 수치적 방법은 복사열 교환을 고려하는데 이용될 수 있다.

4 절 앞부분에서 논의되었던 것처럼 내부조건과 흘러나오는 전류로부터 수치계산을 시작하며, 시뮬레이션 결과 여러 가지 운전조건에 따른 단자전압이 출력으로 주어진다. 시뮬레이션을 하는 경우 이러한 과정을 따르는 것이 편리하다는 것은 다음

에서 설명한다.

총 전류가 연료전지의 평균전류밀도 항으로 나타내진다는 것은 실제로 매우 일반적이다. 또한 화학량론(stoichiometric)으로 제시된 데이터는 연료와 공기의 유량 대신에 수소와 산소의 이용백분율(utilization percentage) 항으로 나타내진다.

이와 같이 운전조건을 나타내는 것은 결과적으로 평균전류밀도와 수소 및 산소의 이용백분율이 동일한 경우 연료전지 성능을 비교하기가 편리하다. 따라서 연료와 공기의 유입속도는 다음과 같이 구할 수 있다.

$$u_{fuel} = \left(\frac{A_{cell} i_{cell}}{2FU_{H_2} X_{H_2} A_{fuel}} \right) \frac{RT_f}{P_f} \tag{69}$$

$$u_{air} = \left(\frac{A_{cell} i_{cell}}{4FU_{O_2} X_{O_2} A_{air}} \right) \frac{RT_{air}}{P_{air}} \tag{70}$$

여기서 i_{cell}은 셀의 전류밀도, A_{cell}은 연료전지의 외부표면적이다. A_{fuel}과 A_{air}는 연료 및 공기의 입구 단면적이다. P_f, P_{air}와 T_f, T_{air}는 각각 연료와 공기의 입구 압력 및 온도이다. X_{H_2}와 X_{O_2}는 각각 연료에서의 수소 몰분율과 공기 중에서의 산소 몰분율이다. 그리고 U_{H_2}와 U_{O_2}는 수소와 산소의 이용백분율이다.

계산 과정은 반복적이며 특성상 서로 연관되어 있다. 첫 번째 단계로서, 셀의 단자전압과 선해질을 통과하는 국소 전류, 따라서 국소 가스물질의 전달유속(flux)과 국소 열 소스를 구하기 위해 마지막으로 계산된 국소 온도, 압력, 가스물질의 질량분율 등이 회로망해석에 사용된다. 두 번째 단계에서는, 마지막으로 계산된 가스물질의 유속과 열 소스에 의해 결정된 새로운 경계조건에서 지배방정식의 해를 통해 국소 온도, 압력 및 가스물질의 질량분률이 차례로 얻어진다. 이 두 단계는 수렴될 때까지 반복된다.

4.4 관형 SOFC에 대한 수치 계산의 대표적인 결과

저자들은 Hagiwara 등[26], Hirano 등[25], Singhal[27], 그리고 Tomlins 등[28]에 의해 시험된 3 가지의 단일 관형 SOFC[23]에 대해 수치계산을 수행했다. Hirano 등[25]이 시험할 때 사용한 연료는 H_2, H_2O, CO와 CO_2의 성분을 가지고 있었다. 따라서 전기화학적 반응과 함께 연료전지에서의 일산화탄소의 수성-가스 이동(water-gas shift) 반응도 고려해야 한다. 다른 연구자들이 사용한 연료

[26-28]는 H_2와 H_2O의 성분만을 가지고 있으므로 연료유로에서의 전기화학적 반응을 제외하고는 어떤 화학반응도 고려할 필요가 없다. 시험된 세 가지 다른 SOFC의 치수와 수치계산에 적용한 메시의 크기가 표 5에 요약되어 있다. 시험시 미리 설정된 조건들, 예를 들면 물질의 몰분율과 연료의 온도를 포함한 운전조건이 표 6에 주어져 있다. Singhal[27]에 의한 실험에서, 연료와 공기의 압력을 1 atm에서 15 atm으로 변화시켜 압력의 영향 또한 시험하였다. 크기와 운전조건이 다른 SOFC에 대한 실험 데이터는 수치 모델링 작업의 검증을 위한 기준모델의 범위를 넓힐 수 있을 것으로 기대된다.

표 5. SOFC 시험데이터의 예

데이터 순서 : 외부직경(mm)/두께(mm)/길이(mm)			
	Hagiwara *et al*. [26]	Hirano *et al*. [25]	Singhal [27] Tomlins *et al*. [28]
공기유도관	7.00/1.00/485	6.00/1.00/290	12.00/1.00/1450
지지관	–	13.00/1.50/300	–
공기극	15.72/2.20/500	14.40/0.70/300	21.72/2.20/1500
전해질	15.80/0.04/500	14.48/0.04/300	21.80/0.04/1500
연료극	16.00/0.10/500	14.68/0.10/300	22.00/0.10/1500
연료의 경계	18.10/ – /500	16.61/ – /300	24.87/ – /1500
격자수	66×602	66×602	66×1602

표 6. 가스의 몰분율, 이용율, 온도

	공기 $O_2\%-U_{O_2}/N_2\%/T(°C)$	연료 $H_2\%-U_{H_2}/H_2O\%/CH_4\%/CO\%/CO_2\%/T(°C)$
I	21.00–17.00/79.00/600.0	98.64–85.00/1.36 /0/ 0 /0 /900.0
II	*21.00–25.00/79.00/600.0	55.70–80.00/27.70/0/10.80/5.80/800.0
	**21.00–25.00/79.00/400.0	55.70–80.00/27.70/0/10.80/5.80/800.0
III	21.00–17.00/79.00/600.0	98.64–85.00/1.36 /0/ 0 /0 /800.0

4.4.1 SOFC 단자전압

셀 전류밀도가 다른 경우에 대해 셀 단자전압의 컴퓨터 계산치와 실험치가 그림 9에 나타나 있다. 실험데이터와 모델예측 데이터 사이의 상대적인 오차는 Hirano 등[25]이 시험한 SOFC의 경우 1.0 %, Hagiwara 등[26]의 경우는 5.6 %, 그리고 Tomlins 등[28]의 경우는 6.0 % 이하였다.

같은 셀 전류밀도 하에서 Hagiwara 등[26]이 시험한 SOFC의 셀 전압은 가장 크며 Hirano 등[25]의 셀 전압이 가장 작음을 그림 9에서 알 수 있다. Hirano 등[25]이 시험한 SOFC의 연료에 포함된 수소의 몰분율은 작은데, 이는 이 셀이 가장 작은 전압을 가지고 있는 주된 이유일 것이다. 전류는 관형 연료전지 주변을 통해 모여져야 하므로, Singhal[27]과 Tomlins 등[28]이 연구한 바에 따르면 셀 관의 직경이 커지면 전류통로가 길어지게 된다. 따라서 이전의 연구자들이 셀 전압을 증가시키기 위해 5 atm의 압력 운전조건에서 SOFC를 시험한 경우에도 이들 셀의 전압은 Hagiwara 등[26]이 얻은 셀전압보다 더 낮다.

그림 10에서 볼 수 있듯이 300 mA/cm^2의 전류밀도에서 운전압력을 증가시키면 셀 전압과 전력은 증가한다. 우리 저자들의 모델예측 결과와 Singhal[27]에 의한 실험결과는 낮은 운전압력에서 7.4%의 최대 오차를 나타내어 훌륭하게 일치하고 있다. 운전압력이 1 atm에서 5 atm으로 증가하면 셀 출력전력은 9 %로 크게 증가함을 보여준다. 그러나 운전압력이 높은 상태에서 출력전력을 증가시키기 위해 압력을 더욱 높이는 것은 더 이상 효과가 없다. 예를 들어 운전압력을 5 atm에서 15 atm으로 증가시키면 셀의 출력전력은 단지 6 % 정도만 증가될 뿐이다. 그 이유는 운전압력에 대한 셀 전압의 증가 형태가 로그함수적이기 때문이다. 그럼에도 불구하고 연료전지를 가압시켜 운전하는 것은 출력전력을 크게 증가시킬 수 있다. 예를 들면 운전압력은 1 atm에서 15 atm으로 증가시키면 셀 출력전력을 15.8 % 크게 증가시킬 수 있다. 이상의 조사로부터 연구자들이 수치적 모델링과 계산을 통해 SOFC의 전체 특성을 만족스럽게 예측할 수 있다는 것은 의심의 여지가 없다. 이와 같이 연료전지의 전체 특성을 훌륭히 예측할 수 있음으로 해서 수치예측을 통해 유동장, 온도장 및 농도장 등의 내부 조건들 또한 신뢰성 있게 제시할 수 있다.

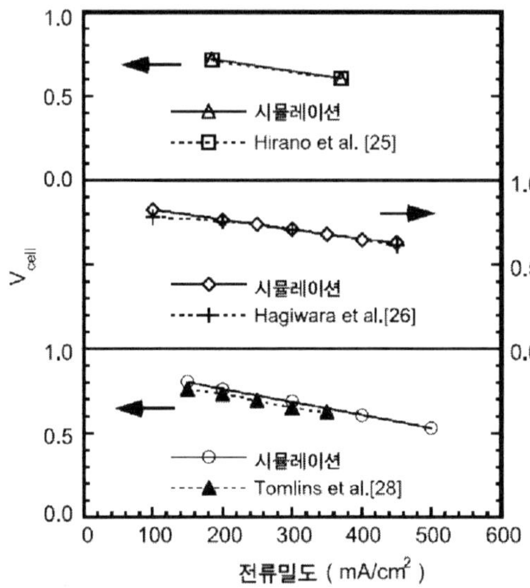

그림 9. 셀 전압-전류밀도에 대한 예측 및 시험 결과(Hagiwara 등[26]과 Hirano 등[25]에 의해 시험된 셀의 운전압력은 1.0 atm이고, Tomlins 등[28]은 5 atm임)

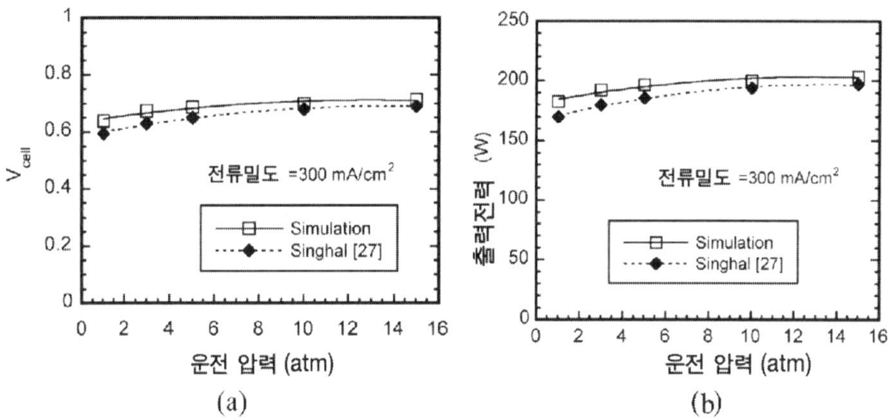

그림 10. 단자전압과 출력전력에 미치는 운전압력의 영향

4.4.2 셀의 온도분포

SOFC는 온도측정이 매우 어렵기 때문에 Hirano 등[25]은 셀 관의 두 끝단과 중간 지점의 온도에 대한 세 가지 실험데이터만을 사용했다. 그림 11은 Hirano 등[25]에 의해 제시된 실험데이터와 계산된 셀의 온도 분포를 보여준다. 가장 온도가 높은(hotspot) 관의 중간부분에서는 계산치와 실험치가 잘 일치하고 있지만, 셀의 양 끝단에서는 오차가 상대적으로 크다. 그럼에도 불구하고 셀 재질의 과열 방지와 같은 면을 고려하여 SOFC를 설계할 때는 그 정도의 오차는 수용할 만하다.

Hagiwara 등[26]과 Tomlins 등[28]이 실험한 연료전지에 대한 온도분포 예측치가 그림 12에 주어져 있다. 그러나 아쉽게도 셀 온도에 대한 실험데이터는 주어져 있지 않다. 일반적으로 셀 관의 양끝은 셀 관의 가운데보다 온도가 더 낮다. 그러나 전류밀도가 낮으면 최고온점(hotspot)은 셀의 밀폐단부(closed-end)에 더 가까이 위치하게 된다. 전류밀도가 증가하면 최고온점은 개방단부(open-end)로 이동하면서 최고온점의 온도는 감소하므로 연료전지 관을 따라 온도분포가 균일하게 개선된다. 공기유도관의 출구속도가 매우 낮기 때문에 개방단부 영역에서의 냉각공기와 셀 관 사이의 열전달은 층류 충돌(laminar jet impingement)에 의해 지배된다. 그러나 공기유도관의 출구공기 속도는 열전달 계수에 크게 영향을 미친다. 전류밀도가 높은 경우 공기유량 또한 커진다. 따라서 공기와 연료전지의 밀폐단부 영역 사이의 열전달계수는 증가한다. 이로 인해 연료전지의 밀폐단부 영역의 온도를 크게 억제시킬 수 있다. 밀폐단부 영역에서 공기는 많은 양의 열을 얻기 때문에 하류(downstream) 영역에서 연료전지에 대한 공기냉각 효과는 약해지며, 연료전지가 높은 전류밀도에서 작동하면 셀의 온도분포는 훨씬 더 균일하게 된다.

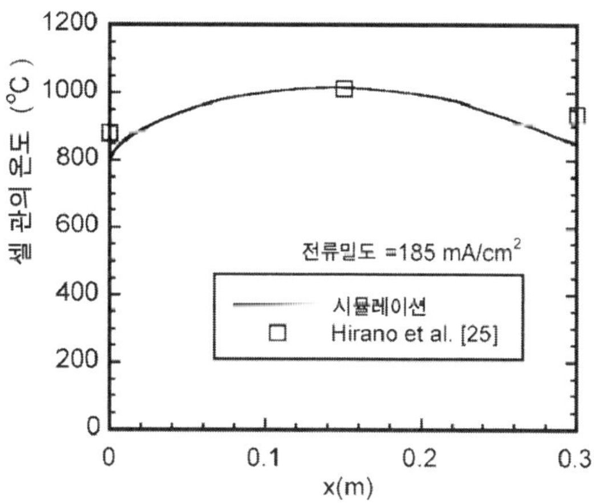

그림 11. 연료전지에서 길이방향의 온도분포

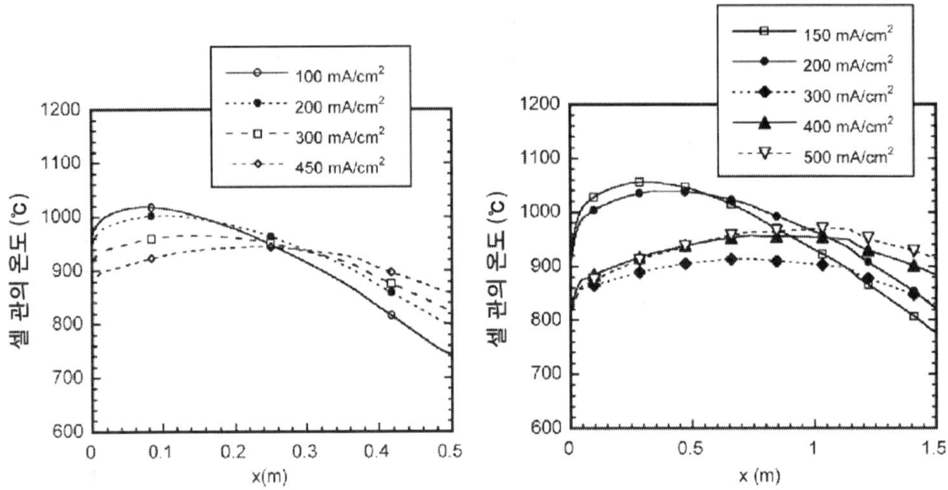

(a) Hagiwara 등[26]이 보고한 셀 (b) Tomlins 등[28]이 보고한 셀

그림 12. 두 개의 SOFC에 대해 예측된 길이방향의 온도분포

4.4.3 유동장, 온도장 및 농도장

그림 13은 185 mA/cm^{2}의 전류밀도에서 Hirano 등[25]이 시험한 SOFC의 유동장 및 온도장을 나타내고 있다. 공기가 유로에서 열을 흡수하여 팽창하기 때문에 공기유도관에서의 공기속도는 다소 가속된다. 공기유도관을 떠난 후에 공기는 연료전지의 밀폐단부에서 부딪친 후 되돌아서 외부로 흘러나간다. 이 유로에서 공기는 열이 발생하는 연료전지 관으로부터 열을 얻은 후 공기공급관의 찬 공기로 열을 전달한다. 그곳에서는 연료와 공기의 농도가 모두 높기 때문에 연료전지의 밀폐단부에서 전기화학적 반응이 강하다는 것은 쉽게 이해할 수 있다. 따라서 줄 가열과 전기화학적 반응에 의한 엔트로피 변화로 인해 연료유로의 상류(upstream) 영역에서는 많은 열이 발생한다. 그러나 연료전지의 밀폐단부에서는 온도가 가장 높지 않음을 실험과 계산으로 알고 있다. 따라서 이는 연료전지의 밀폐단부에서 공기가 냉각되는 것이 원인이라고 생각된다. 공기는 밀폐단부에서 가열되어 고온이 되므로 공기유도관과 셀 관 사이의 원주 부분에 공기가 있을 때는 셀 관을 냉각시킬 능력은 낮아진다. 셀의 개방단부에서는 원주 부분에 있는 공기가 공기유도관 내부로 유입되는 찬 공기로 열을 전달할 수 있으므로 연료전지 관을 냉각시키는 데 도움을 준다.

이와같이 공기를 흐르게 하면 셀 관의 최고온점은 셀관의 길이 방향에서 중앙영역에서 발생한다. 공기는 통로가 두 군데인데 하나는 공기유도관의 유입부이고 다른 하나는 공기유도관과 셀 관 사이의 원주 부분에 있는 배출부이다. 두 통로 사이에서 열교환이 발생하므로 공기는 전체 공기 유로에서 온도가 불균일한 것을 완화시킬 수 있으며, 따라서 연료전지 내부의 온도분포는 비교적 균일하게 유지될 수 있다. 그러나 열의 발생, 공기와 연료의 온도, 연료전지의 공기 냉각 등이 모두 연료전지의 온도분포에 영향을 미친다. 따라서 연료전지의 운전조건에 따라 셀 관의 최고온점은 중앙부에서 다소 벗어나게 된다.

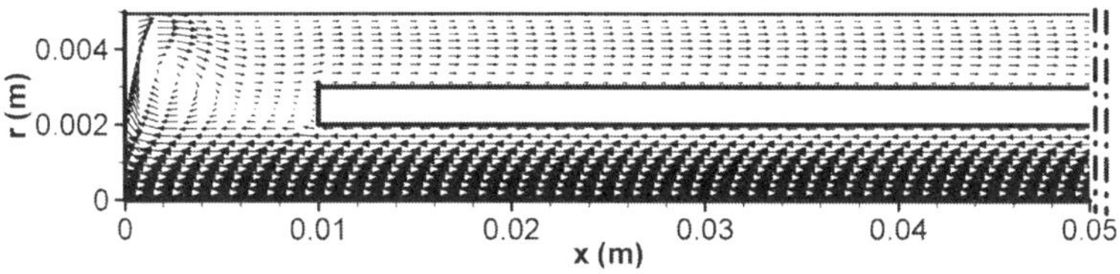

(a) 공기유도관의 출구 부근의 공기 속도벡터

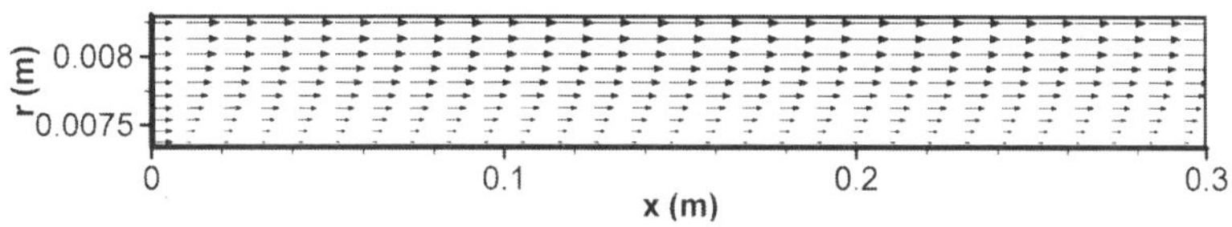

(b) 연료흐름의 속도벡터

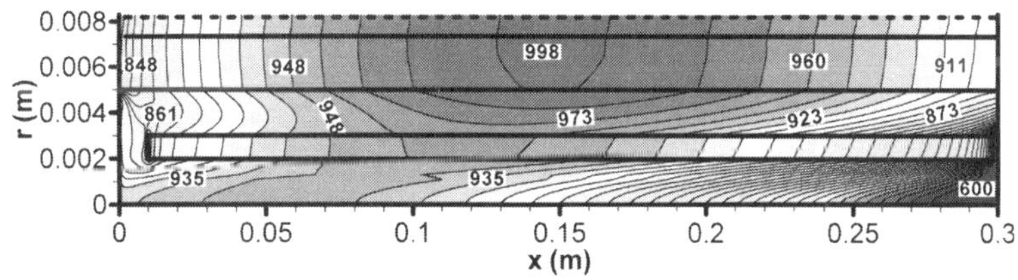

(c) 온도(℃)

그림 13. 전류밀도 185 mA/cm^{2}에서 Hirano 등[25]에 의해 예측된 SOFC에 대한 유동장 및 온도장 분포

그림 14는 그림 13에서 시험한 SOFC에 대해 동일한 운전조건에서 가스물질의 몰분율 분포도를 나타내고 있다. 공기 통로에서 밀폐단부의 산소소모량이 상대적으로 크므로 등고선이 밀집되어 있다. 산소의 등고선 역시 유동체와 공기극/공기 계면의 벽 사이에서 몰분율이 상대적으로 더 큰 차이가 있음을 보여준다. 이는 만약 산소의 화학량론이 낮으면 공기측의 물질수송저항이 셀의 성능을 저하시키는 주된 역할을 한다는 것을 의미한다. 필요한 양 이상의 공기를 공급하는 것은 이미 연료전지 운전기술로 사용되고 있다.

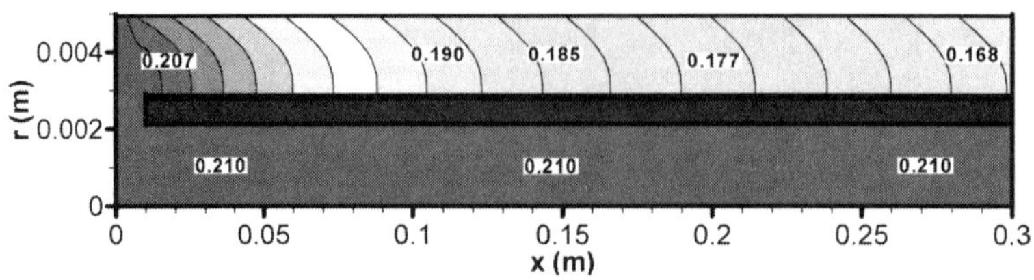

(a) 공기흐름에서의 O_2의 몰분율

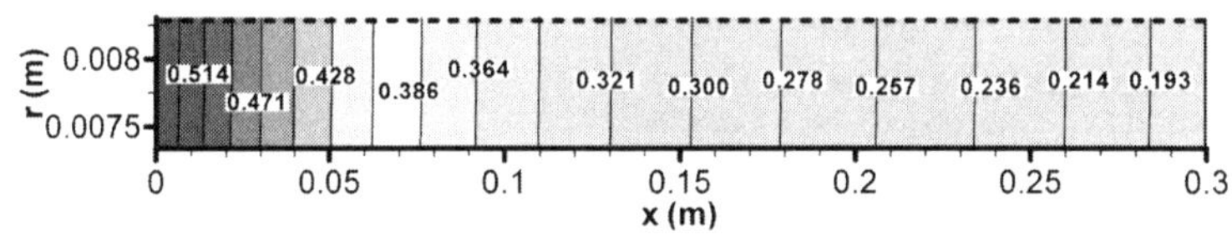

(b) 연료흐름에서의 H_2의 몰분율

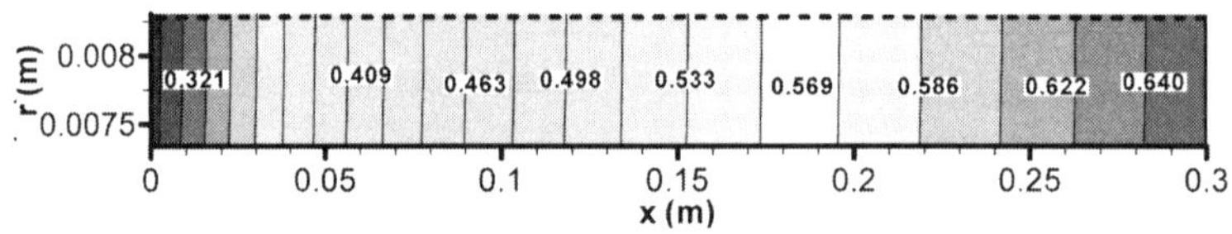

(c) 연료흐름에서의 H_2O의 몰분율

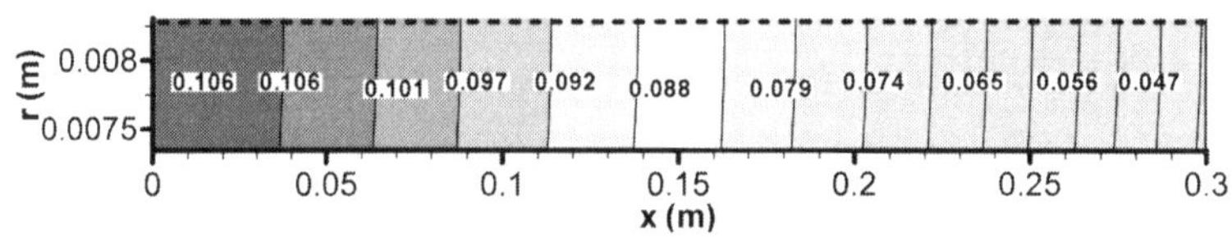

(d) 연료흐름에서의 CO의 몰분율

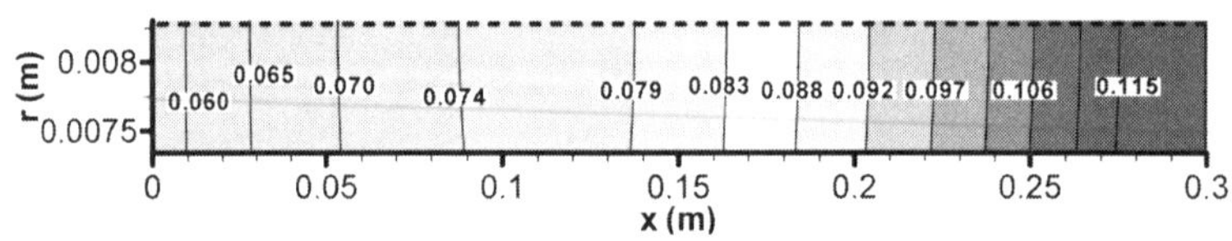

(e) 연료흐름에서의 CO_2의 몰분율

그림 14. 전류밀도 185 mA/cm^{2}에서 Hirano 등[25]에 의해 예측된 SOFC에 대한 가스물질의 몰분율 분포

수소공급량은 전기화학적 반응에 의한 소모량과 CO의 수성-가스 이동반응에 의한 발생량에 따라 종합적으로 결정된다. 수소는 주로 소모되므로 수소의 몰 분율은 연료의 유로를 따라 감소하게 된다. 이와 같은 수소량의 변화에 따라, 수성-가스 이동반응에 필요한 소모량과 전기화학적 반응으로 인한 생성량은 연료 유로를 따라 수증기를 점차로 증가시킨다. CO의 수성-가스 이동반응은 연료 유로를 따라 점차로 증가해가므로 CO의 몰분율은 감소하지만 CO_2의 몰분율은 증가한다. 연료 유로에 존재하는 가스물질의 등고선 형태는 셀의 벽으로부터 유동체 중앙부에 이르기까지 비교적 평탄하다. 이는 연료유로에서의 가스물질이 공기 흐름보다 더 잘 확산된다는 것을 의미한다.

가스물질의 변화량을 자세히 설명하기 위해 그림 15에 연료유로의 위치에 따른 몰유량의 변화가 나타나 있다. 연료 입구에서부터 1/3 지점까지 수소유량은 급속히 감소하고 물의 유량은 급속히 증가하는데, 이는 유입부에서 반응이 강하게 일어나는 것을 의미한다. CO와 CO_2의 유량은 대략 직선적으로 변화하며, 소량의 CO가 배기가스에 여전히 포함되어 있다.

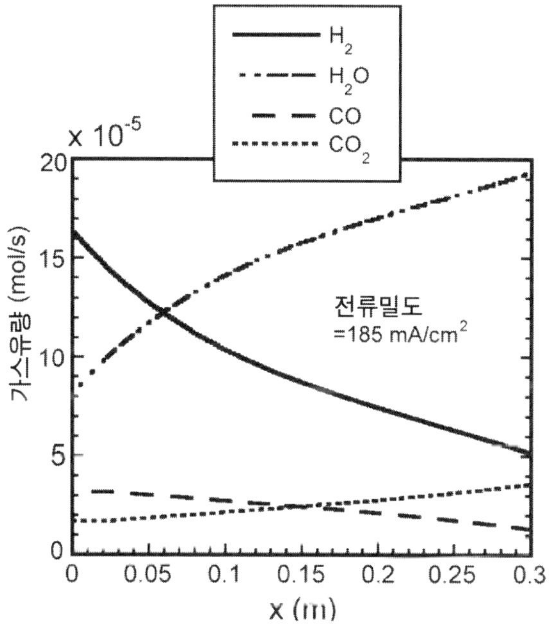

그림 15. Hirano 등[25]에 의해 보고된 SOFC 유로에서의 물질에 대한 몰유량 변화 예측값

5 맺음말

연료전지 기술은 현재 빠르게 발전하고 있다. 고출력밀도, 고효율 부분에서 SOFC의 성능을 개선하기 위해 세 가지의 과전압(활성화분극, 저항손실, 그리고 농도분극)을 감소시키는데 많은 노력을 기울였다. SOFC의 전체 성능과 내부 조건들을 예측하기 위한 정확한 컴퓨터 모델을 개발하기 위해 이 세 가지 과전압을 이해하는 것은 매우 중요하다.

활성화분극은 전극 및 전해질 재질의 다공성 구조와 관계가 있다. 전극 및 전해질의 재질과 제조공정에서의 최신 기술은 Singhal[27]에 의해 보고된 바 있다. 또한 저항손실을 감소시키려면 전극 및 전해질의 전자저항과 이온저항을 감소시켜야 한다. 전류집전 통로가 짧으면 짧을수록 저항손실을 줄일 수 있다. Siemens Westinghouse Power Corporation은 고출력밀도 SOFC(high power density SOFC, 이하 HPD -SOFC)로 알려진 새로운 SOFC의 설계방법을 개발했다[27, 32]. 그들은 전류통로를 매우 짧게 설계함으로써 출력밀도를 크게 증가시켰다. 평판형 구조 역시 전류통로를 짧게 하여 출력밀도를 높일 수 있으며, 평판형 SOFC의 저항손실을 줄일 수 있는 방법이 Tanner & Virkar[61]에 의해 제안된 바 있다. 물질수송저항이나 농도분극을 감소시키기 위한 연구는 많은 주목을 받지 못했다. PEMFC에서 물질수송이 개선되면 셀 전압이 급격히 감소(과도한 농도분극이 그 원인임)하는 부분 이전 영역에서 전류밀도를 높이는데 효과적이라고 보고된 바 있다[62]. 마찬가지로 SOFC에서도 물질수송의 개선에 의해 높은 전류밀도를 얻을 수 있다.

SOFC의 수치모델에서 전체적인 전류-전압 성능을 정확하게 예측하기 위해 과전압을 정확히 계산하는 것은 매우 중요하다. 과전압으로 인한 열 발생 또한 온도와 유량 및 물질 농도 분포를 계산하는데 중요하다. 활성화분극의 경우, 교환전류밀도에 대한 데이터와 식을 구하는 연구가 여전히 필요하다. 저항손실을 예측하기 위해 전극에 대한 신뢰성 있는 특성데이터가 필요하다. 덧붙여 SOFC의 복잡한 회로망을 분석하기 위한 방법이 개발되어야 한다. Nernst 방정식으로 기전력을 계산할 때 전극과 유체의 경계면에서 물질의 국소 몰 분율을 사용함으로써 농도분극을 계산할 수 있다고 생각된다. 다공성 전극 또한 반응장소의 역할을 하기 때문에 전극에서의 물질수송저항을 나타내는 좋은 수치모델은 없다. 교환전류밀도가 감소되면 활성화분극 과전압이 증가하므로, 이는 전극에서의 물질수송저항을 활성화분극에 포함시키는 하나의 방법이 될 수 있다. 전극에서의 물질수송저항을 고려하기 위해 Hirano 등[25]이 제시한 방법은 편리하지만 너무 간단해서 연구가 더 필요하다.

SOFC의 컴퓨터 모델링이 발전함으로써 미래에는 컴퓨터 시뮬레이션에 의해 SOFC의 연구개발 비용이 크게 감소되리라 예상된다.

참고문헌

[1] Srinivasan, S., Mosdale, R., Stevens, P. & Yang, C., Fuel cells: reaching the era of clear and efficient power generation in the twenty-first century. Annual Review Energy Environment, 24, pp. 281-328, 1999.

[2] Gardner, F. J., Thermodynamic processes in solid oxide and other fuel cells. Proc. Instn. Mech. Engrs., 211, Part A, pp. 367–380, 1997.

[3] Suzuki, K., Iwai, H., Kim, J. H., Li, P. W. & Teshima, K., Solid oxide fuel cell and micro gas turbine hybrid cycle and related fluid flow and heat transfer. The 12th International Heat Transfer Conference, Grenoble, August 18–23, 1, pp. 403–414, 2002.

[4] Harvey, S. P. & Richter, H. J., Gas turbine cycles with solid oxide fuel cells, Part I: Improved gas turbine power plant efficiency by use of recycled exhaust gases and fuel cell technology. ASME Journal of Energy Resources Technology, 116, pp. 305–311, 1994.

[5] Layne, A., Samuelsen, S., Williams, M. & Hoffman, P., Developmental status of hybrids. International Gas Turbine & Aeroengine Congress & Exhibition, Indianapolis, Indiana, USA, No. 99–GT–400, 1999.

[6] Ali, S. A. & Moritz, R. R., The hybrid cycle: integration of turbomachinery with a fuel cell. International Gas Turbine & Aeroengine Congress & Exhibition, Indianapolis, Indiana, USA, No. 99–GT–361, 1999.

[7] Bevc, F., Advances in solid oxide fuel cells and integrated power plants. Proc. Instn. Mech. Engrs., 211, Part A, pp. 359–366, 1997.

[8] Freni, S. & Maggio, G., Energy balance of different internal reforming MCFC configurations. International Journal of Energy Research, 21, pp. 253–264, 1997.

[9] Wojcik, A., Middleton, H., Damopoulos, I. & Herle, J. V., Ammonia as a fuel in solid oxide fuel cells. Journal of Power Sources, 118, pp. 342–348, 2003.

[10] Wark, K., Thermodynamics, Second Edition, McGraw–Hill Book Company: New York, pp. 536–561, 1971.

[11] Perry, R. H. & Green, D. W., *Perry' s Chemical Engineer' s Handbook*, Seventh Edition, McGraw–Hill: New York, 1986.

[12] Onuma, S., Kaimai, A., Kawamura, K., Nigara, Y., Kawada, T., Mizusaki, J. & Tagawa, H., Influence of the coexisting gases on the electrochemical reaction rates between 873 and 1173 K in a CH_4–H_2O/Pt/YSZ system. Solid State Ionics, 132, pp. 309–331, 2000.

[13] Li, P. W., Schaefer, L., Wang, Q. M. & Chyu, M. K., Computation of the conjugating heat transfer of fuel and oxidant separated by a heat–

generating cell tube in a solid oxide fuel cell, Paper No. IMECE2002-32564. Proc. of ASME International Mechanical Engineering Congress and Exposition, Nov. 17.22, New Orleans, Louisiana, USA, 2002.
[14] Hartvigsen, J., Khandkar, A. & Elangovan, S., Development of an SOFC stack performance map for natural gas operation. Proc. of the Sixth International Symposium on Solid Oxide Fuel Cells. Honolulu, Hawaii, USA, 1999; on Web site www.mtiresearch.com/pubs.html No. MTI00-07.
[15] Massardo, A. F. & Lubelli, F., Internal reforming solid oxide fuel cell-gas turbine combined cycles (IRSOFC-GT), Part A: Cell model and cycle thermodynamic analysis. International Gas Turbine & Aeroengine Congress & Exhibition, Stockholm, Sweden, No. 98-GT-577, 1998.
[16] Chan, S. H., Khor, K. A. & Xia, Z. T., A complete polarization model of a solid oxide fuel cell and its sensitivity to the change of cell component thickness. Journal of Power Sources, 93, pp. 130-140, 2001.
[17] Keegan, K., Khaleel, M., Chick, L., Recknagle, K., Simner, S. & Deibler, J., Analysis of a planar solid oxide fuel cell based automotive auxiliary power unit. SAE 2002 World Congress, Detroit, Michigan, No. 2002-01-0413, 2002.
[18] Nagata, S., Momma, A., Kato, T. & Kasuga, Y., Numerical analysis of output characteristics of tubular SOFC with internal reformer. Journal of Power Resources, 101, pp. 60-71, 2001.
[19] Iwata, M., Hikosaka, T., Morita, M., Iwanari, T., Ito, K., Onda, K., Esaki, Y., Sakaki, Y. & Nagata, S., Performance analysis of planar-type unit SOFC considering current and temperature distributions. Solid State Ionics, 132, pp. 297-308, 2000.
[20] Minh, N. Q. & Takahashi, T., Science and Technology of Ceramic Fuel Cells, Elsevier: New York, 1995.
[21] Ota, T., Koyama, M., Wen, C. J., Yamada, K. & Takahashi, H., Object-based modeling of SOFC system: dynamic behavior of micro-tube SOFC. Journal of Power Sources, 118, pp. 430-439, 2003.
[22] Srikar, V. T., Turner, K. T., Andrew Ie, T. Y. & Spearing, S. M., Structural design consideration for micromachined solid-oxide fuel cells. Journal of Power Sources, 125, pp. 62-69, 2004.

[23] Li, P. W. & Chyu, M. K., Simulation of the chemical/electrochemical reaction and heat/mass transfer for a tubular SOFC working in a stack. Journal of Power Sources, 124, pp. 487-498, 2003.

[24] Li, P. W., Schaefer, L. & Chyu, M. K., Investigation of the energy budget in an internal reforming tubular type solid oxide fuel cell through numerical computation, Paper No. IJPGC2003-40126. Proc. of the International Joint Power Conference, June 16-19, Atlanta, Georgia, USA, 2003.

[25] Hirano, A., Suzuki, M. & Ippommatsu, M., Evaluation of a new solid oxide fuel cell system by non-isothermal modeling. J. Electrochem. Soc., 139(10), pp. 2744-2751, 1992.

[26] Hagiwara, A., Michibata, H., Kimura, A., Jaszcar, M. P., Tomlins, G. W. & Veyo, S. E., Tubular solid oxide fuel cell life tests. Proc. of the Third International Fuel Cell Conference, Nagoya, Japan, pp. 365-368, 1999.

[27] Singhal, S. C., Advances in solid oxide fuel cell technology. Solid State Ionics, 135, pp. 305-313, 2000.

[28] Tomlins, G. W. & Jaszcar, M. P., Elevated pressure testing of the Simens Westinghouse tubular solid oxide fuel cell. Proc. of the Third International Fuel Cell Conference, Nagoya, Japan, pp. 369-372, 1999.

[29] Bessette N. F., Modeling and simulation for solid oxide fuel cell power system, Georgia Institute of Technology, Ph.D Thesis, 1994

[30] Ahmed, S., McPheeters, C. & Kumar, R., Thermal-hydraulic model of a monolithic solid oxide fuel cell. J. Electrochem. Soc., 138, pp. 2712-2718, 1991.

[31] Ferguson, J. R., Fiard J. M. & Herbin, R., Three-dimensional numerical simulation for various geometries of solid oxide fuel cells. Journal of Power Sources, 58, pp. 109-122, 1996.

[32] Singhal, S. C., Progress in tubular solid oxide fuel cell technology. Electrochemical Society Proceedings, 99-19, pp. 40-50, 2001.

[33] Sverdrup, E. F., Warde, C. J. & Eback, R. L., Design of high temperature solid electrolyte fuel cell batteries for maximum power output per unit volume. Energy Conversion, 13, pp. 129-136, 1973.

[34] Li, P. W., Suzuki, K., Komori, H. & Kim, J. H., Numerical simulation

of heat and mass transfer in a tubular solid oxide fuel cell. Thermal Science & Engineering, 9(4), pp. 13-14, 2001.

[35] Aguiar, P., Chadwick, D. & Kershenbaum, L., Modeling of an indirect internal reforming solid oxide fuel cell. Chemical Engineering Science, 57, pp. 1665-1677, 2002.

[36] Bessette, N. F. & Wepfer W. J., A mathematical model of a tubular solid oxide fuel cell. Journal of Energy Resources Technology, 117, pp. 43-49, 1995.

[37] Campanari, S., Thermodynamic model and parametric analysis of a tubular SOFC module. Journal of Power Sources, 92, pp. 26-34, 2001.

[38] Haynes, C. & Wepfer, W. J., Characterizing heat transfer within a commercial grade tubular solid oxide fuel cell for enhanced thermal management. Int. J. of Hydrogen Energy, 26, pp. 369-379, 2001.

[39] Recknagle, K. P., Williford, R. E., Chick, L. A., Rector, D. R. & Khaleel, M. A., Three-dimensional thermo-fluid electrochemical modeling of planar SOFC stacks. Journal of Power Sources, 113, pp. 109-114, 2003.

[40] Li, P. W., Schaefer, L. & Chyu, M. K., Interdigitated heat/mass transfer and chemical/electrochemical reactions in a planar type solid oxide fuel cell. Proc. of ASME 2003 Summer Heat Transfer Conference, Las Vegas, Paper No. HT2003-47436, 2003.

[41] Joon, K., Fuel cells - a 21st century power system. Journal of Power Sources, 71, pp. 12-18, 1998.

[42] Watanabe, T., Fuel cell power system applications in Japan. Proc. Instn. Mech. Engrs., 211, Part A, pp. 113-119, 1997.

[43] Veyo, S. E. & Lundberg, W. L., Solid oxide fuel cell power system cycles. Proc. of the International Gas Turbine & Aeroengine Congress & Exhibition, Indianapolis, Indiana, USA, Paper No. 99-GT-365, 1999.

[44] White, D. J., Hybrid gas turbine and fuel cell systems in perspective review. Proc. of the International Gas Turbine & Aeroengine Congress & Exhibition, Indianapolis, Indiana, USA, Paper No. 99-GT-419, 1999.

[45] Li, P. W., Schaefer, L., Wang, Q. M., Zhang, T. & Chyu, M. K., Multi-gas transportation and electrochemical performance of a polymer

electrolyte fuel cell with complex flow channels. Journal of Power Sources, 115 pp. 90–100, 2003.
[46] Cahoon, N. C. & Weise, G. (eds) The Primary Battery, Vol. II, John Wiley & Sons: New York, 1976.
[47] Li, P. W., Schaefer, L. & Chyu, M. K., Three–dimensional model for the conjugate processes of heat and gas species transportation in a flat plate solid oxide fuel cell. 14th International Symposium of Transport Phenomenon, Bali, Indonesia, June 6–9, pp. 305–312, 2003.
[48] Li, P. W., Schaefer, L. & Chyu, M. K., The energy budget in tubular and planar type solid oxide fuel cells studied through numerical simulation. International Mechanical Engineering Congress and Exposition 2003, (IMECE 2003–42426), Washington, D.C., Nov. 16–21, 2003.
[49] Burt, A. C., Celik, I. B., Gemmen, R. S. & Smirnov, A. V., A numerical study of cell–to–cell variations in a SOFC stack. Journal of Power Sources, 126, pp. 76–87, 2004.
[50] George, R. A. & Bessette, N. F., Reducing the manufacturing cost of tubular SOFC technology. Journal of Power Sources, 71, pp. 131–137, 1998.
[51] Krumdieck, S., Page, S. & Round S., Solid oxide fuel cell architecture and system design for secure power on an unstable grid. Journal of Power Sources, 125, pp. 189–198, 2004.
[52] Bird, R. B., Stewart, W. E. & Lightfoot, E. N., Transport Phenomena, John Wiley & Sons: New York, 1960.
[53] Williams, F. A., Combustion Theory, Benjamin/Cummings Publishing Co., 1985.
[54] Eckert, E. R. G. & Drake, R. M., Heat and Mass Transfer, 2nd Edition of Introduction to the Transfer of Heat and Mass, McGraw–Hill Book Company, Inc., 1966.
[55] Turns, S. R., Introduction to Combustion: Concept and Application, Second Edition, McGraw–Hill Higher Education: New York, 1999.
[56] Incropera, F. P. & DeWitt, D. P., Introduction to Heat Transfer, Third Edition, John Wiley & Sons, 1996.
[57] Todd, B. & Young, J. B., Thermodynamic and transport properties of gases for use in solid oxide fuel cell modeling. Journal of Power

Sources, 110, pp. 186-200, 2002.

[58] Patankar, S. V., Numerical Heat Transfer and Fluid Flow, McGraw-Hill, 1980.

[59] Karki, K. C. & Patankar, S. H., Pressure based calculation procedure for viscous flows at all speed in arbitrary configurations. AIAA Journal, 27(9), pp. 1167-1174, 1989.

[60] Beckermann, C. & Smith, T. F., Incorporation of internal surface radiation exchange in the finite-volume method. Numerical Heat Transfer, Part B, 23, pp. 127-133, 1993.

[61] Tanner, C. W. & Virkar A. V., A simple model for interconnect design of planar solid oxide fuel cells. Journal of Power Sources, 113, pp. 44-56, 2003.

[62] Nguyen T. V., A gas distributor design for proton-exchange-membrane fuel cells. J. Electrochem. Soc., 413(5), pp. L103-L105, 1996.

기 호

a	화학물질의 화학량론 계수
A	화학물질, 면적 (m^2), 일반 변수
A_{cell}	연료전지의 외부표면적 (m^2)
A_{air}, A_{fuel}	공기와 연료의 입구유동 면적 (m^2)
b	화학물질의 화학량론 계수
B	화학물질, 일반변수
C	일반변수
C_p	일정 압력에서의 비열 용량 [J/(kg K)]
$D_{J,m}$	혼합물에서 j 번째 가스물질이 나머지 가스들로 확산해 가는 확산계수 (m^2/s)
E	기전력 또는 전압 (V)
F	Faraday 상수 [96486.7(C/mol)]
g	Gibbs 자유에너지 (J/mol)
h	화학 엔탈피 (kJ/kmol) or (J/mol)
H	높이 (m)
i	전류밀도 (A/m^2)

i_0	교환전류밀도 (A/m^2)
I	전류 (A)
k	열전도도 (W/m·K)
K_{PR}, K_{PS}	개질반응과 수성-가스 이동반응의 화학적 평형상수
L	길이 (m)
m	질량전달율 또는 질량 소모/생성율 (mol/s)
$\dot{m}$	질량유속 [mol/(m^{2}s)]
M	분자량 (g/mol)
M_f	연료의 총 몰유량 (mol/s)
n_e	산화반응에서 연료 1몰 당 포함된 전자의 수
p, P	압력 (Pa) 또는 위치
$\dot{q}$	체적 열소스 (W/m^3)
Q	열에너지 (W)
r	방사상 축 (m)
r^a, r^c, r^e	연료극, 공기극, 전해질층의 평균반경 (m)
R	일반 가스상수 [8.31434 J/(mol K)]
R^a, R^c, R^e	연료극, 공기극, 전해질의 이산화된 저항 (Ω)
S	가스물질의 소스항 (kg/m^3), 일반변수
T	온도 (K)
u	축방향 속도 (m/s)
U	이용율 (0~1)
v	축방향 속도 (m/s), 식 (68)의 확산체직
V	비체적 (m^3/kmol)
V_{cell}	셀 단자전압 (V)
V^a, V^c	연료극과 공기극에서의 전압 (V)
W	폭 (m)
x	화학물질의 화학량론 계수, 축 (m)
X	화학물질, 몰분율
$\bar{x}$, $\bar{y}$, $\bar{z}$	유로의 관심대상 부분에서 CH_4, CO, H_2의 몰 당 반응율 (mol/s).
y	화학물질의 화학량론 계수, 축 (m)
Y	화학물질, 질량분율
z	축 (m)
Z	압축인자

그리스 기호

θ 주변 위치, 각도
δ 전극과 전해질층의 두께 (m)
ΔG 화학반응의 Gibbs 자유에너지 변화 (J/mol)
ΔG_0 화학반응의 표준상태 Gibbs 자유에너지 변화 (J/mol)
ΔH 화학반응의 엔탈피 변화 (J/mol)
ΔS 엔트로피 생성 [J/(mol K)]
Δx 위치 x에 중심을 둔 연료전지의 한 축의 일부분 (m)
λ 열전도도 [W/(m·C)]
μ 동적 점성도 (Pa·s)
ρ 밀도 (kg/m^3)
ρ_e^a, ρ_e^c 연료극과 공기극의 전자저항도 (Ωcm)
ρ_e^e 전해질의 이온저항도 (Ωcm)
ρ_r 감소된 밀도
η_{Act} 활성화분극 (V)

아래첨자

a 연료극
c 공기극
cell 전체 연료전지의 파라메터
e, *w*, *n*, *s* 격자 *P*와 인접 격자 사이의 동서남북 경계면
E, *W*, *N*, *S* 격자 *P*의 동서남북 인접 격자
f 연료
i 아래첨자 변수
j 가스물질, 아래첨자 변수
m 혼합물
P 격자 *P*에서의 변수
R 전기화학적 반응
x 축방향 위치
X, *Y* 화학물질
Δx Δx의 유로부분의 변화량

위첨자

a	연료극, 순서기호
b	순서기호
c	공기극, 순서기호
e	전해질
in	관심대상 유로부분의 입구
out	관심대상 유로부분의 출구
P	격자 P에서의 변수
R	반응
x	축방향 위치

Chapter 2
평판형 고체산화물 연료전지의 수치 모델

S. B. Beale
National Research Council, Ottawa, Canada.

개 요

이 장은 평판형 고체산화물 연료전지(planar type solid oxide fuel cell)의 스택과 단일셀을 모델링하는데 사용되는 다양한 수치적 기법에 대해서 다룬다. 고체산화물 연료전지(SOFC)의 짧은 역사와 지금까지의 모델링 연구들에 대해 개괄적으로 살펴본다. 이상적인 (Nernst) 전압에 대한 지배방정식과 함께 고체산화물 연료전지의 기본적인 열역학법칙이 소개된다. 그 뒤 동작 셀 전압에 영향을 미치는 요소에 대하여 논의한다. 그리고 입구의 질량분율, 유량, 그리고 셀 전압은 알고 있을 때 출구부의 값과 전류를 구하는 간단한 반복계산 과정을 설명한다. 이 과정은 본문의 뒷부분에서 기술된 더욱 복잡한 알고리즘에 대한 기본틀이 된다. 산화물와 연료의 입구유량이 일정하다고 가정할 때 '가상유동법(presumed-flow methodology)'을 기반으로 한 수치적분 기법은 더욱 복잡하다. 물질의 국소적인 소스와 싱크는 Faraday 방정식으로부터 계산된다. 이후 이들을 이용하여 연속방정식(continuity equation)과 물질전달방정식(mass transfer equation)의 해를 구하는데 사용된다. 열과 물질의 전달이 SOFC의 출력에 큰 영향을 미치기 때문에 온도의 변화 또한 계산된다. 보다 전문적인 화학적 지식을 이용하여 열과 물질의 전달문제를 더욱 자세히 다룬다. 유한체적(finite-volume) 기법 및 다른 기법에 기반을 둔 전산유체역학(computational fluid dynamics, 이하 CFD) 수치해석 프로그램을 이용하여 가장 복잡한 셀 모델이 구해진다. 이 프로그램을 추가로 개선하면 (Nernst 방정식 대신에) 전위를 정밀하게 모델링하고 다공질 전극에서의 동역학과 물질전달 문제가 결합된 문제를 해석할 수 있다. 마지막으로 스택 모델이 소개된다. 이것은 완전한 CFD모델이거나 또는 체적평균(volume-averaging) 기법을 기반으로 한 더욱 간단한 모델이다.

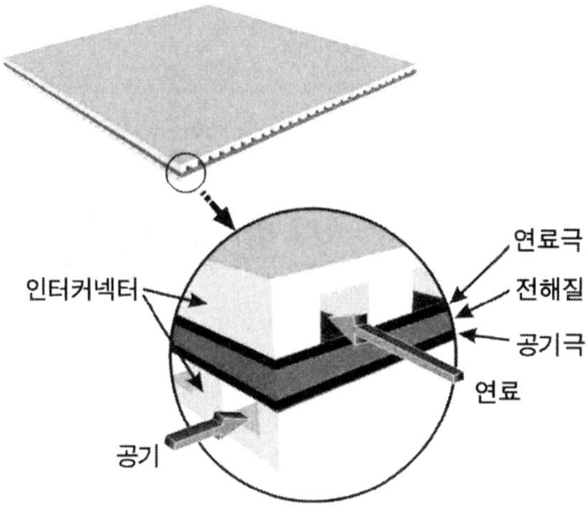

그림 1. 대표적인 평판형 SOFC의 개략도

1 서 문

1.1 고체산화물 연료전지의 형태와 역사

다양한 형태의 연료전지가 현재 개발 중에 있다. 이들 중 가장 널리 알려진 것으로는 수소이온교환막 연료전지(PEMFC)와 고체산화물 연료전지(SOFC)가 있다. SOFC는 세라믹 지르코니아(ceramic zirconia)의 산소이온을 전도하는 속성을 이용하는 고체상태(solid-state) 장치이다. 전자와 이온의 순환은 모두 전자나 산소이온(O^{2-})과 같은 음으로 대전된 입자들의 유속(流束, flux)이라는 점에서 SOFC의 동작원리는 기존의 배터리나 PEMFC와는 다르다. 양이온 또는 '정공(hole)'은 제작할 때 고체의 매트릭스(matrix)에 고정되어 있다. Williams가 저술한 책에서는 1960년대 이전의 SOFC 기술의 개발에 대해 자세히 설명하고 있다.

SOFC는 연료극(anode), 전해질, 그리고 공기극(cathode)으로 구성된다. 연료극은 일반적으로 다공질 서멧(cermet, 내열성 합금)을 사용하는데, NiO와 이트리아 안정화 지르코니아(Yttria-stabilised Zirconia, 이하 YSZ)의 화합물이 그 한 예이다. 대표적인 공기극의 재료는 $LaMnO_3$가 첨가된(doped) 스트론튬(Sr)을 사용하며, 이를 페롭스카이트(perovskite)라 부른다. 전해질은 YSZ층으로 구성되어 있으며, 저항손실을 줄이기 위해서 가능한 한 얇게 제조된다. 연료와 공기통로는 반응물질을 공급하고 생성물질을 제거하기 위해 필요하다. 가스통로는 보통 단면이 직사각형의 미소유로(micro-channel)가 이용되지만 때로는 평판형 유로가 사용되기도 한다. 또 유체통로와 전극 사이에 삽입되어 있는 다공질 물체는 가스확산층의 역할을 한다.

SOFC는 평판형(planar)과 원통형(cylindrical)의 2 가지 종류가 있으며, 원통형은 기계적인 밀봉 문제가 없는 반면 평판형은 상대적으로 큰 전력밀도를 얻을 수 있다. 본 논문에서는 평판형 SOFC에 초점을 맞춘다. 필요한 운전전압을 얻기 위해, 연료전지의 각 셀 사이에 금속 또는 세라믹 인터커넥터(interconnecter)를 설치하여 셀들을 연결함으로써 스택으로 만든다. 때로는 인터커넥터를 스테인레스강으로 만든 것도 있다. 셀은 전기적으로 직렬로 연결되지만 수역학적으로 평행해야 한다. 또한 인터커넥터는 매니폴드(manifold)를 통해 공급되는 연료와 공기의 유로에 대한 하우징(housing) 기능을 한다. 주변장치(balance-of-plant)는 작용유체가 원하는 운전조건 하에서 공급되도록 한다. 연료전지의 연료와 공기는 동향류(同向流, co-flow)와 대향류(對抗流, counter-flow) 그리고 교차류(交叉流, cross-flow) 형태로 공급될 수 있다. 저자가 다루는 산업용 SOFC의 구조는 교차류에 대한 것이다. 수소는 보통 반응기에서 메탄이나 메탄올을 개질시켜 공급된다. 천연가스로 운전되는 시스템의 전기적 효율은 50%를 초과할 수 있다. 나머지 에너지는 열로서 방출된다.

그림 2. 평판형 SOFC 스택. Global Thermoelectric Inc.사의 허가에 의해 복사

SOFC의 기본 원리는 다음과 같다. 먼저 공기극에서 환원반응이 발생한다.

$$O_2 + 4e^- \rightarrow 2O^{2-} \tag{1}$$

연료가 H_2라면, 연료극에서는 산소이온이 수소와 결합하여 물과 전기 및 열을 발생시킨다.

$$H_2 + O^{2-} \rightarrow H_2O + 2e^- \tag{2}$$

따라서 전체 반응은 다음과 같다.

$$\begin{array}{ll} H_2 + \frac{1}{2}O^{2-} \rightarrow H_2O \\ 1kg + 8kg \qquad 9kg \end{array} \tag{3}$$

1.2 모델링 기법

열과 물질전달 및 전기화학에 대한 수학적 모델은 연료전지의 스택과 단일 셀의 성능을 예측하기 위한 도구가 된다. 열-유체 시뮬레이션은 열적 및 전기화학적 성능을 예측할 수 있고, 구조해석 모델은 기계적 거동을 예측할 수 있다. 우리의 관심은 전자에 있다. 가장 먼저 SOFC 성능을 계산한 것은 Vayenas와 Hegedus[5]였다. 그 이후로 모델링의 범위와 정밀도가 증가되어 왔다. 수학적인 해석을 통하여 더욱 우수한 전극을 개발할 목적으로 마이크로 수준(micro-scale) 또는 나노 수준(nano-scale)에서 연구가 이루어져 왔다. 새로운 제품을 설계하려는 연료전지 제조업자들이 가장 먼저 고려하는 것이 단일셀(single-cell) 모델이며, 이는 현재 상용 CFD 프로그램 공급자이 목표로 하는 응용분야이다. 스택의 모델링은 종합적인 설계를 위해서 필요하며, 때로는 파라메터에 대한 연구도 포함된다. 언급해야 할 가장 두드러진 문제는 전위장(electric potential field), 다공질매체에서의 수송현상(porous media transport phenomena), 그리고 화학적 동력학(chemical kinetics, 이동반응과 내부개질 등) 부분이다. SOFC에서 열, 물질 및 전하의 보존에 대한 모델의 개발은 문헌 [6-8]에 자세히 설명되어 있다. 그러한 모델들이 SOFC 스택이 적용된 바 있다[9-12]. 이동반응과 개질반응이 고려되었으며[13-14], 열과 물질전달 문제도 다루어 졌다[15-16]. 기존의 CFD 프로그램을 사용한다면, SOFC 스택의 크기와 구조의 복잡성 때문에 대용량의 고속 컴퓨터가 필요하다. 따라서 개인용 컴퓨터가 그러한 계산을 수행할 수 있기 위해서는 공학적인 가정을 의해 더욱 간략화된 모델이 제안되었다[10, 12, 17, 18]. 이 모델을 사용하면 컴퓨터 프로그램의 속도와 메모리 용량은 크게 줄어든다. 정밀한 SOFC 설계를 위해서는 대용량의 CFD 프로그램이 필요한 반면, 실시간 제어를 위해서는 빠른 응답을 필요로 하는 가장 간단한 프로그램만이 필요하다.

1.3 SOFC의 열역학

Newman[19]은 열역학, 동역학 및 수송현상(transport phenomena)이 전기화학적 시스템을 이해하는 기본이라고 말한다. 수송현상이 열역학적 특성과 화학적 동역학에 의해 영향을 받는다는 것을 인식하는 것은 중요하다. 물리화학적인 수력학(hydrodynamics)은 그러한 상호작용을 다루는 학문이다[20, 21]. 먼저 연료전지 열역학으로부터 시작하는 것이 바른 순서이다. 그림 3은 열역학 장치인 연료전지의 기본개념을 나타내고 있다. 내부에너지 U에 대한 기본 관계식[22]을 다음과 같이 나타낼 수 있다고 가정한다.

$$U = U(S, V, N_j, Q) \tag{4}$$

여기서 S는 엔트로피, V는 부피, N_j는 물질 j의 몰수이며, Q는 전하의 수이다. 에너지의 보존식은 다음과 같다.

$$dU = dW_{Heat} + dW_{Mech} + dW_{Chem} + dW_{Elec} \tag{5}$$

$$dU = TdS - PdV + \sum_j \mu_j dN_j + EdQ \tag{6}$$

여기서 $T = (\partial U/\partial S)_{v,N_j,Q}$, $P = -(\partial U/\partial V)_{S,N_j,Q}$, $\mu_j - (\partial U/\partial N_j)_{S,V,Q}$, $E = (\partial U/\partial Q)_{S,V,N_j}$는 온도, 압력, 화학적 전위(chemical potential), 그리고 전기적 전위(electric potential)를 각각 나타낸다.

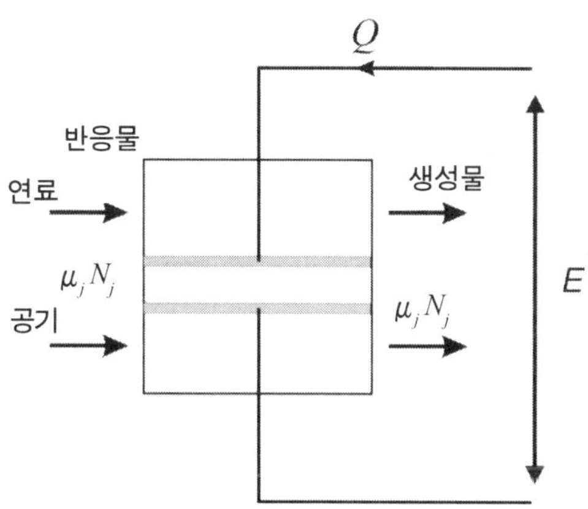

그림 3. 열역학 시스템으로서의 연료전지

물리화학 교과서에는 항상 Gibbs 자유에너지 G가 빠짐없이 소개되어 있으며, 전하의 전달이 포함되지 않는 화학반응의 경우 다음과 같이 쓸 수 있다.

$$dG = dU - TdS + PdV = \sum_j \mu_j dN_j \tag{7}$$

자유에너지는 온도와 압력이 일정한 상태(예를 들면 대기상태)의 해석에 유용하다. 고려하고 있는 상황의 경우 $dU - TdS + PdV \neq \sum_j u_j dN_j$ 임을 명심하라.

온도와 압력이 일정하게 유지되고 내부에너지의 변화가 없는 전기화학적 과정에서 화학에너지는 다음과 같이 전기에너지로 변환된다.

$$\sum_j \mu_j dN_j = -EdQ \tag{8}$$

여기서 N_j는 유입의 경우에는 양(+), 유출의 경우에는 음(−)임을 알 수 있다. 즉, 반응물의 화학적 에너지의 총합은 생성물보다 더 작다.

식 (3)에 의해 정의된 화학반응에 의해 생성된 몰 당 엔탈피는 1000 ℃에서 $\Delta H^0 = -247.3kJ/mol$이며, 반면에 생성된 몰 당 Gibbs 에너지(즉 생성 화학에너지)는 $\Delta G^0 = 177.4kJ/mol$로서, 음의 부호는 열이 $69.9kj/mol$의 비율로 방출되는 것을 가리킨다. 따라서 전기화학적 반응은 발열반응이다. 각 항의 차이 $\Delta H^0 - \Delta G^0$는 크게 보아 $T\Delta S^0$항으로 간주할 수 있다. 그러나 연료전지에서는 시스템의 엔트로피(그리고 내부에너지)를 변화시킬 수 있는 다른 열소스가 있다. 또한 연료전지가 대기에 노출되지 못하므로 압력과 온도가 변화한다는 것을 명심할 필요가 있다. 따라서 식 (8)은 단지 식 (6)의 간략화된 형태라고 단순히 평가하는 것은 신중해야 한다. 그러나 식 (8)은 이상적으로 모든 화학에너지가 전기에너지로 변환되는 기본적인 가정을 수정하기 위해 고려해야 하는 비가역성과 함께 연료전지 해석을 위한 출발점이 된다는 것은 변함없다.

SOFC에서 연료와 공기는 고온의 가스이므로 다중 성분을 갖는 완전가스(perfect gas)로 취급하면 다음 식이 성립한다.

$$PV = NRT \tag{9}$$

이때 R = 8.3144 × 103 J/mol•K는 가스상수이며, 공기극과 연료극 가스의 경우 다음 식이 성립한다.

$$N = \sum_j Nj \tag{10}$$

화학적 전위는 문헌 [22]에 의해 다음과 같이 주어진다.

$$\mu_j = \mu^{0_j}(T) + RTlnP + RTlnx_j = \mu_j^0(T) + RTlnP_j \tag{11}$$

여기서

$$x_j = N_j/N = N_j/\sum_k N_k \tag{12}$$

는 몰분율이며, $P_j = x_j P$는 가스물질 j의 분압이다.

Faraday 법칙에 따르면 전기화학적 반응에 의해 소비된 산소의 몰 수는 다음과 같다.

$$\widetilde{N} = \frac{Q}{nF} \tag{13}$$

F = 96,485 Coulomb/mol는 Faraday 상수이며, n = 2이면 산소의 원자가이다. 따라서 화학에너지의 변화는 다음과 같나.

$$\sum \mu_J \triangle N_j = \sum [(v_j/\mu_j)_{\mathrm{Products}} - (v_j/u_j)_{Reactants}]\widetilde{N} \tag{14}$$

그리고 v_i는 화학량론 계수이다. 예를 들면 다음과 같다.

$$v_1 A_1 + v_2 A_2 \ \rightarrow \ v_3 A_3 \tag{15}$$

$$\sum u_i \triangle N_j \ = \ (v_1\mu_1 + v_2\mu_2 - v_3\mu_3)\widetilde{N} \ = \ (\triangle G^0 + RT\ \ln K_p)\widetilde{N} \tag{16}$$

여기서 $\triangle G^0 = \sum [(v_j/\mu_j)_{\mathrm{Produuts}} - (v_j/u_j)_{Reactants}]\widetilde{N}$ 는 회학빈응에 대한 몰 낭 Gibbs

자유에너지이다. (주 : 저자는 문헌과 일관성을 유지하기 위해 $\Delta G = G/\tilde{N}$ J/mol 로 나타낸다.)

평형상수 K_P는 다음과 같이 주어진다.

$$K_P = \frac{P_1^{v1} P_2^{v2}}{P_3^{v3}} \tag{17}$$

이를 몰분율 Xj의 항으로 다시 쓸 수 있다. 즉, 예를 들면 수소를 연료로 사용하는 SOFC의 경우는 다음과 같이 된다.

$$\sum \mu_i \Delta N_i = \left(\Delta G^0 + \frac{1}{2} RT \ln P_a + RT \ln \left(\frac{x_{H_2} x_{O_2}^{0.5}}{x_{H_2O}} \right) \right) \tilde{N} \tag{18}$$

여기서 P_a는 공기압력이다. Faraday 법칙을 사용하여 전류에 몰유량을 대입하면 다음 식이 얻어진다.

$$E = - \frac{\sum u_i \Delta N_i}{nF} \tag{19}$$

산소의 원자가가 2이므로 다음 식이 얻어진다.

$$E = E^0 + \frac{RT}{2F} \ln \left(\frac{x_{H_2} x_{O_2}^{0.5}}{xH_2O} \right) + \frac{RT}{4F} \ln P_a \tag{20}$$

이 식은 SOFC에 대한 Nernst 방정식이다. E 값은 가역전위 또는 Nernst 전위이다. 다음에서 열역학적 압력을 수력학적 압력과 연관시키고 열역학적 전위와 정전위(electrostatic potential)와 연관시킬 수 있다고 가정한다. 실제적인 이유 때문에 P_a가 절대 공기압력이 아니라 게이지의 (상대적인) 압력인 것처럼 E_0가 다시 정의되며, 이 경우 식 (20)에서의 마지막 항은 $(RT/4F)\ln(1 + P_{gague}/P_0)$으로 대체되며, P_0는 기준 운전압력이다. 압력과 온도의 값이 변화하는 정밀한 수송모델을 고려하는 경우후자의 형태가 더욱 유용하다. 일반적으로 P_{gague}/P_0이 매우 작기 때문에 E값은 몰분율과 온도변화에 의해 크게 변화한다.

E_0 값은 다음과 같이 다항식으로 표현된다.

$$E_0 = a - bT \tag{21}$$

대표적인 값은 a = 1.214 V와 b = 3.2668 V/K이다. 차수가 더 높은 다항식도 존재한다. 식 (21)의 오른쪽 항의 물리적인 중요성은 $a \approx \Delta G^0/nF$, $b \approx T\Delta S^0/nF$이라는 것이다. 이 경우 a와 b는 온도 의존적이지만, 대부분의 경우 이것은 매우 합리적인 근사식이다. 그림 3에 설명된 과정은 개방 열역학 사이클(open thermodynamic cycle)이다. 따라서 부하가 연결되면 유한한 전류 $i = \dot{Q}$ 가 흐른다. 이러한 상황에서 비가역적인 변화가 있게 되며, 실제 셀 전압은 가역적인 Nernst 전위보다 더 작아진다.

1.4 셀 전압과 전류

전해질의 이온전도 메카니즘은 인접한 전극 및 인터커넥터(전자 전도)와 근본적으로 다르다. 따라서 단부(edge)에서 전해질이 분극화되어 전하이중층(double charge layer)이 경계면에 생성된다. 경계면 양쪽에 걸친 화학적 전위의 변화량 $\Delta\mu_j$는 전기화학적인 평형을 위하여 전기적 전위가 반대방향으로 $nF\Delta\Phi$만큼 변화함으로써 균형을 이룬다. 이 항들의 합을 전기화학적 전위라 한다. 그림 4는 연료전지의 전하이중층을 나타내며, 그림 5는 전위분포를 나타낸다. Nernst 전위는 연료극과 공기극 전위의 합으로써 $E = \Delta\Phi_a + \Delta\Phi_c$이다. 전류가 외부로 흐를 때 평형상태에서의 변화량 $\eta = \delta\Delta\Phi$는 측정할 수 있지만, 단일 전극에서의 전위 $\Delta\Phi$는 측정할 수 없다. 이중층은 두께가 나노미터(10^{-9}m) 정도이다. 전해질 내부에서 전류가 흐르지 않으면 전위도 변하지 않는다. 다시 말하면 그림 5에서 볼 수 있듯이 연료극과 공기극에서 전위는 계단적으로 변하지만, 전해질 내부에서는 변화가 없다는 것이다.

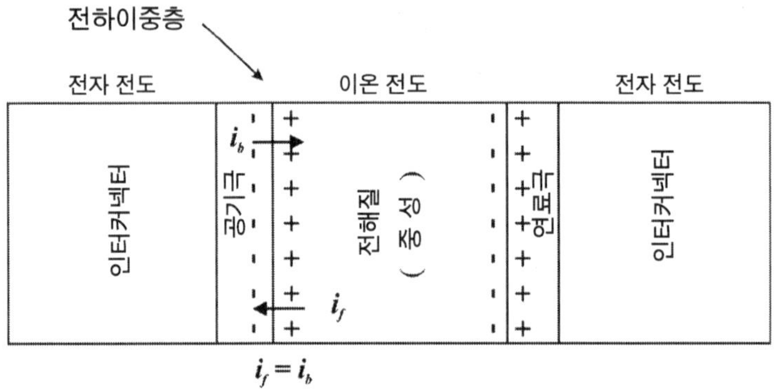

그림 4. 전하이중층

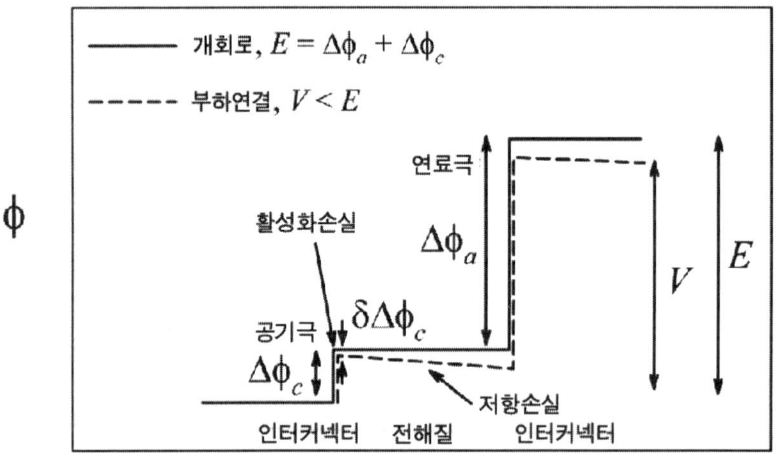

그림 5. 개회로 상태 및 전류가 흐르는 상태의 전위

전류 I가 흐르면 전압강하와 실제 셀 전압 V는 다음과 같이 주어진다.

$$V = E - \eta_e - \eta_a - \eta_C = iR_l \tag{22}$$

여기서 η_e, η_a, η_c는 각각 전해질, 연료극 및 공기극에서의 전위손실을 나타낸다. 전기화학이나 화학공학에서 이들을 과전압(overpotential) 또는 분극(polarization)이라 부른다. R_l은 외부부하 저항이다.

전해질 양쪽 계면 사이의 전위차는 다음과 같다.

$$\eta_e = iR_e = E - \eta_a - \eta_c - V \tag{23}$$

위 식을 때로는 저항과전압(Ohmic overpotential)이라고 부른다. 여기서 R_e는 전해질의 내부저항이다. 전해질의 저항은 온도에 따라 크게 달라지며, 온도를 증가시키면 감소한다. 이는 금속 인터커넥터에서의 저항손실과 비슷하며(이 경우는 손실이 훨씬 더 작다), 편의를 위해 후자는 당분간 무시할 것이다. 따라서 전해질과 인터커넥터의 이온에 작용하는 전기장에 의해 일이 행해지고 있는 반면, 전극을 가로지르는 전기장에 대해서는 반대방향으로 일이 행해지고 있다. 연료극과 공기극의 과전압은 전류의 함수이지만 수치해석을 위해 때로는 모든 손실을 하나의 선형화된 내부저항 $\overline{R}$로 나타내는 것이 편리하다.

$$\eta_e + \eta_a + \eta_c = i\overline{R} \tag{24}$$

여기서 $\overline{R} = \overline{R}(i)$로써, $V-i$ 곡선의 기울기가 일정하지 않다는 것을 이해해야 한다. $V-i$ 곡선 또는 전압-전류밀도의 $V-i''$ 곡선은 전기화학을 연구하는 사람에게는 가장 중요한 특성이다. (주 : 여기서 변수 위쪽의 '•'은 시간 미분을 표시하고, '−'는 길이 미분을 나타낸다는 것을 명심하라). 따라서 만약 q의 단위가 [J]이면, $\dot{q}''$의 단위는 [W/m^2]가 된다.

전기화학 교과서에는 몰분율이라는 말이 자주 등장하지만, 공학문제에 있어서는 질량분율 m_j를 사용되는 것이 보통이며, m_j는 몰분율 x_j와 다음과 같이 상호변환될 수 있다.

$$m_j = x_j \frac{M_j}{M} \tag{25}$$

여기서 혼합물의 분자량은 다음과 같다.

$$M = \sum_j x_j M_j = \frac{1}{\sum^{j} \frac{m_j}{M_j}} \tag{26}$$

전극표면에서의 반응으로 인해 작용유체(working fluid)의 연속성이 유지되고 물질의 소스/싱크가 나타난다. 질량유속 $\dot{m}_j''$(단위는 kg/m^{2}s)는 Faraday 법칙에 의해 전류밀도 $i''=i/A$와 다음과 같은 관계가 있다.

$$m_j''=\pm\frac{M_j i''}{1000n_jF} \tag{27}$$

여기서 M_j는 화학물질 j(단위는 g/mol)의 분자량이며, n은 원자가이다. Nernst 방정식을 질량분율의 항으로 다음과 같이 쉽게 쓸 수 있다.

$$E=E^0+\frac{RT}{2F}\left[\ln\left(\frac{m_{H_2}m_{O_2}^{0.5}}{m_{H_2O}}\right)+\frac{1}{2}\ln\left(M_a\right)+0.4643\right]+\frac{RT}{4F}\ln P_a \tag{28}$$

여기서 M_a는 식 (26)에서 공기의 경우 혼합물의 분자량이다.

$$\ln\left(\frac{M_{H_2O}}{M_{H_2}M_{O_2}^{0.5}}\right)\approx\ln(18)-\ln(2)-\frac{1}{2}ln(32)=0.4643 \tag{29}$$

전기화학에서는 몰 기준의 단위가 자주 나타나지만, 수송현상에서는 다양한 이유 때문에 질량 기준 단위가 많이 사용된다. 연료전지를 다룰 때는 두 단위를 모두 사용해야 하며, 양쪽 모두 어느 정도 한계가 있다.

1.5 활성화 손실 (Activation losses)

전기화학적 반응은 단지 제한된 비율로만 발생한다. 대전된 입자가 전하이중층을 통과하려면 어떤 최소값 이상의 자유에너지를 가지고 있어야 한다. 공학적 측면에서, 활성화에너지는 예를 들면 상변화(phase change)가 존재하는 다상시스템(multiphase system)에서 필요한 '상변화에너지에 대한 특정 상의 에너지(bulk-to-interphase energy)'와 비슷하다. 그림 6은 단일단계(single step) 단일전자(single electron)의 전기화학적 반응 A→B의 기본원리를 나타내고 있다. 기호 '#'는 활성화된 상태를 나타낸다. Eyring의 해석[23]은 그러한 반응율이 제한된(rate-limiting) 상태에 유용하다. 해석 과정은 다음과 같다. 전극계면를 가로지르는 이온의 확률밀도함수(probability density function)는 Boltzmann 분포를 따르며, 정반응율 상수 k_f mol/sec는 다음과 같이 주어진다.

$$k_f = k_0 \exp(-\Delta G_f / RT) \tag{30}$$

역반응율 상수 k_b도 마찬가지로 정의된다. 개회로(평형상태)인 경우 $k_f = k_b = k_0$이다. 전류가 흐르면 전위차는 개회로의 값에서 벗어나고 전기장에 의해 필요한 자유에너지 또한 다음과 같이 변화한다.

$$\Delta G = \Delta G_f - \beta F \Delta \Phi \tag{31}$$

여기서 β는 대칭계수(symmetry coefficient)로써 $0 \le \beta \le 1$의 범위를 가지며, 전위의 변화가 필요한 활성화에너지에 영향을 미치는 척도임을 그림 6에서 알 수 있다. 이 조건 하에서는 정반응율이 역반응율과 동일하지 않다. 정반응에 대한 전류식은 다음과 같다.

$$i_f = FN_A k_0 \exp(-\Delta G_f / RT) \exp(-\eta F \Delta \Phi / RT) = i_0 \exp(-\beta F \eta / RT) \tag{32}$$

여기서 x_A는 화합물 A의 몰분율이며, M은 혼합물의 분자량이다. 다음의 양 $\eta = \delta \Delta \Phi = \Delta \Phi - \Delta \Phi_0$는 활성화과전압이다. 마찬가지로 역반응 B→A의 경우 전류는 다음과 같다.

$$i_b = i_0 \exp(-(1-\beta) F \eta / RT) \tag{33}$$

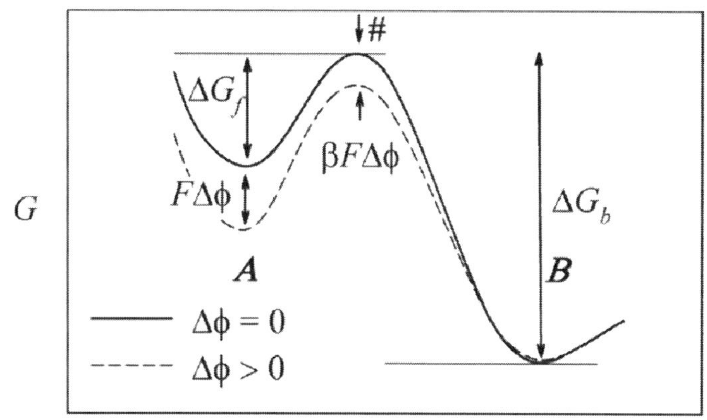

그림 6. 난일난계 단일전자의 전달반응에 대한 활성화에너지의 개념도

그리고 단일단계 단일전자 전달과정에 적합한 Butler−Volmer 방정식을 다음과 같이 구할 수 있다.

$$i = i_0[\exp(-\beta nF\eta/RT) - \exp((1-\beta)nF\eta/RT)] \quad (34)$$

i_0는 교환전류이다. 일반적으로 i_0은 몰농도의 함수로써, 평형상태의 열역학적 조건인 $E = E_0 + (RT/F)\log(P_B/P_A)$와 양립할 수 있도록 함으로써 i_0와 몰농도의 함수관계가 이론적으로 결정될 수 있다. 여기서 P_A와 P_B는 분압이다. $i_f = i_b = i_0$라 하면 교환전류밀도는 $i_0'' = Fk_0 P_A^{1-\beta} P_B^{\beta}$인 관계가 있다.

식 (34)의 두 항은 화학적으로 반응하는 시스템에서 발생하는 아레니우스 수식(Arrhenius expression)과 본질적으로 비슷하다. 다음의 사항을 주목해야 한다. 전류가 작은 경우 식 (34)를 $\eta = 0$ 부근에서 Taylor 급수전개에 의해 확장시키면 선형 형태가 된다. 과전압(전류)이 큰 경우는 식이 지수형으로 된다. 지수형의 경우 대전된 입자의 선속(flux)의 방향에 따라 식 (34)의 두 항 중 하나는 무시할 수 있을 정도로 작다. 지수형의 식을 Tafel 방정식이라 부른다. 비율 i/i_0는 어느 한 쪽이 선형영역 또는 Tafel 영역에 있는가를 결정한다. 전기화학적 다단(multi−step) 반응의 경우 Butler−Volmer 방정식은 일반적으로 다음과 같다.

$$i = i_0 \lfloor \exp(n\beta_f F\eta/RT) - \exp(n\beta_b F\eta/RT) \rfloor \quad (35)$$

β_f와 β_b를 전달계수(transfer coefficient)라 부른다. 다단반응[24, 25]에 대한 식 (35)를 유도하려면, 어떤 전극에서 평형상태에서 고려되는 모든 다른 단계에 대해 오직 하나의 비율제한단계(rate limiting step)만 있다고 보통 가정한다. 이러한 제한적인 관점에서 식 (35)를 준경험식으로 간주하는 것이 현명하다. 왜냐하면 β_f와 β_b가 실험적으로 결정되기 때문이다. i_0와 β값이 주어지면 식 (35)는 반복적으로 해를 구해야 하는 $\eta = \eta(i, T)$ 식의 또 다른 형태로 생각될 수 있다. 평판형 SOFC에서 대표적인 값은 $i_0'' = 1 \sim 5000\ A/m^2$이다. 일반적으로 η_a와 η_c을 구한 뒤 식 (22)에 사용하기 위해 식 (35)를 연료극과 공기극에 적용하여 2개의 해를 구해야 한다. 따라서 i_0''값은 2개 β값은 4개가 구해진다. (주 : β는 보통 1/2로 가정한다.) 한 전극에서의 과전압은 다른 전극의 과전압에 비해 무시할 수 있다. 두 전극에서의 단일단계 반응에 대한 논거를 따르고, 평형상태에서 전위의 합은 열역학적 Nernst 전위식인 식 (20)과 같아야 하고, $\beta_f = \beta_b = 1/2$라고 가정

하면, 교환전류와 농도의 관계는 SOFC의 연료극에서는 $i_0 \propto P_{O_2}^{0.5}$, 공기극에서는 $i_0 \propto P_{H_2}^{0.5} P_{H_2O}^{0.5}$ 이라고 합리적으로 결론내릴 수도 있다.

Butler-Volmer 방정식을 간략화하는 것은 $\eta(i, T)$에 대한 명확한 해를 구할 수 있는 장점이 있다. 그러나 셀/스택에 대한 계산과정은 반복적이므로 위의 함축적인 형태를 사용하는 데는 약간의 문제가 있다. 전류밀도가 낮은 경우 전하전달손실은 특히 중요하다. SOFC는 고온장치이므로 지수항 $(RT)^{-1}$ 때문에 PEMFC와 같은 다른 연료전지에 비해 활성화손실이 작다. 전극의 동력학(kinetics) 또는 전기역학(electrodynamics)이라는 주제는 중요한 것이며, 여기서 다루었던 간략한 개요만으로는 불충분한 독자들은 Gileadi[24], Bockris 등[25], Bard & Falkner[26]와 같은 전문적인 문헌을 참조하기 바란다.

1.6 확산 손실(Diffusion losses)

공기극과 연료극에 O_2와 H_2를 공급하고 연료극에서 H_2O를 제거하는 속도를 제한하는 요인인 확산 때문에 물질전달손실이 발생된다. 따라서 연료와 공기 유로에서의 수송현상은 연료전지의 전기적 성능에 영향을 미친다. 이것은 농도구배가 커지는 높은 전류밀도에서 더욱 중요하게 된다. 때로는 물질전달 효과를 농도과전압 또는 농도분극 개념을 도입하여 전하전달(활성화)과 유사한 방법으로 다룬다. 이 용어들은 모두 나름대로 사용배경이 있다. 이 손실은 몰분율 또는 질량분율의 항으로 나타낼 수 있지만, 식 (22)에 사용하기 위해 여기서는 질량분율로 나타낸다.

$$\eta = \pm \frac{RT}{nF} ln\left(\frac{m_b}{m_w}\right) \tag{36}$$

기호 m_b와 m_w는 체적(bulk) 질량분율과 벽(wall)의 질량분율을 나타내며(읽기 편하게 물질 표시기호 $m_{j,b}$는 생략했다), 부호는 생성물의 경우 양(+), 반응물의 경우는 음(−)이다. 과전압을 식 (22)의 형태로 정의하는 것은 그다지 장점이 없다. 그보다 필요한 것은 Nernst 방정식이 유체의 체적값(bulk value) 대신에 벽의 값(wall value)을 기반으로 하고 있다는 것을 인식하는 것이다. 어떤 저자들[3, 27]은 Nernst 길이 자(length scale)를 도입하여 소위 등가필름이론(equivalent film theory)을 이용하면 연료전지에서의 확산효과가 모델링될 수 있다고 제안하였다. 여기서는 이러한 방법을 추천하지 않는다. SOFC에서의 물질전달을 계산하는데 있어 제안하는 방법은 Beale [28]이 개략적으로 설명한 것이 있는데, 일반화된 공학적인 질량전달 문제에 대한 표준방법[29, 32]을 따르는 것이다.

연료전지에서, 전극 표면에서의 이종(heterogeneous) 화학반응으로 인해 연속방정식과 물질(질량분율)방정식에서 소스와 싱크가 나타난다. 질량유속 $\dot{m}''$이 다음과 같이 주어진다고 가정하자.

$$\dot{m}'' \doteq gB \tag{37}$$

여기서 $\dot{m}'' = \pm M i''/1000\,\mathrm{nF}$는 H_2와 O_2의 경우 음이고 H_2O의 경우는 양이다. g는 질량전달 콘덕턴스(conductance)이다. 역사적 이유에서 기호 g는 일반화된 컨덕턴스를 나타내고, 기호 h(유럽)와 α(북미지역)는 독립변수로써 온도에 따른 열전달을 나타내는데 사용되었다. 이러한 관습적인 표기법은 확실히 복잡한 요소가 있다.

구동력 B는 다음과 같이 정의된다.

$$B = \frac{m_b - m_w}{m_w - m_t} \tag{38}$$

관습에 따르면 $\dot{m}''$와 B 모두 주입되는 경우는 양이며(연료극에서 H_2O), 배출되는 경우는 음(공기극에서의 산소와 연료극에서의 수소)인 반면, 컨덕턴스 g는 항상 양이다. 아래 첨자 t는 소위 '물질이 전달된 상태(transferred-substance state, T-상태)'를 나타낸다[29, 32, 33]. 다중 성분의 혼합물의 경우 T-상태값은 다음과 같이 주어진다.

$$m_{j,t} = \frac{\dot{m}_j''}{\dot{m}''} \tag{39}$$

여기서 $\dot{m}'' = \sum_j \dot{m}_j''$이다. 따라서 식 (3)의 화학량론으로부터 공기측에서는 O_2의 경우 m_t = 1인 반면 연료측에서는 H_2의 경우 m_t = −1/8, H_2O의 경우는 m_t = +9/8이다. 식 (37)은 무차원형식으로 간편하게 다음과 같이 쓸 수 있다.

$$B = \frac{g^*}{g} b \tag{40}$$

여기서 g^*은 $\dot{m}''\to 0$인 극한에서 g의 값을 나타내며, 송풍(blowing)파라메터 b는 다음과 같다.

$$b = \frac{\dot{m}''}{g^*} \tag{41}$$

식 (38)은 다음과 같은 형식으로 다시 쓸 수 있다.

$$\frac{m_w}{m_b} = \frac{1+\dfrac{m_t}{m_b}B}{1+B} \tag{42}$$

이상적으로 유로의 형상이 특별히 정해진 경우 $B(b)$에 대한 실제 물질전달 데이터는 구할 수 있다. 그렇지 않다면, 1-D 대류-확산 방정식 (43)에 대한 해는 근사값이 사용된다.

$$B = \exp(b) - 1 \tag{43}$$

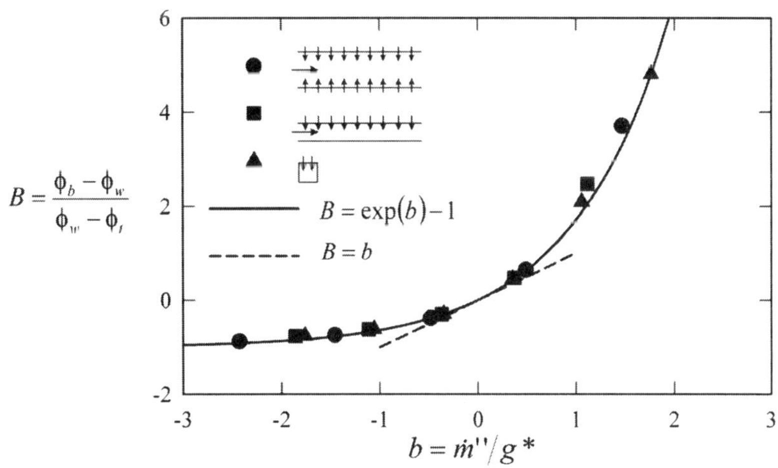

그림 7. 송풍파라메터의 함수로써의 물질전달 구동력, 문헌 [28]에서 인용.

그림 7은 다양한 형태의 통로에 대해 완전히 발달된(fully-developed) 물질전달의 수치 시뮬레이션 데이터를 보여주고 있다[34]. 그림에서 b에 대한 B의 정규

화된 데이터는 식 (43)에 해당하는 곡선과 잘 일치하고 있음을 알 수 있다. 무차원화된 값을 사용하는 것은 중요하다. 예를 들어 정규화된 대류유속(convection flux) b 대신에 횡축에 벽의 레이놀즈 수 Re, 또는 Sherwood 수 Sh를 사용하면 데이터는 하나의 곡선이 되지 않을 것이다. 식 (42)와 (43) 또는 그와 등가의 식은 매우 정밀하며 동시에 매우 구현하기 쉽다는 점에서 식 (22)의 형태로 된 물질전달손실을 충분히 계산할 수 있다.

$B(b)$에 대한 실험데이터나 해석적인 수식과 함께 공기측과 연료측의 기하학적 형상에 대한 g값을 알면 연료전지에서의 확산손실에 대한 정당한 계산값을 충분히 얻을 수 있다. 그림 7에서 값이 다소 차이가 나는 것은 다양한 이유(입구 길이, Schmidt수의 변화 등) 때문이라고 추정된다. 실험데이터를 얻을 수 있다면 항상 이 데이터를 사용해야 한다. 대부분의 경우 질량유량이 작으며, 그러한 환경에서는 $g=g^*$과 $B=b$임을 명심해야 한다. g^*의 값은 질량유속이 영(zero)인 경우의 Sherwood수인 Sh^*으로부터 구할 수 있다.

$$Sh^* = \frac{g^* D_h}{\Gamma} \tag{44}$$

$Sh \rightarrow Sh^*$의 극한을 취하지 않은 상태에서 전류밀도/질량유속이 높은 경우 연료전지에서 확산을 제어하는 것은 중요하다. 문헌 [35]의 표 43에서 주어진 것처럼, 그림 8은 다양한 종횡비(aspect ratio)를 갖는 직사각형의 통로에서 완전히 발달된(fully-developed) 질량유동과 스칼라 수송에 대한 Sh^* 값을 보여준다. 배출(예를 들면 공기극에서)의 경우 물질전달을 감소시켜 $g/g^* < 1$인 반면, 송풍(예를 들면 연료극에서)의 경우는 반대되는 영향을 미쳐 $g/g^* > 1$가 된다는 것을 명심하라. 또한 정밀한 CFD 시뮬레이션 시에 T-상태값을 알면 유용하다. 이 값들은 물질방정식에서 경계조건을 설정하는 데 사용될 수도 있다(2.5절 참조). 이상과 같이 소개한 분석법이 가스유로에서의 물질전달에 적합하다 해도, 유로와 다공질 확산층에서의 결합된 물질전달이 포함된 더욱 복잡한 기하학적 형상까지 확장되어 고려될 수 있음을 2.9절에서 보여준다. 2.11절은 연료전지에서 물질전달 분석을 위해 몇 가지 심층적으로 고려해야 될 사항에 대해 논의한다.

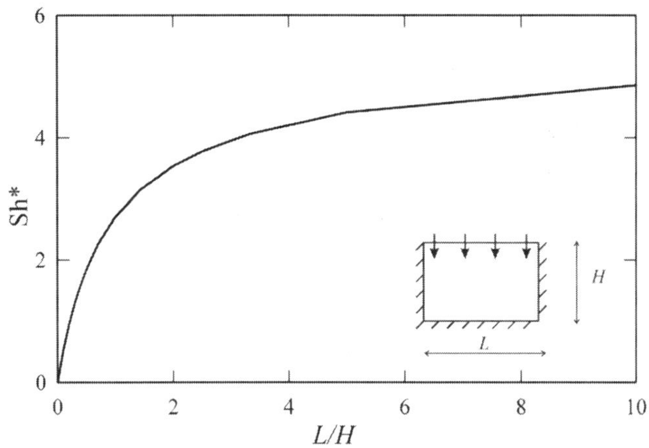

그림 8. 송풍이 없는(zero-blowing) 제한상태에서 직사각 통로에 대한 Sh*(Nu*값). 문헌 [34]와 Schmidt[35]의 데이터에서 인용.

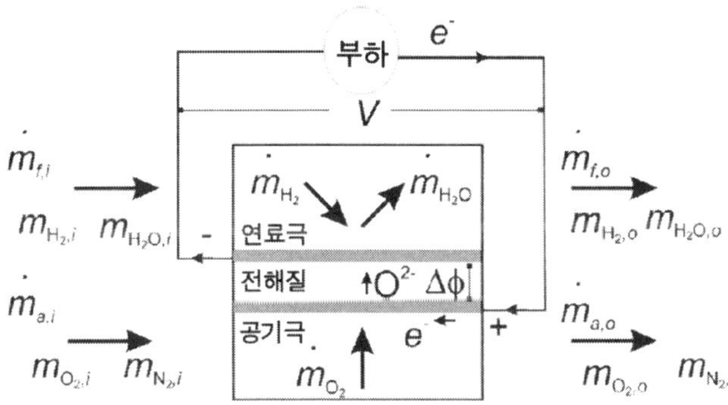

그림 9. 수소를 연료로 사용하는 SOFC의 개략도

1.7 기본적인 계산 알고리즘

우리는 이제 연료전지의 성능을 계산을 위한 간단한 알고리즘을 구성하려고 한다. 다음 값들을 알고 있다고 가정한다. 셀전압 V, 온도 T, 공기압력 P_a, 공기와 연료의 입구유량 $\dot{m}_{a,\in}$와 $\dot{m}_{f,\in}$, 공기의 각 성분의 질량분율 $m_{O_2,in}$과 $m_{N_2,in}$, 연료의 각 성분의 질량분율 $m_{H_2,in}$과 $m_{H_2O,in}$이 그것이다.

1. 전류 i에 대한 초기값 추정한다.
2. Faraday의 법칙으로부터 물질의 소스/싱크인 $\dot{s}_{O_2}$, $\dot{s}_{H_2}$, $\dot{s}_{H_2O}$를 계산한다. 공

기와 연료의 출구 질량유량 $\dot{m}_{a,out}$ 및 $\dot{m}_{f,out}$, 질량분율 $m_{O_2,out}$, $m_{H_2,out}$, $m_{H_2O,out}$, $m_{N_2,out}$를 계산한다.

3. 식 (42)를 이용하여 입구와 출구의 평균 체적질량분율을 계산한 뒤 벽의 질량분율을 계산한다.
4. 벽의 값들에 기초하여 Butler-Volmer식 (35)로부터 연료극과 공기극의 과전압 η_a와 η_c를 계산한다.
5. 벽의 값들에 기초하여 식 (20)으로부터 Nernst 전압 E를 계산한다
6. 다음 식으로부터 전류 i를 계산한다.

$$i = \frac{E - \eta_a - \eta_c - V}{R_e} \tag{45}$$

7. 수렴할 때까지 단계 2~6을 반복한다.

이 간단한 과정은 아래에서 설명된 더욱 복잡한 이후의 과정의 기본이 될 것이다. 단계 (5)의 연속성 관계는 쉽게 계산된다. 예를 들어 $\dot{m}_{a,out} = \dot{m}_{a,\in} + \dot{s}_{O_2}$와 $\dot{m}_{f,out} = \dot{m}_{f,\in} + \dot{s}_{H_2} + \dot{s}_{H_2O}$이며, 질량분율식은 단지 $m_{k,out} = m_{k,\in} + \dot{s}_k / (\dot{s}_k + \dot{m}_{k,\in})$이다. 여기서 $k = O_2$, H_2, H_2O이다.

명심해야 할 중요한 사항은 설정된 전압에 대한 설정된 전류의 관계가 필요하다는 것이다. 일반적으로 물리학자는 설정된 전압을 필요로 하고, 전기화학자는 설정된 전류 i(또는 전류밀도, i'')를 필요로 한다. 정전위(potentiostatic) 조건과는 반대로 정전류(galvanostatic) 조건이 설정될 필요가 있다면 요구되는 전류가 얻어질 때까지 설정된 전압을 조정할 필요가 있다. 이는 당연한 것으로써 같은 결과를 얻기 위한 두 가지 방법이 2.7절에서 논의된다.

2 컴퓨터에서의 설계

위에서 설명된 수치계산 방법은 연속적인 계산단계가 설정되어 있음에도 불구하고 실제 사용에 있어서는 제한적이다. 수치계산 방법은 개인용 컴퓨터에서 수 초 동안에 계산할 수 있는 매우 간단한 모델에서부터 대용량 컴퓨터와 긴 계산시간을 필요로 하는 복잡한 모델까지 매우 다양하다. 전자가 주변장치(balance-of-plant)나 실시간제어를 포함하는 시스템 모델에 사용될 수 있는 반면, 후자는 셀의 상세

설계에 사용될 수 있다.

SOFC나 스택이 잘 설계된다면, 입구의 유동은 균일하게 될 것이다. 그러나 질량 분율, 온도 및 연료전지의 전류밀도 등에 매우 큰 변화가 있을 수도 있다. 또한 셀의 통로을 따른 유동의 속도는 물질의 소스/싱크 때문에 변화하며, 그 결과 압력 또한 비선형적인 형태로 변화할 것이다. 따라서 앞서 설명한 알고리즘을 사용하고, 해를 구하는 데 있어 압력이 정정된(pressure-corrected) 운동량(momentum)방정식이 포함되지 않은 채, 단지 연속방정식과 스칼라적인 수송방정식의 해를 구할 필요가 있는 상황이 많이 있다. 다른 상황, 예를 들면 구조가 특별한 유로를 조사하는 것과 같은 상황에서는 운동량방정식의 해가 요구된다.

영역이 매우 정교하게 분할되어 확산성분(점성효과, 열전달, 가스확산 등)을 알 수 있는 상황과 몇 가지 일반적인 장 변수 중에서 다음과 같은 확산유속 Φ에 대한 비율식(rate equation)을 도출해 내는 것이 필요한 상황을 구분하는 것이 중요하다.

$$-\Gamma \frac{\partial \Phi}{\partial y}\bigg|_w = g\Delta\Phi \tag{46}$$

따라서 벽면에서 Φ의 국소적인 변화가 벽에 대한 유동체(bulk-to-wall)(어떤 경우에는 유동체에 대한 유동체(bluk-to-bulk))의 차이값 $\Delta\Phi$로 대체된다. 따라서 컨덕턴스 g의 개념이 도입되며, 이는 1.6절에서 자세히 나루었다. 이와 같은 표시법은 대류적인 열 및 물질전달의 고전적인 주제의 중심에 있다[36].

일반적으로 SOFC를 이산화시킬 때 메시(격자)가 구성된다. 메시를 구성하기나 구성하지 않을 수도 있으며, 경계에 맞추거나 그렇지 않을 수도 있다(따라서 각 셀은 주어진 유체/고체 재료에 대응한다). 확산항이 직접 계산되는 정밀한 시뮬레이션의 경우 그림 10(a)처럼 미세하게 분할된 메시가 필요하며, 이 메시들은 주로 인접한 벽면의 유체 경계에 집중되어 있다. 만약 비율식(rate-equation)의 가정이 도입된다면 그림 (b)처럼 영역에 맞춘 성긴 메시(coarse body-fitted mesh)가 사용되거나 (c)와 같이 국소체적 평균에 대응하는 임의의 메시를 사용하게 된다. 이러한 경우 연료전지에서 다른 물질들 사이의 공간적인 구별은 하지 않는다. 이러한 방법은 모두 장점과 단점을 가지고 있다. 그림 10(c)의 경우 각 계산 셀마다 하나 이상의 상(phase)에 대한 저장 할당영역이 필요한 반면, (b)의 경우 모든 재료의 속성과 상간(inter-phase) 계수(컨덕턴스) – 그 수가 너무 많다 – 를 기억할 필요가 있나. (a)의 경우 SOFC 스택이 대형이면 격자수가 너무 많아

계산이 처리하기 힘들게 될 수도 있다. 따라서 정밀함과 계산속도 사이에 어느 정도의 타협이 필요하다. 프로그램 설계자는 최초에 메시의 성질과 해당 수치방법에 대해 어느 정도 결정해야 한다.

SOFC가 다음의 4 가지의 다른 물질로 구성된다고 가정하자. (1) 공기 (2) 연료 (3) 전해질 및 (4) 인터커넥터. 또 전극은 충분히 얇아서 전해질 표면을 형성하는 것으로 간주할 수 있다고 가정하자. 우리는 순서에 따라서 이 가정들을 제거해 나갈 것이다. 다음 절에서는 유한체적(finite-volume) 과정[37]을 이용하여 그러한 시스템의 해를 구하는 방법을 다룰 것이다.

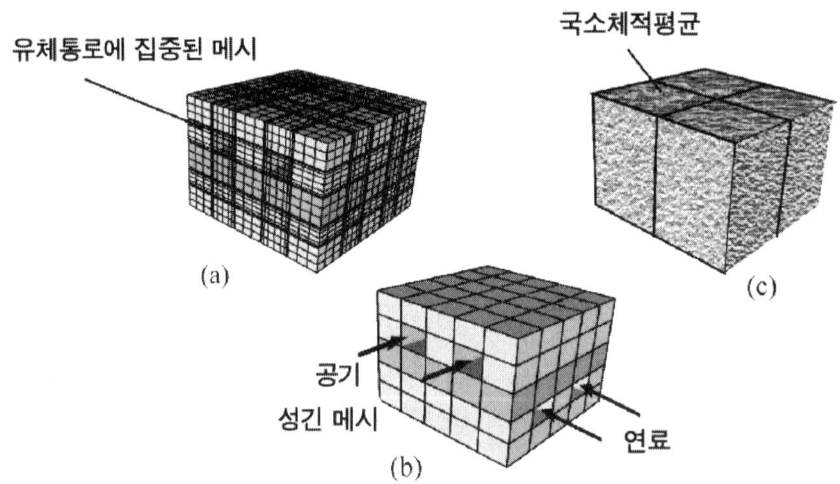

그림 10. 평판형 SOFC를 이산화시키는데 사용될 수 있는 메시법. (a) 경계에 맞춰진 정밀메시법 (b) 경계에 맞춰진 비율기반 메시법 (c) 체적평균 메시법(경계에 맞춰지지 않음)

2.1 일반 스칼라방정식

다음과 같은 기본식을 채택한다고 가정하자.

$$\frac{\partial(\rho_j \epsilon_j \Phi_j)}{\partial t} + \nabla \cdot (\rho_j \epsilon_j \vec{u_j} \Phi_j) = \epsilon_j \sum_j \alpha_{jk}(\Phi_k - \Phi_j) + \Delta \cdot (\epsilon_j \Gamma \nabla \Phi_j) + \epsilon_j \dot{s}''' \quad (47)$$

(i) (ii) (iii) (iv) (v)

여기서 Φ는 일반적인 스칼라양(연속성, 질량분율, 엔탈피 등)이다. α는 체적 상간전달계수(volumetric inter-phase transfer coefficient)이며, Γ는 교환계수(exchange coefficient)이다. 식 (47)의 각 항은 왼쪽에서 오른쪽으로 다음과 같이 부르기로 한다. (i) 과도항(transient), (ii) 대류항, (iii) 상간 전달항, (iv) 확산 또는 상 내부 전달항, (v) 소스항.

체적분율 ϵ_j가 상수라면 전체 평형에 어떠한 영향도 미치지 않으므로, 식을 적분하는데 앞서 제거될 수 있다. 또 경계에 맞춰진(boundary-fitted) 메시가 사용된다면 $\epsilon_j=1$인 하나의 상을 제외한 모든 상은 $\epsilon_j=0$이다. 따라서 간단히 하기 위해 해석에서 $\epsilon_j=0$인 상은 제거된다. 일반적으로 (iii)과 (iv)항은 상호 양립할 수 없다. 또한 식에서 (iii)항을 구분하여 나타내었다 하더라도 거의 항상 선형화된 소스항 (v)의 형태로 프로그램된다. 균일한 평행류, 대향류, 교차류의 경우 식은 더욱 간단해지고 어떤 상황에서는 상미분방정식으로 주어들게 된다. 식 (47)은 다음과 같은 선형대수 식으로 쉽게 변환된다.

$$a_w(\Phi_W-\Phi_P)+a_S(\Phi_E-\Phi_P)+a_S(\Phi_S-\Phi_P)+a_N(\Phi_N-\Phi_P)+\sum C_P(V_P-\Phi_P)+S_P=0 \quad (48)$$

여기서는 간단히 하기 위해 2-D 형태가 채택되었다. 식 (48)은 유한체적법에 적합한 형태이다. 방향 표기는 E=동, W=서, S=남, N=북, T=이전의 시간 단계 등으로 간략히 표현된다[37]. S_P와 $C_P(V_P-\Phi_P)$는 고정(fixed) 소스와 선형화된 소스를 각각 나타낸다.

2.2 연속성(continuity)

다음과 같은 상(phase) 연속방정식의 해를 구하는 것이 일반적이다.

$$\frac{\partial \rho_j}{\partial t} + \overrightarrow{\nabla} \cdot (\rho_j \overrightarrow{u_j}) = \dot{m}_j''' \quad (49)$$

공기와 연료 통로의 소스항은 다음과 같이 전극에서의 전기화학적 반응에 의해 발생한다.

$$\dot{m}_j''' = \pm \sum_k M_k i''/1000nF \quad (50)$$

여기서 M_k는 유체 j(공기 또는 연료)의 화학성분 $k(O_2, H_2, H_2O)$의 분자량이다. 연속체(continuum) 방정식은 적분되기 때문에 소스항을 단위체적이나 단위면적에 대해 설정하는 것과 등가이다.

2.3 운동량(Momentum)

운동량방정식의 해를 구하는 것은 다루는 문제에 따라 달라진다. 입구유동이 균일하고 정상상태라고 이미 알려진 단일 SOFC의 경우, 프로그램이 복잡하지 않다. SOFC 스택의 3-D 문제 또는 아직 설계되지 않은 단일셀의 경우, 유동이 크게 변화하므로 다음과 같은 일반식을 풀 필요가 있다.

$$\frac{\partial(\rho_j \overrightarrow{u_j})}{\partial t} + \overrightarrow{\nabla} \cdot (\rho_j \overrightarrow{u_j}; \overrightarrow{u_j}) = -\overrightarrow{\nabla} P_j - F_j \epsilon_j z \overrightarrow{u_j} + \overrightarrow{\nabla} \cdot (\mu \overrightarrow{\nabla} \overrightarrow{u_j}) \qquad (51)$$

여기서 아래 첨자 j는 공기 또는 연료의 상을 구별하기 위해 사용한다. 각 상들(phases)은 섞이지 않으므로 상간(inter-phase) 항은 $F_j \epsilon_j (0 - \overrightarrow{u_j})$의 형태가 된다. 식 (51)의 오른쪽 두 번째 항은 보통 그림 10(a)의 정밀한 수치해석에서는 빠져있다. 반대로 그림 10(b)와 (c)의 경우 과도상태(transient)와 관성효과(inertial effect)가 무시된다면, 전체 압력강하는 유체항력(fluid drag) 또는 유체저항(fluid resistance) 때문에 발생한다.

$$\overrightarrow{\nabla} P_j = -F_j \overrightarrow{U_j} = -\epsilon_j F_j \overrightarrow{u_j} \qquad (52)$$

여기서 $\overrightarrow{U}$는 국소 체적 피상 속도(local bulk superficial velocity)이고, $\overrightarrow{u}$는 국소 체적 간극 속도(local bulk interstitial velocity)이며, F_j는 '분포저항(distributed resistance)'을 나타낸다[38]. F_j는 투과도가 k_{Darcy}인 동질의 다공질 재질의 경우 다음과 같은 의미를 가지고 있다.

$$F_j = \mu / k_{Darcy} \qquad (53)$$

일반적으로 그림 10(a)의 경우 종속변수는 실제의 국소속도인 $\overrightarrow{u}$이며, (b)의 경우 $\overrightarrow{u}$는 국소 체적 간극 속도, 그리고 (c)의 경우는 $\overrightarrow{u}$ 또는 $\overrightarrow{U}$를 선택할 수 있다. 물질전달을 무시할 수 있는 완전히 발달된 통로 층류(fully developed laminar duct flow) 의 경우는 다음과 같다.

$$f^* = \frac{\tau_w}{\frac{1}{2}\rho u^2} = \frac{C}{Re} \tag{54}$$

Shah & London[35]은 직사각 통로의 경우 $L \times H$의 치수를 다음과 같이 제시했다.

$$C = 24(1 - 1.3553\alpha^* + 1.9467\alpha^{*2} - 1.7012\alpha^{*3} + 0.9564\alpha^{*4} - 0.2537\alpha^{*5}) \tag{55}$$

여기서 $\alpha^* = H/L$ 또는 L/H로서 어느 것이든 최소값이다. Reynolds수 $Re = D_h \rho u/\mu$는 수력직경 $D_h = 4A/P$에 근거를 두고 있으며, 이때 A는 유동면적, P는 습윤둘레를 나타낸다. 따라서 다음을 쉽게 알 수 있다.

$$F_j = \frac{2C}{\epsilon}\frac{\mu}{D_h^2} \tag{56}$$

그림 10(a)와 같은 정밀한 수치 시뮬레이션의 경우 식 (52)~(56)은 관계가 없다. 항력은 식 (51)의 점성항으로부터 직접 구해진다. 반대로 비율 기반(rate-bascd) 수식의 경우 식 (52)~(56)을 이용하기 위해 점성항은 버린다. 실제로 $\tau = \mu|\partial u/\partial y|$는 물질전달율에 따라 달라지는 속도 프로파일 형상의 함수이므로 F 또한 질량전달의 영향 때문에 변화하며, $f/f^* \neq 1$이다. 이 프로파일은 스칼라 질량분율 프로파일[39]과 반드시 유사하지는 않다. 식 (43)이나 그림 7은 F를 수정하는데 사용할 수 없다. 운동량 송풍 파라메터(momentum blowing parameter)의 함수로서의 f/f^*에 대한 정밀한 실험 또는 수치 데이터는 기하학적 구조가 특별한 경우에 필요하다. 현재로서는 이러한 고려사항을 간단히 무시한다. 문헌 [18]은 분포저항식을 열 및 물질전달 효과를 포함하는 SOFC 스택에 대한 정밀한 CFD 방법과 비교한다.

2.4 열전달(Heat transfer)

식 (47)은 열전달 해석에 적합하다고 생각된다. 이 열전달식은 온도항(엔탈피나 내부에너지가 아님)으로 다음과 같이 쓸 수 있는 변수를 가진다.

$$\frac{\partial(\rho_j c_j T_j)}{\partial t} + \overline{\nabla} \cdot (\rho c_j \overrightarrow{u_j} T_j) = \sum_j \alpha_{jk}(T_k - T_j) + \overline{\nabla} \cdot (k\overline{\nabla} T_j) + \overline{\nabla} \cdot \overrightarrow{\dot{q}''} + \dot{q}''' \quad (57)$$

비가역적인 줄가열 때문에 전해질에서 체적 열소스가 나타나며, 다음과 같이 주어진다.

$$\dot{q}''' = \frac{i''(E-V)}{H_e} \quad (58)$$

여기서 H_e는 전해질의 두께이다. 전극이 얇은 경우 전극에서의 활성화에너지는 단위영역 당으로 나타내지며, 다음과 같은 크기를 가지며 전극 표면에 수직이다.

$$\dot{q}'' = i''\eta \quad (59)$$

또 다른 열소스는 1.3절에서 논의되었던 엔트로피의 변화에 의해 나타나며 다음과 같이 나타낼 수 있다.

$$\dot{q}'' = \frac{i''}{2F}(\Delta G^0 - \Delta H^0) \quad (60)$$

기술적으로 이것은 연료극과 공기극의 성분으로 나누어져야 한다. SOFC의 경우, 이 소스항은 보통 연료극에서 설정된다. 벽면에서의 물질전달에 의해 대류소스(convective source) 또한 존재한다. 이 또한 설명되어야 한다(아래 참조). 독자는 고체와 유체 사이에서 상간 열전달이 존재한다는 것을 유의하고 있을 것이다. 동시에 금속 인터커넥터와 같이 상 내부(within-phase)의 금속성 전도가 존재한다. 이것은 식 (47)의 두 항 (iii) 또는 (iv)가 존재하는 경우이다. 체적 열전달계수는 다음과 같이 계산된다.

$$\alpha V = \overline{U} A \quad (61)$$

여기서 A는 열전달 면적이고, V는 셀의 체적, $\overline{U}$는 전체 열전달계수로서 조화평균(harmonic averaging)을 사용하여 구할 수 있으며, 예를 들면 다음 식을 이용한다.

$$\frac{1}{\overline{UA}} = \frac{1}{hA} + \frac{H}{kAS_{cond}} \tag{62}$$

여기서 S_{cond}는 전도형상인자(conduction shape factor)이다. (주 : 열전달 교과서에서의 표준적인 정의는 H/A항을 포함하고 있으며, 여기서 A는 열전달 최대 표면적이며, H는 고체영역의 두께이다.) 그림 11은 정사각형 형상에 대한 S_{cond}의 예를 보여준다. 이 데이터는 수치해석 시뮬레이션에 의해 저자들이 구한 것이다. 연료전지 설계자는 고려 중인 실제의 형상에 대해 라플라시안 시스템 $\nabla^2\Phi=0$에 대한 수치해석 시뮬레이션으로부터 S_{cond}를 얻어야 한다. 인터커넥터 내부에 중요한 온도변화가 있다면 Fin 이론(Fin theory)을 사용할 수 있다. 전기저항이 다음과 같이 주어지는 인터커넥터에서의 전위분포를 고려하면 전도형상인자 또한 사용될 수 있다.

$$r = \frac{H}{\sigma AS_{cond}} \tag{63}$$

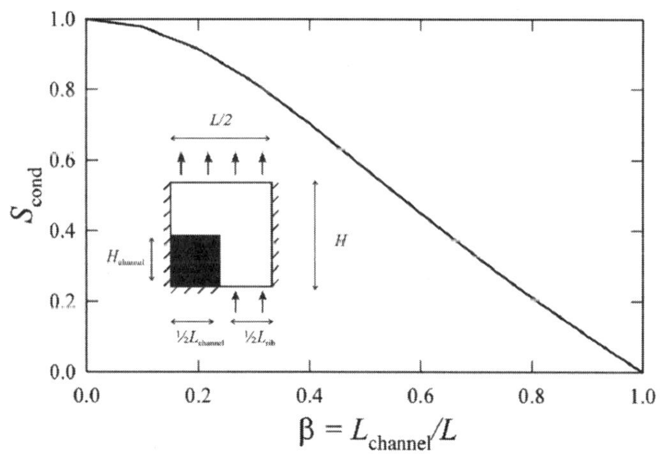

그림 11. $L/H = L_{유로}/H_{유로} = 2$**인 경우 정사각 통로에 대한 형상인자**

전기 및 열전도의 경우, 형상함수가 국소 전류밀도 또는 열유속 벡터의 방향의 함수로서 변화한다는 것을 명심하라. 따라서 그것은 공학적 근사화이다.

연료전지에서 열원이 완전히 균일(따라서 균일한 전류밀도와 저항이 균일)한 경우에도 온도변화는 피할 수 없다. 그림 12는 교차류(cross-flow) SOFC의 경우 대표적인 시뮬레이션된 온도변화를 나타내고 있다. Achenbach[10]는 평행류(coflow)와 대향류(conter-flow)에서의 성능 또한 비교하였다. 온도변화는 여러 가지 방식으로 영향을 미친다. 특히 전해질저항 r_e는 지극히 온도의 영향을 많이 받는다. 따라서 이것은 전류밀도에 영향을 미치고 그런 까닭에 내부의 전력소모에 영향을 미친다. 또한 온도는 국소 Nernst 전위 E_0에 영향을 미친다. 일반적으로 기계적인 안정도를 위해서는 낮은 온도가 요구되지만, 메탄을 연료로 사용하면 개질반응을 촉진시키기 위해 더 높은 온도를 필요로 한다. 열적으로 전도하는 인터커넥터가 유용하지만, 그런 것이 존재하지 않는다면 그림 12의 온도구배는 훨씬 더 커질 것이다.

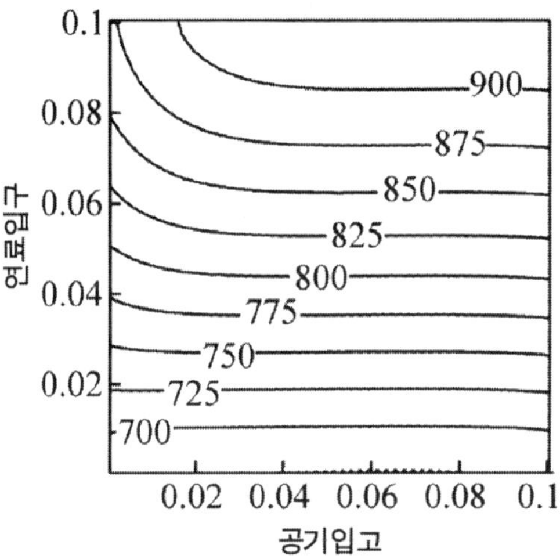

그림 12. 교차유로 SOFC에서의 온도 변화[℃].

2.5 물질전달

가스 상(phase) 내부에서 질량전달을 다루는 것은 특히 간단하다.

$$\frac{\partial(\rho m_k)}{\partial t} + \vec{\nabla} \cdot (\rho \vec{u_j} m_k) = \nabla \cdot (\Gamma \nabla m_k) + \vec{\nabla} \cdot \vec{j_k}''' \qquad (64)$$

여기서 그림 10 (b), (c)의 경우 확산항은 존재하지 않는다. 독자는 상간(inter-phase) 질량전달항이 없다는 것을 명심해야 한다. 벽에서의 질량 소스/싱크는 다음과 같다.

$$j_k'' = \dot{m}'' m_{k,t} \tag{65}$$

여기서 질량전달값이 바로 T-상태 값이다. Nernst 방정식에서 필요한 벽의 값은 그림 10(a)의 경우에 계산절차에 따라 직접적으로 구해진다. 그림 10(b), (c)의 경우 이 값들은 식 (42), (43) 또는 등가의 식을 사용하여 국소적인 체적 질량분율로부터 계산되어야 한다. 이것은 위에서 주어진 질량 기반 수식화를 이용하면 특히 간단하다.

2.6 수치적분 방법

일반화적으로 여러 식들이 결합된 시스템은 아주 복잡하므로, 많은 항들이 제거될 수 있는 정상상태의 2-D 교차류의 경우에 대해 에너지 방정식을 간소화한 예를 고려함으로써 설명할 것이다. 본질적으로 유체에서 상간(inter-phase) 항(그림 10(a)) 그리고/또는 확산항(그림 10(b)와 (c))은 존재하지 않거나 무시된다. 고체에서는 항 (i)과 (ii)가 존재하지 않는다. 따라서 공기와 전해질의 경우 식 (47)을 다음과 같이 축소된 형태로 쓸 수 있다.

$$(\rho uc)_a \frac{dTa}{dx} = \alpha_{ae}(T_e - T_a) + \alpha_{ai}(T_i - T_a) \tag{66}$$

$$0 = \overrightarrow{\nabla} \cdot k_e \overrightarrow{\nabla} T_e + \alpha_{ae}(T_a - T_e) + \alpha_{fe}(T_f - T_e) + \dot{q}''' \tag{67}$$

여기서 아래 첨자 a, f, e, i는 각각 공기, 연료, 전해질 그리고 인터커넥터의 상(phase)을 나타낸다. 연료와 인터커넥터의 경우 유사한 수식을 다음과 같이 쓸 수 있다.

$$\dot{c}_a(T_a w - T_{aP}) + \alpha_{ae} V(T_{eP} - T_{aP}) + \alpha_{ai} V(T_{fP} - T_{aP}) + a_F(T^*{}_{aP} - T_{aP}) = 0 \tag{68}$$

$$\begin{aligned} & d_{ew}(T_{eW} - T_{eP}) + d_{ee}(T_{eE} - T_{eP}) + d_{es}(T_{eS} - T_{eP}) + d_{en}(T_{eN} - T_{eP}) \\ & + \alpha_{ae} V(T_{aP} - T_{eP}) + \alpha_{fe} V(T_{fP} - T_{eP}) + \alpha_F(T^*{}_{eP} - T_{eP}) + \dot{q}p = 0 \end{aligned} \tag{69}$$

여기서 $\dot{c} = \dot{m}c = \rho u \Delta A c$와 $d_e = k\Delta A/|P-E|$ 등은 각각 대류와 확산항이다. 이 식들은 $\Phi = T$에서 간략화된 2-D 유한체적식(식 (48))이다. 공기의 경우 대류가 지배적이며, 선형계수는 $a_W = \dot{c}_a$, $a_E = a_S = a_N = 0$이다. 상간(inter-phase) 항은

계수 $C_e = \alpha_{ae}V$, $C_i = \alpha_{ai}V$ 와 값 $V_e = T_{eP}$, $V_i = T_{iP}$로써 선형화되며, 내부 열소스는 없으므로 $S = 0$이다. 전해질의 경우 확산으로 연계되어 있어 $a_E = d_{ew}$ 등이 성립하며, 상간 항은 위에서와 같이 $C_a = \alpha_{ae}V$, $C_f = \alpha_{fe}V$, 그리고 $V_a = T_{aP}$, $V_f = t_{fP}$이다. 그러나 이번에는 열원 $S = \dot{Q}_P$이 존재한다. 따라서 지배방정식을 신중하게 고려하면, 가정에서 프로그래밍할 때 컴퓨터 자원을 크게 절약시킬 수 있다. 기호 T_P*는 이전 계산단계에서의 T_P의 값을 표시하며, a_F는 관성계수 또는 잘못 설정된 시간간격 계수이다. 이 메카니즘은 수렴을 보장하기 위해서 시뮬레이션 과정을 지연시키는데 이용된다.

2.7 반복계산과정(Iterative procedure)

입구와 출구의 평균값을 이용하기 보다는 단위셀 당 값에 기초하여 계산이 이루어진다는 것을 제외하면 계산과정은 1.7절과 정확히 동일하다. 국소 Nernst 전위는 아래와 같이 계산된다.

$$E(x,y) = V + i''r + \eta_a + \eta_c = V + r_i i'' \tag{70}$$

여기서 r_i는 국소 내부저항이다. Nernst 전위, 전류밀도, 전해질 저항 등의 평균값 $\overline{E}$, $\overline{i''}$, $\overline{r_e}$는 국소 값을 합하여 구한다.

스택모델이 전체 전하보존법칙을 보장할 수 있도록 정전류(Galvanostatic, 일정한 전류) 조건이 구현된다. 전체 전류 또는 평균전류밀도 $\bar{i}''$가 설정되면 어떤 형태로든 수정된 전압 V'가 필요하다. 예를 들면 전압은 다음과 같이 수정된다.

$$V' = -r_i \bar{i}' \tag{71}$$

여기서 $V = V^* + V'$는 원하는 셀전압, V^*는 이전 계산단계에서의 V의 값이다. 마찬가지로 $\bar{i}'' = \overline{i'} + \bar{i}''^*$는 원하는 전류값이고, $\bar{i}''^*$는 이전 단계에서 계산된 값이다. 따라서 평균전류밀도 $\bar{i}''^*$는 각각의 계산사이클의 마지막 부분에서 원하는 값 $\bar{i}$와 비교하여 계산되며, 전압은 그에 따라 정정된다. $\overline{r_i}$는 정확하지 않아도 된다. 적절한 값으로 수렴될 것이다. 많은 프로그램에서 택하는 또 다른 방법은 직접 다음 식과 같이 두는 것이다.

$$V = \overline{E} - \overline{r_i}\, \overline{i}'' \tag{72}$$

만약 식 (72)를 이용한다면, SOFC의 표면에 걸쳐 수치적분을 사용하여 $\overline{r_i}$를 주의깊게 계산해야 한다. 왜냐하면 V값이 조금만 변하여도 i''값의 변화에 큰 영향을 미치기 때문이며, 이때는 보통 계산스텝을 짧게 하여 계산한다. 우리는 수치 프로그램에 식 (71)과 (72)을 성공적으로 사용할 수 있었다. 독자는 2.10절에서처럼 전체 전위장(potential field)이 스칼라 변수로써 해가 구해진다면 전압을 조정할 필요가 없다는 것을 명심해야 한다. 연료전지의 계산 시에 자주 조정해 주어야 하는 또 다른 것은 연료와 공기의 사용률이 특정한 값에 도달할 때까지 입구 유량을 바꾸어 주어야 한다는 것이다. 이것은 당연한 것이다.

2.8 화학 및 전기화학에 대한 추가 지식

SOFC의 하나의 장점은 순수한 H_2 뿐만 아니라 CO와 CH_4도 연료로서 사용될 수도 있다는 것이다. 이 때문에 또 다른 동력학을 도입해야 하므로 물질전달에 대한 계산이 더욱 복잡해진다. CO가 연료로서 사용된다면, 연료극 표면반응은 다음과 같다.

$$CO + O^{2-} \rightarrow CO_2 + 2e^- \tag{73}$$

CO와 H_2가 존재한다면 연료극에서의 두 반응은 병행하여 발생하지만, 연료극과 공기극 순반응(net reaction)은 순차적으로 발생하므로 다음과 같이 된다.

$$i'' = i''_{O_2} = i''_{H_2} + i_{CO}'' \tag{74}$$

$E_{CO/O_2} \neq E_{H_2/O_2}$이므로 Nernst 전위는 같지 않다. 그러나 다음과 식처럼 단일셀 전위 V가 구해질 때까지 두 개의 병행반응비(i''_{H_2} 및 i''_{CO})가 조정된다는 것이 전하전달(활성화)과 물질전달 메커니즘에 의해 보장될 것이다.

$$V = E_{CO/O_2} - \eta_{CO,a} - \eta_c - i''R = E_{H_2/O_2} - \eta_{H_{2,a}} - \eta_c - i''R \tag{75}$$

여기서 $\eta_{CO,a}$와 $\eta_{H_2,a}$는 반복적으로 계산되며 $E_{CO/O_2} - \eta_{CO,a} = E_{H_2/O_2} - \eta_{H_2,a}$의 관

계가 있다. 여기서 식 (74)가 동일하게 만족되도록 $\eta_{CO,a}$는 i''_{CO}의 함수이고 $\eta_{H_2,a}$는 i''_{H_2}의 함수이다. 비록 이 때문에 복잡해진다 하더라도 기본알고리즘은 바뀌지 않는다. 1.5절에서 논의된 것처럼 연료극 각 반응에 대한 i''_0와 β에 대한 계산값 이외에는 반응동력학(reaction kinetics)에 대한 어떤 가정도 할 필요가 없다.

CO와 H_2는 메탄을 개질하여 생성된다.

$$CH_4 + H_2O \rightarrow CO + 3H_2 \tag{76}$$

반응비는 동력학적으로 제어된다고 고려한다[10]. 수성-가스 이동반응은 다음과 같다.

$$H_2O + CO \rightarrow CO_2 + H_2 \tag{77}$$

이런 반응은 일반적으로 열역학적으로 제어된다고 고려한다.

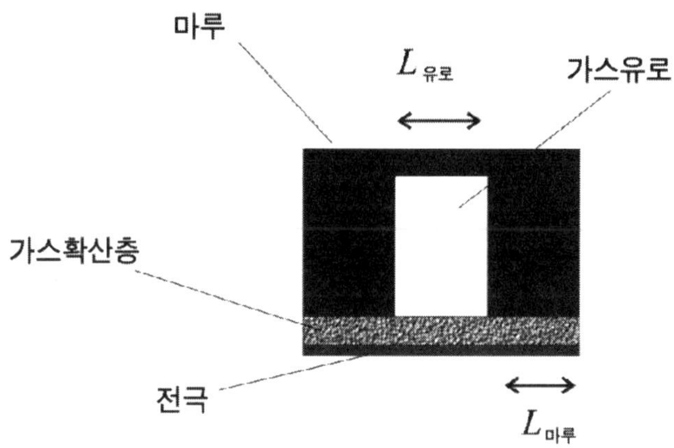

그림 13. 가스확산층의 상세도

2.9 다공질 재질에서의 유동

지금까지 전극은 2차원 물체로 다루어질 만큼 충분히 얇다고 가정하였다. 사실 그렇지 않은 경우가 많이 있으며, 이때는 전기화학적으로 반응하는 다공질 물질로 다루어야 한다. 또 SOFC는 그림 13에 나타낸 것처럼 다공질 물질의 형태인 가스확산층과 함께 설계된다. $L_{channel}$과 L_{rib}는 가스유로와 고체인 '마루(rib)'의 길이이다. 이러한 상황 하에서 2.3절에 상술된 대로 유동장을 계산하는데 Darcy의 법칙이 사용된다. 이때 식 (47)에서 체적분율(volume fraction) ϵ은 유지되어야 한다. 기공 직경에 기초한 Reynolds수는 Forcheimer-수정식[40]이 관성효과를 설명하는데 필요한지 여부를 평가하는데 사용된다. 많은 프로그램은 유효확산계수를 다음과 같이 가정함으로써 상 내부(within-phase) 물질전달을 계산한다.

$$\Gamma_{eff} = \frac{\Gamma}{\tau} \tag{78}$$

여기서 τ는 '비틀림' 인자로써, 단위 전체 길이 당 유동 유로의 평균 간극 통로 길이(average interstitial path length)의 척도이다. 일반적으로 SOFC의 마루(rib) 설계가 경쟁적인 관심사임을 알아야 한다. $L_{channel}/L_{rib}$의 비가 크면 마루(rib)가 좁은 경우 저항손실이 증가하는 반면, 종횡비가 낮으면 공간이 넓은 가스 확산층을 따라 농도가 불균일하게 된다. 물론 농도는 전류밀도 뿐만 아니라 가스 확산층의 확산도(투과도)의 함수이다.

최근의 연구[34]에서는 1.6절의 해석이 유로와 확산층에서 동시에 일어나는 혼합 또는 결합된 질량전달의 문제로 확장되어질 수도 있음을 보여준다. 이때 구동력 b는 전체 유로의 구조에 대해 전체 또는 평균 컨턱턴스 $\overline{g^*}$에 기초하고 있다고 가정하고, $\overline{g^*}$는 가스유로와 가스확산층의 복합 컨덕턴스의 조화평균에 의해 얻을 수 있다. 유로와 확산층에서 물질전달의 상대적인 크기는 가스유로와 확산층에서의 Sh값뿐만 아니라 Γ_{eff}/Γ비에 의해서도 결정된다.

전극내부에서 평균 체적 질량분율은 전류가 흐르기 위해 벽면에서의 평균값과 달라야 한다는 것을 명심하라. 어떤 실제적인 기하학적 형상에 대해 실제의 다공질 매트릭스를 이산화시키는 것이 가능하지 않기 때문에, Nernst 식이 정확하게 설정되기 위해 다시 1.6절에서 개략적으로 설명한 방법을 사용하여 물질전달율을 예측할 필요가 있다. 특별한 다공질 재질이 사용된 경우 이를 위해서는 일반적으로 Sh값을 알고 있어야 한다. 그러한 데이터는 거의 구할 수 없다. 그러나 소위 '확산한계(diffusion limit)'에 도달할 때 전류밀도가 높은 경우 벽면에 대한 유동체(bulk-to-wall)의 물질전달이 중요하게 되며 따라서 미래의 프로그래밍과 방법으로 고려해야 한다.

다공질 물질에서의 열전달은 두 상(phase) 사이가 열적으로 평형상태에 있다고 가정함으로써 해석된다. 이때 유효 열전도도를 계산하기 위해 다음과 같은 산술평균식을 사용한다.

$$k_{eff} = \epsilon k_g + (1-\epsilon)k_s \tag{79}$$

여기서 k_g와 k_s는 각각 가스상 및 고체상 재질의 전도도이다. 다공질 물질에서 유체의 유동, 열 및 질량 전달을 모델링할 때 특정한 폐쇄가정(certain closure assumption)이 국소적인 체적평균화 과정에 의해 이루어진다. 이러한 폐쇄가정은 매우 합리적이고 신뢰성이 있다고 여겨질 수 있다. 그러나 의문은 남아 있다. 더욱 간단하고 계산적인 면에서 복잡하지 않은 모델을 개발하기 위해 총괄적으로 해석하는 것이 가능한가? 그에 대한 대답은 긍정적인 것처럼 보인다. 물론, 열과 물질의 전달을 예측하는데 적용된 기법은 상의 경계에 걸쳐 적용되고 있는 전위의 체적 소스와 싱크를 이용하여 쉽게 전기장에 적용될 수 있다. 나아가 가스확산층에서의 물질전달은 닫힌 형태의 분석적 해를 구할 수 있다.

2.10 전류와 전압 분포

평판형 구조의 경우 일반적으로 Nernst식(식 (20))을 이용하여 전위장(potential field)을 충분히 계산할 수 있다. 이것은 국소적인 1-D 모델이다. 또한 때로는 금속 인터커넥터에서 저항손실을 충분히 무시할 수 있다. 우리는 지금 이 가정을 배제하려고 한다. Nernst 전위는 연료극과 공기극에 걸친 전위차의 합 $E = \Delta\Phi_a + \Delta\Phi_c$으로 간주될 수 있다. 여기서

$$\Delta\Phi_a = \Delta\Phi_a^0 + \frac{RT_f}{2F}(\ln x_{H_2} - \ln x_{H_2O}) - \eta_a \tag{80}$$

$$\Delta\Phi_c = \Delta\Phi_c^0 - \frac{RT_f}{4F}(\ln P_a + \ln x_{O_2}) - \eta_c \tag{81}$$

이다. 여기서 T_f와 T_a는 연료측과 공기측의 온도이다(반드시 같지는 않다). 앞서 설명한 대로 $\Delta\phi_a^0$와 $\Delta\phi_c^0$는 임의로 선택할 수 있는 요소이다.

수 많은 프로그램들은 전체 영역에 걸쳐 전기장(이온 및 전자에 의한 전기장)에 대한 포아송 방정식(Poisson equation)의 해를 구할 수 있다.

$$\overrightarrow{\nabla} \cdot (\sigma \overrightarrow{\nabla} \Phi) = \dot{s}''' \tag{82}$$

여기서 σ는 전해질의 이온전도도 또는 인터커넥터의 전자전도도이다. 식 (82)는 전하보존법칙 $\vec{i}'' = -\sigma \overrightarrow{\nabla} \Phi$의 다른 표현으로 간주된다. 이것은 스칼라 식인 식

(47)을 간략화한 것으로써 어렵지 않게 유도할 수 있다.

전극이 충분히 얇다면 식 (80)과 (81)에 따라 설정된 소스항은 연료극과 공기극에 걸친 전위의 계단적인 변화를 설명하고 있다. 이 항들은 전극의 양쪽면 경계상에서 크기가 같고 극성이 반대인 소스('평판형' 쌍극자)로서 적용될 수 있다. 인터커넥터와 전해질의 다른 곳에서는 $\dot{s}'''$는 0이다. 즉, 포아송시스템은 라플라스방정식으로 줄어들게 된다. 이것은 혼합확산 문제이기 때문에 컨덕턴스 σ의 조화평균이 사용되어야 한다. 전극이 유한한 두께를 가지면, 전자 및 이온의 전도영역이 겹쳐지기 때문에 어느 정도 주의를 기울여야 한다. 이러한 상황에서 다른 값을 가지는 두 개의스칼라전위에 대한 저장 공간이 할당된다. 중첩의 원리가 전기장의 전위에 적용될 수 있으며, 전위를 다르게 정의할 수도 있다.

다양한 외부 경계조건을 적용하면 전기장 전위에 대한 해를 구할 수 있다. 예를 들면 (i) 두 개의 전압 V_1과 V_2가 인터커넥터의 경계에 적용되거나(Dirichlet 문제), 그 대신 (ii) 기준전위에 고정된 결합체 내부의 단일지점으로써 양 경계에서 균일한 전류밀도가 설정될 수 있거나(Von Neumann 문제), 또는 (iii) 하나의 인터커넥터에서 전류밀도가 고정되고 다른 인터커넥터에서는 전압이 고정되는 것(혼합 경계값 문제) 등이다.

그림 14는 전위로부터 계산된 전류밀도의 속선(flux line)을 나타낸다. 이 경우 i''가 클 때 생성물/반응물의 질량분율이 크게 변화하는 상황에서 등전류선(iso-galvanic line)이 매우 불균일할 수 있음에도 불구하고 전기장은 매우 균일하다. 전류분포가 매우 불균일할 것으로 예상된다면, 전위에 대한 해를 구하기 위한 추가적인 노력이 요구된다. 이 방법은 전극 양쪽 면 상의 다공질 가스확산층에서 유동과 물질전달을 분석하는 것과 복합되어 있다.

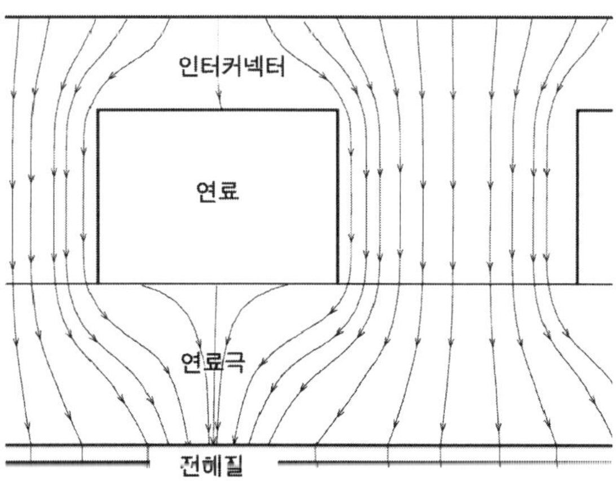

그림 14. 정전류선을 따른 입자의 궤적. 문헌[34]에서 인용.

식 (82)의 Poisson 시스템은 Nernst-Planck 방정식을 간소화시킨 것으로 간주할 수 있음을 주목해야 한다.

$$\vec{i}'' = \frac{2F}{M}(\rho\vec{u} - \Gamma\overrightarrow{\nabla m}) - (\rho\overrightarrow{\nabla\Phi}) \tag{83}$$

여기서 편리를 위해 전해질에서는 오직 하나의 전하운반체 O^{2-}만 존재한다고 가정하였다. 확산과 대류는 일반적으로 SOFC 전해질에서 전하의 이동에 있어 부차적인 역할을 한다고 간주된다.

2.11 심화 확산모델

1.6절에서 유도한 식은 소위 '통상적인' 확산에 적합하며, 이 경우 확산유속은 Fick의 법칙에 의해 다음과 같이 주어진다.

$$\vec{j}'' = -\rho D\overrightarrow{\nabla m} \tag{84}$$

그와 같은 해석은 다음 식이 성립하는 경우에만 희석되지 않은(non-dilute) 다중 성분의 혼합물에 적합하다[42].

$$D_{12} = D_{13} = \cdots D_{jk} = D = \frac{\Gamma}{\rho} \tag{85}$$

이는 SOFC에서 발생하는 것처럼 실제로 고온의 가스에 대한 경우라고 Kays 등[31]은 제시하였다. 이것이 그러한 경우가 아니라면, 가장 간단한 과정은 다음과 같이 Wilkes [43]에 따라 유효확산성분을 계산하는 것이다.

$$D_{k,eff} = \frac{1 - x_k}{\sum^{j \neq k} \frac{x_j}{D_{jk}}} \tag{86}$$

위 식은 농축된 전하운반체 유체에서 희석 혼합물에 대한 경우에만 정확하다. 좀 더 완전한 분석을 위해서는 확산유속에 대한 Stefan-Maxwell 방정식[44]의 해를 구해야 한다.

$$\overrightarrow{\nabla}(m_k M) = \frac{M^2}{\rho} \sum_{j=1}^{n} \frac{m_k \overrightarrow{j_j} - m_j \overrightarrow{j_k}}{M_j D_{jk}} \tag{87}$$

식 (87)은 확산유속 $\overrightarrow{j_k}$에 대한 함축적인 수식으로 생각될 수 있다. 이 식을 식 (64)에 대입하여 질량분율 m_k를 구할 수 있다. 일반적으로 유한체적식(식 (48))의 선형계수는 '통상적인' 확산과 형태가 같다는 점에서 특권이 있으며, 부가적인 소스 항이 첨가된다[45]. 2종 확산(binary diffusion)의 경우, 이것은 수송방정식에서 정확항 형태의 비선형성을 보전하는 효과를 가지고 있다. 기공의 크기가 충분히 작아 충돌입자의 평균자유행정(mean free path)에 가깝게 되면 Knudsen 확산 또한 고려되어야 한다. 마지막으로 표면확산 또한 발생할 수 있다. 반응하고 있는 다공질 물질에서의 다중성분 확산은 매우 복잡한 주제로써 이 책의 범위를 넘어선다.

2.12 열 복사

SOFC는 고온의 장치이며, 통로 내부의 온도차이가 작을 지라도 복사 열전달이 존재할 수도 있다. SOFC에서 열복사의 상대적 중요성은 현재 논쟁거리이다. 복사는 가스유로 내부에서, 전해질-전극 접합체 내부에서, 그리고 또한 열적 절연층이 설치된 때에 중요하다. 문헌 [46]은 이러한 문제들을 개괄한다. 미소유로(micro-channel)에서의 표면 내 표면(surface-to-surface) 복사는 다음과 같은 회로망법[47]에 의해 설명될 수 있다.

$$\dot{q}_k = \frac{\sigma T_k^4 - q_{0k}}{(1-\epsilon_k)/\epsilon_k A_k} = \sum_{j=1}^{N} \frac{q_{0j} - q_{0k}}{1/F_{k-j} A_j} \tag{88}$$

여기서 ϵ_k와 A_k는 k 번째 요소의 방사도(emissivity)와 면적이며, q_{0k}는 복사도(radiosity, 방출되어 반사된 복사열의 총합), F_{k-j}는 배치인자(configuration factor) [48], $\sigma = 5.67 \times 10^{-8}\ W \cdot m^2 K^4$는 Stefan-Boltzmann 상수이다. $(1-\epsilon_k)/\epsilon_k A_k$와 $1/F_{k-j} A_k$ 항은 각각 '표면'과 '공간'의 저항을 나타낸다. 저항회로망을 구성함으로써 미지(未知)의 복사도가 제거될 수 있고 시스템방정식을 풀 수도 있다. 미소유로의 폭이 매우 좁기 때문에 어떤 주어진 유로에서 오직 몇 개의 인접부에만 어떤 결과가 나타날 것이므로, 계산은 훨씬 간소화될 수 있다. 유로의 길이를 따라 표면 대 표면 복사열을 계산하는데 있어서 부가적인 계산은 필요하지 않다.

Yakabe 등[49]은 미소 가스유로에서 표면 대 표면 복사열을 계산하기 위한 절차를 설명하였으며, 그 절차는 식 (88)의 표준해석과는 다르다. VanderSteen 등[50]은 표면 대 표면 복사열은 25~50 K 정도로 온도에 미친다고 제시하였다.

가스유로를 간략화하여 분석할 수 있다 하더라도, SOFC의 전해질과 어쩌면 전극까지도 열복사에 관련이 있는 매개체가 된다. Murthy & Fedorov[51]는 전해질에서의 복사효과를 제외시키면 전해질 지지 SOFC의 경우 100-200K 가량 온도가 과도하게 예측될 수 있다고 제시했다. 반대로 문헌 [52, 53]은 전해질 온도가 1 K 이하의 매우 근소한 차이가 있다고 제시했다. 이러한 견해의 불일치는 복사효과를 포함시키는 여부가 현재 여전히 논쟁거리임을 가리킨다. 문헌 [51]은 전해질이 광학적으로 얇게 취급될 수 있는 반면 전극은 광학적으로 두껍게 취급될 수 있다고 제시하였다. 현재까지 이것을 뒷받침하기 위한 실험데이터가 제한된 양 밖에 존재하지 않는다. 그러나 문헌 [52, 53]은 실제로 모든 실질적인 목적의 경우 전극은 광학적으로 두꺼워서 완전히 불투명하다고 보고하였다.

관련된 매개체에서의 일반적인 복사 열전달 문제는 '일정하게 떨어진 거리(at a distance)'에서의 열전달이 포함되어 있으며, 이 경우는 복사전달 방정식(radiative transfer equation, 이하 RTE)이라 부르는 적분-미분 방정식에 의해 수학적으로 기술된다. 회색의 등온적으로 산란시킨(grey isotropically-scattering) 매개체의 경우 이 식은 다음과 같이 간략화된 형태로 쓸 수 있다.

$$\underset{(i)}{\frac{di}{ds}} = \underset{(ii)}{-(a+\sigma_s)i} + \underset{(iii)}{a\frac{e_b}{\pi}} + \underset{(iv)}{\frac{\sigma_s}{4\pi}\int_{w=0}^{4\pi} i\,d\omega} \tag{89}$$

오직 이 절에서만 기호 i는 복사강도(radiant intensity, 전류가 아님)를 나타내며, a와 σ_s는 흡수 및 산란 계수, s는 변위, ω는 고체 각도(solid angle), 그리고 $e_b = \sigma T^4$은 흑체(black-body)의 방사력(emissive power)을 나타낸다. 식 (89)의 각 항은 다음을 나타낸다. (i) 복사강도 i의 변화, 그 원인은 먼저 (ii) 흡수(absorption)와 외부로의 산란(out-scattering), 두 번째로 (iii) 방사(emossion), 그리고 세 번째로 (iv) 내부산란(in-scattering)이다. RTE에 대한 정밀한 수치해는 일반적으로 이산종축법(discrete ordinate method)이나 Monte Carlo법을 사용하여 구한다. 전자는 현재 널리 사용되지만, '광첨두효과(ray effect)' 때문에 수치적인 오차가 생길 수 있다. RTE 해를 구하면 복사강도장의 값(field values of radiation intensity)을 얻을 수 있으며, 이 값으로부터 복사유속벡터(radiant flux vector) $\dot{q}''$를 계산하여 에너지 방정식에 대입할 수 있다. 그러나 이산종축법이나 Monte Carlo법은 수치계산 방법에 강력하게 의존한다. 따라서 다중유로(multi-channel) 연료전지와 스택 내부에서 더욱 간단한 복사모델을 도입하는 것이 가능하다면 또 다른 몇 가지 공학적인 가정이 요구된다.

광학적으로 얇은 영역에서 다중유속(multi-flux) 모델을 고려할 수 있으며, 그 경우 1 차원적인 2 유속(two-flux) 모델이 가장 간단하다. 어떤 문헌에서는 그 모델화 과정을 Schuster-Schwarzschild 근사화라 부른다. 만약 강도가 $+x$와 $-x$ 방향에서 각각 $\dot{q}^{+}=\pi i^{+}$ 와 $\dot{q}^{-}=\pi i^{-}$처럼 두 개의 동차성분(homogeneous component)으로 구성되어 있다고 가정하면 식 (89)는 다음과 같이 쓸 수 있음을 쉽게 알 수 있다.

$$\frac{d}{dx}\left(\frac{1}{a+\sigma_s}\frac{d\bar{q}}{dx}\right)=4a(\bar{q}-e_b) \tag{90}$$

여기서 $\bar{q}=(\dot{q}^{+}+\dot{q}^{-})/2$이며, 그 경우 복사유속벡터 $\dot{q}''=\dot{q}^{+}-\dot{q}^{-}$(의 x 성분)는 다음과 같이 계산된다.

$$\dot{q}''=-\frac{1}{a+\sigma_s}\frac{d\bar{q}}{dx} \tag{91}$$

식 (90)은 확산-소스(diffusion-source) 방정식이므로 식 (48) 형태로 이산화시키는데 적합하다. 이 식은 Spalding[54]이 전개한 수식 형태로 제시되었으며, Siegel과 Howell[48]의 식과는 수학적으로 약간 다르지만 전체적으로는 일치하고 있다. 마찬가지로 6 유속모델은 3 차원에서 3 개의 장변수(field variables) $\bar{q}_x$, $\bar{q}_y$, $\bar{q}_z$로 구성된다. 그리고 일반 스칼라방정식(식 (47))과 같은 형태로 되어 있다는 장점을 가지고 있다. 그러나 얇은 평면층의 경우 2 유속모델만으로도 충분할 수 있다. 이산종축법은 일반화된 다중유속(multi-flux)법으로 간주될 수 있다[48].

광학적으로 두꺼운 영역의 경우 확산근사화(diffusion approximation)가 적절하다고 판단되며, 이 경우 복사전도도는 다음과 같이 정의된다.

$$k_R = \frac{16n^2\sigma T^3}{3a} \tag{92}$$

여기서 a는 (Rosseland 평균) 흡수계수이다. k_R 항은 식 (57)에서 일반전도항 k에 간단히 더해져서 $k_{eff} = k + k_R$이 된다. 그러나 경계 부근에서 확산근사화를 적용하는 것은 어려움이 있다. 이를 해결하기 위해서는 온도가 수정되는 미끄럼 경계조건(temperature modified slip boundary condition)을 사용할 수도 있다 [48].

열복사는 구성 재질의 광학적 속성을 조절하거나 복사차폐재를 사용하여 실제로 스택 온도와 온도구배를 제어할 수 있는 하나의 메커니즘이다. Spinnler 등[55, 56]은 주변 환경으로의 손실을 최소화함으로써 연료전지의 온도를 제어하기 위해 반사율이 높은 열적 절연물(highly-reflective thermal insulation)을 사용하였다.

위의 해석으로 인해 계산과정이 더욱 복잡해지며, 복사가 중요한 요소가 되는 상황에서는 더욱 그러하다. 그러나 위의 해석은 너무 단순화된 것이다. 실제로 전해질 접합체는 광학적 속성이 균일하지 않고 이에 따라 산란이 발생하는 다공질 물질인 반면, 인터커넥터는 보통 금속이므로 표면복사도에 대해 반사성분과 확산성분을 모두 가지고 있다. SOFC 구성요소의 복사특성의 스펙트럼적인 성질 또한 결정될 필요가 있다. 현재까지 이러한 주제는 주목을 끌지 못했으므로 고온 연료전지를 설계하려고 노력하는 과학자와 공학자가 미래에 연구할 주제가 되어야 한다.

열-유체의 수치해석에 있어 눈에 띄는 4 가지 기술적인 문제가 있다. 화학적 동역학(chemical kinetics), 다상유동(multi-phase flow), 복사열전달(radiative heat transfer)과 난류(turbulence)가 그것이다. SOFC의 경우 화학적 동역학은 다룰 필요가 있는 복잡한 문제이다. 다상유동은 표면적으로는 문제가 아니지만 다공질 물질의 존재와 체적평균화의 필요성 때문에 같은 문제가 많이 발생한다. 앞서 논의한 대로 열의 복사는 관심의 문제이다. 평판형 SOFC의 통로 내부에서의 Reynolds 수 정도로는 일반적으로 난류가 발생되지 않지만, SOFC 스택의 입구와 출구 및 매니폴드(manifold) 내부에서는 난류가 발생할 수도 있다.

3 스택모델

SOFC는 적절한 값까지 동작전압을 증가시키기 위해 셀들을 적층시킨다. 연료와 공기는 보통 매니폴드(manifold)를 통해 공급된다. 매니폴드는 다양하게 설계될 수 있다. 스택 설계자의 주된 관심사항은 유동의 균일성과 압력구배이다. SOFC가 스택의 형태로 운전되지 않으면, 구조가 간단한 경우 최소한 비율식을 도입하지 않고 CFD 프로그램을 사용하여 정밀한 수치해석을 할 수 있을 것이다. 그러나 대형 스택은 수많은 셀들로 이루어져 있으며, 각 셀은 다중유로를 가지고 있기 때문에 가까운 미래에 이와 같은 정밀한 해석을 할 수 있을 것 같지는 않다.

연료전지와 매니폴드에서의 기생손실(parasitic loss)의 상대적인 크기를 대략적으로 추정하려면 유동이 균일하다고 가정한 뒤 이것이 합리적인 가정인 가를 확인하는 분석이 이루어져야 한다. 반응물의 주입/배출을 무시하는 평판형 통로의 경우 스택 사이의 압력강하가 다음과 같이 표현된다는 것을 식 (54)와 (55)로부터 쉽게 알 수 있다.

$$\triangle \overline{P} = \frac{48L\mu\overline{u}}{H^2} = \frac{48L\mu\dot{Q}}{n_{fc}WH^3} \qquad (93)$$

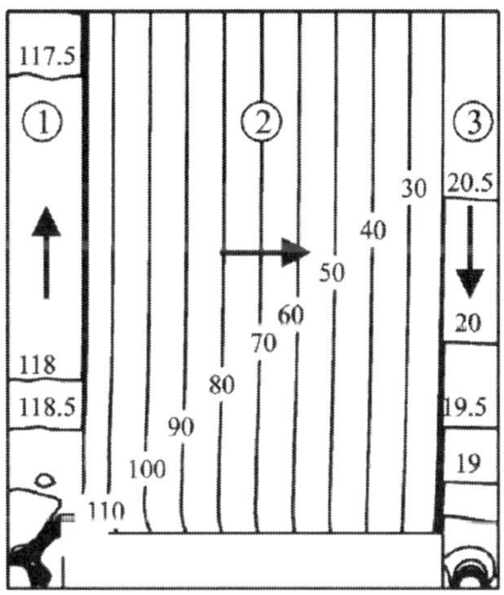

그림 15. 50개 셀로 이루어진 SOFCtmxor에서의 압력[Pa]. 문헌 [57]에서 인용

여기서 n_{fc}는 스택의 셀의 수이며, $2H$는 (공기 또는 연료)유로의 높이이며, W는 셀의 폭, L은 연료전지의 유동방향 길이이며, $\dot{Q}=n_{fc}BH\overline{u}$는 균일유동조건을 가정할 때의 체적방전(volumetric discharge)을 나타낸다. 직각통로의 경우 더욱 복잡하지만 비슷한 수식을 쉽게 유도할 수 있다. 스택설계의 기본원리는 입구 매니폴드에서의 손실에 비해 셀들 사이의 손실이 커야 한다는 것이라는 것이다. $\triangle\overline{p}\propto 1/H^3$이므로 통로의 높이를 변화시키면 압력강하가 크게 변화한다.

식 (93)은 단지 근사식이다. 주입 및 배출로 인해 물질이 전달되면 압력은 증가하거나 감소할 것이다. 앞서 논의된 마찰효과 f/f^*(Bernoulli 법칙 $P+\frac{1}{2}\rho u^2=$상수를 기억하라)와 함께 이와 같은 순수한 관성효과가 나타난다. 매니폴드에서는 강제배출(suction)/송풍(blowing)으로 인해 스택의 높이 H에 걸쳐 모든 유체가 완전히 배출되며, 여기서는 송풍을 고려한다. Berman[58]은 양쪽 벽면에서 물질이 전달되는 평면 통로에 대해 압력분포에 대한 분석적 해를 최초로 구했다. 오직 한 벽면을 대상으로 강제배출/송풍에 대해 해석한 것도 있다[59, 60]. 직각 통로 구조의 경우 수치계산(CFD) 절차를 이용하면 간단하다. 그림 15는 50 개 셀로 구성된 스택의 압력분포를 나타낸다. 그림으로부터 (1) 입구 매니폴드에서 강제배출로 인해 압력구배가 감소하고 (2) 스택 내부의 압력은 상대적으로 균일하며 (3) 측면 주입으로 인해 출구 매니폴드에서 압력구배가 증가하였음을 알 수 있다. 독자는 스택영역과 매니폴드 영역에서 등고선의 비율이 다르다는 것과, 매니폴드보다는 스택에서 전체 (기생) 압력손실이 훨씬 더 크다는 것을 명심해야 한다. 스택 높이가 증가함에 따라 스택 상부에서 매니폴드 사이의 압력차는 스택 하부보다 훨씬 더 작아지며, 유동분포의 균일성이 악화될 것이다. 연료전지 스택의 또 다른 흥미있는 특징은 (줄 가열에 의해)유동과 열 소스항이 완전히 균일한 경우에도 수직방향으로 2차적인 온도분포가 나타난다는 것이다. 그림 16은 정밀한 수치 시뮬레이션에 의해 구한 10 개 셀의 스택에 대한 온도분포를 보여준다. 온도등고선에서의 진동은 스택에서 공기, 연료, 전해질 및 인터커넥터들 사이의 유한한 온도차이 때문에 발생한다.

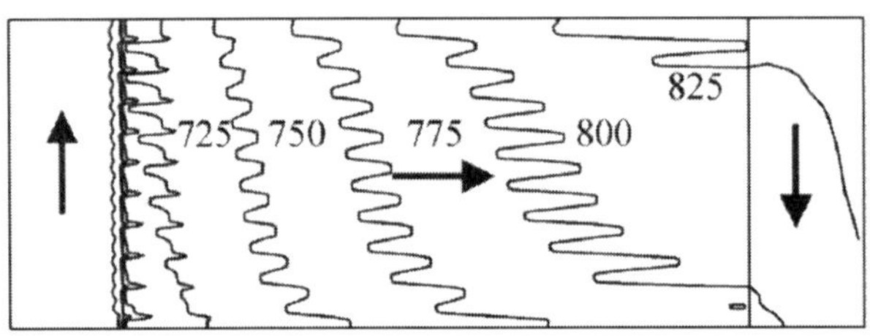

그림 16. 균일한 열소스를 갖는 10개 셀 SOFC 스택에서의 온도분포 [℃], 문헌 [34]에서 인용.

2차적인 온도구배는 사용된 재질에 기인하며, 수직방향으로 순 열유속(net heat flux)을 발생시킨다. 스택 설계자는 스택의 열적-기계적 거동이 단일셀과 같다고 반드시 가정할 필요는 없다. 과거에는 많은 연구자들이 그렇다고 가정하였다.

4 결론

SOFC에서의 수송현상은 설계와 운전의 모든 면에 영향을 미친다. 유체유동, 열전도, 대류, 복사, 물질전달, 전기화학, 전하전달 동역학 및 열역학 모두 중요한 메커니즘이다. 최근의 5~10년 동안에 SOFC의 수송현상과 물리화학적 수력학을 모델링하기 위해 신뢰성 있는 공학적 컴퓨터 프로그램의 개발에 많은 발전이 있었다. 이것은 중요한 발전이지만 모델과 각 구성요소의 속성에 대한 입력자료에 대해 더욱 진전이 있어야 한다.

이 영역에서 발전이 '급속하게' 이루어졌다고 하는 것이 현재 유행이지만, 이러한 진전이 계속해서 이루어질 것인가는 두고 볼 일이다. 어떤 면에서는 제품이 출시되고 수 년 내에 상용화될 수 있기 때문에 설계방법은 계속 기하급수적으로 발전할 것이다. 다른 면으로는 이 기술은 경쟁력이 없고 경제적 생존가능성의 기대가 '거품'이라고 판명된다면, 분석도구는 어느 수준에 도달한 뒤 더 이상 기술적인 진전이 없을 것이다. 우리들은 전자의 경우가 가능성이 있어 앞으로 수년 내에 분석방법 뿐만 아니라 제품에서도 기술적인 진보가 이루어지기를 희망한다.

SOFC 또는 어떤 다른 새로운 기술이 현존하는 제품이나 공정을 대신하게 되려면 적절한 설계가 필요하다는 것은 명백하다. 경쟁적인 시장에서 대중으로 하여금 공증된 제품 대신에 새롭지만 공증되지 않은 제품을 구매하도록 하려면, 모든 분석도구와 진보된 과학적 방법을 이용하여 문제점을 해결할 필요가 있다.

여러 면에서 연료전지의 성공이나 실패는 궁극적으로 전극-전해질 접합체의 열역학적의 효율(연구과제 중에서 가장 인기있는 분야임)과는 완전히 무관한 요소에 따라 나누어질 것이다. 아마도 신뢰성과 안전성이 단위에너지 당 단가보다 우선적인 고려사항이 될 것이다. 수학적인 모델링만으로는 이러한 속성을 만족시킬 수 없기 때문에 이미 검증된 기술(이 책에서 설명된 기술이자 기존의 발전설비 설계기술에 널리 사용되는 것과 같은 기술)을 사용한 주의깊은 공학적 접근이 좋은 투자방법이며 설비의 성능을 더욱 잘 이해할 수 있게 될 것이다. 경쟁력을 갖기 위해서는 연료전지는 현존하는 제품만큼 또는 그 이상으로 잘 설계될 필요가 있다.

마지막으로, 여러 가지 이유로 인해 이제 물리-화학적 과정을 수치적으로 모델링하는 것은 복잡한 시험용 설비를 구축하는 시간(년 단위)보다 훨씬 적은 시간(월 단위)과 비용으로 수립될 수 있다. 한편 이러한 상황은 모델과 프로그램을 수립하려고 노력하는 사람들의 책임은 아니지만 그럼에도 불구하고 바람직한 상황은 아니다. 균형있는 모델링 프로그램이라는 것은 항상 분석도구 쪽으로 실험데이터를 지속적으로 피드백시켜야 하며 또한 실용주의자에게는 모델링 되고 있는 프로그램의 개요를 피드백시켜 검증을 받아야 한다. 그러므로 프로그램의 평가를 위해 경험적인 자료를 바탕으로 신뢰성 있는 데이터베이스를 구축하는 것은 반드시 필요하다.

감사의 글

직, 간접적으로 이 장을 만드는데 저자를 도운 사람들이 많이 있다. Katherine Cook, Kyle Daun, Wei Dong, Eliezer Gileadi, Ron Jerome, Yongming Lin, Fengshan Liu, 그리고 Rod McMillan에 감사드린다.

참고문헌

[1] Appleby, A. J. & Foulkes, F. R., Fuel Cell Handbook, Van Nostrand Reinhold : New York, 1989.

[2] Kordesh, K. & Simader, G., Fuel Cells and their Applications, VCH : New York, 1996.

[3] Larminie, J. & Dicks, A., Fuel Cell Systems Explained, Wiley : Chichester, 2000.

[4] Williams, K. R., An Introduction to Fuel Cells, Elsevier: Amsterdam, 1966.

[5] Vayenas, C. G. & Hegedus, L. L., Cross-flow, solid-state electrochemical reactors : A steady-state analysis. Ind. & Eng. Chem. Fundamentals, 24, pp. 316-314, 1985.

[6] Fiard, J. M. & Herbin, R., Comparison between finite volume and finite element methods for the numerical simulation of an elliptic problem arising in electrochemical engineering. Computational Methods in Applied Mechanical Engineering, 115, pp. 315-338, 1994.

[7] Ferguson, J. R., Analysis of temperature and current distributions in planar SOFC designs. Proceedings Second International Symposium on Solid Oxide Fuel Cells, Athens, Greece, pp. 273-280, 1991.

[8] Herbin, R., Fiard, J. M. & Ferguson, J. R., Three-dimensional numerical simulation of the temperature, potential and concentration distributions of a unit cell for various geometries of SOFCs. Proceedings, European Solid Oxide Fuel Cell Forum l, Luzern, Switzerland, 1994.

[9] Karoliussen, H., Nisancioglu, K., Solheim, A., Odegard, R., Singhal, S. C. & Iwahara, H., Mathematical modeling of cross plane SOFC with internal reforming. Proceedings, Third International Symposium on Solid Oxide Fuel Cells, Honolulu, Hawaii, 1993.

[10] Achenbach, E., Three-dimensional modeling and time-dependent simulation of a planar solid oxide fuel cell stack, Journal of Power Sources, 73, pp. 333-348, 1994.

[11] Bessette, N. F. & Wepfer, W. J., Electrochemical and thermal simulation of a solid oxide fuel cell. Chemical Engineering Communications, 147, pp. 1-15, 1996.

[12] Bernier, M., Ferguson, J. & Herbin, R., A 3-dimensional planar SOFC Stack model. Proceedings, Third European Solid Oxide Fuel Cell Forum, Nantes, France, pp. 483-495, 1998.

[13] Ahmed, S., McPheeters, C. & Kumar, R., Thermal-hydraulic model of a monolithic solid oxide fuel cell. Journal of the Electrochemical Society, 138, pp. 2712-2718, 1991.

[14] Sira, T. & Ostenstad, M., Temperature and flow distributions in planar SOFC Stacks. Third International Symposium on Solid Oxide Fuel Cells, Honolulu, Hawaii, pp. 851-860, 1993.

[15] Costamagna, P. & Honegger, K., J. Electrochem. Soc., 145(11), pp. 2712-2718, 1998.

[16] Chan, S. H., Khor, K. A. & Xia, Z. T., Journal of Power Sources, 93, pp. 130-140, 2001.

[17] Beale, S. B., Lin, Y., Zhubrin, S. V. & Dong, W., Computer Methods for Performance Prediction in Fuel Cells. Journal of Power Sources, 11(1-2), pp. 79-85, 2003.

[18] Beale, S. B. & Zhubrin, S. V., A distributed resistance analogy for solid oxide fuel cells. Numerical Heat Transfer, Part B, in press.

[19] Newman, J. S., Electrochemical Systems, Prentice-Hall Inc.: Englewood Cliffs, N. J., 1973.

[20] Levich, V. G., Physicochemical Hydrodynamics, Prentice-Hall: Englewood Cliffs, N. J., 1962.

[21] Probstein, R. F., Physicochemical Hydrodynamics: An Introduction, Butterworths: Boston, 1989.

[22] Callen, Thermodynamics, John Wiley & Sons Inc.: New York, 1960.
[23] Glasstone, S., Laidler, K. J. & Eyring, H., The Theory of Rate Processes: The Kinetics of Chemical Reactions, Viscosity, Diffusion and Electrochemical Phenomena. International Chemical Series, McGraw–Hill: New York, 1941.
[24] Gileadi, E., Electrode Kinetics for Chemists, Chemical Engineers, and Material Scientists, Wiley–VCH : New York, 1993.
[25] Bockris, J. O. M., Reddy, A. K. N. & Gamboa–Aldeco, M., Modern Electrochemistry, Vol. 2, Plenum: New York, 2000.
[26] Bard, A. J. & Faulkner, L. R., Electrochemical Methods, 2nd edn, John Wiley & Sons: New York, 2001.
[27] Fuel Cell Handbook, 5th edn, U.S. Department of Energy, National Energy Technology Laboratory : Morgantown/Pittsburgh, 2000.
[28] Beale, S. B., Calculation procedure for mass transfer in fuel cells. Journal of Power Sources, 128(2), pp. 185-192, 2004.
[29] Spalding, D. B., Convective Mass Transfer : An Introduction, Edward Arnold: London, 1963.
[30] Spalding, D. B., A standard formulation of the steady convective mass transfer problem. International Journal of Heat and Mass Transfer, 1, pp. 192-207, 1960.
[31] Kays, W. M., Crawford, M. E. & Weigand, B., Convective Heat and Mass Transfer, 4th edn, McGraw–Hill : New York, 2005.
[32] Mills, A. F., Mass Transfer, Prentice Hall: Upper Saddle River, N.J., 2001.
[33] Kays, W. M. & Crawford, M. E., Convective Heat and Mass Transfer, 2nd edn, McGraw–Hill: New York, 1980.
[34] Beale, S. B., Conjugate mass transfer in gas channels and diffusion layers of fuel Cells. Proceedings 3rd International Conference on Fuel Cell Science, Engineering and Technology, eds R. K. Shah & S. G. Kandlikar, ASME : Ypsilanti, Michigan, 2005.
[35] Shah, R. K. & London, A. L., Laminar flow forced convection in ducts. Advances in Heat Transfer, eds T. F. Irvine & J. P. Hartnett, Academic Press: New York, 1978.
[36] Jacob, M., Heat Transfer, Wiley : New York, 1949.

[37] Patankar, S. V., Numerical Heat Transfer and Fluid Flow, Hemisphere: New York, 1980.
[38] Patankar, S. V. & Spalding, D. B., A Calculation Procedure for the Transient and Steady-state Behavior of Shell-and-tube Heat Exchangers. Heat Exchangers: Design and Therory Source book, eds N. Afgan & E.U. Schl□nder, Scripta Book Company : Washington, D.C., 1974.
[39] Beale, S. B., Mass transfer in plane and square ducts. International Journal of Heat and Mass Transfer, in press.
[40] Vafai, K. & Tien, C. L., Boundary and Inertia Effects on Flow and Heat Transfer in Porous Media. International Journal of Heat and Mass Transfer, 24(2), pp. 195-203, 1981.
[41] Ferguson, J. R., Fiard, J. M. & Herbin, R., Three-dimensional numerical simulation for various geometries of solid oxide fuel cells. Journal of Power Sources, 58, pp. 109-122, 1996.
[42] Knuth, E. L., Multicomponent diffusion and Fick's law. Physics of Fluids, 2, pp. 339-340, 1959.
[43] Wilke, C. R., Diffusional properties of multicomponent gases. Chemical Engineering Progress, 46(2), pp. 95-104, 1950.
[44] Taylor, R. & Krishna, R., Multicomponent Mass Transfer, Wiley-Int-erscience : New York, 1993.
[45] Kleijn, C. R., van der Meer, T. H. & Hoogendoorn, C. J., A mathematical model for LPCVD in a single wafer reactor. Journal of the Electrochemical Society, 136(11), pp. 3423-3433, 1989.
[46] Damm, D. L. & Fedorov, A. G., Radiation heat transfer in SOFC materials and components. Journal of Power Sources, in press.
[47] Oppenheim, A. K., Radiation analysis by the network method. Transactions of the ASME, 78, pp. 725-735, 1956.
[48] Siegel, R. & Howell, J. R., Thermal Radiation Heat Transfer, 4th edn, Hemisphere : Washington, 2002.
[49] Yakabe, H., Ogiwara, T., Hishinuma, I. & Yasuda, I., 3-D model calc-ulation for planar SOFC. Journal of Power Sources, 102, pp. 144-154, 2001.
[50] VanderSteen, J. D. J., Austin, M. E. & Pharaoh, J. G., The role of radiative heat transfer with participating gases on the temperature

distribution in solid oxide fuel cells. Proceedings 2nd International Conference on Fuel Cell Science, Engineering and Technology, eds R. K. Shah & S. G. Kandlikar, Rochester, NY, 2004.
[51] Murthy, S. & Federov, A. G., Radiation heat transfer analysis of the monolith type solid oxide fuel cell. Journal of Power Sources, 124, pp. 453-458, 2003.
[52] Damm, D. L. & Fedorov, A. G., Spectral radiative heat transfer of the planar SOFC. Proceedings International Mechanical Engineering Congress and Exposition, ASME: Anaheim, California, 2004.
[53] Daun, K., J., Beale, S. B., Liu, G. & Smallwood, G. J., Radiation heat transfer in solid oxide fuel cells. Proceedings of 2005 Summer Heat Transfer Conference, ASME: San Francisco, California, 2005.
[54] Spalding, D. B., Mathematical Modelling of Fluid-mechanics, Heat-transfer and Chemical-reaction Processes: A Lecture Course. 1980, Computational Fluid Dynamics Unit, Imperial College, University of London: London.
[55] Spinnler, M., Winter, E. R. F. & Viskanta, R., Studies on high-temperature multilayer thermal insulations. International Journal of Heat and Mass Transfer, 47, pp. 1305-1312, 2004.
[56] Spinnler, M., Winter, E. R. F., Viskanta, R. & Sattelmayer, T., Theoretical studies of high-temperature multilayer thermal insulations using radiation scaling. Journal of Quantitative Spectroscopy and Radiative Transfer, 84, pp. 477-491, 2004.
[57] Beale, S. B., Ginolin, A., Jerome, R., Perry, M. & Ghosh, D., Towards a virtual reality prototype for fuel cells. PHOENICS Journal of Computational Fluid Dynamics and its Applications, 13(3), pp. 287-295, 2000.
[58] Berman, A. S., Laminar flow in channels with porous walls. Journal of Applied Physics, 24(9), pp. 1232-1235, 1953.
[59] Jorne, J., Mass transfer in laminar flow channel with porous wall. Journal of the Electrochemical Society, 129(8), pp. 1727-1733, 1982.
[60] Lessner, P. & Newman, J. S., Hydrodynamics and Mass-Transfer in a Porous-Wall Channel. Journal of The Electrochemical Society, 131(8), pp. 1828-1831, 1984.

기 호

A 면적 (m^2)
a 흡수계수 (m^{-1}), 유한체적식의 계수, 길이 (m)
B 폭 (m)
b 길이 (m)
c 비열 (J/kgK)
D 확산계수(m^2/s)
D_h 수력학적 직경 (m)
E Nernst 전위 (V), 전위 (V)
e_b 흑체 방사력 (W/m^2)
F 분포저항(kg/m^2s), Faraday 상수, 96.48 (Coulomb/mol), 방사배열인자
G Gibbs 자유에너지 (J)
g 물질전달 컨덕턴스 (kg/s)
H 높이 (m), 엔탈피 (J)
h 열전달계수 (W/m^2K), Planck 상수 6.626 × 10−34(J.s)
i 전류 (A), 복사강도 (W/sr.m^2)
j 확산소스
K_P 평형상수
k 열전도도 (W/mK), 비율상수 (mol/m^2)
k_{Darcy} 투과도 (m^2)
k_r 복사컨덕턴스 (W/mK)
L 길이 (m)
M 분자량 (kg/mol)
m 질량분율 (kg/kg), 질량 (kg)
N 스택의 셀의 수, 몰 수
n 전하의 수, 가전자
n_{fc} SOFC 스택에서의 연료전지의 수
P 압력 (Pa), 분압 (Pa)
Q 전하 (Coulomb)
$\dot{Q}$ 체적방전 (m^3/s)
q 열소스 항 (W)
q_0 복사도 (W)

R	가스상수, 8.314 × 103 (J/molK), 저항 (Ohm)
r	저항 (Ohm/m^2)
S	엔트로피 (J/K)
S_{cond}	전도형상인자 ()
s	소스항, 비열 (J/kgK)
T	온도 (℃)
U	내부에너지 (J), 피상속도 (m/s)
$\overline{U}$	전체 열전달계수 (W/m^{2}K)
u	간극속도 (m/s)
V	체적 (m^3), 전압 (V)
W	일 (J)
T	온도 (K)
x_i	몰분율 (mol/mol)

그리스 기호

α	체적전달계수 (W/m^{3}K)
α*	종횡비
β	전달계수, 대칭계수, 차단인자
ϵ	체적분율, 공간분율, 방사도 (m^{-1})
Γ	교환계수 (kg/ms)
Φ	일반 스칼라
ϕ	일반 스칼라, 전기장 전위 (V)
η	과전압, 분극 (V)
ν	화학량론 계수
ρ	밀도 (kg/m^3)
μ	화학적 전위 (J/mol), 점성도 (W/mK)
σ	전기전도도 (Ohm^{-1}m), Stefan-Boltzmann 상수 5.67×10^{-8} (W/m^{2}K^4)
σ_S	산란계수 (m^{-1})
τ	전단응력 (N/m^2), 비틀림도

무차원수(Non-dimensional numbers)

B	구동력
b	송풍 파라메터
f	마찰계수
Nu	Nusselt 수
Sh	Sherwood 수
Sc	Schmidt 수
Re	Reynolds 수

아래첨자

0	기준 상태
a	공기, 연료극
b	체적, 역방향
c	공기극
e	전해질
f	연료, 순방향
i	인터커넥터, 내부

Chapter 3

간접 내부 연료개질식 관형 SOFC의 전기화학적 및 열유체 모델링

K. Suzuki[1], *H. Iwai2 & T. Nishino*[2]
[1]*Department of Machinery and Control Systems, Shibaura Institute of Technology, Japan.*
[2]*Department of Mechanical Engineering, Kyoto University, Japan.*

개 요

연료전지의 개발은 지구적, 그리고 지역적인 환경 문제로 인해 부각되고 있다. 그 중에서, 고체산화물 연료전지(SOFC)는 분산발전을 위한 장치로서 많은 관심을 받고 있다. 수치해석적인 방법은 연료전지의 개발 및 연구에 강력한 도구로써 사용되고 있는데, 특히 이 방법은 열관리 정보에 대한 실험데이터가 거의 없는 고체산화물 연료전지의 연구수행에 있어 필요한 중요한 방법이다. 연료전지 내에서 발생하는 복잡한 현상을 적절한 모델로 만드는 것은 수치해석 방법에서 가장 중요한 문제이다. 이번 장에서는 간접 내부연료개질(indirect internal fuel reforming)을 포함하는 SOFC의 수치해석적 모델을 제안하고자 한다. 이 모델에서, 공기와 연료통로의 속도장과 관형 셀 내부 또는 주변에서의 열/물질전달은 축대칭이라는 가정 하에 2차원 원통좌표계로 계산되었다. 내부개질과 전기화학적 반응 모두 모델에 고려가 되었으며, 또한 원주방향으로 불균일하게 분포하고 있는 셀의 전위장과 전류도 동시에 계산된다. 속도장, 열장 및 물질전달장이 축대칭이라는 가정과, 전위장 및 전류가 원주방향으로 불균일하다는 것을 모두 통합하기 위해 앞서 수립되었던 준 2차원(quasi-two-dimensional) 모델이 채택된다. 이러한 수치해석적 과정을 설명하고 계산된 결과의 예가 논의될 것이다. 몇 가지 기본적인 결과를 제시한 후, 간접 내부연료개질의 경우에 대해 셀의 최대온도 및 온도구배를 감소시키기 위한 몇 가지 방법이 논의된다.

1 서 론

지구 온난화 억제는 현재 세계의 중요한 논점 중 하나이다. 이러한 지구 온난화는 대기 중의 이산화탄소 농도 증가와 관련이 있다. 화산 폭발로 인해 대기로 이산화탄소의 방출되지만, 가장 큰 이산화탄소 방출률은 크게 발전소와 운송수단으로부터 기인한다. 현대 사회를 살아가는 사람들에게 급격한 에너지 수요 및 자동차 사용의 억제는 쉽게 받아들여질 수 없으므로 이산화탄소 방출이 없거나, 거의 없는 에너지변환 시스템의 개발은 중요하다. 연료전지는 이러한 목적에 부합하고 기대되는 발전시스템 중의 하나이다. 전해질의 물질과 운전온도에 따라 연료전지는 5 가지 형태(알칼리 연료전지, 인산 연료전지, 고분자전해질 연료전지, 용융탄산염 연료전지 그리고 고체산화물 연료전지)로 분류된다. 이번 장에서는 고체산화물 연료전지(SOFC)에 관해서 살펴보고자 한다.

고체산화물 연료전지(SOFC)는 수소뿐만 아니라 다양한 탄화수소물을 연료로 사용될 수 있다는 장점이 있다. 이는 전해질로 사용된 고체산화물이 산소이온을 전도시키는 물질이기 때문이다. 수소이온 전도물을 전해질로 사용하는 연료전지의 경우 연료로써 수소를 사용하는 것이 원칙이나, SOFC의 경우 탄화수소 뿐만 아니라 일산화탄소와 같은 다양한 연료가 전해질을 통과하는 산소와 반응할 수 있다. 높은 운전온도 또한 SOFC의 장점으로 작용한다. 저온 SOFC[1]의 경우를 제외하고 SOFC가 고온에서 동작할 경우 전기화학적 반응을 위해 어떤 촉매도 필요로 하지 않는다. 또 SOFC에서 방출되는 양질의 열에너지를 다양한 방법을 통해 회수할 수 있다. 높은 발전효율을 얻기 위해 SOFC와 가스터빈을 융합시킨 하이브리드 시스템은 좋은 하나의 예이다. 또한 고온의 운전온도로 인해 셀의 내부 또는 주변에서 탄화수소 연료를 수증기개질시키는 것이 가능하다. 다양한 상용물질들이 개질반응의 촉매로써 사용된다. 연료개질에 의해 연료로 사용되는 메탄으로부터 수소와 일산화탄소가 공급되므로 연료전지의 운전이 더욱 간단해질 뿐만 아니라, 나아가 냉각수단 또한 제공되므로 고온의 연료전지를 제어할 수 있게 된다. 전기화학적 반응으로부터 직접 열이 공급되는 연료극에서 개질반응이 발생할 때 이를 직접내부개질(direct internal reforming, 이하 DIR)이라 한다. 이 경우 연료극을 제외하고 부가적인 촉매가 필요없기 때문에 셀의 구조가 간단하다. 그러나 연료극 자체 내에서 개질반응과 전기화학적 반응을 적절히 제어하는 것은 여전히 어렵다[5-7]. 반면에 연료극으로부터 떨어진 위치에 있는 촉매에서 개질반응이 일어나는 경우를 간접내부개질(indirect internal reforming, 이하 IIR)이라 한다. 이에 대해서는 이번 장에서 다룰 것이다.

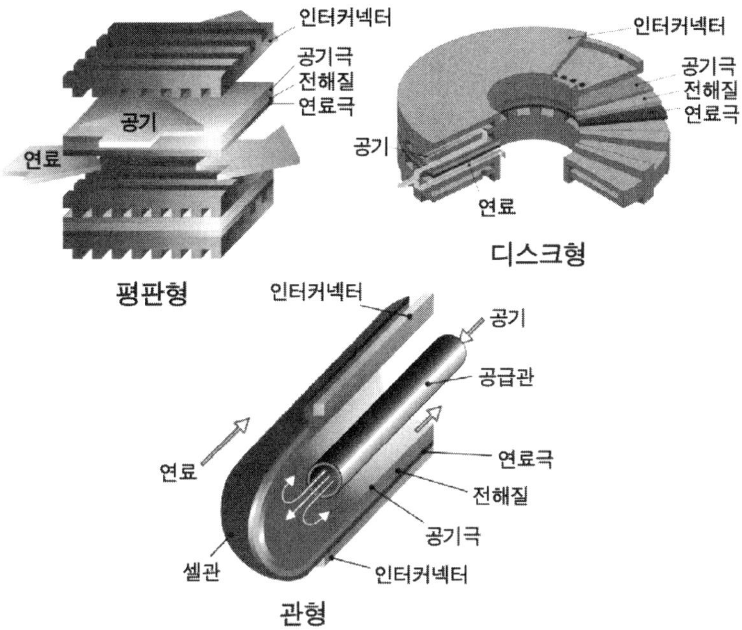

그림 1. 다른 구조를 가지는 3 가지 SOFC의 개략도

SOFC의 다른 장점으로는 전해질이 고체라는 것이다. 이로 인해 셀의 구조를 설계할 때 유연성을 가진다. 지금까지 다른 구조를 가진 몇 가지 형태의 SOFC가 세안 및 시험을 거쳐 개발되었나. 관형 SOFC, 평판형 SOFC 및 디스크형 SOFC가 그들이다. 이 3 가지 SOFC의 개략적인 구조가 그림 1에 나타나 있다. 평판 및 디스크형 SOFC는 컴팩트하게 스택으로 만들 수 있고 전력밀도를 높일 수 있다는 점에서 전망이 밝다. 따라서 이들에 대한 연구 및 개발이 크게 이루어지고 있다[8-11]. 반면에 관형 SOFC는 실제 사용되고 있는 측면에서 연구개발이 가장 많이 이루어진 것 중의 하나이다. 관형 셀의 주요한 두 가지 장점은 열적 충격에 대한 저항력이 상대적으론 우수하다는 것과 특수한 밀봉처리 과정이 필요없다는 것이다. 이러한 장점으로 인해 대기압 하에서 100-kW 관형 SOFC 시스템은 수 천 시간의 운전시험을 성공적으로 거쳤다[12]. 이 시스템에서 공기극 지지(cathode-supported) SOFC가 사용되었으며, 이 SOFC는 공기가 관형 셀 구조의 내부로 흐르며, 연료는 축을 따라 관형 셀 주위로 흐른다. 천연가스가 연료로 사용되어 "스택 내장형 개질기(in-stack reformer)"에서 완전히 개질된다. 이 개질기는 수많은 관형 셀로 구성된 셀 다발(bundle)의 각 열(row) 사이에 설치되어 있다. 개질기는 셀에 의해 간접적으로 가열된다. 이 경우 셀의 구조는 더욱 간

단하지만 오히려 스택의 구조는 더욱 복잡해진다. 반면에 연료극 지지(anode-supported) SOFC의 경우 연료는 관형 셀 내부로 흐르고 공기는 관형 셀 외부로 흐른다. 이 경우 관형 셀 내부에 설치된 연료공급관(이 관을 통해 연료가 관형 셀 내부로 주입된다)은 개질기로써 사용될 수 있다. 연료공급관은 촉매물질로 채워져 있어 연료가 이 관을 통해 흐르는 동안 간접 내부연료 개질(IIR) 반응이 일어나게 된다. 이것이 이번 장에서 논의하게 될 간접내부개질형 관형 SOFC(IIR-T-SOFC)의 개념이다. 이 경우 촉매의 실장으로 인해 셀의 구조가 다소 복잡해지지만 스택의 구조는 상당히 간단해진다. 스택에 내장된 개질기가 없기 때문에 다양한 출력 용량을 갖는 여러 형태의 SOFC 발전시스템에 대해 스택의 크기와 형상을 좀 더 쉽고 유연성 있게 설계할 수 있다. 또 연료개질 촉매의 분포 밀도를 조절함으로써 셀의 국소적인 열장(thermal field)을 제어할 수 있다. 이는 이전의 수치해석적인 분석에 의해 얻어진 결과 중의 하나이다. 현재 이러한 형태의 SOFC 개발은 단지 개념적인 설계단계에 있다. 따라서 이 SOFC의 실현가능성을 연구하는 것은 매우 의미가 크며, 이러한 목적을 위해서는 수치적 시뮬레이션이 효과적인 수단이라고 판단된다.

수치적 시뮬레이션은 다양한 공학분야의 연구개발에 있어 유용한 수단이 되어 왔다. 연료전지 분야도 예외가 아니며 많은 연구그룹에 의해 다양한 수치적 시뮬레이션이 행해졌다. 연료전지의 수치적 모델은 열과 물질 전달이 이루어지는 다중성분의 가스유동, 연료와 공기 사이의 전기화학적 반응 그리고 전위장과 이온 및 전류와 같은 다양한 현상이 셀 내부에서 일어나기 때문에 복잡하다. 수치적 시뮬레이션은 특히 SOFC에서 중요하다. SOFC는 운전온도가 높기 때문에 우수한 열관리 방법이 필요하다. 그러나 이러한 열관리에 필요한 자세한 정보는 측정에 의해 얻을 수 없다. 오직 수치적 시뮬레이션만이 그러한 정보를 얻을 수 있는 유일한 방법이다. SOFC에 적용되는 수치 시뮬레이션에는 2 가지 방법이 있다. 하나는 단일셀 모델[15-20]이고 다른 하나는 스택킹된 셀모듈에 대한 모델[21-24]이다. 이 장에서는 전자에 대해 수치적 시뮬레이션이 다루되, 특히 관형 SOFC의 수치모델을 설명할 것이며, 여기에는 참고문헌 [15, 16]에서 제시된 것처럼 공기극 지지(cathode-supported) 관형 SOFC에 대한 수치적 모델에 기반한 IIR-T-SOFC가 포함될 것이다. 마지막으로 앞에서 기술된 모델에 의해 얻어진 몇 가지 결과가 시뮬레이션의 예로써 제시될 것이다.

2 IIR-T-SOFC의 메카니즘에 대한 개요

수치 모델링과 시뮬레이션된 결과를 설명하기에 앞서 이 절에서는 간접내부개질형 관형 고체산화물 연료전지인 IIR-T-SOFC의 현상에 대한 일반적인 사항을 설명한다. 내부연료개질과 관계된 부분을 제외하고 다음의 사항은 기존의 공기극 지지 관형 SOFC의 경우를 포함한 내부연료개질이 없는 일반적인 경우에 적용될 수 있다.

2.1 관형 셀

그림 2는 2 가지 형태의 관형 SOFC에 대한 개략도를 나타내고 있다. 하나는 전통적인 Siemens-Westinghouse형 공기극 지지 관형 셀이고, 다른 하나는 IIR-T-SOFC 스택에서 사용된 단일 셀이다. 후자의 연료전지는 관형 셀과 그 안에 삽입된 연료관으로 구성되어 있어 기본적으로 전통적인 관형 SOFC의 구조와 비슷하다. 셀 관(cell tube)은 두 전극 사이에 전해질층이 삽입된 샌드위치 형태로 되어 있다. 전기화학적 반응이 이 두 전극(연료극과 공기극)에서 일어난다. 그림 2의 두 경우의 차이점은 연료로 사용되는 탄화수소가 연료관의 내부로 흐르는 것과 IIR-T-SOFC의 경우는 연료공급관이 다공질 촉매로 채워져 있다는 것이다. 따라서 연료는 각 관형 셀에서 "간접적으로" 개질된다. 즉 연료는 연료관에서 개질되고, 셀 관의 밀폐단부(closed end)에서 유동의 방향이 바뀌며, 연료극에서 전기화학적으로 반응한 뒤 셀 밖으로 흘러나간다. 반면에 공기는 셀 관의 외부로 흐르고, 공기극에서 반응한다. 그러나 이와 같이 셀을 설계하는데 있어 하나의 약점은 인터커넥터가 고온의 공기에 노출되어 심각한 산화가 일어난다는 것이다. 그러나 이러한 문제는 최근 첨가된(doped)란탄 크롬계와 같은 새로운 인터커넥터 물질이 개발됨으로써 해결되고 있다[26, 27].

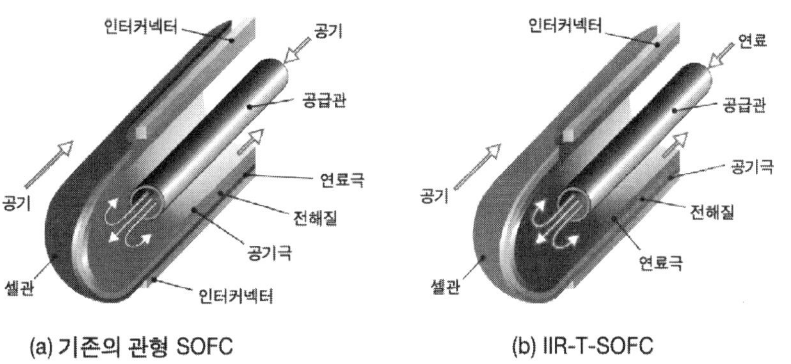

그림 2. 기존의 관형 SOFC와 IIR-T-SOFC의 개략도

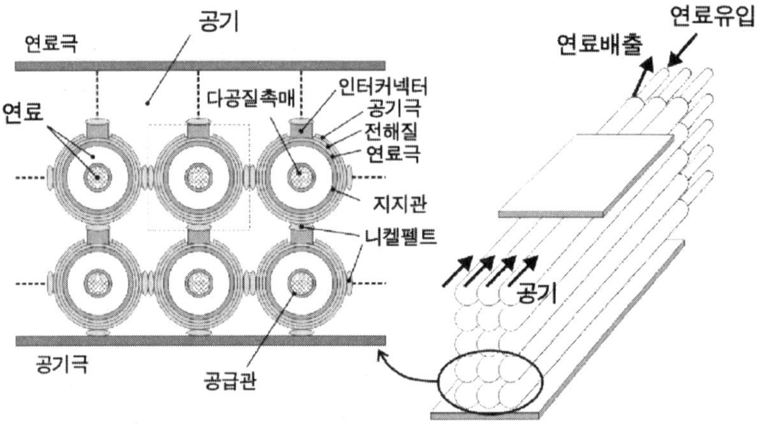

그림 3. 셀 스택의 개략도

스택의 관형 셀들은 그림 3에서 볼 수 있듯이 전기적으로 직렬 또는 병렬로 연결될 수 있다. 스택 내의 관형 셀의 수는 요구되는 전기적 용량에 따라 조절된다. 만약 셀의 수가 충분히 많을 경우 스택의 중심 부분에 있는 대부분의 셀은 열적 조건과 운전조건이 같아야 한다. 따라서 최근의 연구는 스택의 중심 부분에 있는 하나의 대표적인 관형 셀에 집중되어 있다.

2.2 내부개질 과정

IIR-T-SOFC에서 발생하는 중요한 현상 중에 하나는 연료의 내부개질로써, 위에서 언급했듯이 연료공급관의 내부에서 일어난다. 다양한 탄화수소가 연료로써 사용될 수 있지만 여기서는 천연가스의 주성분인 메탄을 연료로써 사용한 경우에 대해 설명한다.

메탄의 경우 수증기개질 과정은 수소를 생산하기 위한 전통적인 공정으로 널리 알려져 있으며[29, 30], 니켈-알루미늄과 같은 촉매 상에서 다음과 같은 두 화학반응을 통해 이루어진다.

$$\text{개질반응} \quad CH_4 + H_2O \longleftrightarrow 3H_2 + CO \tag{1}$$

$$\text{이동반응} \quad CO + H_2O \longleftrightarrow H_2 + CO_2 \tag{2}$$

식 (1)의 수증기개질반응의 평형상수는 상당히 크기 때문에 만약 시스템의 운전 온도가 700 ℃ 이상으로 유지되면 메탄은 거의 대부분 개질된다. 그러나 이 반응은 강한 흡열반응이기 때문에 개질반응이 이루어지기 위해서는 에너지가 공급되어야 한다. 따라서 연료공급관 내부에서 메탄이 어떻게 개질되는가 하는 것은 온도 뿐만 아니라 각 화학물질의 분압과 촉매의 농도를 포함한 국소적인 조건에 따라 크게 달라진다. 반면에 식 (2)의 수성-가스 이동반응은 약한 발열반응이다. 중요한 점은 이동반응율이 수증기개질반응율보다 훨씬 더 빠르기 때문에 전체 연료통로에서 이동반응은 거의 평형을 이루고 있다는 점이다.

2.3 전기화학적 과정

관형 셀에서 발생하는 가장 중요한 현상은 연속적인 전기화학적 반응과정이다. 메탄이 연료로써 사용되어 연료공급관 내부에서 완전히 개질되는 경우, 연료극과 공기극에서의 전기화학적 과정은 다음 반응으로 기술될 수 있다.

$$H_2 + O^{2-} \rightarrow H_2O + 2e^- \qquad \text{(연료극)} \tag{3}$$

$$CO + O^{2-} \rightarrow H_2O + 2e^- \qquad \text{(연료극)} \tag{4}$$

$$\frac{1}{2}O_2 + 2e^- \rightarrow O^{2-} \qquad \text{(공기극)} \tag{5}$$

전체 반응은 다음과 같다.

$$H_2 + \frac{1}{2}O_2 \rightarrow H_2O \tag{6}$$

$$CO + \frac{1}{2}O_2 \rightarrow CO_2 \tag{7}$$

그림 4는 관형 셀에서 이루어지는 전기화학적 반응의 메커니즘을 설명하고 있다. 공기극에서는 공기 중의 산소분자와 전자의 결합에 의해 산소이온은 생성된다. 생성된 산소이온은 전해질을 통하여 연료극으로 이동한다. 전자는 연료극에서에서 산소이온에서 떨어져 나오고, 생성된 산소분자는 수소 또는 일산화탄소 분자와 연료극에서 반응한다. 연료극 반응을 통해 방출된 전자는 인터커넥터를 통해 인접한 셀의 공기극으로 이동하거나 또는 외부회로를 통해 원래의 공기극으로 되돌아온다 - 즉 관형 셀을 통해 전류가 생성된다.

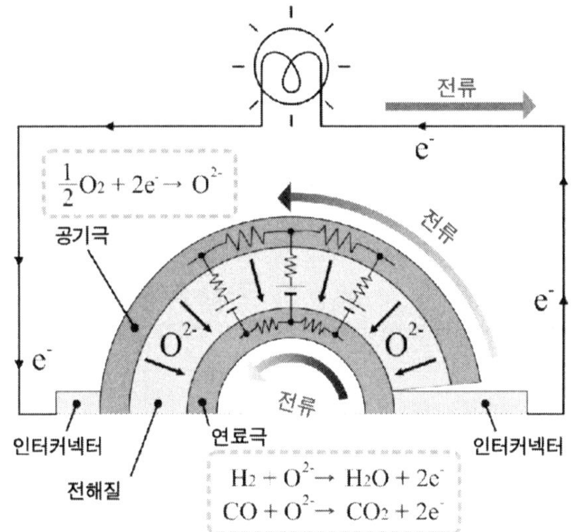

그림 4. 전기화학적 과정의 기본 개념

전류밀도의 크기는 전기화학적 반응률과 직접 관계있으며 다양한 요인에 따라 달라진다. 이러한 요인은 세 가지 그룹으로 분류될 수 있으며, 기전력, 내부저항 및 셀의 외부부하가 그것이다. 기전력은 전류가 흐르지 않거나 전기화학적 반응이 매우 느리게 일어나는 경우 나타나는 이상적인 셀 단자전압이다. 내부저항으로 인해단자전압의 손실이 발생하며, 그 원인으로는 저항과전압, 활성화과전압, 농도과전압의 세 가지 종류의 과전압이 있다. 마지막으로 셀의 외부부하에 의해 운전 중인 연료전지의 전류를 조절할 수 있으며, 부하의 크기는 셀의 단자전압을 전류의 크기로 나눈 값과 실질적으로 같다.

기전력은 주로 연료의 농도에 의해 결정된다. 일반적으로 기전력은 수소와 일산화탄소가 소모되어 그 농도가 낮아짐에 따라 기전력이 감소한다. 저항과전압의 경우 전해질의 이온전도도가 중요한 요인 중의 하나로써, 온도가 높아지면 감소하는 경향이 있다. 이것이 SOFC의 경우 왜 운전온도가 높아야 하는가에 대한 주된 이유이다. 전극의 전기전도도 또한 단자전압의 저항손실에 영향을 미친다. 그림 4에서 볼 수 있듯이 전류는 기본적으로 전극을 통하여 원주방향으로 흐른다. 활성과전압은 전기화학적 반응의 지연과 관련되어 있으며, 셀의 온도가 높아짐에 따라 감소하는 경향이 있다. 농도과전압 또한 셀의 성능에 영향을 미치는 중요한 요인이며, 연료 및 산소와 같은 화학반응물질의 방사방향(axial) 농도가 불균일한 것과 관련이 있다. 반응지점에서 반응물의 농도가 낮으면 반응가스 유동의 중심부 농도로써 얻을 수 있는 기전력보다 실제로 얻어지는 기전력은 훨씬 더 작아진다.

이 차이가 바로 농도과전압이다. 셀 내부에서는 온도와 가스성분이 균일하지 않기 때문에 기전력과 내부저항이 위치에 따라 달라진다. 마지막으로 외부부하가 감소하면 전류가 커지고 단자전압은 작아진다. 따라서 전류와 단자전압의 곱인 셀의 출력전력은 특정한 전류값이나 특정한 크기의 외부부하에서 최대가 된다.

2.4 해석의 목적과 핵심사항

우수한 성능의 SOFC, 특히 우수한 성능의 IIR-T-SOFC를 개발함에 있어 세 가지의 근본적인 문제가 해결되어야 한다. 어떻게 발전성능을 개선시킬 것인가, 어떻게 열적 균열파손을 방지할 것인가 그리고 어떻게 생산비용을 줄일 것인가가 그것이다. 수치해석적 방법은 이러한 문제점에 대한 해결책을 찾는데 크게 도움이 될 것으로 예측된다. 수치해석적 방법은 위의 세 가지의 문제점 중에서 열적 균열파손 문제를 해결할 수 있는 적합한 수단이다. 열적 균열파손은 최고온점(가장 온도가 높은 지점, hot spot)이나 과도하게 온도가 높은 부분이 발생하거나, 온도구배가 과도하게 큰 부분이 발생하거나, 연료전지 시동 시 온도의 시간변화율이 크거나, 그리고 실제 운전 시에 부하조건 또는 열적 조건이 빈번하게 변화하는 것 등을 포함한 여러 가지 열적 조건이 복합되어 나타나게 된다. 셀의 온도 또는 셀 온도를 좌우하는 전기화학적 및 다른 화학적 반응은 측정될 수 없으며 이에 관한 자세한 정보는 단지 수치해석 방법에 의해 얻을 수 있다.

셀의 열장(thermal field)은 몇 가지의 기본적인 현상들이 균형을 이루어 나타난다. 전류와 전기화학적 반응에 따른 열발생, 셀에서 온도가 다른 부분들 사이의 열전달, 흡열반응인 내부연료개질반응에 의한 열흡수 그리고 공기유동에 의한 열제거 등이 그것이다. 따라서 가스유동장, 가스유동 통로와 고체 부분 양쪽 모두에 대한 온도장, 화학반응물질의 전기화학적 반응과 연료개질반응 및 관련 물질전달장, 이온전류 및 전자전류장에 대한 계산 모두를 통합시켜야 한다. 이를 위해서는 워크스테이션의 성능에 맞게 계산량을 줄이기 위해서는 몇 가지의 가정이 포함되어야 하지만, 셀의 열장에 대한 합리적인 데이터베이스를 구축하기 위해서는 가능한 한 계산은 정확해야 한다. 가스 유동속도장, 온도장 및 물질전달장의 경우 정확도가 상당히 높은 열 및 물질전달을 연구하기 위해서는 최소한 2차원적인 축대칭 해석이 필요하다. 반면에 전위장의 경우는 분포가 주위에서 균일하지 않다는 것은 반드시 고려해야 한다. 이는 전해질을 통해 방사상으로 이온전류가 존재한다 할지라도 그림 4에서 볼 수 있듯이 전류는 전극에서 기본적으로 원주방향으로 흐르기 때문이다. 만약 모든 장들을 3차원적으로 고려하면 물론 더욱 좋지만, CPU의 계산시간이 극단적으로 커진다. 따라서 가정해야 할 것과 그러한 계산분야를 통합시키는 방법이 IIR-T-SOFC를 포함한 관형 SOFC에 대한 수치해석의 핵심 사항이 된다. 이 장에서는 새로운 모델을 개발하기 위한 기본방법으로써 이미 개발된 준-이차원 해석법[15, 16]이 채택된다. 이 준-이차원 모델에 의해 속도장과 열장 및 물질전달장이 축대칭이라는 가정은 주변 전위장 및 전류장이 불균일하다는 것과 결합된다.

3 수치적 모델링

이 절에서는 관형 SOFC, 특히 IIR-T-SOFC에 대한 수치적 모델링을 자세하게 다룬다. 이 모델은 개질연료 또는 수소[15, 16]를 사용하는 공기극 지지 관형 SOFC에 대해 이전에 개발되었던 모델을 기반으로 하고 있다. 따라서 모델의 주요 부분은 내부연료개질 과정이 포함된 경우나 포함되지 않은 경우 모두 동일하다. 그러나 두 경우에 모두 공통인 일반적인 부분은 간단하게 참고문헌을 인용하여 개략적으로 다룰 것이며, 간접내부개질 과정이 포함된 경우 이를 모델링한 부분을 강조할 것이다.

앞 절에서 언급한 대로, 가스유동, 열 및 물질전달, 내부개질, 전기화학적 반응, 불균일 전위장, 이온전류 및 전자전류, 열 및 전기의 생성과 같은 다양한 현상이 관형 셀 내부에서 일어난다. 이러한 현상들은 서로 밀접하게 연관되어 있으므로 모두 수치해석에서 동시에 고려되어야 한다. 독자들의 편의를 위해 이 모델이 대상으로 하고 있는 셀의 구조와 채택한 일반적인 가정을 기술함으로써 다음 부분으로 넘어갈 준비를 할 것이다. 그 뒤 연료전지에서 가장 기본적인 현상인 전기화학반응에 대한 모델링을 먼저 설명할 것이다. 다음으로 개질반응 및 이동반응을 설명한 후에 속도장, 온도장, 농도장에 대한 모델링을 설명할 것이다. 전위장, 전류 및 저항성 가열에 대한 모델링도 설명될 것이다. 마지막으로 이 절의 끝부분에서 전체 모델에 대한 그림이 주어질 것이다.

3.1 열 및 물질 전달의 계산영역과 일반 가정

그림 5는 본 연구에서 고려 중인 관형 셀의 길이방향의 단면도를 나타내고 있으며, 치수와 화학반응식이 함께 표시되어 있다. 차후에 논의될 IIR-T-SOFC의 예를 보면 셀 관의 구조는 길이 500 mm, 내부반지름 6.9 mm, 외부반지름 9.6 mm로 되어 있다. 계산 상의 편의를 위해 관형 연료전지의 외부 표면과 반지름이 14.6 mm인 동축상의(co-axial) 원통형 벽 사이의 고리 모양의 공간을 통해 공기가 흐르도록 하였다. 그림 3에서 가는 점선으로 그려진 정사각형은 스택에서의

평균적인 공기유동 공간을 나타내고 있다. 이 인위적인 경계벽의 표면은 열적으로 차단되어 있다고 가정되며, 고리 모양 공간의 면적은 스택의 단일셀의 경우 평균 공기유동공간과 같다. 이와 같이 하는 것은 스택의 중심부에 위치한 관형 셀의 경우에는 합리적이라 할 수 있다. 이 모델에서 반구형 관의 단부(end)는 평탄하다고 가정하여 그림 5와 같이 계산영역이 파선으로 표시되어 있다. 셀의 관과 연료공급관은 고체이고 공급관은 다공질 촉매물질로 채워져 있으며, 다른 영역은 가스유동 통로이다.

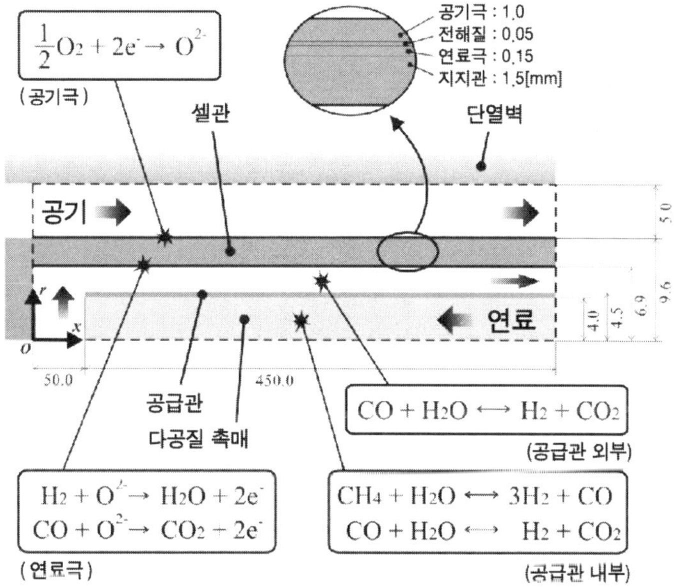

그림 5. 관형 연료전지의 길이 방향 단면도

본 연구에서 수소를 연료로 사용하는 공기극 지지 관형 SOFC의 경우를 제외하고 연료는 순수한 메탄과 연료전지에서 방출된 재순환배기가스의 혼합물, 다시 말하면 수소, 수증기, 일산화탄소, 이산화탄소, 메탄의 혼합물이라고 가정하며, 공기는 산소와 질소의 혼합물로써 취급한다. 밀도와 기전력을 계산할 때 모든 가스성분은 이상기체로 취급한다. 열장의 계산에서는 온도가 풀어야 할 변수로 채택되지만, 화할 수 있는 사항으로 적용하였으나, 정압 하에서 비열, 엔탈피 및 Gibbs 자유에너지와 같은 열역학적 특성과 점성 및 열전도도와 같은 수송특성은 온도의 변수로써 취급된다. 프로그램[30, 31]에 포함되어 있는 특성표를 참고하여 국소 부분의 온도에서 그들의 국소적인 값을 계산하였다. 혼합물의 특성은 각 화학물질의 분압을 이용하여 혼합법칙으로 구할 수 있다[32]. 가스유체는 뉴턴유체(Newtonian)로 취급하였고 레이놀즈수가 200보다 작기 때문에 공기와 연료의 유동은 모두 층류(laminar)이면서 축대칭인(axisymmetric) 정상(steady) 유동으로 취급하였다. 중력효과는 고려하지 않았다.

3.2 전기화학적 반응 모델

연료전지에서 가장 기본적인 현상은 연료의 화학에너지가 직접 전기에너지로 변환되는 전기화학적 반응이다. 이 과정에서 연료와 산소가 소모된다. 또한 전기가 발생될 뿐만 아니라 사용된 연료의 화학에너지 중 비효율적인 부분 때문에 열이 발생한다. 여기에서 어떻게 그들을 모델링 할 것인지 논의된다.

앞 절에서 언급하였고 그림 5에서 볼 수 있듯이, 식 (6)과 (7)의 수소와 일산화탄소의 전기화학적 반응이 본 연구에서 고려된다. 이 반응에 의해 발생되는 기전력은 다음과 같은 Nernst 식을 근거로 계산된다.

$$E_{H_2/O_2} = E^0_{H_2/O_2} - \frac{R_0 T}{2F} \ln\left(\frac{P_{H_2O}}{P_{H_2} P^{0.5}_{O_2}}\right) \tag{8}$$

$$E_{CO/O_2} = E^0_{CO/O_2} - \frac{R_0 T}{2F} \ln\left(\frac{P_{CO_2}}{P_{CO_2} P^{0.5}_{O_2}}\right) \tag{9}$$

여기서

$$E^0_{H_2/O_2} = \left(\frac{-\Delta G^0_{H_2/O_2}}{2F}\right) \tag{10}$$

$$E^0_{CO/O_2} = \left(\frac{-\Delta G^0_{CO/O_2}}{2F}\right) \tag{11}$$

이다. 아래 첨자 'H_2/O_2' 및 'CO/O_2'는 각각 식 (6)과 (7)의 반응을 가리키며, $\Delta G^0_{H_2/O_2}$와 $\Delta G^0_{CO/O_2}$는 반응에 따른 표준 Gibbs 자유에너지의 변화를 나타내고, F는 Faraday 상수이다. 여기서 각 전극 표면의 화학물질의 국소분압이 위 식의 분압이 된다는 것을 명심해야 한다. 이는 연료와 공기의 유동통로에 존재하는 농도의 불균일성과 관련된 농도과전압이 식 (8)과 (9)의 기전력식에서 자동적으로 고려된다는 것을 의미한다.

방정식 (6)과 (7)로 나타낼 수 있는 전체 전기화학적 반응은 식 (3), (4), (5)의 전극 반응으로 나눌 수 있다. 각 전극반응에 대한 활성화과전압을 고려할 필요가 있다. 본 연구에서는 Achenbach[18]가 제시한 다음 식을 이용해 활성과전압을 나타낸다.

$$\eta H_2 = i_{H_2/O_2}\left[\frac{2F}{R_0 T}k_{H_2}\left(\frac{P_{H_2}}{P_{fuel}}\right)^{0.25}\exp\left(-\frac{A_a}{R_0 T}\right)\right]^{-1} \tag{12}$$

$$\eta CO = i_{CO/O_2}\left[\frac{2F}{R_0 T}k_{CO}\left(\frac{P_{CO}}{P_{fuel}}\right)^{0.25}\exp\left(-\frac{A_a}{R_0 T}\right)\right]^{-1} \tag{13}$$

$$\eta O_2 = i\left[\frac{4F}{R_0 T}k_{O_2}\left(\frac{P_{O_2}}{P_{fuel}}\right)^{0.25}\exp\left(-\frac{A_c}{R_0 T}\right)\right]^{-1} \tag{14}$$

여기서 k_{H_2}, k_{CO}, k_{O_2}는 각 식의 계수로써, $k_{H_2} = 2.13\times 10^8$, $k_{CO} = 2.98\times 10^8$ 및 $k_{O_2} = 1.49\times 10^{10}\,A/m^2$이다. A_a와 A_c는 활성화에너지로써, $A_a = 1.1\times 10^5$ J/mol 및 $A_c = 1.6\times 10^5$ J/mol이다. 또 i_{H_2/O_2}와 i_{CO/O_2}는 각각 식 (6), (7)의 반응으로부터 얻어지는 전해질에서의 전류밀도로써 수소와 일산화탄소의 소모율과 관계가 있으며 뒤에서 논의할 것이다. 그들은 또한 다음과 같은 국소 전류밀도 i와 관계가 있다.

$$i - i_{H_2/O_2} + i_{CO/O_2} \tag{15}$$

여기서 기전력, 활성화과전압, 전해질을 통과하는 이온 전류밀도, 연료극과 공기극의 전위 V_a, V_c 사이에는 다음과 같은 관계가 있다.

$$E_{H_2/O_2} - (\eta H_2 + \eta O_2) - iR_2 h_e = V_c - V_a \tag{16}$$

$$E_{CO/O_2} - (\eta CO + \eta O_2) - iR_2 h_e = V_c - V_a \tag{17}$$

여기서 R_e는 전해질의 이온저항으로써 Bessette 등[19]이 제시한 온도의존성을 고려함으로써 구할 수 있으며, h_e는 전해질의 두께이다. 위의 관계로부터 국소 전위차 $V_c - V_a$가 주어지면 국소 전류밀도 i를 구할 수 있고, 그 역도 성립한다.

현재 모델에서 인터커넥터는 이상적으로 작용하고, 따라서 전위차 $V_c - V_a$는 관의 축을 따라 일정하다고 가정하였다. 따라서 이 값은 셀의 단자전압과 같다. 나중에 설명하겠지만, 셀의 단자전압은 계산을 시작할 때 주어지며, 등가 전기회로모델을 사용하여 전류밀도와 전위장이 계산된다. 이에 대해서는 뒤에서 자세히 논의될 것이다. 식 (16)과 (17)에서, 공기와 연료 유동통로의 화학물질의 불균일한 분포와 관련되어 발생하는 농도과전압이 식 (8)과 (9)에서 고려되었다. 그러나 얇은 연료극과 공기극 내부에서 화학반응물질의 확산저항에 의해 발생하는 농도과전압은 무시하였다. 이러한 종류의 과전압을 다루는 근사적인 방법에 대해서는 문헌 [33]에서 제시되었다. 그러나 다공질 전극의 미소구조 또는 좀 더 자세는 다공질 전극의 기공도(porosity)와 투과도(permeability) 뿐만 아니라 비틀림도(tortuosity)는 보통 알 수 없다. 저자들은 간접 내부연료개질과정이 없는 경우 무시한 농도과전압의 크기가 크지 않음을 발견했지만, 미래에 셀 지지 물질과 다공성 전극의 구조에 대한 적절한 데이터를 구할 수 있을 때 다시 이 문제를 다루어야 할 것이다.

3.3 내부연료개질 모델

IIR-T-SOFC의 경우, 전극에서의 전기화학적 반응 과정에 앞서 메탄의 수증기개질 이 연료공급관에서 일어나게 된다. 따라서 이제 내부연료개질 모델에 대해 설명할 것이다. 그림 5에서 볼 수 있듯이, 식 (1)과 같은 수증기개질 반응과 식 (2)와 같은 수성-가스 이동반응을 연료공급관 내부에서 고려하며, 이동반응 역시 연료공급관 외부에서 더욱 진행되는 것으로 고려한다. 본 연구에서 두 반응의 반응률 R_{st}와 R_{sh}는 다음과 같이 국소적으로 계산된다.

$$R_{st} = 1.75\, P_{CH_4}^{1.2}\, W_{cat} \exp\left(\frac{-57840}{R_0 T}\right) \tag{18}$$

$$R_{sh} = k_{sh}^{+}\, P_{CO}\, P_{H_2O} - k_{sh}^{-}\, P_{H_2}\, P_{CO_2} \tag{19}$$

식 (18)은 Odegard 등[34]에 의해 제안된 경험식에 기초하고 있다. W_{cat}는 수증기개질용 촉매의 충진물질밀도(filling mass density)로써, 그 분포도를 제어하면 셀의 온도분포를 변화시키는 수단으로 사용될 수 있다는 점에서 매우 중요한 파라메터이다. 나중에 논의되는 몇 가지 예에서, 실제로 W_{cat}의 제어가 얼마나 효과적인지를 보여준다. R_0는 일반적인 가스상수이며, k_{sh}^{+}와 k_{sh}^{-}는 각각 순방향 및 역방향 수성-가스 이동반응의 반응상수이다. R_{sh}값은 Lehner 등[35]이 제시된 방법으로 결정된다. 이들의 값은 셀의 온도분포가 균일하지 않기 때문에 위치에 따라 변화한다. 중요한 점은 이 상수들이 매우 크기 때문에 이동반응은 항상 평형상태 가까이에 있다는 것이다. 화학적 평형은 평형상수로 나타낼 수 있으며, 평형상수는 온도의 함수로써 반응물의 분압과 생성물의 분압 사이의 비율과 같으며 다음 식으로 나타낼 수 있다.

$$k_{sh} = \frac{k^{+}_{sh}}{k^{-}_{sh}} = \frac{pco_2 P_{H_2}}{pco P_{H_2O}} = \exp\left(\frac{-\Delta G^{0}_{sh}}{R_o T}\right) \tag{20}$$

여기서 ΔG^{0}_{sh}는 이동반응에 따른 표준 Gibbs 자유에너지의 변화를 나타낸다. 이동반응율을 계산하기 위해 이 평형상수가 식 (19)에 사용되었다.

3.4 속도장, 온도장 및 농도장의 지배방정식과 경계조건

공기와 연료는 연료전지의 적절한 운전을 위해 지속적으로 공급되며 연료전지의 내부 또는 주변에 있는 각자의 유동통로를 통해 흐른다. 반응물질이 유동부 중심으로부터 반응이 일어나는 지점까지 확산됨으로 해서 전기화학적 반응이 일어난다. 셀에서 발생된 열의 일부는 연료공급관에서 진행되는 흡열 개질반응을 위한 에너지로 공급되지만, 대부분은 연료와 공기의 유동에 의해 전달이 되거나 제거된다. 열발생은 연료전지에서 변환되는 화학에너지 중에서 비효율적인 부분에 속하며, 전력 발생률과도 관계가 있다. 전력은 연료의 전기화학적 반응에 의해 발생된다. 연료소모율은 전해질을 통한 전하 또는 이온의 전달율과 관련이 있다. 전류는 전달된 전하가 모이는 전극에서 발생한다. 또한 전류의 크기는 전극의 전위장의 크기와 비례하여 흐른다. 저항성 열발생은 전극에서 전류와 전해질을 통한 이온전류와 일치한다. 이러한 모든 현상은 복잡한 형태로 서로 연관되어 있다. 따라서 모든 현상을 나타내는 지배방정식은 일관된 방법에 의해 통합되어야 하고 반복적인 계산과정에서 동시에 해를 구해야 한다.

수치모델에서 해를 구해야 할 가장 기본적인 지배방정식은 연료전지에서의 속도장, 온도장 그리고 농도장에 대한 것이다. 각 식들은 3 개의 영역(가스영역, 고체영역, 다공질영역)에 따라 달라진다. 가스영역의 경우, 층류(laminar flow) 대해 다음의 2차원 연속방정식, 운동량방정식, 에너지 및 물질전달방정식이 적용된다.

$$\frac{\partial \rho U_x}{\partial x} + \frac{1}{r}\frac{\partial r \rho U_r}{\partial r} = 0 \tag{21}$$

$$\rho U_x \frac{\partial U_x}{\partial x} + \rho U_x \frac{\partial U_x}{\partial r} = -\frac{\partial P}{\partial x} + \frac{\partial}{\partial x}(\mu \frac{\partial U_x}{\partial x}) + \frac{1}{r}\frac{\partial}{\partial r}(r\mu \frac{\partial U_x}{\partial r}) \tag{22}$$

$$\rho U_x \frac{\partial U_r}{\partial x} + \rho U_r \frac{\partial U_r}{\partial r} = -\frac{\partial P}{\partial r} + \frac{\partial}{\partial r}(\mu \frac{\partial U_r}{\partial r}) + \frac{1}{r}\frac{\partial}{\partial r}(r\mu \frac{\partial U_r}{\partial r}) - \frac{\mu U_r}{r^2} \tag{23}$$

$$\rho C_p U_x \frac{\partial T}{\partial x} + \rho C_p U_r \frac{\partial T}{\partial r} = \frac{\partial}{\partial x}(\lambda \frac{\partial T}{\partial x}) + \frac{1}{r}\frac{\partial}{\partial r}(r\lambda \frac{\partial T}{\partial r}) + Q \tag{24}$$

$$\rho U_x \frac{\partial Y_j}{\partial x} + \rho U_r \frac{\partial Y_j}{\partial r} = \frac{\partial}{\partial x}(\rho D_{jm} \frac{\partial Y_j}{\partial x}) + \frac{1}{r}\frac{\partial}{\partial r}(r\rho D_{jm} \frac{\partial Y_j}{\partial r}) + S_j \tag{25}$$

위의 식에서 U_x와 U_r은 속도의 x 및 r 성분이고 T는 온도이다. Y_j는 화학물질 j의 질량분율(mass fraction)이며 D_{jm}은 다중성분의 가스혼합물에서 화학물질 j의 질량 확산도이다. 위에서 언급하였듯이 각 화학물질의 열역학적 특성 및 수송특성은 모두 온도에 따라 변화하는 변수로 취급할 수 있고, 혼합물의 특성은 각 화학물질의 질량분률을 사용함으로써 혼합법칙(mixing law)에 기반하여 계산할 수 있다. 식 (24)와 (25)의 변수 Q와 S_j항은 뒤에서 언급할 소스항이다. 열과 농도장에 대한 전기화학적 반응과 개질반응의 영향이 이 소스항에 포함되어 있다. 복사 열전달 효과는 가스-고체 경계면 상에서 정합조건(matching condition)에서 나타난다. 그러나 에너지 식에서 점성소산(viscous dissipation)은 무시하였다. 물질전달에서의 열확산과 물질 전달로 인한 엔탈피 전달은 현재 모델에서 고려되지 않았다.

고체부분의 경우 지배 방정식은 다음과 같은 열전도 방정식이다.

$$0 = \frac{\partial}{\partial x}(\lambda_s \frac{\partial T}{\partial x}) + \frac{1}{r}\frac{\partial}{\partial r}(r\lambda_s \frac{\partial T}{\partial r}) + Q \tag{26}$$

여기서 λ_s는 고체의 열전도도이다. 각 물질의 λ_s값은 상수로 취급하였으며 본 연구에서 사용된 특정한 값이 표 1[34]에 주어져 있다.

표 1. 고체 영역의 열전도도

	연료극	공기극	전해질	지지관	공급관
λs [W/mK]	11.0	6.23	2.7	1.1	1.1

다공질 영역의 경우, 다공성 물질의 미세구조는 보통 너무 복잡해서 계산 시 직접 고려할 수 없기 때문에 체적평균법에 의해 유도된 지배방정식이 적용된다. 사용된 방법에서, 물리적인 값들은 대표적인 요소의 체적에 대해 국소적으로 평균화된 값이다. 대표 요소의 체적은 다공성 물질의 미세 구조에 비해 크기가 충분히 크지만, 다공질 물체 자체의 크기에 비해서는 충분히 작다[36]. 결과적으로 다음과 같은 평균화된 물리적 값들이 적용된 수송방정식이 현재 모델에 사용되었다.

$$\frac{\partial \rho U_x}{\partial x} + \frac{1}{r}\frac{\partial r \rho U r}{\partial r} = 0 \tag{27}$$

$$\frac{1}{\epsilon^2}\left\{\rho U x \frac{\partial U_x}{\partial x} + \rho U_r \frac{\partial U_x}{\partial r}\right\} = -\frac{\partial P}{\partial x} + \frac{1}{\epsilon}\left\{\frac{\partial}{\partial x}(\mu \frac{\partial U_x}{\partial x}) + \frac{1}{r}\frac{\partial}{\partial r}(r\mu \frac{\partial U_x}{\partial r})\right\} - \frac{\mu}{K}U_x - \frac{\rho f}{\sqrt{K}}U_x\sqrt{U_x^2 + U_r^2} \tag{28}$$

$$\frac{1}{\epsilon^2}\left\{\rho U x \frac{\partial U_r}{\partial x} + \rho U_r \frac{\partial U_r}{\partial r}\right\} = -\frac{\partial P}{\partial r} + \frac{1}{\epsilon}\left\{\frac{\partial}{\partial x}(\mu \frac{\partial U_r}{\partial x}) + \frac{1}{r}\frac{\partial}{\partial r}(r\mu \frac{\partial U_r}{\partial r})\right\} - \frac{\mu}{K}U_r - \frac{\rho f}{\sqrt{K}}U_r\sqrt{U_x^2 + U_r^2} \tag{29}$$

$$\rho C_p U_x \frac{\partial T}{\partial r} - \frac{\partial}{\partial x}(\lambda_{eff}\frac{\partial T}{\partial x}) + \frac{1}{r}\frac{\partial}{\partial r}(r\lambda_{eff}\frac{\partial T}{\partial r}) + Q \tag{30}$$

$$\rho U_x \frac{\partial Y_j}{\partial x} + \rho U_r \frac{\partial Y_j}{\partial r} = \frac{\partial}{\partial x}(\rho D_{jm\ eff}\frac{\partial Y_j}{\partial x}) + \frac{1}{r}\frac{\partial}{\partial r}(r\rho D_{jm,eff}\frac{\partial Y_j}{\partial r}) + S_j \tag{31}$$

원칙적으로 위의 방정식의 물리적인 값은 가스의 국소적이며 "본질적인" 상(phase) 평균값(전체 체적이 아닌 가스체적에 대한 평균값)을 나타낸다. U_x와 U_r는 국소적인 가스 속도성분의 가스 상(phase) 평균값을 나타낸다. 그러나 온도의 경우는 그렇지 않다. 두 상(phase) 사이에서 국소적으로 열적 평형상태에 있다고 가정하기 위해열장에 대한 2 식(two-equation) 모델[37]은 이 연구에서 적용되지는 않았다. 따라서 T는 기체상과 고체상 모두에 대해 국소적인 평균온도를 나타낸다. 또 ϵ과 K는 각각 다공질 물질의 기공도와 투과도를 나타내며, f는 Reynolds 수와 다공성 물질의미소구조에 따라 달라지는 관성계수(inertia coefficient)[38]를 나타낸다. λ_{eff}와 $D_{jm,eff}$는 각각 물질 j의 유효 열전도도와 유효 물질확산도를 나타낸다. 본 연구에서 사용된 이러한 파라메터 값들이 표 2에 주어져 있다.

표 2. 다공질 영역의 파라메터

ε [-]	K[m2]	f [-]	λs[W/mK]	λeff[W/mK]	Djm,eff[m2/s]
0.9	1.0×10^{-7}	0.088	10.0	$\varepsilon\lambda+(1-\varepsilon)\lambda s$	$(1-\sqrt{1-\varepsilon})Djm$

위의 세 쌍의 지배방정식은 영역 사이의 경계면에서 적절히 결합되어 있다. 고체 표면과 가스-전극 경계면에서 속도장에 대해 미끄러짐이 없는 조건(no-slip condition)이 적용된다. 공기유동의 인위적인 차단벽(artificial confining wall)과 연료공급관의 내부 및 외부 표면에 대해 비침투조건(impermeable condition) 또한 적용된다. 가스-전극 경계면에서 수직 속도성분은 전기화학적 반응으로 인해 전극에서 영(zero)이 아닌 질량유량에 의한 값과 같도록 설정된다. 인위적인 공기유동 차단벽은 열적으로 차단되어 있다고 가정되며, 모든 고체표면과 가스-전극 경계면에서 열유속의 연속성이 적용된다. 기체-전극 경계에서 각 화학물질의 생성율 또는 소비율은 전기화학 반응에 의해 조절된 값과 같으며, 나중에 간단히 설명될 것이다. 다른 고체 표면에서는 반응이 일어나지 않는 것으로 가정하였다. 계산을 시작함에 있어, 공기와 연료의 유동에 대한 입구조건이 주어져야 한다. 또 셀의 단자전압은 계산을 시작하기 위한 외부조건으로서 주어지며, 전류밀도는 주어진 단자전압에 의해 계산될 수 있다. 반복적인 계산과정을 통해 속도장, 온도장 및 농도장이 수렴된 값으로 결정된다.

3.5 이산화 방법

위의 모든 지배방정식은 오직 수치적인 방법에 의해서만 해를 구할 수 있으므로, 어떤 종류의 이산화방법을 도입하는 것은 불가피하다. 따라서 여기서는 현재의 모델에서 채택된 이산화방법에 대해 간단히 설명함으로써, 개인적으로 고유 프로그램을 개발하고 싶은 독자들을 위한 힌트를 제공한다. 그러나 다양한 열-유체 문제에 대한 구할 수 있는 수많은 상용프로그램은 연료전지의 시뮬레이션을 위해 변환될 수 있다.

3.4절의 모든 지배방정식과 식 (21)~(31) 및 3.6절에서 나타나는 식 (38)과 (39) 또한 다음과 같은 일반적인 형태로 나타낼 수 있다.

$$\hat{\rho}U_x\frac{\partial\phi}{\partial x}+\hat{\rho}U_r=\frac{\partial}{\partial x}\left(\Gamma\frac{\partial\phi}{\partial x}\right)+\frac{1}{r}\frac{\partial}{\partial r}\left(r\Gamma\frac{\partial\phi}{\partial r}\right)+\hat{S}, \tag{32}$$

여기에서 ϕ는 관심의 대상인 변수를 나타낸다. $\hat{\rho}$와 Γ는 각각 대류항과 확산항의 계수이며, $\hat{S}$는 소스항을 나타낸다. 몇 가지 식에 대한 이러한 요소들의 특정한 값이 표 3에 요약되어 있다. 다양한 이산화방법을 사용할 수 있지만, 교차(staggered)격자 체계를 가지고 있는 현재의 모델에서는 유한체적법이 채택이 되었다. 교차격자 체계에서, 격자배열 방법은 두 가지가 있다. 속도성분을 저장하기 위한 속도격자(velocity grid)와 압력, 온도 및 농도와 같은 다른 스칼라값을 저장하기 위한 정상격자(normal grid)가 있다. 그림 6에 설명된 것처럼 속도장과 압력장을 안정적으로 결합시키기 위해 속도격자가 일반격자로부터 약간 떨어진 위치로 이동되어 있다[39].

표 3. 각 지배방정식의 변수와 계수

Eqn	ϕ	$\hat{\rho}$	Γ	$\hat{S}$
(22)	U_x	ρ	μ	$-\frac{\partial P}{\partial x}$
(23)	U_r	ρ	μ	$-\frac{\partial P}{\partial r}-\frac{\mu U_r}{r^2}$
(24)	T	ρC_p	λ	Q
(25)	Y_j	ρ	ρD_{jm}	S_j
(26)	T	0	λ_s	Q
(28)	U_x	$\frac{\rho}{\varepsilon^2}$	$\frac{\mu}{\varepsilon}$	$-\frac{\partial P}{\partial x}-\frac{\mu}{K}U_x-\frac{\rho f}{\sqrt{K}}U_x\sqrt{U_x^2+U_r^2}$
(29)	U_r	$\frac{\rho}{\varepsilon^2}$	$\frac{\mu}{\varepsilon}$	$-\frac{\partial P}{\partial r}-\frac{\mu U_r}{\varepsilon r^2}-\frac{\mu}{K}U_r-\frac{\rho f}{\sqrt{K}}U_r\sqrt{U_x^2+U_r^2}$
(30)	T	ρC_p	λ_{eff}	Q
(31)	Y_j	ρ	$\rho D_{jm.\mathrm{eff}}$	S_j

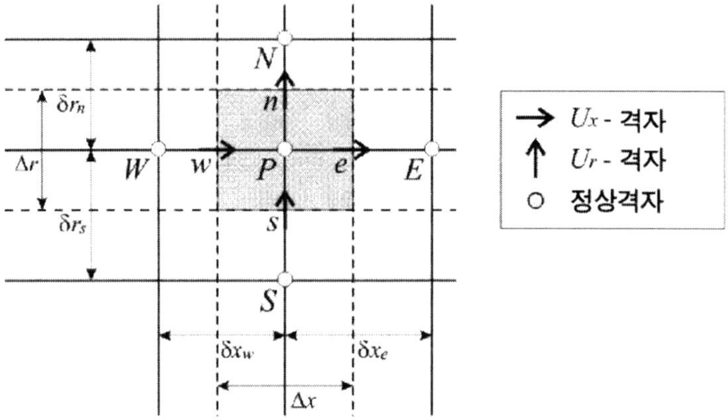

그림 6. 유한체적법에 대한 교차 격자

그림 6에서 회색으로 칠해진 일반격자에 대한 각 검사체적을 적분하면 식 (32)는 다음과 같은 형태로 이산화될 수 있다.

$$\left\{(\hat{\rho} U_x \varnothing)_e - (\hat{\rho} U_x \varnothing)_w\right\} r_m \Delta r + \left\{(r\hat{\rho} U_r \varnothing)_s\right\}\Delta x$$
$$= \left\{(\Gamma \frac{\partial \varnothing}{\partial x})_e - (\Gamma \frac{\partial \varnothing}{\partial x})_w\right\} r_m \Delta r + \left\{(r\Gamma \frac{\partial \varnothing}{\partial r})_n - (r\Gamma \frac{\partial \varnothing}{\partial r})_s\right\}\Delta x + \hat{S} \cdot r_m \Delta r \Delta x \quad (33)$$

아래 첨자 e, w, n 및 s는 고려 중인 검사체적의 네 면의 위치를 가리키며, r_m은 r_n과 r_s의 산술적인 평균이다. 교차 검사체적이 적용되기 때문에 속도성분에 대한 검사체적은 대응하는 스칼라양과 다르다. e, w, n 및 s로 표현되는 경계부분에서 대류유속과 확산유속을 보정하기 위해서 Patankar[39]가 제안한 Power-Law 방법을 여기서 채택한다. 그 결과 경계면에서의 유속은 다음과 같이 격자점 상에서의 값으로 나타낼 수 있다.

$$(\hat{\rho} U_x \varnothing - \Gamma \frac{\partial \varnothing}{\partial x})_e r_m \Delta r = a_E(\varnothing_P - \varnothing_E) \quad (34)$$

여기서 a_E는 Power-Law 방법에 의해 결정되는 계수이다. 위 식은 경계 e에 대한 예이며, 다른 경계에서도 비슷한 식이 채택될 수 있다. 결과적으로 식 (33)은 다음과 같은 대수식으로 변형될 수 있다.

$$a_P \phi_P = a_E \phi_E + a_W \phi_W + a_N \phi_N + a_S \phi_S + b \quad (35)$$

여기서

$$a_P = a_E + a_W + a_N + a_S \tag{36}$$

$$b = \hat{S} \bullet r_m \Delta r \Delta x \tag{37}$$

이다

가스의 특성은 온도와 각 가스성분의 농도에 의해 결정되기 때문에 속도, 온도 및 농도에 대한 위의 이산화된 식의 해를 동시에 구해야 한다. 압력구배가 운동량 방정식에 포함이 되어 있기 때문에 속도에 대한 해를 구하기 위해서는 압력장이 반드시 결정되어야 한다. 속도장와 압력장에 대한 해를 동시에 구하기 위해 Patankar 등[39]이 제시한 SIMPLE 알고리즘이 이 모델에서 채택되었다. 이산화에 대한 다른 상세한 내용은 문헌 [39]에서 찾아볼 수 있다.

3.6 전위 및 전기회로 식

여기서는 전극에서 생성되는 전위장과 그에 따른 전류의 흐름을 계산하기 위한 방법에 대해 설명한다. 이 절에서는 독자의 편의를 위해 직접 이산화된 형태로 수식이 주어진다. 현재의 모델에서 이온전류는 오직 전해질을 통해 방사방향으로 흐르지만, 그림 4에서 볼 수 있는 것처럼 전류는 전극층을 통해 원주(θ) 방향으로만 흐른다고 가정하였다. 이는 전극의 전류저항이 전극의 이온저항보다 훨씬 더 적다는 사실에 근거한 것이다. 또 연료극이 집합된 위치 $\theta = 0^\circ$ 와 공기극이 섭합된 위치 $\theta = 180^\circ$ 사이의 전위차가 셀의 단자전압과 같도록 하기 위해 인터커넥터는 이상적으로 작용하는 것으로 취급한다.

그림 7은 셀 관에서의 전위장과 그에 따른 전류를 계산을 하기 위해 채택된 격자시스템을 나타내고 있다. 키르히호프 법칙(Kirchhoff's law)에 의하면 아래와 같은 이산화된 식은 두 전극에 대해 유도될 수 있다.

$$(i_u - i_d)h_a - i_{PP'} \bullet r_e \Delta\theta = 0 \tag{38}$$

$$(i_{u'} - i_{d'})h_c + i_{PP'} \bullet r_e \Delta\theta = 0 \tag{39}$$

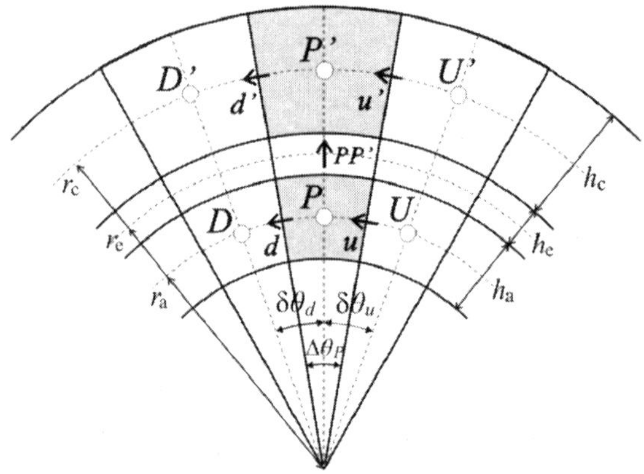

그림 7. 등가 전기회로에 대한 격자

여기서 i_{PP}는 그림 7에서 설명되어 있듯이 전해질 양쪽에 위치한 격자점 P와 P'를 연결하는 특정한 선을 따라 흐르는 식 (15)로 주어지는 전류밀도이다. i_u, i_d, $i_{u'}$ 및 $i_{d'}$는 원주방향으로 분리되어 있는 두 격자점을 연결하는 4 개의 선(연료극층의 U와 P 및 P와 D 그리고 공기극층의 U'과 P' 및 P'과 D' 선)을 따라 각각 발생된 전류밀도값을 나타낸다. r_e는 원통형 전극층의 중간 표면의 반지름을 나타낸다.

Ohm의 법칙에 따르면 전극에서의 전류는 관련 격자점 사이의 전위차와 관계가 있다.

$$i_u h_a = \frac{h_a}{R_a r_a \delta\theta_u}(V_U - V_p) \qquad i_d h_a = \frac{h_a}{R_a r_a \delta\theta_d}(V_P - V_D) \tag{40}$$

$$i_{u'} h_c = \frac{h_c}{R_c r_c \delta\theta_{u'}}(V_{U'} - V_{P'}) \quad i_{d'} h_c = \frac{h_c}{R_c r_c \delta\theta_{d'}(V_{P'} - V_{D'})} \tag{41}$$

여기서 R_a와 R_c는 각각 연료극과 공기극에서의 전기저항으로써, 이 모델에서는 Bessette 등[19]이 제시한 경험식에 의해 계산된다. 식 (15)를 다음 식에 의해 정의되는 $\widetilde{E}$로써 다시 쓰면 다음과 같다.

$$\widetilde{E} = E_{H_2/O_2} - (\eta H_2 + \eta O_2) = E_{CO/O_2} - (\eta CO + \eta O_2) \tag{42}$$

전해질을 통과하는 전류 $i_{PP'}$는 전위차와 $\widetilde{E}$에 의해 다음과 같이 나타낼 수 있다.

$$i_{PP'}\, r_e\, \Delta\theta \;=\; \frac{r_e\,\Delta\theta}{R_e\, h_e}\left\{\widetilde{E_{PP}} - (V_{P'} - V_P)\right\} \tag{43}$$

그러므로 식 (40)~(43)은 다음과 같은 수치적인 식으로 다시 쓸 수 있다.

$$a_P V_P = a_U V_U + a_D V_D + a_{P\grave{P}} V_{\grave{P}} - b \tag{44}$$

$$a_{\grave{P}} V_{\grave{P}} = a_{\grave{U}} V_{\grave{U}} + a_{\grave{D}} V_{\grave{D}} + a_{P\grave{P}} V_P + b \tag{45}$$

여기서

$$a_U = \frac{h_a}{R_a r_a \delta\theta_u}, \quad a_D = \frac{h_a}{R_a r_a \delta\theta_d}, \quad a_{\grave{U}} = \frac{h_c}{R_c r_c \delta\theta_u}, \quad a_{\grave{D}} = \frac{h_c}{R_c r_c \delta\theta_d} \tag{46}$$

$$a_{P\grave{P}} = \frac{r_e \Delta\theta}{R_e h_e}, \quad b = \frac{r_e \Delta\theta}{R_e h_e}\widetilde{E} \tag{47}$$

$$a_P = a_U + a_D + a_{P\grave{P}} \tag{48}$$

$$a_{\grave{P}} = a_{\grave{U}} + a_{\grave{D}} + a_{P\grave{P}} \tag{49}$$

이다. 식 (44)와 (45)는 3.5절에 설명된 운동량, 열 및 물질전달 방정식의 해를 구하는 것과 비슷한 방법으로 수치적으로 해를 구할 수 있다.

3.7 전기화학적 반응과 개질반응을 통한 각 화학물질의 생성율과 소비율

전기화학적 반응에 의한 각 화학물질의 생성율은 각 전기화학적 반응식 (6)과 (7)에 의한 전류밀도와 직접 관련되어 있으며, 생성율의 값 $\dot{s}_j$가 표 4에 주어져 있다. 예를 들면 수소의 질량소비율 $\dot{s}_{H_2}$는 분자량 M_{H_2}인 생성물 및 수소의 몰 소비율 $\frac{i_{H_2/O_2}}{2F}$와 같으며, 여기서 Faraday 상수인 F는 전자 1 몰의 전하를 가르킨다. 그림 5에서 볼 수 있듯이 수소 1 몰의 전기화학적 반응에 전자 2몰의 전자가 참여한다는 것을 명심해야 한다. 전류밀도가 원주방향에서 불균일하기 때문에 이 물질의 질량생성율 역시 원수방향에서 불균일한 분포를 보인다. 따라서 현재의 유사-2차원 모델에서 농도장에 대한 축대칭 2차원 물질전달식에 그 값들을 사용하기 전에 주위에서 평균적으로 계산된다.

개질반응과 이동반응에서 각 화학물질의 생성율 또는 소비율 또한 표 5에서 나타나 있는 것처럼 계산될 수 있다. 각 화학물질의 질량 생성율 또는 소비율은 소스항의 일부로써 물질의 질량전달식에서 포함되어 있다.

표 4. 반응식 (6)과 (7)에 의한 각 물질의 질량생성율 및 소모율

식	$\dot{s}_{H_2}$	$\dot{s}_{H_2O}$	$\dot{s}_{CO}$	$\dot{s}_{CO_2}$	$\dot{s}_{O_2}$
(6)	$-\frac{i_{H_2/O_2}}{2F}M_{H_2}$	$\frac{i_{H_2/O_2}}{2F}M_{H_2O}$	0	0	$-\frac{i_{H_2/O_2}}{4F}M_{O_2}$
(7)	0	0	$-\frac{i_{CO/O_2}}{2F}M_{CO}$	$\frac{i_{CO/O_2}}{2F}M_{CO_2}$	$-\frac{i_{H_2/O_2}}{4F}M_{O_2}$

표 5. 반응식 (1)과 (2)에 의한 각 물질의 질량생성율 및 소모율

식	S_{H_2}	S_{H_2O}	S_{CO}	S_{CO_2}	S_{CH_4}
(1)	$3R_{st}M_{H_2}$	$-R_{st}M_{H_2O}$	$R_{st}M_{CO}$	0	$-R_{st}M_{CH_4}$
(2)	$R_{sh}M_{H_2}$	$-R_{sh}M_{H_2O}$	$-R_{sh}M_{CO}$	$R_{sh}M_{CO_2}$	0

3.8 열역학적 열발생율에 대한 모델

전기화학적인 반응과 관련되어 있는 열역학적 열발생률은 입력에너지 중에서 전력으로 변환될 수 없는 비효율적인 부분의 발생율과 같으며, 다음과 같이 계산된다.

$$\dot{q}_{H_2/O_2} = \left\{\frac{(-\Delta H_{H_2/O_2})}{2F} - \widetilde{E}\right\} i_{H_2/O_2} \tag{50}$$

$$\dot{q}_{CO/O_2} = \left\{\frac{(-\Delta H_{CO/O_2})}{2F} - \widetilde{E}\right\} i_{CO/O_2} \tag{51}$$

이 열발생율은 소스항의 일부로서 에너지식의 계산에 포함되어 있다. 3.3절과 3.7절에서 논의된 것처럼 개질반응에 의한 열역학적 열발생률은 반응률에 의해 계산된다.

$$Q_{st} = -\Delta H_{st} R_{st} \tag{52}$$

$$Q_{sh} = -\Delta H_{sh} R_{sh} \tag{53}$$

여기에서 ΔH_{st}와ΔH_{sh}는 각 반응에 따른 엔탈피변화이다.

3.9 저항성 열발생

3.6절에서 얻어진 전류밀도와 전위장을 이용하여 전극과 전해질에서 발생하는 저항성 열발생율이 다음과 같이 계산된다.

$$Q_P = \frac{i_u^2 \delta\theta_u + i_d^2 \delta\theta_d}{\delta\theta_u + \delta\theta_d} R_a, \quad Q_{\grave{P}} = \frac{i_{\grave{u}}^2 \delta\theta_u + i_{\grave{d}}^2 \delta\theta_d}{\delta\theta_u + \delta\theta_d} R_c \tag{54}$$

$$Q_{P\grave{P}} = i_{P\grave{P}}^2 R_e \tag{55}$$

이 열발생률은 θ방향에서 균일하지 않다. 현재의 유사-2차원 방법에서 열장[15, 16]에 대한 축대칭 2차원 에너지식의 소스항으로 열발생율을 포함시키기 전에 주위에서 평균값으로 계산된다. 열발생률의 평균값은 다음과 같다.

$$Q_a = \frac{\sum_{\theta=0}^{\pi} q_{P\grave{P}} \Delta\theta}{\pi}, \quad Q_c = \frac{\sum_{\theta=0}^{\pi} q_{\grave{P}} \Delta\theta}{\pi} \tag{56}$$

$$Q_e = \frac{\sum_{\theta=0}^{\pi} q_{P\grave{P}} \Delta\theta}{\pi} \tag{57}$$

3.10 복사 모델

이제 복사열전달에 대한 모델링이 논의될 것이다. 현재 모델에서, 셀 관의 내부표면과 연료공급관의 외부표면 사이의 복사열전달을 고려한다. 따라서 IIR-T-SOFC의 경우, 관형 셀에서 전기화학적 반응에 의해 발생된 열을 연료공급관으로(따라서 흡열 개질반응이 일어나는 지점으로) 전달하는데 있어 매우 중요한 역할을 한다.

관형 SOFC의 경우 셀 관은 가는 관의 구조로 되어 있다. 예를 들어 이 장에서 다룰 관형 IIR-T-SOFC의 경우, 연료의 유동통로는 서로 마주보고 있는 두 개의 원통형 표면인 연료극 표면과 연료공급관의 외부표면 사이의 고리모양의 공간이다. 고리모양의 공간의 폭은 2.4 mm이다. 이는 셀 관의 길이 500mm에 비하면 매우 작다. 관형 셀의 이와 같이 얇은 것은 열복사의 경우 중요한 의미를 가지고 있다.

여기에서 명심해야 하는 첫 번째 의미는 고리모양의 공간을 통해 흐르는 가스물질의 광학적 길이가 작다는 것이다. 가스층의 에미턴스(emittance)는 광학적 길이와 가스의 흡수계수(absorption coefficient)의 곱으로 주어지며, 가스의 흡수계수는 복사에 참여하고 있는 각 화학물질의 분압의 증가함수이다. 따라서 가스물질로의 흡수 또는 가스물질에서의 방출은 무시될 수 있거나 또는 운전압력이 매우 높지 않은 한 고리모양의 공간은 복사에 대해 투명하다(복사입자가 통과한다)고 취급된다.

복사열전달의 모델링에 대한 자세한 설명은 일반적으로 사용되는 복사열전달의 계산방법에 대한 설명부터 시작할 것이다. 바로 위에 언급한 관형 연료전지에서의 열복사에 대한 첫 번째 특징을 고려할 것이다. 이 논의에 관한 좀 더 자세한 내용은 문헌 [40]을 참고하면 된다. 이제 살펴볼 내용은 연료극의 내부표면과 연료공급관의 외부표면에 의해 둘러싸여진 부분을 고려할 것이며, 이 부분은 확산 반사되거나 확산 방출되는 N개의 회색표면으로 구성되어 있다고 고려한다. 표면은 각각 등온이다. 표면 j는 온도가 T_j이고 에미턴스는 ϵ_j이다. 표면 i에서의 순수한 열손실 유량 q_i는 방출된 복사열과 입사된 복사열 중 흡수된 부분 사이의 차이와 같다. 따라서 다음과 같이 주어진다.

$$q_i = \epsilon_i \sigma T_i^4 - \epsilon_i I_i \tag{58}$$

I_i는 단위시간 및 단위면적 당 표면 i에 입사된 복사열이며, 복사의 키르히호프 법칙을 고려한다면 표면 i의 흡수율은 에미턴스 ϵ_i로 대체된다.

여기서 표면 j의 복사도(radiosity) B_j를 도입한다. 반사되는 복사유속과 방출되는 복사유속의 합을 복사도라 한다. 따라서 다음과 같은 관계식이 성립한다.

$$B_j = \epsilon_j \sigma T_j^4 + (1 - \epsilon_j) I_j \tag{59}$$

B_j의 일부는 표면 i로 향하고 있으며, 표면 i에 입사되는 복사열에 기여하게 된다. 단위면적당 표면 j로부터 표면 i로 입사되는 복사열의 기여도는 다음과 같이 계산될 수 있다.

$$I_{ji} = F_{ji}B_jA_j/A_i = F_{ij}B_j, \tag{60}$$

여기서 F_{ji}와 F_{ij}는 형상인자이고 교환법칙 $A_jF_{ji} = A_iF_{ij}$이 사용되었다. 이제 모든 표면으로부터 비슷한 기여도가 나타나므로 I_i는 최종적으로 다음과 같이 나타낼 수 있다.

$$I_i = \sum_{j=1}^{N} F_{ij}B_j = \sum_{j=1}^{N} F_{ij}(\epsilon_j \sigma T_j^4 + (1-\epsilon_j)I_j) \tag{61}$$

결정된 I_i 값을 이용하여 I_i의 값이나 q_i의 값을 결정하기 위해 반복계산이 필요하다. 그러나 N이 커지면 이러한 반복계산은 컴퓨터의 계산량을 크게 증가시킨다. 실질적으로 관형 SOFC의 최적설계와 열관리를 위해 결과를 사용하는 현재 목적의 경우 계산량이 과도하게 크다. 그러므로 모델링에서 어느 정도의 가정을 도입할 필요가 있다. 다음의 과정은 계산될 표면의 수를 줄이기 위한 것이다.

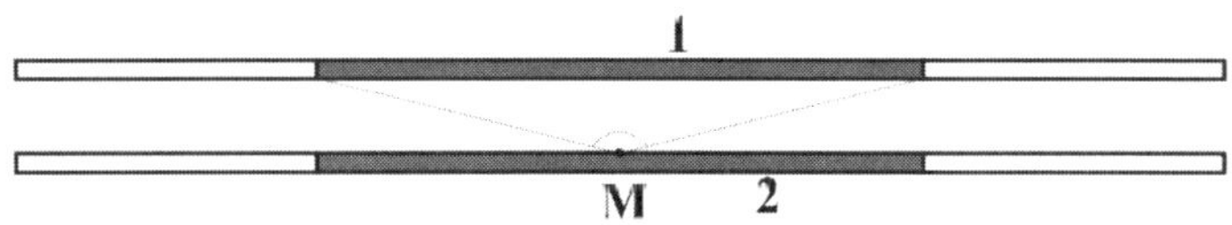

그림 8. 2개의 마주보는 표면

본 모델에서 채택한 가정은 관형 셀의 가는 형상에 기초하고 있다. 예를 들면 그림 8에 나타난 기하학적 형상에 주목하는 것이다. 그림에서 길이가 20 mm인 표면 1과 2의 2 개의 작은 요소표면은 간격이 2.4 mm인 채 서로 평행하게 위치하고 있다. 표면 2의 어떤 지점 M에서 표면 1을 바라보는 각도는 153도이다. 지점 M으로부터 표면 1의 외부(예를 들면 표면 3)를 바라보는 각도는 단지 27도이다. 따라서 F_{21}의 값은 1에 가깝고, F_{23}과 F_{32}의 값은 0에 가깝다. 표면 2의 양쪽에 위치한 표면들을 표면 4라 하면 $F_{24}=0$과 $F_{22}=0$이 성립한다. 같은 이유로 F_{14}와 F_{41} 또한 0에 가깝다. 따라시 관형 셀의 가느다란 형상을 기반으로 하여 서로 직접 마주보고 있는 두 표면 1과 2 사이의 복사열전달을 고려한다. 다음에 단지 두 개의 형상인자F_{21}와 F_{12}만이 0이 아니라고 가정된다. 이렇게 취급함으로써 식 (61)이 매우 단순화된다. 분명한 것은 표면의 수를 증가시키면 계산정도가 좋아지지만 계산시간이 길어지는 대가를 치러야 한다. 이제 연료극 내부표면에 기호 1을 할당하고 연료공급관 외부표면에 기호 2를 할당하면 채택된 가정 하에서 $F_{21} = 1$, $F_{12} = A_2/A_1$ 및 $F_{11} = 1 - A_2/A_1$가 성립한다. 따라서 식 (61)은 다음과 같이 근사화될 수 있다.

$$I_1 = \sum_{j=1}^{2} F_{1j}B_j = F_{11}B_1 + F_{12}B_2 \tag{62}$$

$$I_2 = \sum_{j=1}^{2} F_{2j}B_j = F_{21}B_1 \tag{63}$$

그리고 식 (60)은 다음과 같이 근사화된다.

$$B_1 = \epsilon_1\sigma T_1^4 + (1-\epsilon_1)I_1 \tag{64}$$

$$B_2 = \epsilon_2\sigma T_2^4 + (1-\epsilon_2)I_2 \tag{65}$$

비슷한 방식으로 식 (58)은 다음과 같이 근사화될 수 있다.

$$q_1 = \epsilon_1\sigma T_1^4 - \epsilon_1 I_1 \tag{66}$$

$$q2 = \epsilon_2\sigma T_2^4 - \epsilon_2 I_2 \tag{67}$$

현재 모델에서 이러한 식들은 각 축 위치에서 국소적으로 사용되며 이러한 복사유속은 열전달을 계산할 때 연료극의 내부표면과 연료공급관의 외부표면 모두에서 열 유속의 일부분으로 포함되어 있다.

세라믹(ceramic)의 단색(monochromatic) 복사특성은 파장에 따라 크게 달라진다[41, 42]. 전극과 지지물질의 기공(pore) 크기는 열복사 파장의 크기와 비슷하다. 전극을 얇게 만들면 전극 두께가 파장의 크기에 가깝게 되는 비슷한 상황이 발생한다. 이러한 현상은 문제를 복잡하게 만든다. 기공의 미세구조(microstructure)는 연료전지 구성물질의 복사특성의 파장 의존성에 영향을 미치고, 얇은 구성물질층은 반투명하게 된다. 따라서 전극과 지지물질의 복사특성에 대한 정교한 처리가 요구된다. 그러나 그러한 물질들의 복사특성에 대한 연구가 아직 완전하게 이루어지지 않았다. 따라서 간단히 하기 위해 연료전지의 고체물질의 흡수계수는 현재 모델에서 일정하다고 가정된다. 그러나 이러한 가정은 연료전지의 구성물질에 대한 미세구조와 복사특성에 대한 연구가 완벽하게 이루어진다면 다시 한번 연구할 필요가 있다.

모듈에서 관형 셀 사이의 복사열전달은 연료전지의 성능에 영향을 미치는 다른 요소이다. 이는 "스택 내장형 개질기"를 가지고 있는 모듈의 경우 더욱 그 영향이 크다. 그러나 모듈의 외부에서 개질된 연료를 사용하는 현재의 IIR-T-SOFC나 관형 SOFC의 경우 모듈의 중심에 위치한 모든 관형 연료전지는 셀 관의 외부표면 상의 온도분포를 포함한 조건들이 유사한 관형 연료전지에 의해 둘러 싸여져 있다. 다시 말하면, 관형 셀들이 컴팩트하게 모듈로 스택킹되어 있기 때문에 인접한 관형 셀 사이의 공간이 매우 좁다. 따라서 인접한 관형 셀의 외부표면들 사이의 복사열전달을 무시하는 것은 관형 SOFC의 경우 그다지 영향을 크게 미치지 않는다. 그러나 스택 내장 개질기가 포함된 모듈의 경우는 좀 더 심각하게 연구되어야 하며, 이러한 열전달은 셀 스택모듈의 모델링에서 주의깊게 연구되어야 하는 문제이다.

3.11 전체 모델

이 절을 마무리함에 있어 전체 모델이 그림 9에 나타나 있다. 이 계산의 가장 중요한 부분은 2차원으로 가정한 온도장과 농도장에 대한 계산이다. 계산된 온도와 물질의 농도를 기반으로, 불균일한 전위장과 전류의 계산을 위해 기전력과 몇 가지 저항들이 계산되었으며, 이는 이 모델에서 또 다른 중요한 부분이다. 전기장의 계산결과를 기반으로 하여 저항성 열발생의 주변 평균값이 계산된다. 국소 선류밀도는 반응에 참가하고 있는 화학물질의 질량생성율과 관련이 있다. 따라서 계산된 열발생률과 물질의 질량생성율은 온도와 농도의 계산에 다시 사용될 수 있다.

가스의 특성과 개질반응률 또한 온도 및 농도장과 상호 연관되어 있다. 그러므로 위의 모든 계산들은 동시에 반복적으로 계산되어야 한다. 이러한 반복계산 과정을 통하여 셀의 온도장, 농도장 및 전기장 모두가 구해진다. 마지막으로 평균전류밀도, 출력전력 또는 에너지 변환효율과 같은 셀의 성능이 구해진다. 이 모든 것에 관한 좀 더 자세한 내용은 문헌 [8, 15, 16]를 참고할 수 있다.

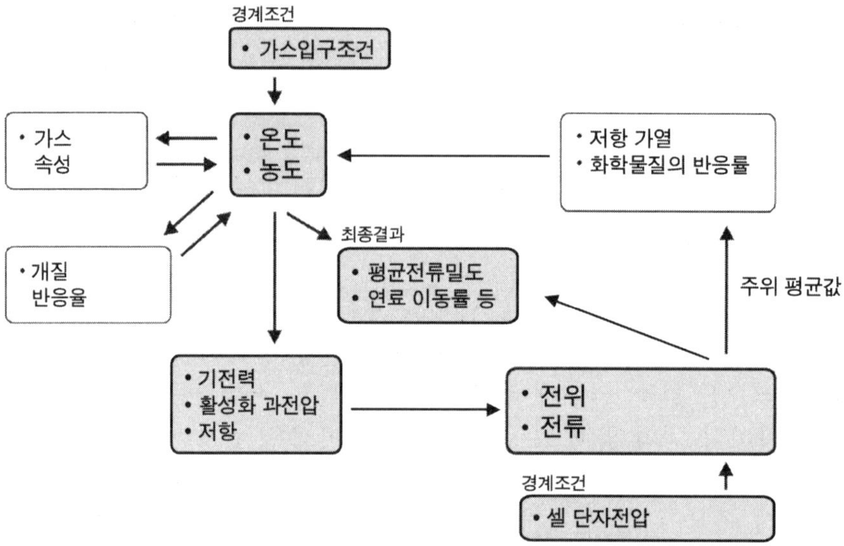

그림 9. IIR-T-SOFC 모델의 전체 흐름도

4 결과 및 토의

이 절에서는 앞 절에서 설명한 수치모델을 이용하여 구한 몇 가지 계산 결과가 토의된다. 4.1절에서 기존의 수소를 연료로 사용하는 관형 SOFC에 적용된 모델의 몇 가지 결과에 대해 먼저 토의되며, 그 결과들을 이미 제시된 실험데이터와 비교함으로써 모델의 타당성이 검증된다. 또한 이 절에서는 관형 SOFC의 최적설계와 열관리에 대한 도구로써 이것이 얼마나 강력한 모델인가를 보여준다. 4.2와 4.3절에서는 이 모델을 IIR-T-SOFC에 적용하였을 때 얻어진 결과에 대해 논의될 것이다. 4.2절에서는 간접 내부연료개질이 포함된 관형 셀의 핵심현상을 설명하기 위해 "기본 경우(base case)"에 대한 결과가 제시될 것이다. 다음으로 셀의 온도를 낮추거나 좀 더 균일하게 하기 위한 방법이 4.3절에서 구한 다른 결과들과 함께 논의될 것이다.

4.1 간접내부개질이 없는 공기극 지지 관형 SOFC에 대한 결과[16, 43, 44]

이러한 형태의 관형 SOFC의 경우 그림 2와 같이 공기는 공기주입관을 통하여 관형 셀의 내부로 공급되며, 연료는 축방향으로 관형 셀 주변으로 흐른다. 따라서 셀의 가장 안쪽 층은 공기극이고 가장 바깥쪽 층은 연료극이 된다. 전해질 물질은 이트리아안정화지르코니아(Yttrium-stabilized Zirconia, YSZ)이며, 연료는 순수한 수소로 가정된다. 따라서 본 모델에서 연료개질과 일산화탄소의 전기화학적 반응 부분은 고려하지 않았다. 이 경우 연료개질에 의한 열흡수는 존재하지 않으며 공기극 내부표면에서 공기공급관의 외부표면으로의 열전달은 그다지 중요하지 않다. 이러한 이유로 이 특별한 예에서 두 표면 사이의 복사열전달은 무시된다. 공기와 연료 유동의 입구조건이 표 6(a)에 주어져 있다. 관형 셀의 기하학적 형상치수는 표 6(b)에 주어져 있다. 연료와 공기의 이용 인자(utilization factor)는 각각 0.85와 0.167이다. 그림 14~16에서 국소 양들을 표시한 것은 전류밀도가 3500 A/m^{2}인 경우이다. 다른 세부적인 내용은 문헌 [16]을 참고하라.

표 6(a). 입구조건

	입구 물질	질량농도	입구 온도	입구 압력
연료측	H_2	89%	870 °C	1.013×10^5 Pa
	H_2O	11%	870 °C	1.013×10^5 Pa
공기측	O_2	21%	600 °C	1.013×10^5 Pa
	N_2	79%	600 °C	1.013×10^5 Pa

표 6(b). 공기극 지지 셀의 형상 치수

구성요소	두께
시시관	1500 μm
공기극	1000 μm
전해질	50 μm
연료극	150 μm
	직경
공기유도관의 내부	8.0 mm
공기유도관의 외부	9.0 mm
지지관의 내부	13.8 mm
연료극의 외부	19.2 mm
연료유로의 외부직경	29.2 mmϕ
셀의 길이	500 mm

그림 10은 대상인 관형 SOFC의 전류-전압($I-V$) 특성을 나타낸다. 계산 결과는 Hagiwara 등[45]의 실험값과 잘 일치하고 있음을 알 수 있다. 전류밀도가 작은 조건의 경우, 계산 결과값은 실험값보다 약간 더 높다. 이와 같이 계산값이 큰 것은 활성화과전압을 간단히 취급한 것과 관련이 있는 것으로 보인다. 이 특별한 계산에서 활성화분극은 전류밀도와 비례하며 비례상수의 값은 최적 전류밀도인 약 3000 A/m^2로 조정되어 있다고 가정하였다. 그러나 전류밀도가 좀 더 낮으면 셀의 온도도 낮아지므로 더 큰 값의 활성화과전압 또는 비례상수를 사용해야 했다. 4.2와 4.3절에서 다루는 예에서는 활성화과전압을 좀 더 정교하게 다루며 이는 이미 3.2절에서 논의한 바 있다. 이 점을 제외하면 얻어진 결과는 합당하며 본 모델은 기본적으로 정당성을 입증되었다.

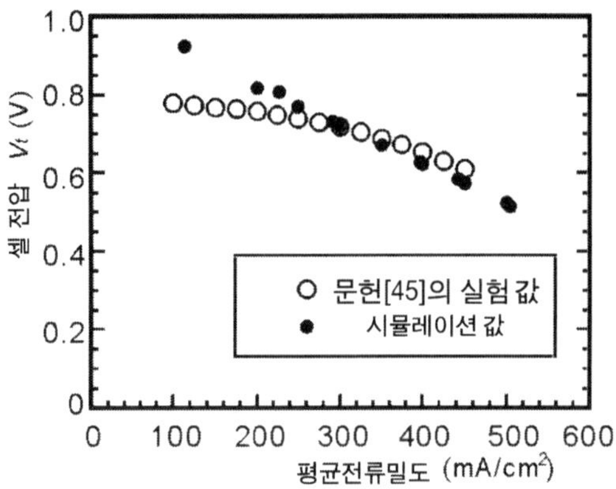

그림 10. 셀 전압-전류밀도 특성

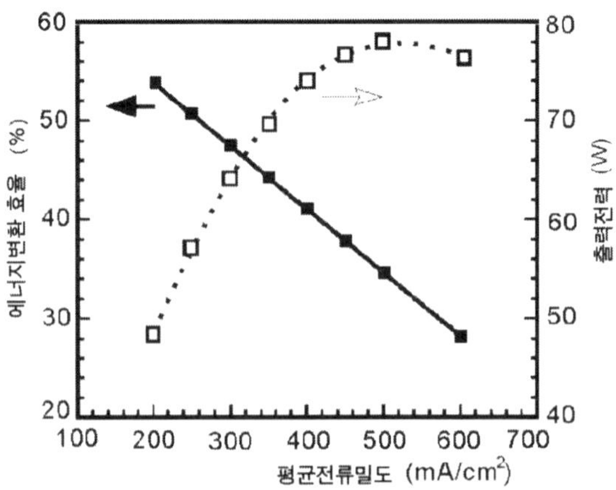

그림 11. 변환효율과 출력전력

그림 11은 단일 관형 셀에서 얻어지는 전력발생 효율과 출력을 나타내고 있다. 전류밀도가 증가함에 따라 얻을 수 있는 출력도 특정한 값까지 증가하지만 효율은 감소한다. 이것은 일반적인 경향이며, 최적 전류밀도는 이와 같은 반대의 경향을 가진 두 양(출력과 효율) 사이에서 적절한 타협점을 찾아 결정된다. 그림 12는 관의 길이가 서로 다른 4 가지 경우의 관형 SOFC에 대한 셀의 단자전압을 나타내고 있다. 모든 계산 결과값들이 겹쳐져 있다. 이 계산에서 연료사용 인자는 일정하다고 하였다. 이는 공기와 연료가 셀 관의 길이에 비례하여 공급된다는 것을 의미한다. 공기유량이 크면 셀의 냉각도 향상되지만, 이는 저온에서 저항성 가열이 큰 경우와는 반대이다. 따라서 전류밀도가 같은 경우 연료와 산소의 농도는 모두 관의 길이에 비례해서 감소하며, 이때 3 경우 모두 온도장은 거의 비슷하게 유지된다. 이 결과로 인해 전기화학적 반응과 열발생이 모두 비슷하게 진행되거나 또는 셀 관의 길이에 비례해서 진행된다는 조건으로 성립한다. 그림 13은 셀 관의 직경에 대한 영향을 보여준다. 셀 관의 직경이 큰 경우 전해질 뿐만 아니라 전극의 길이 또한 커진다. 따라서 저항손실이 커지고 단자전압이 감소하며 인터커넥터에는 단위 길이 당 많은 전류가 모이기 때문에 저항성 열발생 또한 커진다. 따라서 관형 셀이 좀더 얇아지면 좀 더 우수한 특성을 가질 수 있다. 그림 14는 국소적인 EMF와 전류밀도의 축방향 분포를 보여준다. 이 두 양은 하부흐름(downstream) 방향에서 감소하는 경향을 보인다. 셀의 첫 반쪽 부분에서는 수소와 산소의 농도가 여전히 높기 때문에 그 영역에서는 EMF 또한 높다. 전류밀도와 EMF의 분포가 유사하다는 것은 축방향 전류가 주변 전류에 비해 그다지 중요하지 않거나 또는 인터커넥터가 매우 잘 동작하고 있다는 것을 가리킨다.

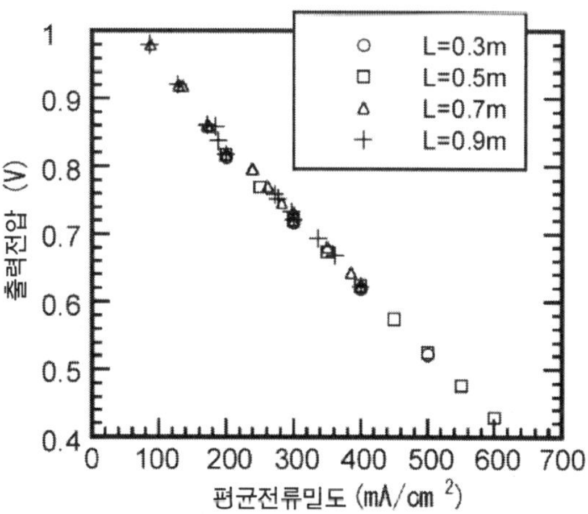

그림 12. 연료사용 인자가 일정할 때 셀 길이의 영향

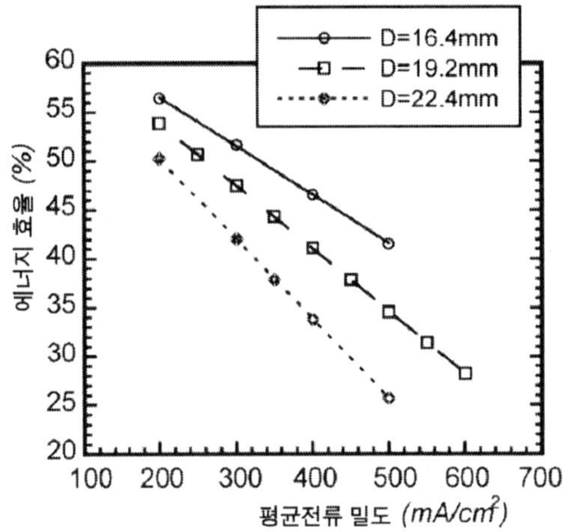

그림 13. 관의 직경이 에너지효율에 미치는 영향

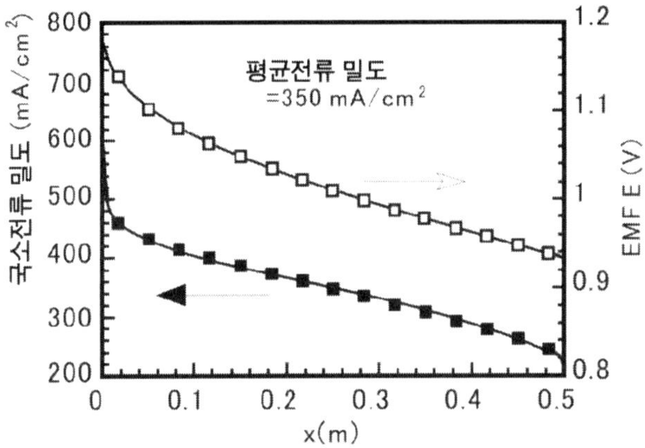

그림 14. EMF와 전류밀도의 분포

그림 15는 관형 SOFC의 온도분포를 보여준다. 연료유동 온도의 경우, 입구의 하부흐름(downstream)에서 온도가 증가하여 약 1000℃에 달하게 된 뒤, 셀의 중앙부에서 거의 일정한 값을 유지하다가 출구 단부 쪽으로 약간 줄어든다. 공기공급관에서는 공기가 관 안으로 흘러들어온 이후 가열된다. 공기공급관의 전체 길이에 걸쳐 고리모양의 공간에 공기온도의 급격한 가로축방향 구배가 존재한다는 것을 알 수 있다. 이러한 구배로 인해 열이 발생하는 셀 관으로부터 고리 모양의 공간에 존재하는 공기유동으로 열이 전달된다. 이로 인해 셀의 효과적인 냉각이 가능해진다. 계산에서 무시한 복사열전달은 유동방향의 온도 불균일성을 완화시키지만, 온도

분포의 경향을 크게 변화시킬 것이라고는 예상되지 않는다. 이는 본 연구에서 고려중인 대류열전달이 셀의 각 부분 사이의 표면온도차를 감소시키는데 효과적이기 때문이다. 따라서 공기는 셀의 냉각제로써 동작한다. 여기서 대류열전달과 관련하여 짚고 넘어가야 할 점이 있다. 지금까지 제안된 다양한 수치모델들은 공기유동으로의 국소적인 열제거율을 계산하기 위해 일정한 값을 가지는 Nusselt 수를 사용하였다. 그러나 이는 좋은 가정이 아니며, 실제적으로 열전달계수는 축방향으로 크게 불균일하다[46]. 농도분극의 논의와 관련해 수소와 산소 농도의 분포가 그림 16에 나타나 있다. 연료통로에서 수소의 농도는 하부흐름에서 감소하고, 특히 입구 이후의 첫 번째 부분에서 급격하게 감소한다. 그러나 수소농도의 방사방향 불균일성은 크게 중요하지 않으므로 관련 농도분극은 또한 그다지 중요하지 않다고 판단된다. 이와 반대로 산소농도의 방사방향 불균일성은 현저하게 나타난다. 이 차이는 확산도의 차이에 기인한다. 즉, 수소의 확산도는 산소의 확산도보다 훨씬 크다. 따라서 유동 공간에서 물질농도의 불균일한 분포에 기인하는 농도분극은 공기극에서는 무시할 수 없지만 연료극에서는 무시될 수 있다.

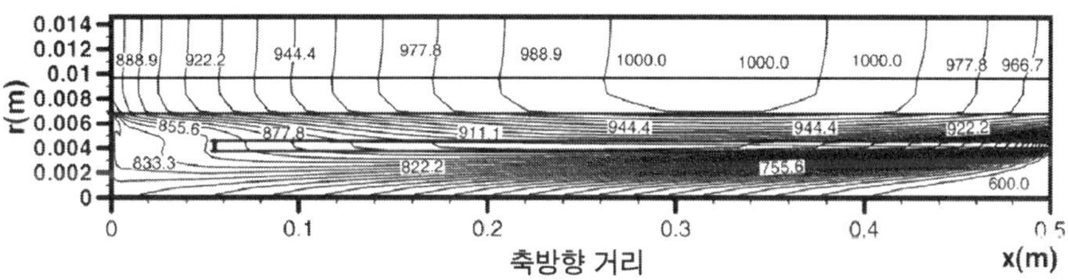

그림 15. 셀에서의 온도분포

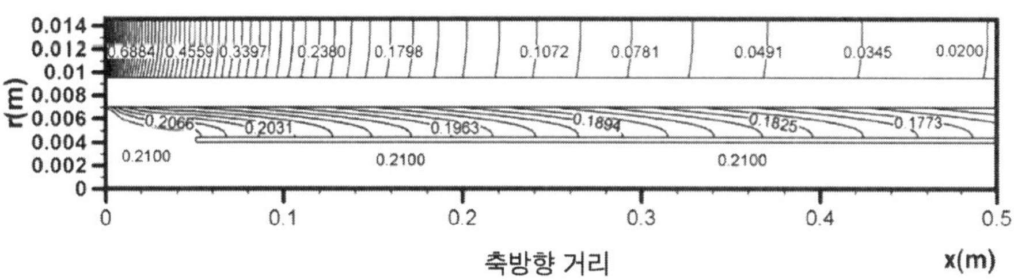

그림 16. 수소와 산소의 농도

4.2 간접내부개질이 포함된 기본경우에 대한 결과

여기서 그 결과를 논의할 예에서, 셀 관의 기하학적 형상은 그림 5에 나타나 있는 것처럼 길이 500 mm, 내부 반지름 6.9 mm, 외부 반지름 9.6 mm이라고 가정한다. 계산상의 편의를 위해 공기유동을 제한하기 위해 인위적으로 도입한 단열 원통벽은 반지름이 14.6 mm이다. 셀의 기하학적 형상에 대한 자세한 내용은 표 7에 주어져 있다.

연료와 공기의 입구 및 출구 조건이 표 8에 요약되어 있으며, 기본 경우에 대한계산조건은 표 9에 주어져 있다. 본 연구에서 입구의 연료 평균속도는 평균 전류밀도의 한계값이 약 6000 A/m^{2}인 것과 같은 값으로 설정된다(예를 들면 입구의 온도가 800℃일 때 연료의 평균속도는 0.923 m/s이다). 반면에 입구의 공기 평균속도는 뒤에서 따로 다룰 특별한 경우를 제외하고는 2.0 m/s로 주어진다. 입구의 연료와 공기 온도는 경우에 따라서 변화하며 이는 나중에 다룰 것이지만, 따로 언급하지 않으면 그 값들은 모두 표에 주어져 있다. 셀 관의 밀폐단부의 온도는 공기의 입구온도와 같다고 설정된다. 촉매 분포 "U-20"이라는 것은 촉매의 질량밀도 W_{cat}가 연료공급관 내부에서 2.0×10^6 g/m^{3}으로 균일하게 설정된다는 것을 의미한다. 이는 전기회로가 개방된 상태에서도 공급된 메탄연료가 완전히 개질될 수 있는 값이다. 이 경우 연료개질은 뜨거운 공기와 연료의 유동으로부터 전달되는 열을 이용하게 된다.

표 7. 연료전지 각 구성요소의 크기

구성요소	두 께
지지관	1500 μm
연료극	150 μm
전해질	50 μm
공기극	1000 μm
	Diameter
공급관의 내부	8.0 mm
공급관의 외부	9.0 mm
지지관의 내부	13.8 mm
공기극의 외부	19.2 mm
연료유로의 외부직경	29.2 mm
셀의 길이	500 mm

표 8. 가스의 입구 및 출구 조건

	속도	온도	몰 분율[−]		전체 압력
연료입구	Poiseuille 유동	상수	H_2	0.200	110000
			H_2O	0.500	
			CO	0.020	
			CO_2	0.030	
			CH_4	0.250	
공기입구	Plug 유동	상수	O_2	0.209	110000
			N2	0.791	
출구	Neuman	Neuman	Neuman		Neuman

표 9. 기본 경우의 계산 조건

	속도 (연료입구) [m/s]	속도 (공기입구) [m/s]	온도 (연료입구) [°C]	온도 (공기입구) [°C]	촉매분포 distribution
기본경우 2-800U20	0.923	2.0	800	800	U-20

기본 경우를 표시하는 번호 2-800U20은 공기 입구속도가 2 m/s, 연료 입구 온도 800 ℃ 및 촉매의 분포는 U-20이 형태로 되어 있다는 것을 나타낸다. 표에서 나타나는 "Neuman"은 경계조건으로서 관심의 대상인 변수에 대해 출구에서 축방향 구배가 0으로 가정된다는 것을 나타낸다. 앞서 언급하였듯이 셀의 단자전압은 셀의 주어진 외부부하를 구하기 위해 전류와 전위장을 계산하기 위한 조건으로써 계산을 시작할 때 주어지는 값이나. 특별히 언급하지 않으면 셀의 단자전압은 0.55 V로 설정되고 따라서 평균 전류밀도는 3926 A/m^2이라는 조건을 특히 강조함으로써 기본경우의 결과가 주어진다.

4.2.1 열장 및 농도장

그림 17은 셀 관 내부 및 외부의 속도벡터를 나타낸다. 이 그림은 배율을 조정한 것이 아니라는 것을 명심하라. 방사(r) 방향은 축(x)방향보다 10배 더 크게 확대되었다. 수증기개질에 의해 연료의 전체 몰 수가 증가하기 때문에 연료관 내부에서 연료유동이 가속된다. 연료는 연료공급관의 개방단부에서 셀 관으로 흘러 들어 가서 고리모양의 연료 유동통로를 통해 관의 출구로 되돌아 흐른다. 관 내부

의 연료유동은 바닥 끝부분(bottom end)에서 거의 흐르지 않는 상태에 있다.

그림 18에서는 같은 조건에서의 온도 윤곽을 보여준다. 기억해야 할 것은 점점 어두운 톤일수록 높은 지엽적인 온도에 해당한다는 것이다. 전지의 내부 그리고 주변의 온도는 기본적으로 공기의 흐름과 연관이 있으며 하류로 내려갈수록 높아지며 전기화학적 반응을 동반하는 열 발생으로 이러한 현상이 발생한다. 그러나 온도는 연료의 유입구 부분에서 눈에 띄게 낮으며 이는 증기 개질 반응의 흡열반응에 의한 것이다.

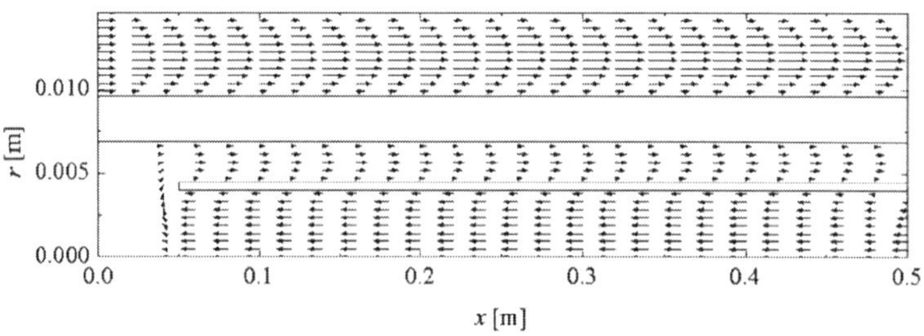

그림 17. 기본 경우(2-8090U20), 평균전류밀도 3926 A/m^{2}에 대한 셀 주위의 속도벡터

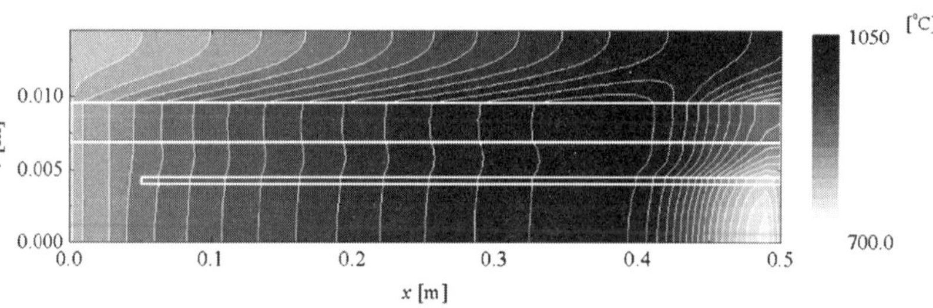

그림 18. 평균전류밀도 3926 A/m^2(2-8090U20)에 대한 셀 내부 및 주위의 온도장

그림 19는 전해질과 공급관 내부의 x-방향 온도분포를 나타내고 있다. 그림에서 볼 수 있듯이 온도분포가 눈에 띄게 불균일하다. Siemens-Westinghouse 사의 수소를 연료로 사용하는 관형 연료전지[16]의 경우는 그렇지 않으며, 셀의 열적 균열파손으로 이어질 수 있기 때문에 그러한 상태는 반드시 피해야 한다. 또 전해질의 최고 온도가 약 1050℃에 달하며, 이는 재료관점에서 반드시 피해야 하는 최고온점(hot spot)이다. 어쨌든, 그림 19의 점선들은 3.4절의 설명한 복사의 영향이 제외된 경우의 결과를 나타낸다. 간접 내부연료개질 과정이 포함된 경우 셀 관과 공급관 사이의 열전달에 복사가 큰 역할을 한다는 것을 이 결과로부터 알 수 있다.

그림 20은 각각 수소, 수증기, CO, CO_2, 메탄 그리고 O_2의 몰분율 등고선을 보여준다. 각 화학물질의 경우 회색 색조의 정도가 다르다는 것을 명심하라. 공급관의 내부에서 수증기개질에 의해 수소와 CO가 생성되는 반면 수증기와 메탄이 소모된다. 연구 대상인 셀의 운전조건의 경우 촉매의 양이 과도하게 많기 때문에 메탄은 공급관 입구 부근에서 급속히 개질된다. 반면에 공급관 외부에서는 주로 전기화학적 반응에 의해 수증기와 CO_2가 생성되는 동안 수소와 CO가 소모된다. 셀의 바닥부분에서 몰분율이 크게 변화하는 이유는 그곳에서 전기화학적 반응이 일어나는 동안 연료의 흐름이 정체되어 있기 때문이다. 공기측의 경우 산소가 전기화학적 반응에 의해 소모다. 그러나 발생된 열을 효과적으로 제거하기 위해 공기의 유량을 조절하고 보통 공기의 유량은 전기화학적 반응이 완성되는데 필요한 양을 초과하기 때문에 산소의 몰분율 변화는 그리 크지 않다. 다시 말하면 산소이 용률은 일반적으로 0.2나 0.3으로 낮게 설정된다.

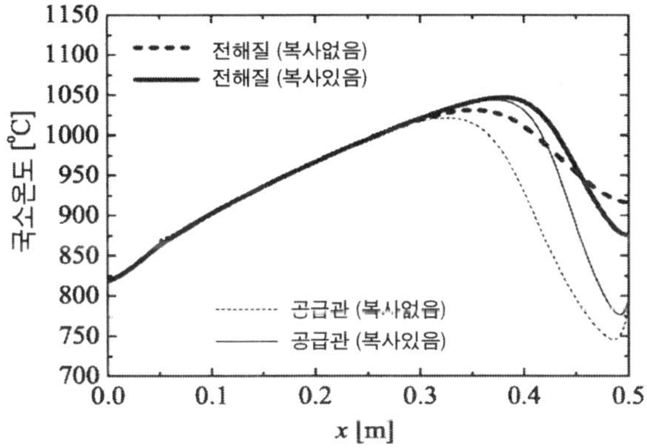

그림 19. 평균전류밀도 3926 A/m²(2-8090U20)에 대한 전해질과 공급관의 국소 온도와 복사의 영향을 고려하지 않은 경우의 국소온도.

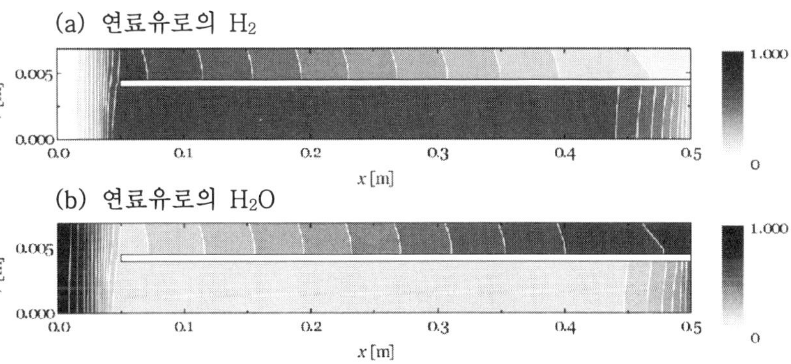

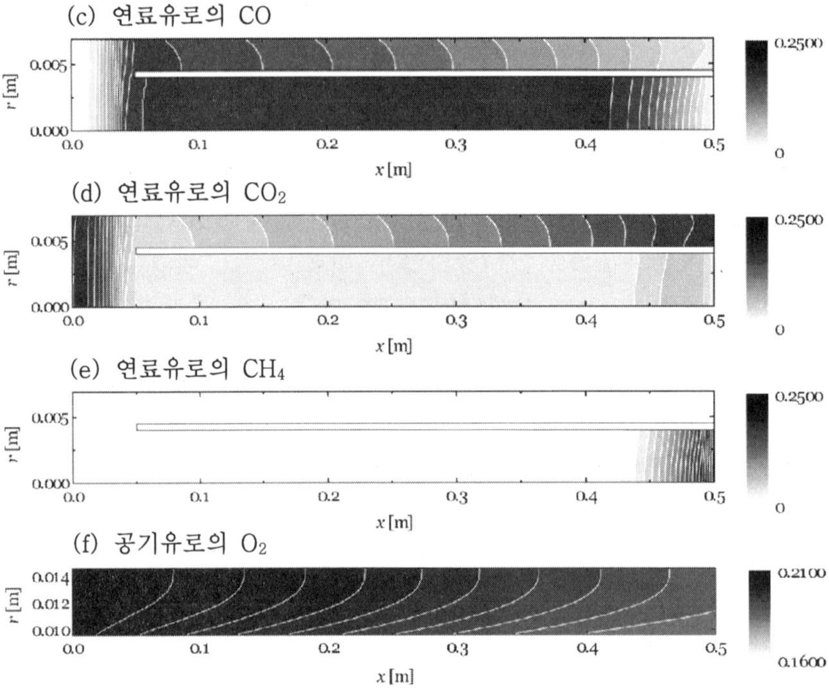

그림 20. 평균전류밀도 3926 A/m^2(2-8090U20)에 대한 각 화학물질의 몰분율 분포.

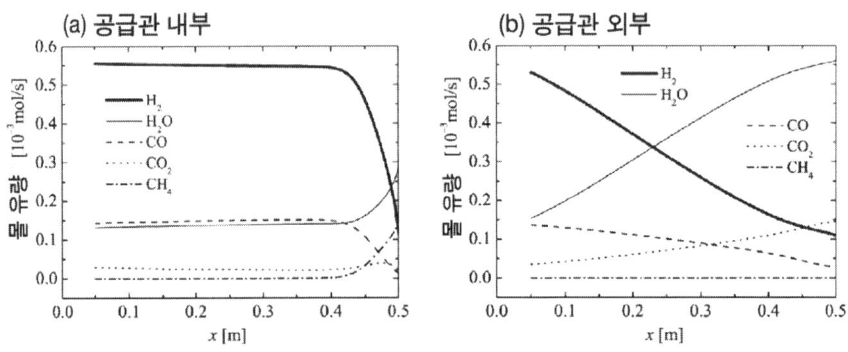

그림 21. 평균전류밀도 3926 A/m^2(2-8090U20)에 대한 연료의 각 화학물질의 몰유량.

그림 21(a)과 (b)에서는 공급관의 내부와 외부에서 각 화학물질의 몰유량을 나타나 있다. 위에서 설명한 전기화학적 반응과 개질반응의 특성을 이들 그림에서 확인할 수 있다.

4.2.2 전위장 및 전류장

기전력(EMF)의 분포가 그림 22에 나타나 있다. 3.6절에서 설명한 것과 같이 다른 값을 가지는 2 개의 기전력 E_{H_2/O_2}와 E_{CO/O_2}이 본 연구에서 계산된다. 이 두 값은 차이가 매우 작을 뿐이며, 그 이유는 셀의 모든 부분에서 이동반응이 평형상태에 매우 가깝기 때문이다. 따라서 여기서는 EMF로서 E_{H_2/O_2}만을 도시하였다. 이 그림에서 볼 수 있듯이 EMF는 연료극의 표면에서 수소의 몰분율에 따라 크게 달라진다는 것을 알 수 있다. EMF는 공급관의 출구 부근에서 최대가 되며 셀 관의 출구쪽으로 갈수록 낮아진다. 그러나 셀 관의 출구부근에서 EMF는 다시 약간 커지는데 이는 저온에서 Gibbs 자유에너지 ΔG의 값이 크게 변화하기 때문이다.

그림 22에 전류밀도의 분포가 나타나 있다. 이 그림의 분포도는 각 축의 위치에서 국소 전류밀도의 주위 평균을 나타내고 있음을 명심하라. 이 그림으로부터 전류밀도의 분포가 형태 면에서 EMF의 분포와 비슷하지 않음을 알 수 있다. 이는 전류밀도 또한 온도에 따라 크게 달라지는 활성화과전압과 저항손실에 관계가 있기 때문이다. 그림 23에서 볼 수 있듯이 활성화과전압과 저항과전압은 모두 셀의 온도가 최대인(그림 18과 19를 보라) 위치인 x = 0.4 부근에서 크게 감소한다. 즉 전류밀도 분포는 농도장 뿐만 아니라 그 이상으로 열장에 따라 달라진다. 동시에, 큰 전류가 생성되는 곳에서 온도가 높으므로, 셀 온도와 전류 사이에는 상호 상승작용으로 서로가 더욱 증가하는 현상이 존재한다는 것 또한 사실이다.

우연히, 연료극과 공기극의 저항손실은 θ-방향의 불균일한 전류밀도 분포와 밀접하게 연관되어 있다. 자세한 내용은 문헌 [13, 14]을 참고하라.

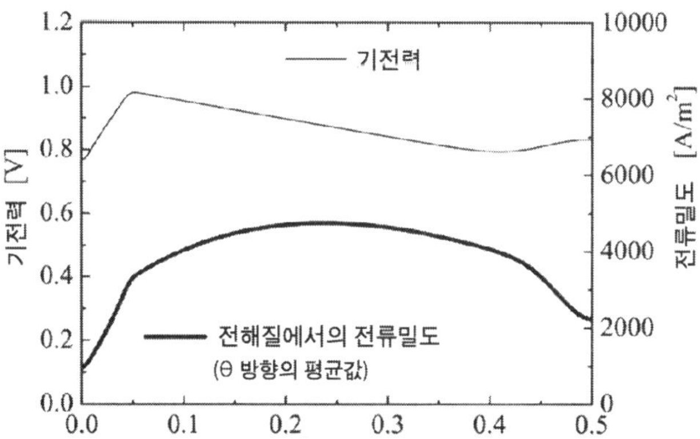

림 22. 평균전류밀도 3926 A/m²(2-8090U20)에 대한 기전력과 평균전류밀도 분포.

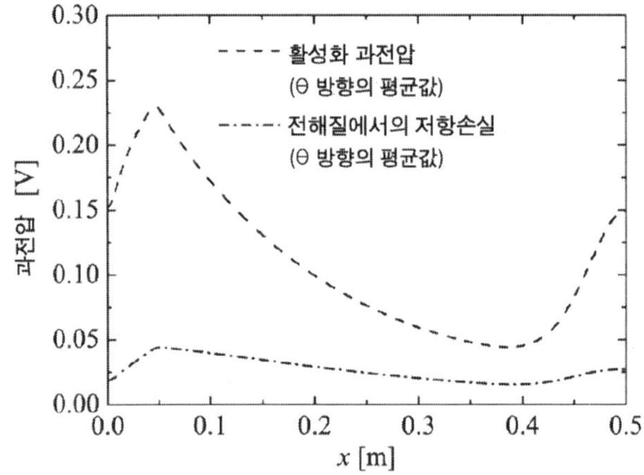

그림 23. 평균전류밀도 3926 A/m^2(2-8090U20)에 대한 활성화과전압과 전해질의 저항손실.

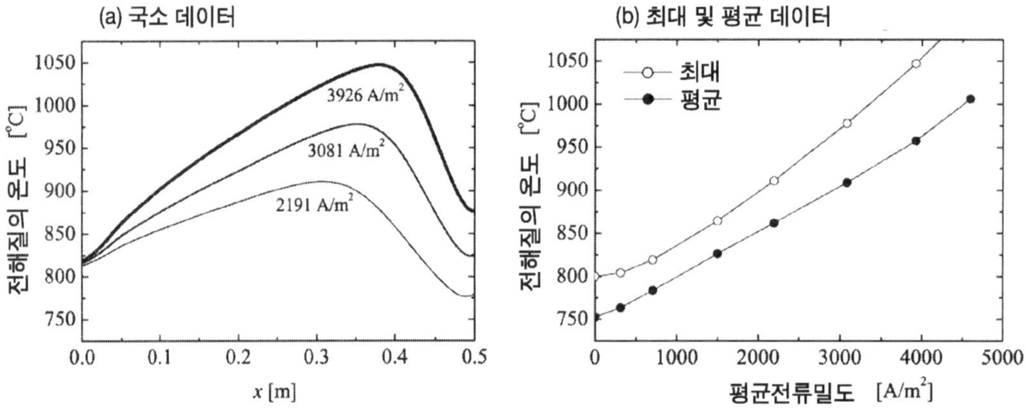

그림 24. 몇 가지의 평균전류밀도에 대한 전해질의 온도.

4.2.3 전력발생 특성

연료전지의 발전특성에 관해 논의하기 전에 평균전류밀도가 다른 몇 가지 경우에 대한 전해질의 온도의 결과가 여기 주어져 있다. 그림 24(a)는 평균전류밀도가 2191, 3081 및 3926 A/m^{2}인 경우에 대한 x-방향의 전해질 온도분포를 나타낸다. 4.1.1절에서 기술한 것과 같이 3 가지 분포 모두 비슷한 특징을 보이고 있으나 평균전류밀도가 높아짐에 따라 온도도 대체로 높아진다. 평균전류밀도와 전해질의 최대 및 평균 온도 사이의 관계가 그림 24(b)에 나타나 있다.

셀의 전력발생 특성은 셀의 온도에 크게 영향을 받는다. 그림 25는 셀의 평균 EMF, 활성화과전압 및 여러 가지 평균전류밀도에 따른 전해질의 저항손실을 나타내고 있다. 본 연구에서 계산을 시작할 때 외부조건으로서 주어진 셀의 단자전압 또한 여기서 도시된다. 이 그림으로부터 다음 사항을 확인할 수 있다. 첫째, 평균전류밀도가 증가함에 따라 셀의 평균 EMF는 거의 일정한 비율로 낮아진다는 것이다. 이는 주로 수소와 CO의 큰 소모율로 인해 그들의 국소적인 농도가 감소하기 때문이다. 위에서 언급한 바와 같이 온도가 증가하는 경우와는 반대로 평균전류밀도에 따라 활성화과전압이 비례적으로 증가하지는 않는다. 전해질의 저항손실 또한 같은 이유로 증가하지 않는다. 그러나 3.7절에서 언급하였듯이 전류가 θ-방향으로 긴 거리를 흐르기 때문에, 연료극과 공기극에서의 저항손실은 근본적으로 전해질의 손실보다 크며, 평균전류밀도에 거의 비례해서 증가한다.

이러한 결과로부터 그림 26에서 볼 수 있듯이 셀의 출력전력과 에너지변환 효율 또한 구할 수 있다. 여기서 효율은 셀에서 사용된 연료의 저위발열량(lower heating value, LHV)을 기준으로 계산하였다. 이와같은 결과로부터 판단하자면 기본 경우에 대한 조건에서 상당히 높은 성능을 얻을 수 있는 것처럼 보인다.

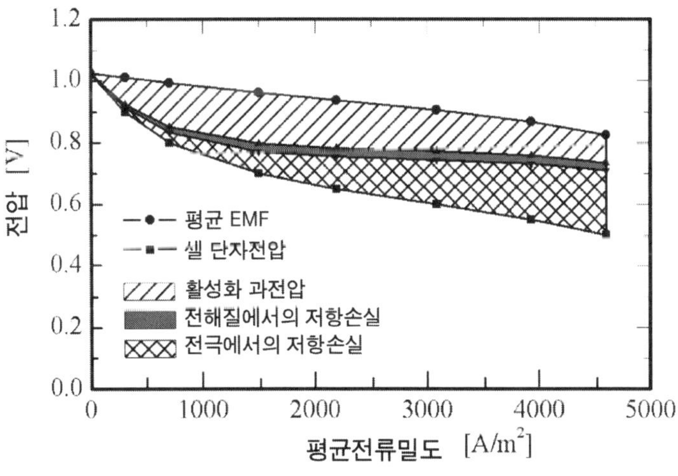

그림 25. 평균전류밀도(2-8090U20)에 대한 평균기전력과 과전압.

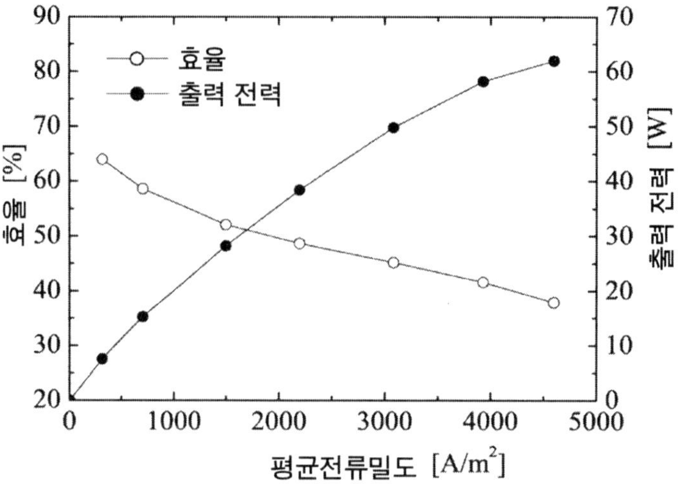

그림 26. 평균전류밀도(2-8090U20)에 대한 출력전력과 에너지변환 효율.

4.3 이상적인 열장에 대한 방법

4.1.1절에서 언급하였듯이 기본경우에 얻을 수 있는 셀의 열장은 열장이 심각할 정도로 불균일하고 최대온도가 상당히 높다는 점에서 바람직하지 않다. 따라서 여기서는 셀의 온도분포를 균일화시키거나 낮추는 방법에 대해서 논의한다.

가스의 입구온도가 감소시키는 것은 셀의 온도를 낮추는 가장 기본적인 방법이다. 셀 온도가 공기의 입구온도보다 높을 경우 공기유량을 증가시키는 것 또한 효과적인 방법인 것처럼 보인다. 열장을 거의 균일하게 만들기 위해서는 공급관 내부의 촉매의 밀도분포를 조절하는 것이 매우 유용하다. 이러한 효과를 조사하기 위해 표 10에서 요약된 4 가지 경우에 대해 계산을 수행하였다.

2-750U20의 경우 가스의 입구온도는 750℃까지 감소되며 이에 따라 연료의 몰유량을 기본 경우와 같도록 유지시키기 위해 연료의 입구속도는 0.880 m/s까지 감소된다. 4-800U20의 경우 공기유량은 기본 경우보다 2배가 된다. 2-800U02와 2-800L02의 경우 촉매의 밀도분포는 그림 27에 나타낸 것처럼 “U-02”와 “L-02”로 변화된다. U-02와 L-02에서 촉매의 양은 약 4000 A/m^{2}의 평균전류밀도 조건에 대해 최적화된다. 즉, 그와 같은 조건에서 연료는 공급관의 단부에서 완전히 개질된다. 위의 4 가지 경우에 대한 계산 결과가 차례로 다음에서 논의될 것이다.

표 10. Computational conditions for the additional cases.

	속도 (연료입구) [m/s]	속도 (공기입구) [m/s]	온도 (연료입구) [°C]	온도 (공기입구) [°C]	촉매분표
2-750U20	0.880	2.0	750	750	U-20
4-800U20	0.923	4.0	800	800	U-20
2-800U02	0.923	2.0	800	800	U-02
2-800L02	0.923	2.0	800	800	L-02

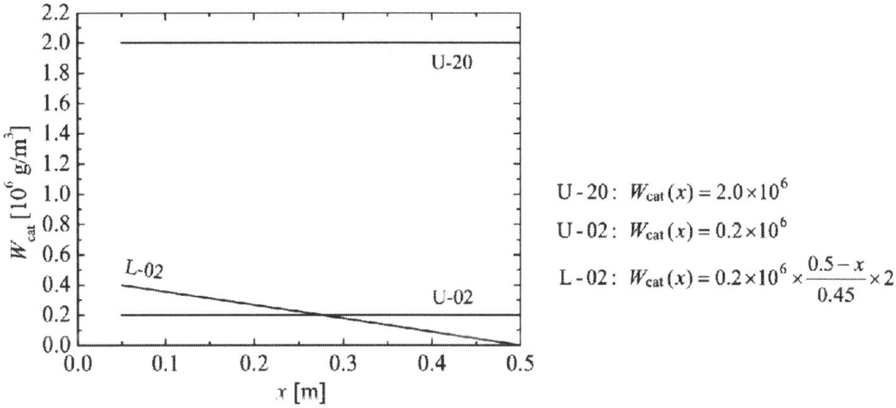

그림 27. 공급관 내부의 촉매의 질량밀도분포.

4.3.1 가스 입구온도의 영향

2-750U20의 경우 평균전류밀도가 4043 A/m^{2}일 때 얻어진 온도등고선이 그림 28에 나타나 있으며, x-방향의 전해질 온도분포가 그림 29에서 나타나 있다. 가스 입구온도가 낮기 때문에 셀의 온도는 대체로 낮아진다. 그러나 최대온도는 그렇게 감소되지 않으므로 온도의 불균일성은 더욱 심각해진다. 이는 셀의 온도가 850 ℃보다 낮게 곳에서 활성화과전압이 급격하게 커지기 때문이며 따라서 그림 30에서 볼 수 있듯이 전류밀도분포도 크게 불균일하게 된다. 또 온도가 감소하여 활성화과전압이 증가하기 때문에 전력변환효율은 기본 경우에 비해 5% 이상 감소한다(표 11 참조).

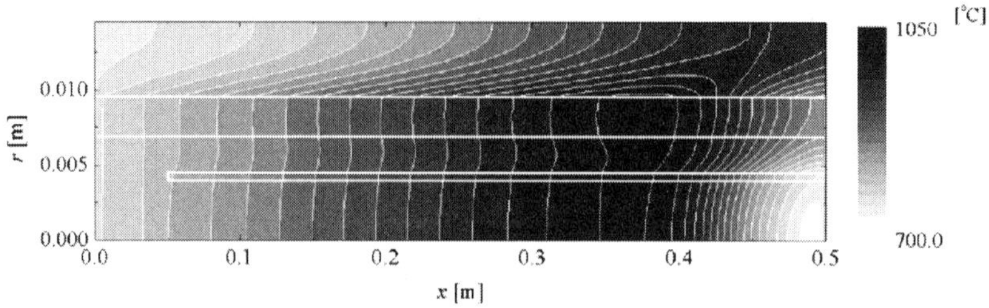

그림 28. 평균전류밀도 4043 A/m²(2-750U20)에 대한 셀 내부 및 주위의 온도장.

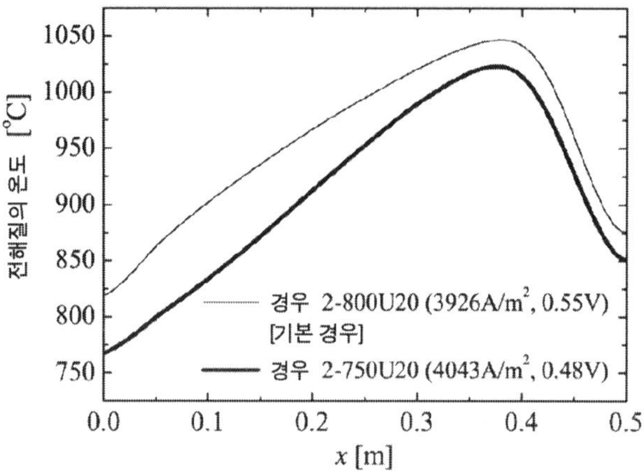

그림 29. 전해질의 온도분포에 대한 가스 입구온도의 영향.

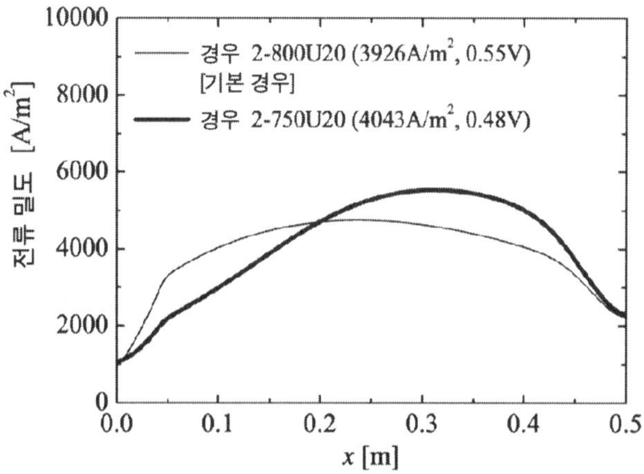

그림 30. 가스 입구온도가 국소 전류밀도 분포에 미치는 영향.

표 11. 기본 경우 및 또 다른 경우에 대한 계산 결과

경우 및 평균전류 밀도 [A/m²]	단자 전압 [V]	출력 전력 [W]	효율 (LHV) [%]	최대 온도 (전해질) [°C]	평균 온도 (전해질) [°C]
2-80-U20: 3926	0.55	58.2	41.6	1047.0	957.6
2-750U20: 4043	0.48	52.3	36.3	1023.3	913.2
4-800U20: 3920	0.50	52.8	37.8	968.0	909.5
2-800U02: 3911	0.54	56.9	41.0	995.4	942.6
2-800L02: 4051	0.52	56.8	39.5	974.2	939.2

4.3.2 공기유량의 영향

4-800U20 경우 평균전류밀도가 3911 A/m^{2}일 때 얻어진 온도등고선이 그림 31에 나타나 있으며, 그림 32에는 x-방향의 전해질 온도분포가 나타나 있다. 냉각제인 공기유량의 증가로 인해 셀의 온도, 특히 최대 온도는 기본 경우에 비해 상당히 감소되며 따라서 온도구배 또한 감소된다. 따라서 장치의 성능을 최적화하기 위한 요구조건을 만족시키기 위해 공기유량이 조절되어야 함에도 불구하고, 공기유량을 증가시키는 것은 셀의 온도분포를 균일하게 하는데 매우 효과적이다.

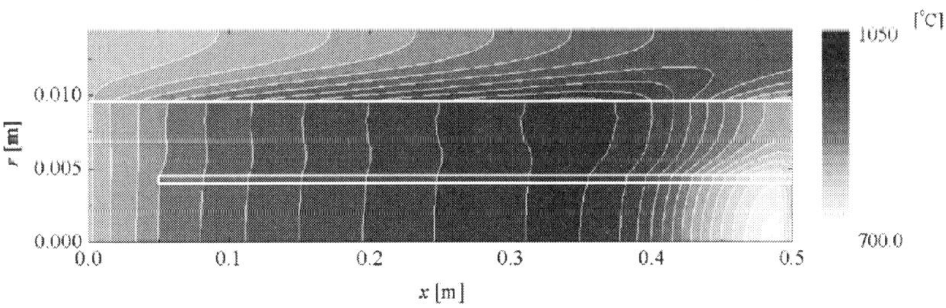

그림 31. 평균전류밀도 3920 A/m^2(4-800U20)에 대한 셀 내부 및 주위의 온도장.

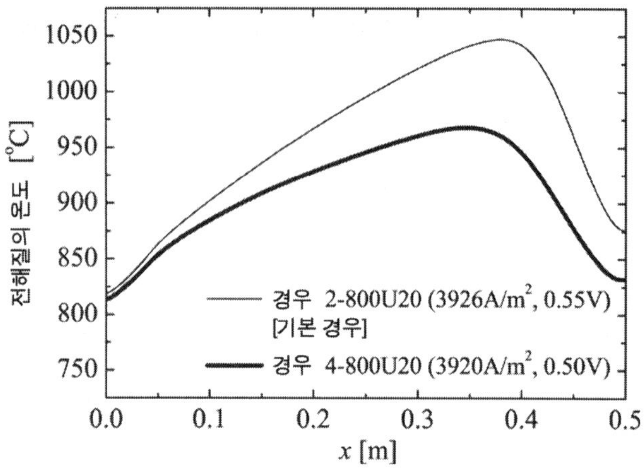

그림 32. 전해질의 온도분포에 대한 공기유량의 영향.

4.3.3 촉매의 밀도 분포의 영향

4-800U20 경우 평균전류밀도가 3911 A/m^2일 때 얻어진 온도등고선이 그림 33에 나타나 있다. 공급관 내부의 촉매의 양은 최적화되기 때문에 최대온도는 낮아지고, 기본 경우에 나타나는 것처럼 연료입구 부근의 셀 온도가 급격하게 감소하는 것이 완화되었다. 2-800L02 경우인 평균전류밀도 4051 A/m^2에 대한 등고선이 그림 34에 나타나 있다. 촉매 밀도를 균일분포가 아닌 선형분포로 함으로써 열장이 셀의 대부분의 영역에서 거의 균일하게 된다. 촉매의 밀도분포가 열장에 미치는 이러한 영향을 그림 35에서 명확히 볼 수 있으며, 그림에서는 x-방향의 전해질 온도분포를 보여준다.

그림 36은 위의 경우에 대해 공급관의 내부에서 메탄의 몰유량을 나타내고 있다. 그림에서 볼 수 있듯이, 촉매의 밀도분포 차이가 공급관 내부에서 내부개질이 어떻게 발생하는가에 큰 영향을 미치며, 이는 전기화학적 반응에 의해 발생되는 열이 어떻게 그곳에서 흡수되는가를 의미한다. 그러나 공급관 내부에서 전체 열흡수율은 그다지 변하지 않고, 위의 모든 경우 개질이 거의 100% 이루어지기 때문에 촉매 밀도분포가 변화하게 된다. 따라서 전해질의 평균온도는 거의 감소하지 않으며, 따라서 전력발생 성능은 촉매 밀도분포의 변화에 거의 영향을 받지 않는다(표 11 참조).

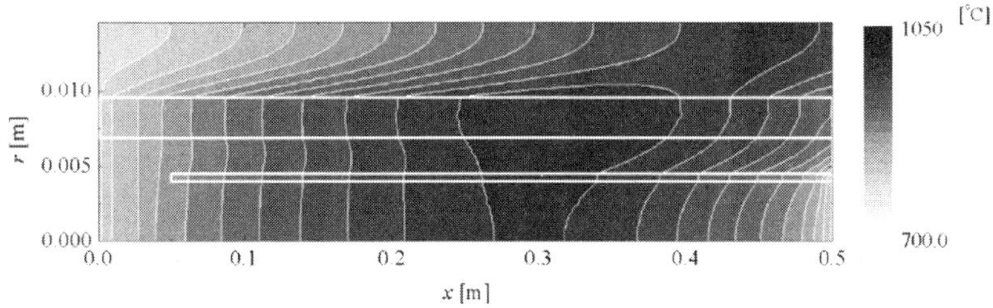

그림 33. 평균전류밀도 3911 A/m^2(2-800U20)에 대한 셀 내부 및 주위의 온도장.

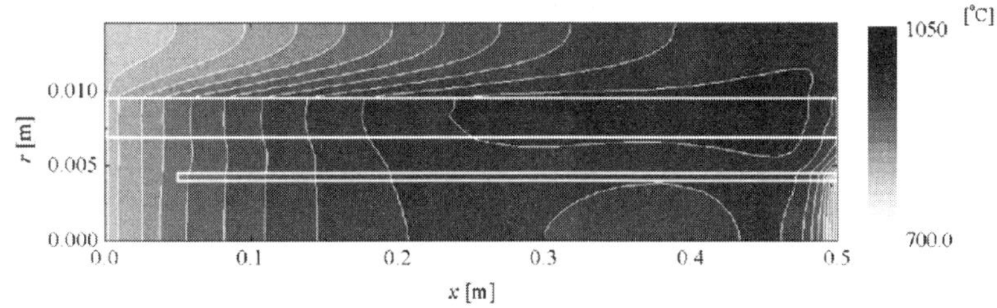

그림 34. 평균전류밀도 4051 A/m^2(2-800L20)에 대한 셀 내부 및 주위의 온도장.

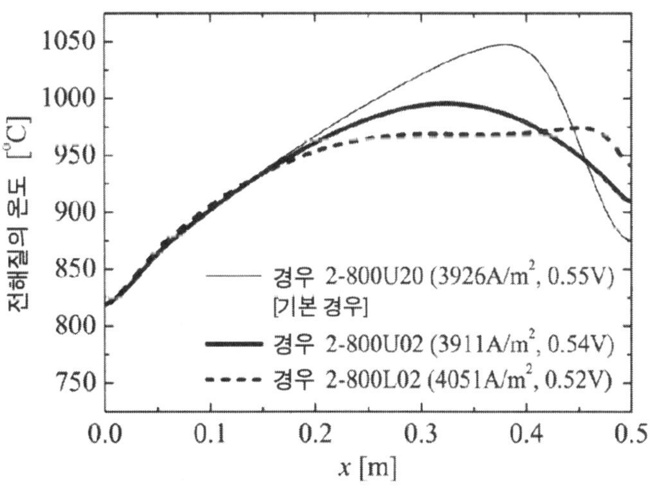

그림 35. 전해질의 온도분포에 대한 촉매분포의 영향.

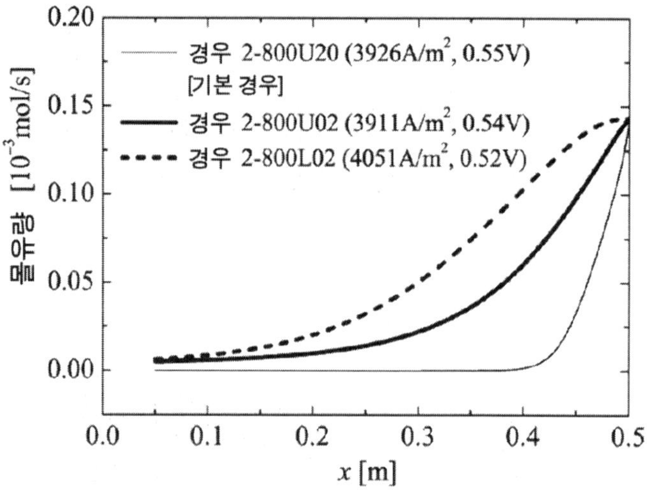

그림 36. 공급관 내부에서 메탄의 몰유량에 대한 촉매분포의 영향.

5 결론

이번 장에서는 간접 내부연료개질을 포함한 단일 관형 SOFC나 IIR-T-SOFC의 수치 모델에 관하여 설명했다. 수립된 모델은 전력발생 성능 뿐만 아니라 셀 내부의 자세한 현상을 분석하는데 유용하다. 열과 물질전달, 내부개질, 전기화학적 반응, 열발생, 화학물질의 생성, 전기장 형성 등과 같은 여러 현상이 셀 내부에서 3차원적으로 진행된다. 이 모든 것이 수립된 모델에서 고려되지만 준-이차원적인 방법이 사용된다. 이 장의 전반부에서 수치모델과 수치적인 방법의 모든 부분들을 설명했다.

수립된 수치모델을 이용하여 얻어진 몇 가지 수치적인 결과가 처음에는 기존의 관형 SOFC에 대해, 다음에는 IIRT-SOFC에 대해 제시되었다. 처음 부분에서는, 어떻게 수립된 모델이 연료전지의 성능 뿐 아니라 관형 셀의 내부 또는 주위에서 발생하는 현상을 얼마나 잘 해석할 수 있는가를 보였다. 두 번째 부분에서는, 셀의 온도구배를 감소시키는 방법에 대해 논의했다. 셀의 온도장은 주로 세 가지 기본적인 현상의 균형에 의해서 결정된다. 전기화학적인 과정을 통한 열발생, 내부개질과정을 통한 열흡수, 그리고 공기유동에 의한 열제거가 그들이다. 전기화학적 과정에서는, 셀온도의 상승과 전류의 증가 사이에 상호보완되는 일종의 상승작용이 관찰되었다. 공기유량을 증가시키거나 공기이용율을 감소시키는 것은 온도분포를 균일하게 하는데 효과적이라는 것이 확인되었다. 또한 공급관 내부의 촉매 밀도분포를 변화시키는 것은 어떻게 개질반응이 일어나며, 따라서 셀이 어떻게 냉각되는지에 대해 크게 영향을 미친다는 것을 보였다.

감사의 글

본 연구는 "분산 에너지 시스템을 위한 마이크로 가스터빈과 SOFC 하이브리드 싸이클"이라는 주제로 일본 과학기술부(Japan Science and Technology Agency)의 지원으로 수행되는 CREST 프로젝트의 일환으로 수행되었다. 저자는 이 장을 완료하기 귀중한 조언을 주고 논의에 참여한 Saga대학의 Peter Woodfield 박사에게 감사를 드린다.

참고문헌

[1] Zhu, B., Advanced ceramic fuel cell R&D. *Proc. 2nd Int. Conf. Fuel Cell Science, Engineering and Technology*, Rochester, pp. 409−417, 2004.

[2] Suzuki, K., Teshima, K. & Kim, J.−H., Solid oxide fuel cell and micro gas turbine hybrid cycle for a distributed energy generation system. *Proc. 4th JSME−KSME Thermal Engineering Conference*, 3, pp. 1−8, 2000.

[3] Suzuki, K., Iwai, H., Kim, J.−H., Li, P.−W. & Teshima, K., Keynote paper: solid oxide fuel cell and micro gas turbine hybrid cycle and related fluid flow and geat transfer. *Proc. 12th International Heat Transfer Conference*, Grenoble, pp. 403−414, 2002.

[4] Suzuki, K., Song, T. W. & Iwai, H., Micro gas turbine − solid oxide fuel cell hybrid system for distributed energy generation. *Proc. Int. Symposium on Distributed Energy Systems in the 21st Century*, Tokyo, 2002.

[5] Dicks, A. L., Advances in catalyst for internal reforming in high temperature fuel cells. *J. Power Sources*, 71, pp. 111−122, 1998.

[6] Ahmed, K. & Foger, K., Kinetics of internal reforming of methane on Ni/YSZ−based anodes for solid oxide fuel cells. *Catalysis Today*, 63, pp. 479−487, 2000.

[7] Takeguchi, T., Kikuchi, R.,Yano, T., Eguchi, K. & Murata, K., Effect of precious metal addition to Ni−YSZ cermet on reforming of CH4 and electrochemical activity as SOFC anode. *Catalysis Today*, 84, pp. 217−222, 2003.

[8] Ahmed, S., McPheeters, C. & Kumar, R., Thermal−hydraulic model of a monolithic solid oxide fuel cell. *Journal of Electrochemistry*, 138(9), pp. 2712−2718, 1994.

[9] Nabielek, H., GT-SOFC coupling work at julich tesearch venter. *Proc. Workshop on Development of High Efficiency Gas Turbine/Fuel Cell Hybrid Power Generation System*, pp. 111-138, 2004.

[10] Amaha, S., Baba, Y., Yakabe, H. & Sakurai, T., Improvement of the performance for the anode-supported SOFCs. *Proc. of 2nd Int. Symposium on Fuel Cell Science, Engineering and Technology*, Rochester, pp. 45-48, 2004.

[11] Dang, Z., Iwai, H. & Suzuki, K., Numerical modelling of a disk shape planar SOFC. *Proc. of 2nd Int. Symposium on Fuel Cell Science, Engineering and Technology*, Rochester, pp. 361-368, 2004.

[12] George, R. A., Status of tubular SOFC field unit demonstrations. *J. Power Sources*, **86**, pp. 134-139, 2000.

[13] Nishino, T., Komori, H., Iwai, H. & Suzuki, K., Development of a comprehensive numerical model for analyzing a tubular-type indirect internal reforming SOFC. *Proc. of the 1st Int. Conf. on Fuel Cell Science, Engineering and Technology*, eds R. K. Shah & S. G. Kandlikar, ASME: Rochester, pp. 521-528, 2003.

[14] Nishino, T., Development and numerical prediction of a comprehensive analytical model of an indirect-internal-reforming tubular SOFC. *Master Thesis in Dept. Mechanical Engineering*, Kyoto University, 2004.

[15] Suzuki, K., Li, P. W., Komori, H. & Nishino, T., *Internal Report at Heat Transfer Laboratory*. Kyoto University, HT2002-01-01, 2002.

[16] Li, P.-W. & Suzuki, K., Numerical model and performance study of a tubular oxide fuel cell. *Journal of Electrochemistry*, **151(4)**, A548-557.

[17] Aguiar, P., Chadwick, D. & Kershenbaum, L., Modelling of an indirect internal reforming solid oxide fuel cell. *Chemical Engineering Science*, **57**, pp. 1665-1677, 2002.

[18] Achenbach, E., Three-dimensional and time-dependent simulation of a planar solid oxide fuel cell stack. *J. Power Sources*, **49**, pp. 333-348, 1994.

[19] Bessette II, N. F., Wepfer, W. J. & Winnick, J., A mathematical model of a solid oxide fuel cell. *J. Electrochem. Soc.*, **142(11)**, pp. 3792-3800, 1995.

[20] Ferguson, J. R., Fiard, J. M. & Herbin R., Three-dimensional numerical

simulation for various geometries of solid oxide fuel cells. *J. Power Sources*, 58, pp. 109-122 , 1996.

[21] Bessette II, N. F. & Wepfer, W. J., Prediction of solid oxide fuel cell power system performance through multi-level modeling. *Journal of Energy Resources Technology*, 117, pp. 307-317, 1995.

[22] Song, T. W., Kim, J. H., Ro, S. T. & Suzuki, K., Quasi-2D model of IIR-SOFC stack for SOFC/MGT hybrid system. *Proc. ICOPE - 3*, Kobe, 2003.

[23] Song, T. W., Sohn, J. L., Kim, J. H., Kim, T. S., Ro, S. T. & Suzuki, K., Parametric studies for a performance analysis of a SOFC/MGT hybrid power system based on a quasi-2D model. *Proc. ASME Turbo Expo 2004*, 2004.

[24] Song, T. W., Sohn, J. L., Kim, J. H., Kim, T. S., Ro, S. T. & Suzuki, K., Detailed performance analysis of a solid oxide fuel cell - micro gas turbine hybrid power system. *ASME Heat Transfer/Fluid Engineering Summer Conference*, North Carolina, 2004.

[25] Singhal, S. C., Advances in solid oxide fuel cell technology. *Solid State Ionics*, 135, pp. 305-313, 2000.

[26] Hatchwell, C., Sammes, N. M., Brown, I. W. M. & Kendall, K., Current collectors for a novel tubular design of solid oxide fuel cell. *J. Power Sources*, 77, pp. 64-68, 1999.

[27] Mori, M. & Sammes, N. M., Sintering and thermal expansion characterization of Al-doped and Co-doped lanthanum strontium chromites synthesized by the Pechini method. *Solid State Ionics*, 146, pp. 301-312, 2002.

[28] Xu, J. & Froment, G. F., Methane steam reforming, methanation and water gas shift: I. intrinsic kinetics. *AIChE Journal*, 35(1), pp. 88-96, 1989.

[29] Xu, J. & Froment, G. F., Methane steam reforming: II. Diffusional limitations and reactor simulation. *AIChE Journal*, 35(1), pp. 97-103, 1989.

[30] Sonntag, R. E. & VanWylen, G. J., *Introduction of Thermodynamics*, 3rd edn, John Wiley & Sons, 1991.

[31] Poling, B. E., Prausnitz, J. M. & O'connell, J. P., *The Properties of Liquids & Gases*, 5th edn, McGraw-Hill: New York, 2000.

[32] Wilke, C. R., Diffusional properties of multicomponent gases. *Chemical Engineering Progress*, 46(2), pp. 95-104, 2000.

[33] Kim, J. W. *et al.*, Polarization effects in intermediate temperature, anode

supported solid oxide fuel cells. *Journal of the Electrochemical Society*, **146(1)**, pp. 69–78, 1999.

[34] Nagata, S., Momma, A., Kato, T. & Kasuga, Y., Numerical analysis of output characteristics of tubular SOFC with internal reformer. *J. Power Sources*, **101**, pp. 60–71, 2001.

[35] Lehnert, W., Meusinger, J. & Thom, F., Modelling of gas transport phenomena in SOFC anodes. *J. Power Sources*, **87**, pp. 57–63, 2000.

[36] Carbonell, R. G. & Whitaker, S., Heat and mass transfer in porous media. *Fundamentals of Transport Phenomena in Porous Media*, eds J. Bear & M.Y. Corapcioglu, Martinus Nijhoff Publishers: Dordrecht, pp. 123–198, 1984.

[37] Muralidhar, K. & Suzuki, K., Analysis of flow and heat transfer in a rectangular mesh using a non–Darcy thermally non–equilibrium model. *Int. J. Heat Mass Transfer*, **44**, pp. 2493–2504, 2001.

[38] Vafai, K. & Tien, C. L., Boundary and inertia effects on flow and heat transfer in porous media. *Int. J. Heat Mass Transfer*, **24**, pp. 195–203, 1981.

[39] Patankar, S. V., *Numerical Heat Transfer and Fluid Flow*, Hemisphere Publishing Corporation: Washington, 1980.

[40] Sparrow, E. M. & Cess, R. D., 2nd edn., *Thermal Science Series*. Radiation Heat Transfer, ed. E. R. G. Eckert, Wadsworth Publishing Company, Inc.: Belmont, 1970.

[41] Makino, T., Kunitomo, T., Sakai, I. & Kinoshita, H., Thermal radiation properties of ceramic materials. *Heat Transfer–Japanese Research*, **13(4)**, pp. 33–50, 1984.

[42] Makino, T., Present research on thermal radiation properties and characteristics of materials. *International Journal of Thermophysics*, **11(2)**, pp. 339–352, 1990.

[43] Li, P. W. & Suzuki, K., Numerical study of the performance of a tubular solid oxide fuel cell – effects of geometric parameters and thermal conditions. *Proceedings of Symposium on 2000/2001 Achievement of CREST Project on SOFC – MGT Hybrid System for a Distributed Energy Generation*, pp. 15–20, 2002.

[44] Dang, Z., Nishino, T., Iwai, H. & Suzuki, K., Progress on numerical

simulation of heat and mass transfer within tubular and planar type solid oxide fuel cells. *Proceedings of Symposium on 2002/2003 Achievement of CREST Project on SOFC - MGT Hybrid System for a Distributed Energy Generation*, pp. 53-64, 2003.

[45] Hagiwara, A., Michibata, H., Kimura, A., Jaszcar, M. P., Tomlins, G. W. & Veyo, S. E., *Proceedings of the 3rd International Fuel Cell Conference*, p. 365, 1999.

[46] Suzuki, K., Kimijima, S., Dang, Z. & Iwai, H., Heat and mass transfer in a tubular solid oxide fuel cell. *6th KSME-JSME Thermal and Fluid Engineering Joint Conference*, Jeju, CD-ROM, KJ04, 2005.

기 호

a	이산화된 식에서의 계수
A	활성화에너지 [J/mol]
b	이산화된 식에서의 소스항
C_p	정압에서의 비열 [J/kg K]
D_{jm}	다중성분 가스에서 물질 j의 질량확산도 [m^2/s]
e	방사도 [-]
E	기전력 [V]
E^0	표준 기전력 [V]
$\tilde{E}$	식 (42)로 정의되는 기본 기전력 [V]
f	관성계수 [-]
F	Faraday 상수 [C/mol]
F_{11}, F_{12}, F_{21}, F_{22}	배치인자 [-]
h	두께 [m]
i	전류밀도 [A/m^2]
J	복사도 [W/m^2]
k_{H_2}, k_{CO}, k_{O_2}	식 (12), (13) 및 (14)에서의 계수 [A/m^2]
k_{sh}^+, k_{sh}^-	수성-가스 이동반응의 속도상수 [mol/m^3Pa^2s]
K	투과도 [m^2]
K_{sh}	수성-가스 이동반응의 평형상수 [-]
M	분자량 [kg/mol]

P	압력 [Pa]
q	복사유속 [W/m^2]
$\dot{q}$	전해질의 단위면적 당 발생열 [W/m^2]
Q	발생열 [W/m^3]
r	방사상 좌표 [m]
R	저항율 [Ωm]
R_{st} , R_{sh}	개질반응의 반응율 [mol/m^{3}s]
R_0	일반 가스상수 [Pa m^3/mol K]
$\dot{s}$	전해질의 단위면적 당 생성질량 [kg/m^{2}s]
S_j	물질 j의 생성질량 [kg/m^{3}s]
$\hat{S}$	일반 수송방정식에서의 소스항
T	온도 [K]
U_x, U_r	속도성분 [m/s]
V	전위 [V]
W_{cat}	촉매의 질량밀도 [g/m^3]
x	축좌표 [m]
Y_j	물질 j의 질량분율 [−]

아래첨자

a	연료극
c	공기극
cat	촉매
e	전해질
eff	유효성분
s	고체
st	수증기개질반응 : 식 (1)
sh	수성−가스 이동반응 : 식 (2)
1	복사보델에서의 셀 관측
2	복사보델에서의 공급관측
H_2/O_2	수소의 전기화학적 반응 : 식 (6)
CO/O_2	CO의 전기화학적 반응 : 식 (7)
e, w, n, s	그림 6의 검사체적 상의 경계

E, W, N, S	그림 6의 검사체적 내의 격자점
u, u', d, d'	그림 7의 검사체적 상의 경계
U, U', D, D'	그림 7의 검사체적 내의 격자점
P, P'	검사체적 상의 격자점
PP'	격자점 P와 P' 사이의 전해질

그리스 기호

Γ	일반 수송방정식에서의 확산도
$\triangle G^0$	표준 Gibbs 자유에너지의 변화 [J/mol]
H	엔탈피 변화 [J/mol]
r	r 방향에 대한 검사체적의 크기 [m]
x	x 방향에 대한 검사체적의 크기 [m]
θ	θ 방향에 대한 검사체적의 크기 [rad]
δr	r 방향에 대한 격자점 사이의 거리 [m]
δx	x 방향에 대한 격자점 사이의 거리 [m]
$\delta \theta$	θ 방향에 대한 격자점 사이의 거리 [rad]
ε	기공도 [−]
η	활성화과전압 [V]
θ	원주 좌표 [rad]
λ	열전도도 [W/m K]
μ	점성도 [Pa s]
ρ	밀노 [kg/m^3]
$\hat{\rho}$	일반 수송방정식에서의 밀도
σ	Stefan−Boltzmann 상수 [W/m^{2}K4]
ϕ	일반 수송방정식에서의 변수

Chapter 4

PEMFC와 SOFC의 열 및 물질전달현상과 모델링 방법들

J. Yuan[1], M. Faghri[2] & B. Sundėn[1]
[1]Division of Heat Transfer, Lund Institute of Technology, Sweden.
[2]Department of Mechanical Engineering and Applied Mechanics, University of Rhode Island, USA.

개 요

고체산화물 연료전지(SOFC)와 수소이온교환막 연료전지(PEMFC)에서의 여러 가지 전달과정들 사이에는 비슷한 점이 있으나 차이점 또한 존재한다. 이 장의 목적은 열, 물질전달/물질유동, 2상수송, 그리고 SOFC와 PEMFC의 셀 성능에 대한 효과를 모델링하고 수치적으로 해석하는데 있다. 수치계산방법은 유로 내에서 대류 열전달과 연료 및 산화제의 압력강하를 예측할 수 있게끔 더욱 발전되고 있다. 연료전지에서 유로에 대한 독특한 경계조건(열, 물질)이 규명되어 적용된다. 복합구조의 유로는 다공질층, 가스유로 그리고 전류 인터커넥터(또는 집전체)로 이루어져 있다. 이 연구결과는 전반적인 연료전지 모델링과 시스템 연구를 포함한 다른 연구 뿐만 아니라 마이크로 반응기 공학이라는 새롭게 부상하는 영역에 적용할 수 있다.

1 서론

연료전지에서 전기에너지는 전해질에 의해 분리된 두 전극에서 산화제(공기 중의 산소)와 연료(천연가스, 메탄올, 또는 순수 수소)의 전기화학적 반응을 통해 직접 발생된다. 순수한 수소가 사용되면 이 반응의 유일한 생성물은 열, 전기 그리고 물이다. 배터리와 달리 연료전지는 에너지를 저장하지 않는다. 에너지변환은 연료전지를 구성하는 재질을 사용하지 않고 이루어진다. 연료전지는 중간 연소과정 없이 화학에너지를 전기에너지로 직접 변환시킨다는 것을 알아야 한다. 연료전지 개발에 영향을 준 주된 요인들 중의 하나는 전력생산과 차량구동을 위해 화석연료를 사용함으로써 환경의 중요성에 대한 인식이 증가하고 있다는 것이다. 더 중요한 것은 세계 인구가 크게 늘어감에 따라 산업 활동이 환경에 얼마나 영향을 주며 자원고갈이 없는 에너지 개발을 어떻게 이룰 수 있을지에 대한 세계적인 인식이 증가하고 있다는 것이다. 연료전지는 화석연료에 대한 의존도와 대기로의 유해가스 배출을 줄일 수 있다.

연료전지를 운전하기 위해서는 연료극(anode), 산화극(cathode), 전기적으로 절연된 이온전도체(전해질), 그리고 외부 전기회로가 필요하다. 일반적으로 연료전지는 사용되는 이온전도체(전해질)의 유형과 동작온도 범위에 따라 구별된다.

여러 가지 형태의 연료전지가 현재 개발 중에 있다. 알칼리 연료전지(AFC)는 알칼리성의 수산화칼륨을 전해질로 사용하며, 오랫동안 우주선용으로 NASA가 사용해 왔다. 수소이온교환막 연료전지(PEMFC)와 인산 연료전지(PAFC)에서 수소연료는 자유전자와 수소이온으로 분리되며, 수소이온은 전해질을 통해 공기극으로 이동한다. 액체가 공급되는 직접메탄올 연료전지(DMFC)는 연료극에 메탄올 용액과 물을 공급한다. 공기극에서는 공기로부터의 산소, 외부회로를 통과한 전자 및 수소이온이 결합하여 순수한 물과 열이 발생된다. 이 세 가지 형태 모두 저온형 연료전지이다. 고체산화물 연료전지(SOFC)와 용융탄산염 연료전지(MCFC)와 같은 고온형 연료전지는 특히 관심을 끌고 있다. 그 이유는 높은 운전온도 때문에 천연가스를 연료로 사용할 수 있고, 연료전지와 가스터빈을 결합한 하이브리드 구성이 가능하기 때문이다. 하이브리드 시스템은 전체 시스템 효율을 크게 증가시킬 수 있다. 약 1000 ℃(기존의 전해질 지지 평판형 SOFC), 700℃(중간 온도의, 연료극 지지 SOFC) 그리고 1 기압보다 높은 압력 등이 고체산화물 연료전지(SOFC)를 선택하는 이유이다. 수소이온교환막 연료전지(PEMFC) 시스템은 설계와 운전이 상대적으로 단순하고, 저가로 제작할 수 있으며 저온에서 자기 기동이 가능하다는 장점이 있다고 알려져 왔다. SOFC와 PEMFC 두 시스템 모두 정지용, 휴대용 및 자동차용의 주 전원 및 보조전원으로써 중요한 역할을 할 것으로 기대된다.

지난 10년간 전 세계적으로 SOFC와 PEMFC 시스템은 특별한 주목을 끌고 관심의 초점이 되어 많은 연구가 이루어져 왔다. 연료전지가 내연기관과 같이 이미 검증된 화석연료에 의한 동력기술과 경쟁하기 위해서는 고성능, 저가격 그리고 고신뢰성이 주된 초점이 되어 왔다. 대부분의 연구는 전체 시스템의 비용과 크기를 최소화하면서 우수한 셀/스택의 성능을 얻기 위해 새로운 재료와 재료 생산공정에 대한 것이었다. 연료전지의 미래시장을 확대하기 위해서는 기본적인 이해와 연구가 필요하며, 마이크로 수준에 이르기까지 물질수송 과정에 대한 상세한 해석이 필요하다. 연료전지 특유의 민감도와 복잡성 때문에 연료전지 부품 및 시스템의 해석과 최적화는 수학적 모델링과 시뮬레이션에 의해 효과적으로 수행할 수 있다.

본 연구는 평판형 고체산화물 연료전지와 수소이온교환막 연료전지의 유로에서의 열과 물질의 전달 및 유체흐름에 대한 수치해석을 다룬다. 대류 열전달과 유로에서 연료와 산화물의 압력강하를 예측할 수 있도록 수학적 모델이 개발되어 왔다. 유로는 다공질층, 가스유로 그리고 인터커넥터(집전체)로 구성되어 있다. 본 연구의 결과는 연료전지에 대한 모든 모델링과 시스템을 고려한 연구, 예를 들면 다양한 조건에 대한 열전달 계수의 도출이나 마이크로 반응기 공학과 같은 신생 영역에 적용할 수 있다. 또한 대체로 본 연구에 의해 유로 내부의 흐름을 이해하게 된다.

2 연료전지 모델링의 발전

셀의 구조나 재질 또는 운전조건(온도, 압력)의 차이에도 불구하고, 스택 내의 셀의 활성표면에 가스물질을 공급하는 것은 SOFC와 PEMFC와 같은 연료전지의 공통된 특징이다. 스택 내의 셀의 운전성능이 저하하는 것은 셀 사이에서 반응물질의 흐름이 균일하지 않게 분포하기 때문이다. 출력밀도의 증가, 제조단가 절감 및 연료전지 시스템의 상업화를 가속화시키기 위해서는 다양한 가스와 열전달 과정에 대한 이해가 필수적이다. 이 때문에 다공질이면서 전기화학적으로 반응하는 물질에 대해 다차원, 다상(多相), 다중성분 수송과정 등을 완전히 나타낼 수 있는 정밀한 모델과 좀 더 발전된 시뮬레이션 도구가 필요하다.

2.1 SOFC와 PEMFC의 기초

SOFC와 PEMFC에서 일어나는 물질수송과정에는 많은 유사성이 있다. 연료(H_2)는 연료극 유로로 공급되고 공기(O_2+N_2)는 공기극 유로로 공급된다. 두 유로는 전해질과 전극의 조립체에 의해 분리되어 있다. 반응물들은 전기화학적 반응이 발생하는 전극/전해질(SOFC) 또는 촉매/전해질(PEMFC) 경계면으로 확산되거나 대류에 의해 전달된다. 연료극에서의 전기화학적 산화반응에 의해 집전체(PEMFC의 경우 양극판) 또는 인터커넥터(SOFC)를 통해 외부회로로 흐르는 전자가 발생한다. 반면 산소이온(SOFC) 또는 수소이온(PEMFC)은 전해질을 통해 반대쪽 전극으로 이동한다. 전자는 외부회로를 통해 공기극으로 이동하여 전기화학적 반응에 가담한다.

전기화학 반응과정에서 공기극 유로에서는 산소의 일부가 소비되고, 연료극 유로에서는 수소가 소비된다. 열과 물(H_2O)은 반응의 유일한 부산물이다. 생성된 물은 SOFC에서는 연료극 유로를 따라 더욱 내부로 유입되며, PEMFC에서는 공기극 유로로 유입된다. SOFC에서의 전기화학적 반응은 다음과 같다.

공기극 반응 $$\frac{1}{2}O_2 + 2e^- \rightarrow O^{2-} \tag{1a}$$

연료극 반응 $$H_2 + O^{2-} \rightarrow H_2O + 2e^- \tag{1b}$$

PEMFC의 경우는 다음과 같다.

공기극 반응 $$\frac{1}{2}O_2 + 2e^- + 2H^+ \rightarrow H_2O \tag{2a}$$

연료극 반응 $$H_2 \rightarrow 2H^+ + 2e^- \tag{2b}$$

전체 반응은 다음과 같다.

$$\frac{1}{2}O_2 + H_2 \rightarrow H_2O \tag{3}$$

연료전지 내부의 유동저항 때문에 유로와 매니폴드에서의 압력강하(ΔP)는 불균일한 유동분포의 원인이 된다. 따라서 전기에너지의 출력은 일정하지 않게 되며, 심지어 어떤 경우에는 가스의 재순환이 발생한다. 어떤 유로에서 반응가스의 결핍과 같은 심각한 조건으로 인해 연료전지에 돌이킬 수 없는 손상을 입힐 수 있다. 압력 강하는 유로와 매니폴드의 구조 및 유량 등에 따라 다르다. 그러나 온도는 심지어 유로에서 물질의 유량이 일정한 경우에도 항상 균일하지 않다. 이것은 열전달과 상 변화(PEMFC 경우) 때문이며, 따라서 ΔT가 변동하게 된다. 열전달은 다음과 같은 방식으로 이루어진다.

- 셀의 구성요소층과 공기유동 및 연료유동 사이에서 발생. 이것은 열전달계수 h_a(공기유로), 자연대류의 유무에 관계없이 강제대류에 의한 h_f(연료유로)로써 설명될 수 있다.
- 인터커넥터층(interconnect layer)에 걸친 연료 및 공기유동 사이에서 발생하며, 전체 열전달계수 U의 항으로 나타낸다.

- 고체 구조에서는 열전도도 k_i(i = 전해질, 전극 및 인터커넥터층)가 다른 경우 열전도에 의해 발생

PEMFC의 경우 전해질과 다공질층을 종종 막전극집합체(membrane electrolyte assembly, MEA)라 부른다. 전체적인 에너지 평형식은 다음과 같이 쓸 수 있다.

$$Q_C + h_f A_f (T_e - T_{f,av}) + h_a A_a (T_e - T_{a,av}) = Q_S \tag{4}$$

여기서 Q_C는 고체구조에서의 열전도량이며, Q_S는 전기화학적 열발생과 전류흐름에 의해 전기저항에서 발생하는 저항성 발열을 나타내는 열소스이다. h는 대류열전달 계수, T는 온도이다. 식 (4)는 연료 및 산화제 유로에서의 열전달계수가 중요하다는 것을 보여준다.

다양한 응용분야에서 연료전지를 적용할 경우 특정한 몇 가지 현상은 신중하게 조사될 필요가 있다. 예를 들면 Nafion™ 막은 PEMFC의 전해질 내부에 사용된다. 이 막은 short pendant group을 갖는 퍼플루오르슬폰산 공중합체(perfluorosulphonic acid copolymer)를 채용함으로써 높은 이온전도성을 가지고 있다. 그러나 전기전도 면에서 막의 성능은 함수량(water content)에 따라 크게 달라진다. 막의 물관리는 PEMFC에서 중요한 문제 중의 하나이다. 이 장의 후반부에서 설명하겠지만, 막의 함수량에 영향을 미치는 요소가 몇 가지 있다. 예를 들면 전기삼투(electro-osmotic)에 의해 물이 전해질을 통과하여 이끌리는 현상, 생성된 물이 공기극에서 연료극으로 역확산되는 것 등이 있다. 공기극에 수증기가 과도하도 축적되면 응축(condensation)이 발생할 수 있다. 따라서 여러 가지 물관리 방법이 제안되고 연구되어 왔다. 다른 문제는 막이 안정하게 동작하는 온도 범위이다. 따라서 물과 열의 관리는 서로 결부되어 있으므로 조심스럽게 균형을 맞출 필요가 있다.

SOFC는 고체산화물을 전해질로 사용하므로 더욱 안정적이다. SOFC에서 물관리나 공기극에서 액체인 물의 범람(flooding) 또는 산소 환원반응 동력학이 느리다는 등의 문제가 존재하지 않는다. 반면에 높은 온도에서 동작하는 적절한 재료를 구하는 것이 어렵다.

오직 SOFC에서만 발생하는 과정들이 있다. 예를 들면 순수한 수소가 사용되지 않기 때문에 연료의 내부개질 문제나 다른 동력시스템(예를 들면 가스터빈)을 갖는 열병합발전 등이 그것이다. PEMFC의 경우 탄화수소 연료를 사용하려면 외부개질이 필요하다. 개질 문제는 이 장에서 다루지 않지만 대신에 SOFC와 PEMFC에서의 복합유동에 초점을 맞춘다.

2.2 모델링 발전

모델링에 의해 연료전지와 연료전지 시스템의 성능에 영향을 미치는 파라메터에 대해 더욱 잘 이해하게 됨으로써 모델링은 이미 연료전지 개발에서 중요한 역할을 해 왔다. 더욱이 공기극에서의 물관리는 PEMFC의 설계에서 중요한 고려사항이다. 그러나 전극에 존재하는 액체 물은 직접 측정할 수 없기 때문에 이에 대한 정보는 제한적이다. PEMFC 전극에 존재하는 물의 수송을 더욱 잘 이해하려면 중요한 물리적 과정을 설명할 수 있는 모델이 필요하다. 이는 최근 공개된 문헌의 연구로부터 특히 명백하다. 단일 셀의 유로를 모델링한 간단한 것으로부터 전체 스택을 3 차원으로 모델링한 매우 복잡한 것에 이르기까지 많은 모델링 방법들이 있다.

2.2.1 모델링 방법

모델링 전략을 선택하는데 영향을 미치면서 연료전지를 모델링하는 방법을 선택하기 전에 고려해야 하는 몇 가지 문제가 있다. 가장 중요한 요소는 명확히 정의되고 명시되어야 하는 목표와 모델의 특징이다. 예를 들면 정상상태/과도상태 현상, 이론식/준경험식, 구성요소/시스템 연구, 집중형/다차원형, 정확성/시간/유연성, 타당성/문서화 등과 같은 문제들이다. 모델링과 시뮬레이션 도구의 개발은 비용과 시간이 필요한 과정이다. 사용자의 지식수준과 사용가능한 자원(인간, 컴퓨터 기기 등) 또한 의사결정 과정에서 포함되어야 하는 제한요소이다.

전기화학적이면서 유체역학, 물질/전류 수송과 열전달 관계를 기초로 하여 이론적인 연료전지 모델링 방법은 보통 가스 상(相) 수송을 나타내는 Stefan-Maxwell 방정식이나 셀 전압을 나타내는 Butler-Volmer 방정식 등과 같은 기본방정식이 포함되어 있다[1]. 전기화학적 과정이나 물질수송 과정은 밀접하게 연관되어 있다. 적절한 물관리와 열관리를 위해 이 모델링 방법은 전기화학적 반응 뿐만 아니라 열역학 및 유체역학 식을 포함한다. 다중성분 물질수송과 열전달은 연료전지 및 시스템의 모든 과정을 상세하게 설명할 수 있기 때문에 중요하다. 이 연구에 의해 연료전지의 물질분포/유동패턴, 전류밀도/온도분포, 전압과 압력강하 등과 같은 세부과정에 대한 결과를 얻을 수 있다. 반면에 특정한 응용분야와 운전조건에 대해 실험데이터를 기반으로 한 준경험적(semi-empirical) 연료전지 모델 또한 최근 수년간 개발되어 왔다. 두 방법 모두 장점과 단점을 가지고 있다. 이론적인 모델링 방법은 응용분야와 운전조건에 유연하게 대처할 수 있으며, 상세한 부분까지 연구할 필요가 있을 때 유용하다. 그러나 이 방법을 개발하여 사용하려면 많은 시간이 소요되고 공개된 문헌 상에서 구체적인 데이터가 없기 때문에 타당성을 입증하기가 어렵다. 현재 가장 쉽게 구할 수 있는 데이터는 셀 또는 스택에 대한 간단한 V-I 특성일 뿐이다. 반면에 준실험적 방법은 이미 어느 정도 까지는 검증되어 있지만, 세부적인 내용이 충분히 제공되지 않는다. 또한 새로운 응용분야나 운전조건에 따라서 모델이 수정되어야 하며, 어떤 경우에는 이러한 모델이 적절하지 않을 수도 있음을 알아야 한다.

최근 수 년간 신뢰성 있는 상용 연료전지 프로그램(어떤 경우에는 기존의 소프트웨어에 연료전지 모듈이 첨가되었음)들이 개발되었다. 예를 들면 SOFC와 PEMFC의 상세한 모델은 MathWorks사의 시뮬레이션 프로그램인 MATLAB[2]의 플랫폼을 기반으로 한 FEMLAB이라는 화학공학 모듈(Chemical Engineering Module)에 포함되었다. 다른 상용화 프로그램과 연계한 더욱 정밀한 모듈들이 개발되고 있어 타당성이 입증된다면 표준적인 셀과 스택의 모델링에 통합될 것이다.

2.2.2 현재 존재하는 여러 가지 모델들

지난 몇 년간 주어진 경계조건에서 연료전지의 속도, 압력, 온도, 물질 부분, 전류 및 전위를 시뮬레이션에 의해 구하려는 연구가 진행되어 왔다. 이 절에서는 SOFC와 PEMFC에서 열전달 및 가스흐름 모델링과 연관된 문제만을 다룬다.

2.2.2.1 SOFC 모델링

기존의 전해질 지지 평판형 구조의 경우 Vayenas[3]는 가스물질의 분포, 온도 및 전류밀도를 구하기 위해 교차류(交叉流, cross-flow) 구조에 대해 2 차원 혼합모델을 개발하였다. 정사각형 및 직사각형 유로를 갖는 단일 셀에 대해 유로 벽의 온도가 일정하고 가스 상(相)의 구성성분은 균일하다고 가정하였다. Ahmed 등[4]은 다른 모델을 개발하였다. 이 모델은 공기극, 전해질, 연료극과 인터커넥터가 번갈아 가면서 층을 이룬 교차류 구조의 단체(單體, monolithic) SOFC에서 전기화학적 및 열적 수력학(水力學)을 시뮬레이션하기 위한 것이었다. 평균 열적 조건과 구성성분 조건에서 가스와 고체표면 사이의 대류열전달에 대해 직각형 유로의 등가직경에 기초한 3.0의 Nusselt 수(數)($=hd/k$)가 사용되었다. 이 모델에서, 생성된 열은 전해질에서 방출되며 유로에서의 압력강하는 완전히 발달된(fully developed) 층류(laminar flow)로 가정하였다.

Bernier 등[5]은 전위, 온도 및 화학물질 농도의 국소적인 분포를 구하기 위해 3 차원 수학적 모델을 제안했다. 가스유로에서 유로벽으로부터 다른 부분으로 열이 전달되는 것은 주로 대류성 및 전도성 열유속(thermal flux)에 의해서이다.

평판형 단일 SOFC에 대한 준 3차원(quasi three dimensional) 시뮬레이션에 있어서 질량과 에너지 및 운동량에 대한 모든 보존방정식의 해를 동시에 구하기 위해 Melhus & Ratkje[6]는 컴퓨터 프로그램을 개발하였다. 공기극에서의 O_2 질량의 감소는 연료극에서 H_2O로 되찾아지기 때문에 질량의 평형이 성립한다고 가정하였다. 가스유동 분포에 대해서는 Boersma & Sammes[7]가 모델을 개발하여 연료전지 시스템의 높이 방향을 따라 불균일한 가스유동 분포를 시뮬레이션하였다.

연료극 지지 구조의 경우, 다공질 연료극은 보통 1.5~2 mm의 두께를 가지고 있어 구성요소 중 가장 두꺼우며 전극을 지지하는 구조로 되어 있다[8, 11]. 반면에 얇은 전해질층(~ 10 μm)은 전극의 표면에 부착되어 있다. 유로에서 전기화학적 반응이 일어나는 연료극/전해질 경계면까지 연료가스에 대한 수송통로길이가 최소한 다공질 연료극의 두께와 같다. 연료가스의 수송비율은 다공질층의 미세구조(예를 들면 기공의 크기, 투과율, 기공률), 유로와 다공질층 사이의 압력구배, 가스성분 등에 의해 조절된다. SOFC의 전체 성능에 영향을 미치는 다양한 분극이나 손실(저항, 활성화 및 농도)이 있다. 이와 같은 구조로 인한 주요한 손실 가운데 하나는 다공질 연료극의 크기가 유로의 크기보다 더 클 수 있기 때문에 다공질 연료극을 통한 가스물질의 수송이 제한됨으로써 농도분극이 증가한다는 것이다[8].

2.2.2.2 PEMFC 모델링

수소이온교환막 연료전지(PEMFC) 시스템은 상대적으로 단순한 설계와 운전, 저가의 재질 그리고 저온에서 자기기동이 가능하다는 장점이 있다. 그러나 물 관리는 PEMFC에서 결정적인 문제이다. 즉 적절한 이온전도성을 가지기 위해서 막은 높은 함수량을 유지해야 한다. PEMFC를 운전하는 동안 물분자는 전기삼투에 의해 막을 통해 연료극 유로에서 공기극 유로로 이동한다. 이러한 물의 수송비율이 역확산비율보다 더 크다면, 연료극 가스는 완전히 건조하게 되고 막은 탈수되므로 저항이 너무 커서 전류가 흐를 수 없게 된다. 반면에 전술한대로 물이 연료극 유로에서 수송되거나 촉매표면에서 H^+/O_2의 전기화학적 반응에 의해 물이 생성[12]됨으로써 물의 제거비율이 최대수송률보다 낮으면 공기극에서 물이 범람(flooding)된다. 따라서 연료극으로부터의 물의 수송으로 인한 손실을 보상하기 위해 충분한 양의 물이 연료극 유로로 공급되어야 한다. 또한 활성촉매 표면상에서 반응을 유지시키기 위해 공기극 유로에서 물이 충분한 비율로 제거되어야 한다.

PEMFC에서 해결해야 될 또 다른 문제는 열관리이다. 과도한 운전온도와 막의 건조를 방지하기 위해, 전기화학적 반응에 의해 발생된 열을 적절하게 제거해야 한다. 셀에서의 전기화학적 반응 뿐만 아니라 물과 가스물질의 수송에 대한 영향

때문에 열관리는 연료전지의 성능에 큰 영향을 미친다. 다른 종류의 연료전지와 달리 유일하게 PEMFC만 열과 물의 관리를 고려해야 한다.

가습방법을 달리하거나(액체 물/수증기의 주입) 운전조건을 다르게 하고[13-17] 연료극에서 물을 제거하는 등[18] 다양한 물과 열 관리시스템이 효과적이라고 주장되어 왔다. 대부분의 모델은 1차원 또는 2차원 모델로서 등온이라는 가정에 의해 해석이 제한되어 있으며, 또한 전극 내부에서 중요하게 다루어야 할 가스압력강하를 무시하고 있음을 주의해야 한다. 그러나 이러한 연구들은 완전한 3차원 모델[19-20], 그 중에서도 연료전지의 전체 성능에 미치는 열전달 효과를 다룬 것[20]과 같은 다차원 및 다중가스성분 모델을 구하기 위한 기본틀을 제시하였다. 더욱 최근에는 열의 발생/전달 및 압력강하를 고려한 2 상(相) 물유동을 규명하는 연구들[21-25]도 시작되었다.

2.2.2.3 연료전지 모델링과 관련된 다른 과정들

연료전지에서 가스상태의 반응물질이 공기극과 연료극에서 흐르고 있으며, 전해질쪽의 다공질 경계면을 따라 유체가 주입되고 배출된다. 그러나 그러한 과정들은 다공질 벽의 유로 내에서 열유속이 일정하다는 경계조건을 갖는 유동으로써 보통 시뮬레이션된다. 열전달과 압력분포가 크게 영향을 미치기 때문에, 다공질 벽에서 물질이 전달되는 유로 내부의 유체유동과 열전달은 과거 수 십년간 매우 많은 관심을 끌었다[26, 28]. Hwang 등[26]은 $-20.0 < Re_m < 20.0$의 범위에서 정방형의 유로 내의 유동과 열전달을 시뮬레이션하였으며, 이때 경계조건은 하나의 다공질 벽은 열유속이 일정하며 다른 3 개의 벽은 단열되어 있고 가스가 침투하지 않는다고 가정하였다.

유로에 다공질 재질이 존재하면 열역학을 더욱 잘 이해해야 한다. Darcy 모델은 특정한 응용분야에서 단순함과 상당한 정확성을 가지고 있기 때문에 다공질 재질에서의 가스유동과 열전달에 대한 대부분의 연구에 Darcy 모델이 사용되어 왔다. 그러나 Darcy 모델은 몇 가지 제한점이 있으며, 좁은 틈새의(interstitial) 유체속도(즉 다공질 물질의 기공을 통한 흐름)가 작지 않을 때 관성의 힘을 고려해야 한다[29]는 점이 알려졌다. 열전달은 Darcy 수(數)와 열전도율(다공질 재질과 유체 사이의 열전도도)에 의해 크게 영향을 받을 수 있다고 보고된 바 있다[30]. 다공질 재질과 가스유로 사이의 여러 가지 계면조건은 문헌 [31]에서 가스유동과 열전달에 대해 자세히 분석되었다. 어느 정도의 가스가 비정상적으로 다공질층으로 통과하므로, 남아 있는 가스는 유량이 감소한 상태에서 출구쪽으로 흐른다는 것이 알려졌다. 그러한 유로에서의 정압(static pressure)은 다음과 같은 이

유 때문에 주 유동(main flow stream)을 따라 변화한다.

가스흐름과 유로 내부표면 사이의 마찰 때문에 압력손실이 발생하고, 유로와 다공질층 사이의 경계면을 물질이 통과한다는 것은 질량과 운동량이 다공질층으로 또는 다공질층에서 전달된다는 것을 의미한다.

2.2.2.4 또 다른 해결 사항

앞서 언급한 대로 SOFC와 PEMFC에 대한 다양한 모델이 개발되고 개선되었다. 그러나 모델을 개선하는데 장애가 되는 것은 무엇보다도 재질에 대한 데이터를 공개된 문헌에서 얻을 수 있는 것이 여전히 제한되어 있다는 것이다. 최소한, 온도와 농도에 따른 전기적 저항과 전기화학적 활성화에너지는 물론이고 다공질 재질의 확산특성이 모델 개발에 필수적이다. 모델 개발에 장애가 되는 또다른 결정적인 요소는 모델을 검증하는데 사용될 수 있는 실험자료가 부족한 것이다.

3 SOFC와 PEMFC의 주요 과정

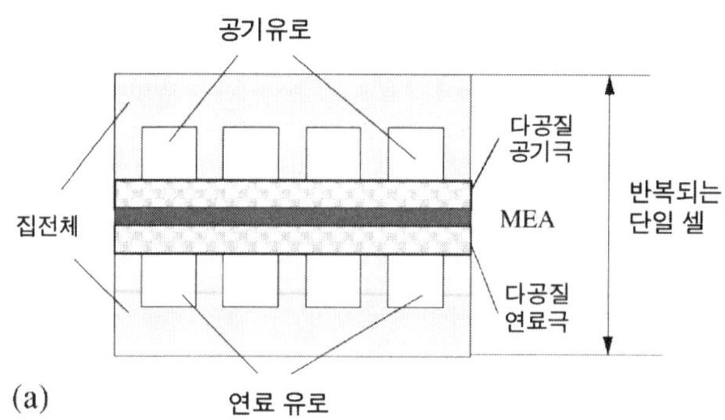

(a)

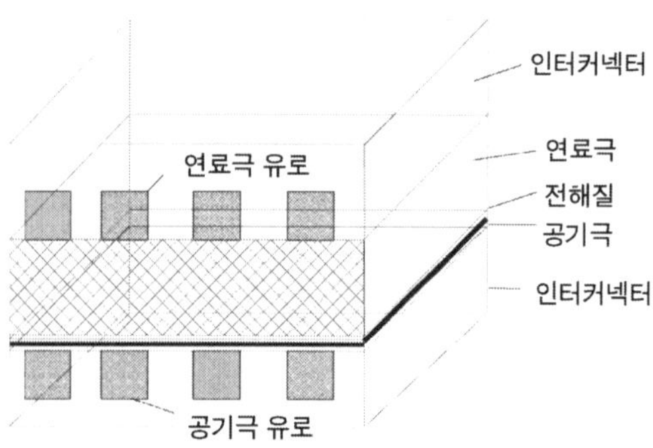

(b)

그림 1. 단위셀의 개략도 (a) PEMFC (b) SOFC

연료전지 특성을 결정하는 주요 과정은 SOFC와 PEMFC가 유사하다. 이 과정들은 물질수송, 전기화학적 반응, 전자 및 이온 수송, 열전달 및 그 분포이다. 그림 1은 연료전지(이 경우는 PEMFC)의 단일셀 구조를 보여준다. 그림에서 연료와 산화가스 유로, 전해질(PEMFC의 고분자전해질막), 연료극 및 공기극 확산층, 그리고 그 사이에 있는 촉매층, 그리고 전류 인터커넥터 등의 다양한 구성요소가 표시되어 있다.

3.1 가스수송

연료전지 스택에서, 가스 수송과정은 다음과 같이 이루어져 있다.

- 전기화학적 반응이 발생하지 않는 가스 매니폴드를 통해 연료와 산화가스가 분리되어 흐른다.
- 활성표면쪽으로 반응물이 흡수되고 또는 활성표면에서 생성물질이 주입되는 셀유로를 따라 연료와 산화가스가 흐른다.
- 다공질층(전극)에서, 촉매층(PEMFC의 경우) 또는 활성표면(SOFC의 경우)으로 반응가스가 수송되고, 배기가스는 기공을 통해 셀의 유로로 배출된다
- 각 셀에서 나온 배기가스는 가스출구 매니폴드를 통해 배출된다.

연료전지의 유로와 매니폴드는 반응표면에 적절한 가스유량과 균일한 유동을 갖도록 설계되어야 한다. 이때 중요한 문제는 펌프나 압축기를 동작시키는데 필요한 기생전력을 줄일 수 있도록 압력손실이 가능한 한 작아야 한다. 따라서 대부분의 연료전지에서는 유로와 매니폴드에서의 속도 및 단면적을 작게 할 수 있는 층류(larminar flow) 체제(regime)가 효과적이다[33]. 반응물(연료와 산화세)의 적절한 유량은 화학반응 요구량, 적절한 열 및 물 관리, 연료개질반응(SOFC) 등과 같은 다양한 요소에 의해 결정된다. PEMFC의 경우 물관리는 막의 건조와 공기극의 물의 범람을 피하기 위한 중요한 문제이다. 이 문제를 다루기 위해 과도한 물의 생성을 줄이도록 산화제의 유량을 증가시킬 수도 있다.

3.2 전기화학적 반응

SOFC와 PEMFC의 경우 활성표면에서 각각 식 (1)과 (2)로 주어지는 전기화학적 반응이 일어난다. 그리고 전체 셀 반응은 식 (3)에 주어져 있다. 전기화학적 반응이 가스질량의 평형에 미치는 영향은 활성영역에서 반응물의 흡수와 생성물

의 발생으로써 질량유량 $J(\mathrm{kg/m^2s})$의 항으로 나타낼 수 있다. 질량유량은 국소적인 전류밀도 $I(\mathrm{A/m^2})$와 관계 있으며, 순수 수소가 연료로 사용되면 다음과 같은 식이 성립한다.

- SOFC 연료극

$$J_{H_2} = -\frac{I}{2F}M_{H_2} \tag{5}$$

$$J_{H_2O} = \frac{I}{2F}M_{H_2O} \tag{6}$$

- PEMFC 연료극

$$J_{H_2} = -\frac{I}{2F}M_{H_2} \tag{7}$$

$$J_{H_2O} = -\frac{\alpha}{F}\, I \cdot M_{H_2O} \tag{8}$$

- SOFC 공기극

$$J_{O_2} = -\frac{I}{4F}M_{O_2} \tag{9}$$

- PEMFC 공기극

$$J_{O_2} = -\frac{I}{4F}M_{O_2} \tag{10}$$

$$J_{H_2O} = \frac{1+2\alpha}{2F}\, I \cdot M_{H_2O} \tag{11}$$

위 식에서 PEMFC의 경우 α는 순 물수송(net water transport) 계수로서, 전기삼투와 물농도 차이로 인한 역확산, 그리고 막 양쪽의 압력차로 인한 수력학적 투과 등에 의해 막을 통해 수송되는 물의 순수한 양을 나타낸다. 어떤 문헌에서는 다른 기호를 사용하기도 한다. 위 식에서 음의 부호(−)는 가스소모를 나타내며 양의 부호(+)는 가스발생을 나타냄을 주의해야 한다.

3.3 열전달

앞서 언급한 대로, 열전달 과정은 고체표면과 가스흐름 사이의 대류열전달, 고체와 다공질 구조 사이의 전도성 열전달 등과 같이 다양한 형태로 존재한다. 또한 전기화학적 반응 및 셀 손실과 연관되어 활성표면에서 열이 발생한다. 활성표면에서의 열발생량 q_b는 다음과 같이 나타낼 수 있다[20].

$$q_b = -\frac{I}{2f}\Delta H_{H_2O} M_{H_2O} - I \bullet V_{cell} \quad (12)$$

여기서 ΔH는 물 생성에 대한 엔탈피 변화이다. 위 식의 오른쪽 첫 번째 항은 물 생성 시에 방출된 열에너지의 양을 나타내고, 두 번째 항은 전기화학적 반응에 의해 발생된 전류밀도를 나타낸다. 전류밀도가 균일하게 분포하고 있지 않음을 고려하면 국소적인 줄가열 때문에 총 국소 열발생량이 정의되어야 한다.

3.4 전극(다공질층)에서의 다양한 수송과정

연료전지의 전극은 활성표면을 최대로 확보하고 생성물을 유로로 주입하기 위해 보통 다공질로 이루어져 있다. 이 장의 후반부에서 다루겠지만, 물질의 전달은 가스의 확산과 대류에 의해 대부분 이루어진다. 이는 전극의 기공을 통해 이루어지며, 투과도와 기공률로 성능을 나타낼 수 있다. 다공질 전극에 요구되는 또 다른 특성은 다공질층의 고체 매트릭스를 통해 이온입자가 수송되기 때문에 이온전도성이 좋아야 하는 것이다. 일반적으로 전극은 각 성능이 균형을 이루고 장기적으로 안정해야 한다. PEMFC의 경우, 백금이나 백금/루테늄(ruthenium)과 같은 촉매 재료가 자주 사용되는 반면, SOFC의 경우 고온에서 활성화분극이 감소하므로 니켈과 같은 훨씬 더 값이 싼 촉매 재료를 사용한다.

3.5 연료전지 구성요소에서 나타나는 다른 과정들

연료전지의 전해질은 전기화학적 반응에 의해 생성된 이온을 하나의 전극에서 다른 전극으로 수송한다. PEMFC의 경우 수소이온이 전해질을 통해 수송되는 반면에, SOFC에서는 산소이온이 전달된다. 전해질의 두께와 내부 저항손실을 감소시키는 것은 중요한 요구특성이다. 반면에 전해질은 반응물의 교차(crossover)를 최소화하기 위해 가스(연료와 산화제)가 투과하지 않아야 한다.

셀의 인터커넥터 또는 집전체는 열전도에 의한 열전달과 집전 기능을 가지고 있다. 따라서 높은 전기적 전도성과 열 전도성이 기본적으로 요구되므로, 다음과 같은 특징을 가지고 있는 재질이 보통 사용된다. 즉, 반응물이 통과하지 않고 산화 및 환원 환경에서 화학적으로 안정해야 한다. 일반적으로 PEMFC는 매우 비싼 재료나 흑연을 기계가공하거나 금이 도금된 스테인레스 강을 재료로 사용한다.

운전 전류밀도에 대한 셀전압 특성(V-I 곡선)을 나타내는 분극특성곡선이 연료전지에 대한 성능의 표준지표이며 이 특성은 운전조건과 구성요소 설계방법에 따라 다르다는 것은 잘 알려져 있다. 운전조건은 작동온도, 연료와 산화물의 분압 및 소모율, 그리고 각 구성요소에서의 물의 농도 등이 포함된다. 반면에 설계 파라메터는 기공도, 뒤틀림, 전극 두께(농도손실), 전해질 두께(저항손실), 전극/전해질 경계면(활성화 손실) 등이 될 수 있다.

4 SOFC와 PEMFC에서의 과정과 문제

앞서 설명한 여러 가지 유사한 과정에도 불구하고 연료전지 형태에 따라 나타나는 특정한 과정과 현상들이 확실히 존재하므로 주의해서 고려해야 할 필요가 있다. 그 중에서 PEMFC는 물 관리가 해결해야 할 문제이며, 반면에 SOFC에서는 순수한 수소가 아닌 다른 연료가 사용된다면 연료극 측에서의 내부개질과 고온의 동작온도로 인해 물질수송과 열전달에 관련된 고유한 특징이 나타난다. 또 PEMFC에서는 존재하지 않는 열복사(thermal radiation)는 SOFC에서 중요한 문제이다.

4.1 PEMFCs에서의 물관리

앞서 언급한 대로 PEMFC의 고분자전해질막은 근본적으로 높은 수소이온 전도성을 유지하기 위해 가습된다. 전해질의 함수율에 영향을 미치는 요소는 일반적으로 전해질막을 통한 수분흡인(water drag)(수송되는 모든 수소이온 주위로 H_2O의 분자가 둘러싼 채로 전해질을 통해 수송된다)과, 생성된 물이 전해질을 통해 공기극에서 연료극으로 역확산되는 것의 두 수송과정이다. 전자는 문헌에서 종종 전기삼투(전기삼투) 수송이라 부르며, 후자는 전해질에서의 함수율의 구배 때문에 일어난다. 유효 전기삼투계수 α는 연료극과 공기극 사이에서 물 수송을 표시하는 중요한 파라메터로서, 전기삼투의 영향과 물의 역확산 효과를 포함하고 있다.

전해질에서의 물관리는 PEMFC에서 중요한 문제 중의 하나이다. 이는 PEMFC의 운전 중에 전기삼투 수송율이 역확산보다 높으면 연료극 가스는 건조해져 버리고, 이는 다시 전해질 막을 탈수시켜 저항이 너무 커짐으로써 전류가 흐르기 어렵게 되기 때문이다. 반면에 물은 공기극의 활성표면에서 생성되고 공기극 유로로 수송된다. 물의 제거율이 수송/생성 비율의 한계값보다 작으면 공기극에서 물이 범람하게 된다. 건조와 물의 범람은 모두 피해야 하며, 다양한 물관리 방법이 제안되었다. 이 문제에 대한 더욱 자세한 내용은 문헌[13-18]을 참고하기 바란다. 유로에서 국소적인 수증기 포화조건이 발생하면 공기극에서 수증기 응축이 일어난다는 것도 주의해야 한다. 뒤에 설명하겠지만 이 현상은 주로 연료전지가 높은 전류밀도와 낮은 운전온도로 동작하는 경우 발생한다.

그런 응축이 발생하면 수송과정은 2상 흐름이 되어 공기극 층에 물이 넘치는 것 이외에도, PEMFC의 2상 흐름에 대한 어떠한 실험 결과도 얻을 수 없기 때문에 모델링 과정은 매우 복잡하게 된다. 대신에 물의 포화, 수소이온 전도도(저항손실), 촉매에서의 물의 범람 정도(활성화손실), 그리고 다공질층의 유효확산도(농도손실) 사이의 관계를 규명하기 위한 수치적 연구에 많은 관심이 집중되어 왔다 [21, 26].

4.2 SOFC에서의 연료개질 문제

높은 운전온도 때문에 SOFC는 수소를 전기로 변환시킬 수 있을 뿐만 아니라 탄화수소 화합물을 반응연료로 개질할 수 있다. 예를 들면 메탄은 SOFC의 연료극에서 수증기개질에 의해 H_2와 CO_2로 변환될 수 있다. 이 개질과정은 연료극 표면과 매우 얇은 연료극의 다공질 니켈서멧(nickel cermet, 세라믹 금속)층 내부에서 일어난다[10]. 이것을 문헌에서는 종종 내부개질이라 부른다.

이 경우 메탄 개질반응은 다음과 같다.

$$CH_4 + H_2O \rightarrow CO + 3H_2, \qquad \Delta H = 206\ kJ/mol \tag{13a}$$

$$CO + H_2O \rightarrow CO_2 + H_2, \qquad \Delta H = -41\ kJ/mol \tag{13b}$$

식 (13b)를 보통 수성-가스 이동반응(water-gas shift reaction)이라 부른다. 전체 개질반응은 다음과 같다.

$$CH_4 + 2H_2O \rightarrow CO_2 + 4H_2 \tag{13c}$$

식 (13c)의 과정은 순수한 흡열반응이며, 반응이 전체적으로 균형을 이루기 위해 외부의 열이 필요하다. 이 열은 식 (1)과 (2)로 주어진 전기화학적 흡열반응에 의해 공급된다. 개질반응은 전기화학적 반응에 비해 빠르기 때문에, 흡열반응인 수증기개질 과정으로 인해 국소적으로 냉각이 잘 되지 않거나 열에 의한 응력으로 인해 기계적인 파손이 일어날 수 있다[10].

5 SOFC와 PEMFC에서의 수송과정에 대한 모델링 방법론

5.1 일반적인 고려사항

시뮬레이션된 연료전지 유로의 대표적인 형태가 그림 2에 나타나 있다. 이 절에서는 SOFC와 PEMFC의 유로를 분석하기 위한 방정식의 수립에 초점을 맞춘다.

대상이 된 유로는 가스유로, 다공질층(연료극/공기극), 고체의 전류 인터커넥터 또는 집전체가 포함되어 있다. 해를 구해야 하는 변수는 x, y, z 방향의 가스 수송속도, 가스물질의 농도/분포, 압력강하, 온도분포 및 대류열전달계수(Nusselt 수 Nu로 표시) 등이다. 액체 물의 포화와 그것이 전류밀도분포에 미치는 영향이 PEMFC를 대상으로 모델링된다.

물질(H_2, H_2O, O_2 등)과 운동량 및 에너지 방정식으로 구성된 지배방정식의 해를 여러 부영역(sub-domain)에 대해 구한다. 지배방정식의 소스항을 계산하기 위해 보조방정식을 사용한다. SOFC와 PEMFC에서 수송과정과 경계조건이 다를 경우를 고려하여 특정한 소스항을 부가함으로써 통일된 기본식이 제공된다.

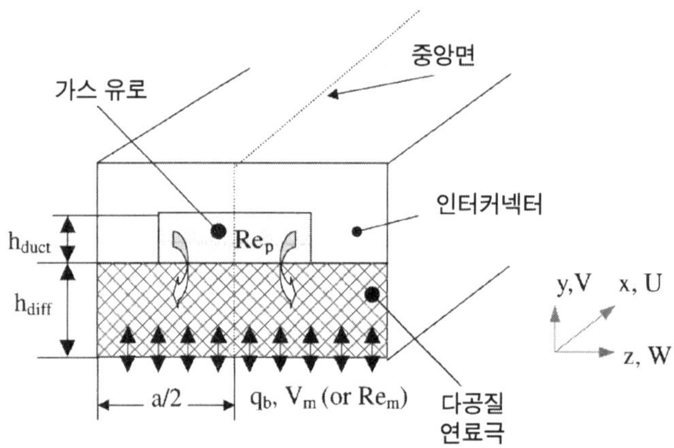

그림 2. 고려중인 복합 연료전지 유료(연료극 지지 평판형 SOFC)의 개략도

5.2 가정

비압축성 유체의 정상(steady) 층류(laminar flow)를 고려대상으로 한다. 반응물의 적절한 유량은 물의 균형과 적절한 열관리와 같은 다양한 요구특성과 관련된 몇 가지 요소에 의해 결정된다. PEMFC에서의 물관리 문제 때문에 유량을 증가시킬 수도 있으며, 이는 전극반응에 대한 화학량론비(stoichiometric ratio)라 부르는 파

라메터로 설명할 수 있다. 일반적으로 가스유로는 전기화학적 반응을 위한 다공질층을 통해 충분하고도 균일하게 분포된 물질전달을 가능하게 하면서 압력강하를 최소화하도록 설계되어야 한다. 따라서 100~1000 정도의 레이놀즈 수 Re를 가지는 층류를 대표적으로 연료전지에 적용시켜 왔다[33]. 간단히 하기 위해 다음과 같은 또 다른 가정을 적용한다.

- 물질의 입구속도와 축방향 온도분포는 균일하다고 가정하며, 입구의 레이놀즈 수는 $Re_{in}(= U_{in} D_h/v) \gg 1$로 가정한다.
- 전기화학적 반응은 전극과 전해질 사이의 경계면에서 발생한다고 가정한다. 방출된 열은 하나의 유로벽(그림 2의 바닥벽)에서 벽의 열유속 q_b로 시뮬레이션된다.
- 다공질층이 두꺼워 이를 고려할 필요가 있다면(PEMFC의 유로와 연료극지지 SOFC의 경우) 이 다공질층은 균일하며, 기공도, 투과도, 열전도도와 같은 유효 파라메터들로 나타낼 수 있으며, 다공질층에서의 유체는 고체 매트릭스와 더불어 열적 평형상태에 있다고 가정한다.
- PEMFC에서 액체 물은 가스물질 내에서 작은 물방울 형태로 나타난다. 복합유로에서의 2상 유동과 열전달을 설명하기 위해 다상(多相) 혼합모델을 사용한다. 이 모델을 사용하면 압력구배로 인한 모세관 흐름과 중력으로 인한 상변환을 고려할 때 혼합물의 유동장으로부터 각 물질상(相)의 속도를 계산할 수 있다. 간단히 하기 위해 액체의 물과 가스상(相) 물 사이의 계면전단력과 표면장력은 무시한다. 액체 물은 가스물질과 같은 압력을 가지고 있다.

5.3 지배방정식

풀어야 할 지배방정식은 연속성, 운동량, 에너지 및 물질 방정식이다. 질량 연속방정식은 다음과 같다.

$$\nabla \cdot (\rho_{eff} V) = S_m \tag{14}$$

방정식의 소스항 S_m은 활성표면적 A_{active}(그림 2의 바닥면)에서의 반응으로 인한 질량의 평형을 고려한 것이다. PEMFC의 경우 S_m은 연료극에서 수소와 물의 소모에 해당하고 공기극 측에서는 산소의 소모와 물의 발생에 해당하며, 다음과 같이 주어진다[19, 20].

$$S_m = S_{H_2} + S_{a,H_2O} = \left(-\frac{I}{2F}M_{H_2} - \frac{\alpha}{2F}I \cdot M_{H_2O}\right)\frac{A_{active}}{V} \tag{15}$$

$$S_m = S_{O_2} + S_{c,H_2O} = \left(-\frac{I}{4F}M_{O_2} - \frac{(1+2\alpha)}{2F}I \cdot M_{H_2O}\right)\frac{A_{active}}{V} \tag{16}$$

여기서 V는 활동영역에서의 검사체적(control volume)을 나타낸다.

$$\nabla \cdot (\rho_{eff}\boldsymbol{V}\,\boldsymbol{V}) = -\nabla P + \nabla \cdot (\mu_{eff}\nabla \boldsymbol{V}) + S_{di} \tag{17}$$

소스항 S_{di}가 포함됨으로써 식 (17)을 다공질층과 유로에 적용하는 것이 타당하게 된다.

$$S_{di} = -(\mu_{eff}\boldsymbol{V}/\beta) - \rho_{eff}\,B\,V_i|\boldsymbol{V}| \tag{18}$$

위 식의 오른쪽 첫 번째 항은 압력구배와 유량 사이의 선형적인 관계를 나타낸다. 두 번째 항은 관성력, 즉 압력강하와 유량 사이의 비선형적 관계를 고려한 Forchheimer 항이다. 식 (18)에서 β는 다공질층의 투과도이며, V는 가스혼합물의 체적평균 속도벡터를 나타낸다. 예를 들면, x 방향의 체적평균 속도성분 U는 ϵU_p와 같고, 이때 ε은 기공도, U_p는 기공에서의 평균속도를 나타낸다. 이 소스항은 압력구배와 Darcy 법칙에 의한 유량 사이의 선형적인 관계를 나타낸다. 식 (17)은 유로와 다공질층에 대해 일반적으로 유효하도록 수식화되었음을 유의해야 한다. 유로에서 투과도 β가 무한대이므로 소스항은 유로에서 영(zero)이다. 그러면 식 (17)은 일반적인 Navier-Stokes 방정식으로 된다. 다공질층의 경우, 소스항(식 (18))은 영이 아니므로 식 (18)에서의 영이 아닌 소스항을 가지는 운동량 방정식 식 (17)은 일반화된 Darcy 모델로 생각될 수 있다.

에너지방정식은 다음과 같이 표현될 수 있다.

$$\nabla \cdot (\rho_{eff}\boldsymbol{V}\,T) = \nabla \cdot \left(\frac{k_{eff}}{e_{peff}}\nabla T\right) + S_{wp} \tag{19}$$

여기서 S_{wp}는 PEMFC의 경우 물의 상변화(농축/기화)와 관련된 열소스이다(문헌 [20] 참조).

$$S_{wp} = J_{wl} \times h_{wl} \tag{20}$$

여기서 J_{wl}은 상변화에 의한 액체 물의 질량유속이며, h_{wl}은 물의 잠열(latent heat)이다.

물질의 보존방정식은 일반식으로 수식화된다.

$$\nabla \cdot (\rho_{eff} \boldsymbol{V} \phi) = \nabla \cdot (\rho_{eff} D_{\phi, eff} \nabla \phi) + S_\phi \tag{21}$$

여기서 ϕ는 질량분율이다. 위 식은 SOFC 연료극의 경우에는 H_2, PEMFC 공기극의 경우에는 O_2와 H_2O(기체) 및 H_2O(액체)의 질량분율에 대해 해를 구한다. 질소와 같은 불활성기체의 농도는 다른 가스의 질량분율의 합으로부터 결정된다. PEMFC의 경우 식 (21)의 소스항은 상변화에 의한 수증기와 액체 물을 포함하고 있으며, 다음과 같이 쓸 수 있다[20].

$$S_{wv} = -S_{wl} = M_{H_2O} \left(\frac{P_{w, sat} - P_{wv}}{P - P_{w, sat}} \right) \sum_i \left(\frac{mass_i}{M_i} \right) \tag{22}$$

식 (22)에서 $mass_i$는 물질의 질량이고 P_{wv}는 수증기의 분압, $P_{w, sat}$는 국소온도에서의 포화압력이며 P는 국소압력이다. 수증기의 분압이 포화압력보다 더 크면 수증기는 농축될 것이며 이에 따른 양만큼 액체 물이 형성될 것이다. 위 식의 수증기 분압 P_{wv}는 수증기의 농도와 가스혼합물의 국소압력을 기초로 하여 계산되고, 국소온도에서 포화압력 $P_{w, sat}$는 나음과 같이 계산된다[21].

$$\log_{10} P_{w,sat} = -2.179 + 0.029T - 9.183 \times 10^{-5} T^2 + 1.445 \times 10^{-7} T^3 \tag{23}$$

5.4 경계조건

가스유로의 입구에서는 유량이 일정하여 $U = U_{in}$이고, 인터커넥터(또는 집전체)와 다공질층의 입구와 출구에서는 $U = 0$이다. 다른 경계조건은 다음과 같다.

$$U = V - V_m = W = 0, \quad -k_{eff} \frac{\partial T}{\partial y} = qb,$$

$$-\rho_{eff} D_{\phi,eff} \frac{\partial \phi}{\partial y} = J_\phi \text{ 바닥면의 경우 } (y=0), \tag{24}$$

$$U = V = W = 0, \quad q = 0 (\text{or } T = T_w), \; J_\phi = 0 \tag{25}$$
상부벽면과측면벽의 경우

$$\frac{\partial U}{\partial z} = \frac{\partial V}{\partial z} = W = \frac{\partial T}{\partial z} = \frac{\partial \phi}{\partial z} = 0 \tag{26}$$
중앙면의 경우 $(z = a/2)$

위의 경계조건에 대한 모든 벽은 고체층 및 다공질층의 외부표면 상에 있다는 것을 명심해야 한다. 식 (24)에서, V_m은 전기화학적 반응(식 (1)과 (2) 참조)에 의한 벽에서의 물질전달속도이다. V_m을 구하기 위한 자세한 과정은 문헌 [35]에 주어져 있으며, 식 (14)의 소스항의 최종적인 형태는 다음과 같다.

$$S_m = \rho_{eff} \, Re_m \, \frac{v}{D_h} \, \frac{a}{A} \tag{27}$$

여기서 $Re_m = V_m D_h / v$는 전기화학적 반응에 의한 벽의 레이놀즈수이다. 다른 변수는 용어표를 참조하라. 식 (24)의 q_b는 반응에 의한 열소스로서 식 (12)로 주어진다(문헌 [20] 참조).

다공질층과 가스가 흐르는 영역 사이의 여러 가지 경계조건 중에서 속도, 전단력, 온도, 열유속, 질량분량 및 가스물질(산소와 수증기 및 액체 물)의 유속의 연속성은 유지되므로 다음 식이 성립한다.

$$U_- = U_+, \left(\mu_{eff} \frac{\partial U}{\partial y}\right)_- = \left(\mu_f \frac{\partial U}{\partial y}\right)_+ \tag{28}$$

$$T_- = T_+, \left(\mu_{eff} \frac{\partial T}{\partial y}\right)_- = \left(k_f \frac{\partial T}{\partial y}\right)_+ \tag{29}$$

$$\phi_- = \phi_+, \left(\rho_{eff} D_{\phi,eff} \frac{\partial \phi}{\partial y}\right)_- = \left(\rho_{eff} D_{\phi,eff} \frac{\partial \phi}{\partial y}\right)_+ \tag{30}$$

여기서 아래 첨자 +(plus)는 유체쪽에 대한 것을 나타내며, −(minus)는 다공질층쪽에 대한 것을 나타낸다. 또 다공질층과 고체층 사이의 경계면에서는 k_{eff} 대신에 k_s를 사용하여 열적 경계조건인 식 (29)를 적용할 수 있다.

5.5 부가적인 방정식

위 식에서 아래 첨자 'eff'는 유효한 양을 나타냄을 주의해야 한다. 유로의 경우 유효특성은 가스 구성성분에 기초한 가스혼합물의 정규값으로 줄어들거나 또는 어떤 경우에는 일정한 값으로 간주된다. 다공질층에서는 유효특성에 영향을 미치는 요소가 많으며, 예를 들면 다공질층의 마이크로 또는 나노 수준의 구조, 가스 구성성분, 국소적인 온도 등이다. 다공질층에 대해 얻을 수 있는 데이터가 제한되어 있기 때문에 현재 이에 대한 정확한 값을 얻기가 쉽지 않다. 보통 $\mu_{eff} = \mu_f$ 및 $\rho_{eff} = \rho_f$라 하면 실험데이터와 잘 일치한다고 알려져 있다. 간단히 하기 위해 여기서는 이 값을 사용한다.

다공질층의 영향을 구명하기 위해 θ라는 비(比)를 사용하여 전도도 k_{eff}와 가스확산계수 $D_{\phi, eff}$ 등의 파라메터에 대해 연구가 이루어졌다.

$$\theta_k = k_{eff}/k_f \tag{31}$$

$$\theta_D = D_{\phi, eff}/D_\phi \tag{32}$$

식 (31)에서 k_f는 다공질층에서의 가스혼합물 전도도이며, 다음과 같이 나타낼 수 있다[39].

$$k_f = \frac{1}{2} \cdot \left[\sum_i x_i \, k_{fi} + \left(\sum \frac{x_i}{k_{fi}} \right)^{-1} \right] \tag{33}$$

여기서 x_i는 몰분율, k_{fi}는 가스성분 i의 전도도이다. 식 (32)의 확산계수 D_ϕ는 가스혼합물의 각 가스성분에 대한 값이다. 예를 들면, D_{O_2}, $D_{H_2O}^{(v)}$, $D_{H_2O}^{(l)}$은 각각 산소, 수증기, 액체물에 대한 확산계수이다. 그러나 순수한 공기 내의 구성성분에 대한 2종(二種) 확산계수가 D_ϕ를 계산하기 위해 사용된다.

PEMFC의 경우 유효확산도 비는 다공질층의 기공도의 영향을 고려하기 위해 소위 Bruggemann 정정법(correction)[23, 24]을 적용하여 수정된다.

$$\theta_D = \varepsilon^{1.5} \tag{34}$$

밀도 ρ_f, 점도 ν_f와 같은 열직 물리적 특성은 국소농도의 함수로 평가됨을 명심해야 한다.

Dalton의 법칙에 따르면 가스혼합물의 상대습도는 다음과 같이 정의된다.

$$\eta = \frac{P_{wv}}{P_{w,sat}} = x_{wv}\frac{P}{P_{w,sat}} \tag{35}$$

여기서 P는 압력, P_{wv}는 수증기분압, $P_{w,sat}$는 식 (23)으로 구한 포화압력, x_{wv}는 수증기 몰분율이다. 가스혼합물에서 액체물의 체적분율을 구하기 위해 액상 포화도 s를 도입하며, 다음과 같이 쓸 수 있다[21].

$$s = \frac{\rho\phi_w - \rho\phi_{wv}}{\rho_{wl} - \rho_g\phi_{wv}} \tag{36}$$

여기서 ϕ는 질량분율, ρ_g는 가스상(相) 밀도, ρ_{wl}은 액상 밀도를 나타낸다. 2상 가스혼합물의 밀도는 다음과 같이 같이 구할 수 있다.

$$\rho = \rho_g(1-s) + \rho_{wl}s \tag{37}$$

5.6 해를 구하는 방법

SOFC와 PEMFC에 대한 보존방정식이 유사하기 때문에 식 (14), (17), (19), (21)은 다음과 같은 일반형으로 쓸 수 있다.

$$\nabla \cdot (\rho_{eff}\boldsymbol{V}\Phi) = \nabla \cdot (\Gamma_{\Phi,eff}\nabla\Phi) + S_\Phi \tag{38}$$

여기서 Φ는 어떤 종속변수를 나타내며, Γ는 확산도, S는 소스항 또는 싱크항을 나타낸다.

식 (38)에 대한 어떤 분석적 해를 구할 수 없으므로 이산적인 해를 구하기 위해 전산유체역학(computational fluid dynamics, 이하 CFD) 방법을 사용해야 한다. 이 식을 전체 검사체적에 대해 적분하면 해를 구할 수 있다. 필요할 때 마다 경계 부근의 검사체적 내에서 경계조건이 소스항으로써 포함된다. 유한요소법(finite-volume method)이 프로그램에 사용된다. 이 프로그램에 대한 좀 더 자세한 내용은 문헌 [34]를 참고하라.

식 (14)의 소스항(물질전달효과를 고려한 것)은 대부분의 영역에서 영(zero)이며, 전기화학적 반응에 의해 물질이 전달되는 경계 부근 영역(그림 2의 바닥벽)에서만 영이 아니다. CFD의 세부사항은 수정될 수 있으며, 물질전달에 의한 질량평형을 맞추기 위해 압력정정식에 소스항 S_m을 삽입한다. 복합유로의 경우 고체의 인터커넥터(또는 집전체)에서는 가스의 흐름이 없다는 것이 확실하다. 식 (17)과 (21)은 높은 점도값을 적용하여 풀 수 있으며, 에너지 식인 식(19)로부터 유도된 열전도식 만이 이 영역에서 구해진다.

수치적 방법과 프로그램의 성능을 평가하기 위해 격자수에 대한 감도, 프로그램의 성능과 타당성을 고려한 시험계산이 수행되었다. 그 결과는 문헌 [35]에 주어져 있다. 연료전지에 대한 실험데이터가 부족하기 때문에, 질량이 전달되는 순수한 유로와 다양한 두께의 다공질층을 갖는 유로에 대한 완전한 조건들을 비교함으로써 계산 프로그램의 타당성이 입증되었다.

6 결과 및 검토

제 1 절에서 유로에 비해 다공질 전극(연료극/공기극)이 매우 얇아서 무시할 수 있었던 기존 SOFC를 설계하는 경우, 마찰인자와 Nusselt 수로써 각각 나타낼 수 있는 무차원의 압력차와 대류 열전달계수가 제시된다. PEMFC와 연료극지지 SOFC 설계의 경우 다공질층이 두꺼우므로 해석시 포함되어야 한다. 다공질층에서의 가스유동과 열전달의 중요성과 유루에서의 수송과정에 대한 영향이 제시되고 논의된다. 간단히 하기 위해 열적 경계조건 TBC(thermal boundary condition)-I는 하나의 벽에서 열유속이 일정하다는 경계조건이며, 다른 세 벽에서는 온도가 일정하다는 경계조건이다. TBC-II는 하나의 벽에서 열유속이 일정하며 나머지 벽은 열적으로 차단되어 있다는 경계조건이다.

6.1 가스흐름과 열전달에 미치는 물질전달효과

전해질지지 SOFC 유로의 경우, 가스물질의 소모량과 생성량을 완전히 알 수 있는 경우 유로에 대한 전체적인 질량평형은 다음과 같다.

$$\dot{m}_{in} + \dot{m}_{in} = \dot{m}_{out} \tag{39}$$

여기서 $\dot{m}_m$은 전기화학적 반응에 의해 발생된 활성벽으로부터의 질량유량이다.

가스의 주유동에 대한 레이놀즈 수에 비해 $Re_m(= V_m D_h / v)$은 매우 작다고 가정되므로 질량전달율 $\dot{m}_m$은 다음과 같이 주어진다.

$$d\dot{m}_{in} = \rho a V_m dx \tag{40}$$

여기서 dx는 주 유동 방향의 증분이다. 질량전달(배출/주입)으로 인한 질량유량의 변화는 다음과 같이 쓸 수 있다.

$$d\dot{m} = \rho A\left(U_{bulk} + \frac{\partial U_{bulk}}{\partial x}dx\right) - \rho A U_{bulk} = \rho A \frac{\partial U_{bulk}}{\partial x}dx \tag{41}$$

식 (40)과 (41)로부터 질량유량의 변화는 다음과 같이 쓸 수 있다[35].

$$S_m = \rho \frac{\partial U_{bulk}}{\partial x} = \rho Re_m \frac{v}{D_h} \frac{a}{A} \tag{42}$$

여기서 $\partial U_{bulk} / \partial x$는 질량전달에 의한 주유동방향의 속도구배이다. 입구와 출구 사이의 전체 압력차를 나타내기 위해 압력계수 C_p 또는 유로의 가스유동의 명목마찰계수 f_{app}를 사용한다.

$$C_P = \frac{(P_{in} - P)}{(\rho U_{bulk}^2 / 2)} \tag{43a}$$

$$4f_{app} = \frac{D_h}{(\rho U_{bulk}^2 / 2)} \frac{dP}{dx} \tag{43b}$$

여기서 U_{bulk}는 주 유동의 평균속도이며, D_h는 종래의 방법으로 정의되는 수력직경(hydraulic diameter)이며, dP/dx는 주유동 방향의 압력구배이다. 체적속도는 다음과 같이 계산된다.

$$U_{bulk} = \frac{\int U dA}{\int dA} \tag{44}$$

그리고 수력직경은 다음과 같이 정의된다.

$$D_h = \frac{4A}{P^*} \tag{45}$$

A는 단면적이며, P^*는 습윤된 주변의 길이이다. 질량전달은 주 유동의 속도를 변화시키는 것이 확실하므로 유동이 완전히 발달된(fully developed) 경우조차도 국소적인 레이놀즈 수는 x와 질량유량의 함수로써 변화한다. 유체압력은 관성력과 벽의 마찰에 영향을 받는다는 것을 명심해야 한다. 예를 들어 압력 차이는 주입의 경우 증가하고, 질량전달이 없는 경우보다 더 크다. 벽의 전단응력의 효과와 전기화학적 반응에 의한 질량의 생성과 소모의 효과로 인한 운동량 유량의 변화효과가 결합된 채 포함되어 있기 때문에 명목마찰요소 f_{app}를 본 연구에서 사용한다.

질량이 전달되는 완전히 발달된 유동의 경우, Nusselt 수는 유로 내의 에너지 평형으로부터 구할 수 있다. 앞서 언급한 대로 다공질벽을 통한 질량류동은 주 유동보다 훨씬 작아서 전체 열유량 q_b'(유로의 단위 길이당)는 다음과 같이 계산될 수 있다(그림 2 참조).

$$q_b' = \rho U_{bulk} c_p A \frac{dT}{dx} - \rho c_p V_m a \left(T_{bulk} - T_w\right) \tag{46}$$

이 식은 직가 유로의 경우 다음과 같이 다시 정리할 수 있다.

$$\frac{q_b'}{T_{bulk} - T_w} \frac{D_h}{kP^*} = \frac{\rho U_{bulk} c_p A \frac{dT}{dx}}{\left(T_{bulk} - T_w\right)} \frac{D_h}{kP^*} - \rho c_p V_m a \frac{D_h}{kP^*} \tag{47}$$

좌측은 Nu에 대한 정의이며 우측의 첫 번째 부분은 질량전달이 없는 경우의 Nusselt 수의 정의이다(Nu_f).

$$N = \frac{q_b' D_h}{\left(T_{bulk} - T_w\right) kP^*} \tag{48}$$

$$N_f = \frac{\rho U_{bulk} c_p a \frac{dT}{dx}}{\left(T_{bulk} - T_w\right)} \frac{D_h}{kP^*} \tag{49}$$

여기서 벽 온도 T_w는 세 벽에서 같지만 TBC-I의 경우 네 번째 벽에서 변화한다. T_{bulk}는 단면적에서의 체적유동 평균온도로써 다음과 같이 계산된다.

$$T_{bulk} = \frac{\int T|U|\,dA}{\int |U|\,dA} \tag{50}$$

식 (47)의 두 번째 부분은 질량전달이 Nusselt 수에 미치는 영향을 나타낸다. 이 항은 다음과 같이 다시 쓸 수 있다..

$$Nu_m = -\Pr Re_m \frac{b}{P*} \tag{51}$$

식 (47)은 다음과 같이 다시 쓸 수 있다.

$$Nu/Nu_f = 1 + Nu_m/Nu_f \tag{52}$$

Nusselt 수 Nu_w는 다음과 같이 정의될 수 있다.

$$Nu_w = \frac{h_w D_h}{k} = \frac{q_w D_h}{k(T_w - T_{bulk})} \tag{53}$$

$$\overline{Nu_w} = \frac{\overline{h_w} D_h}{k} = \frac{q_w D_h}{k(\overline{T_w} - T_{bulk})} \tag{54}$$

여기서 Nu_w와 $\overline{Nu_w}$는 각각 지름방향(spanwise)의 변수와 위치 x에서 가열된 벽의 평균 Nusselt 수이다. q_w는 벽의 열유속이며 T_w와 $\overline{T_w}$는 각각 지름방향(spanwise)의 변수와 가열된 벽의 평균온도이다. 그리고 수력학적 입구영역에 대한 유동방향의 무차원 축방향 거리 x^*는 다음과 같이 정의된다.

$$x^* = x/(D_h Re) \tag{55}$$

TBC-I의 조건을 갖는 직각유로에 대해 질량전달이 마찰계수와 Nusselt 수에 미치는 영향이 그림 3에 나타나 있다. 다공질벽에서 물질을 주입하는 경우 부가적인 물질이 유로에 존재하므로 축방향속도가 증가한다. 앞서 밝혔듯이 $f_{app}Re$는 주 유동 방향의 운동량 속선(momentum flux)의 변화뿐만 아니라 압력구배와 관계가 있다.

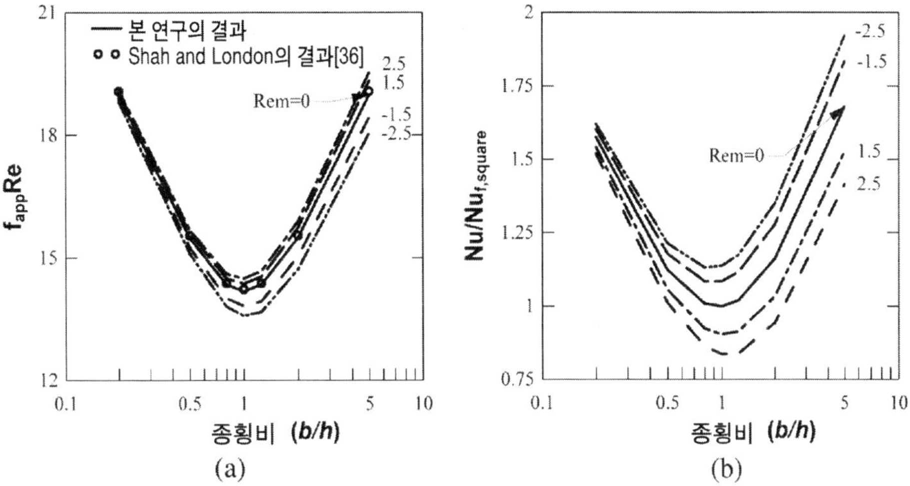

그림 3. 질량전달이 완전히 발달된 대류유동에 미치는 영향 (a) 명목마찰계수 (b) TBC-I 조건에서 직각 유로의 Nusselt 수(SOFC)

그림 3(a)에서 볼 수 있듯이 물질이 주입되는 경우($Re_m > 0$) $f_{app}Re$은 항상 증가하는 반면, 물질이 배출되는 경우($Re_m < 0$)는 항상 감소한다. 반면에 열전달의 경우 물질이 유체로 주입됨으로써 발생되는 열로 인해 유체의 온도는 증가할 것이며 반면에 물질 배출시에는 감소할 것이다. 따라서 Nu/Nu_f는 물질의 주입에 의해 감소하며 이를 그림 3에서 볼 수 있다. 종횡비가 크면 $f_{app}Re$와 Nu/Nu_f 양쪽 모두에 큰 영향을 미치며, 작은 경우는 영향이 작다. 종횡비가 약 0.1이 되면 $f_{app}Re$와 Nu/Nu_f 양쪽 모두 질량전달 없는 경우($Re_m = 0$)의 값에 접근한다. 그림은 종횡비가 1일 때, 즉 정사각형의 경우 $f_{app}Re$와 Nu/Nu_f 양쪽 모두가 최소가 됨을 보여준다. 더 자세한 것은 문헌 [35]를 참고하라.

직각 유로에서 질량전달의 유무에 관계없이 TBC-II의 경우 전개된 흐름에 대해 $f_{app}Re$와 Nu/Nu_f를 비교한 것이 그림 4에 나타나 있다. Nusselt 수가 증가하면 명목마찰인자 $f_{app}Re$는 감소한다는 것이 명백하다. 더 자세한 것은 문헌 [35, 45]를 참고하라.

6.2 수송과정에 미치는 다공질층의 영향

6.2.1 PEMFC에서의 수송과정

이 절에서는 PEMFC에 대한 다공질층에서의 가스유동과 열수송을 다룬다. 대상이 되는 유로의 형상은 [19, 20]에 있는 것과 비슷하다. 즉, 전체 유로의 크기는 10 cm × 0.20 cm × 0.16 cm ($x \times y \times z$), 가스유로는 10 cm × 0.12 cm × 0.08 cm ($x \times y \times z$)이며, 확산층은 10 cm × 0.04 cm × 0.16 cm ($x \times y \times z$)이다. 두께비 h_r(유로의 전체 높이 h에 대한 다공질층의 두께 h_{diff}의 비)는 20 %이다. 사용한 CFD에서 물질전달에 의한 질량평형을 맞추기 위해 압력정정식에 소스항 S_m이 포함되어 있다. 모델에 사용된 여러 가지 파라메터들에 대한 참고문헌과 함께 기본적인 경우로서 고려되는 조건과 파라메터가 표 1에 주어져 있다.

Table 1: PEMFC 연구에 있어 기본 경우에 대한 파라메터

경우	Parameter	값	참고문헌
연료극 입구	H_2/수증기의 몰 분율 H_2O T_{in}, ℃	0.53/0.47/80	[20]
공기극 입구	온도 T_{in}의 공기	80	[20]
운전조건	확산층의 투과도 β, m^2	2×10^{-10}	[20]
	기공도 ε	0.7	[19]
	셀전압 V_{cell}, V	0.53	[20]
	순 물수송 계수 α	0.3	[19]
	집전체의 열전도도 k, W/mK	5.7	[20]

셀의 국소적인 전류밀도 I는 소스항을 계산하는데 필수적이다. 처음에는 다공질층과 유로에서의 가스유동과 열전달이 주된 관심이므로, 촉매층에 가까운 다공질층 표면(이 경우에는 바닥표면)에서의 국소적인 전류밀도를 설정함으로써 문헌 [21]에서 사용된 방법을 채택한다. 국소적인 전류밀도가 계산되는 다음 절에서 이러한 제한이 없어짐을 알아야 한다. 구조가 비슷한 경우, 여러 가지 운전조건(평행류/대항류, 가습공기/건조공기, 막 두께와 셀 전압)을 고려하기 위해 문헌 [19]의 유로 길이를 따라 폭 평균 국소 전류밀도 프로파일이 적용된다. 이 연구에서 기본 경우의 전류밀도는 Yi & Nguyen[19]의 경우를 참조하며, 경우 1, 2, 3의 전류밀도는 각각 문헌 [19]의 1.0, 1.1, 1.2에 해당한다. 기본 경우의 전류밀도가 가장 크고, 경우 3은 전류밀도가 가장 작으며, 나머지 경우는 그 사이의 크기를 가지고 있다. 또한 여러 가지 일정 전류밀도에 대한 파라메터 연구가 이루어졌다.

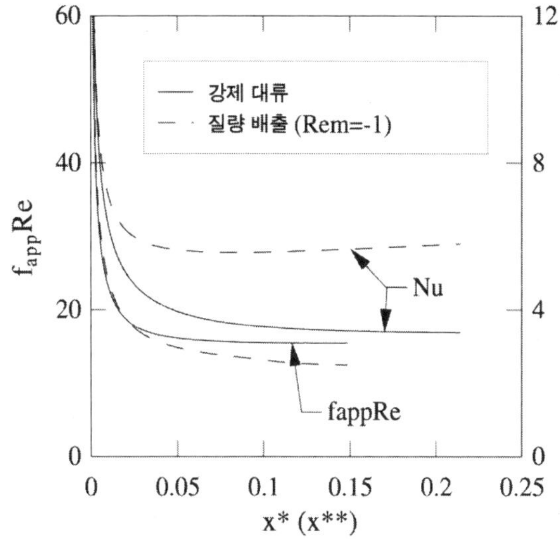

그림 4. Re=250, Re_m=-1인 TBC-II의 조건에서 직각유로(종횡비 2:1)에서의 발달 중인 유동과 열전달에 대한 $f_{app}Re$와 Nu에 미치는 질량전달의 영향

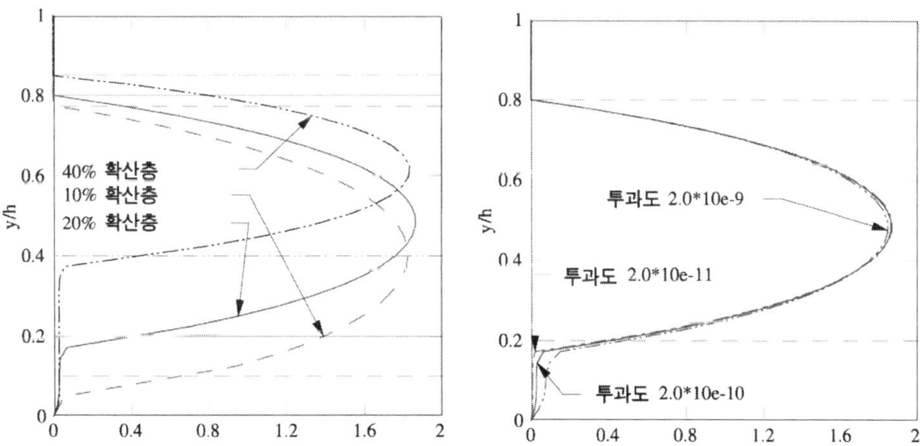

그림 5. PEMFC에서 $\theta_k(=k_{eff}/k_f)=1$에서 공기극 유로의 축방향 속도 프로파일에 대한 각 파라메터의 영향 (a) 다공질층의 두께의 영향 (b) 다공질층의 투과도의 영향

그림 5는 투과도가 고정된 경우($\beta_i = 2.0 \times 10^{-10}$) 다공질층의 두께가 (출구에 사이의) 수유동의 속도프로파일에 미치는 영향을 나타내고 있다. 가스유로와 고체

집전체의 높이는 일정하게 유지되며, 다공질층의 두께와 유로의 전체 높이를 변화시켜 두께비 h_r을 변화시킨다. 다공질층의 두께를 증가시키면 다공질층에서의 유체속도는 크게 감소한다는 것은 확실하다. 그림 5(b)는 다공질층의 두께가 유로 높이의 20 %와 같은 경우에 해당하며 투과도의 영향이 나타나 있다. 다공질층에서 유체의 유량은 확실히 작으며, 투과도가 작으면(예를 들면 $\beta_i = 2.0 \times 10^{-11}$) 크게 감소하게 된다. 그러나 가스유로의 해당 속도 프로파일은 매우 비슷해 보인다(그림 5(b) 참조).

그림 5(a)에서 확산층의 두께비가 증가하면 다공질층과 가스유로 사이의 경계영역에서 속도구배는 더욱 급격해짐을 명심하라. 그 결과 다공질층의 두께가 더 크면(즉 40 %) $f_{app}Re$는 더욱 커짐을 그림 6(a)에서 알 수 있다. 그림 6(a)에 비해 일정한 두께비에서 투과도가 $f_{app}Re$에 미치는 영향은 작으며, 이는 그림 6(b)에서 볼 수 있듯이 경계영역에서 투과도가 속도구배에 미치는 영향이 작다는 결과와 일치한다.

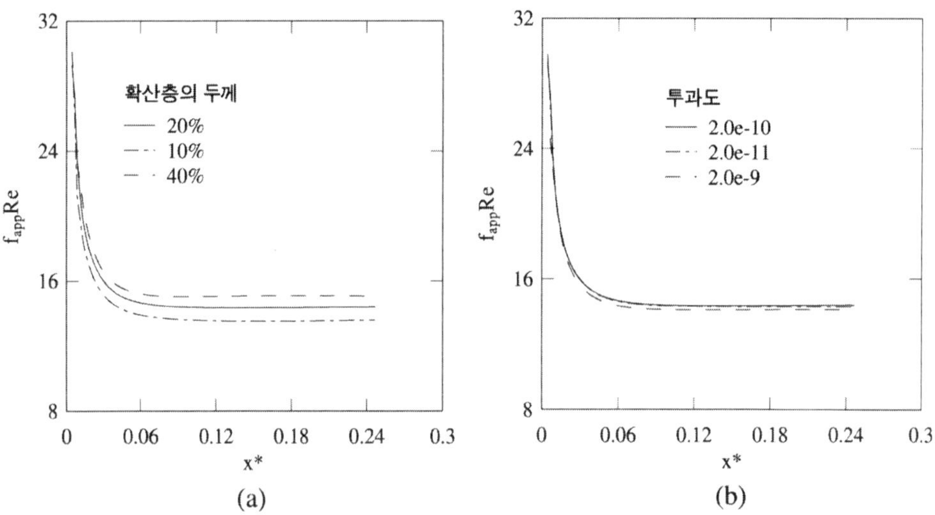

그림 6. PEMFC의 경우 O_k=1에서 공기극 유로의 $f_{app}Re$에 미치는 각 파라메터의 영향
(a) 다공질층의 두께의 영향 (b) 다공질층의 투과도의 영향

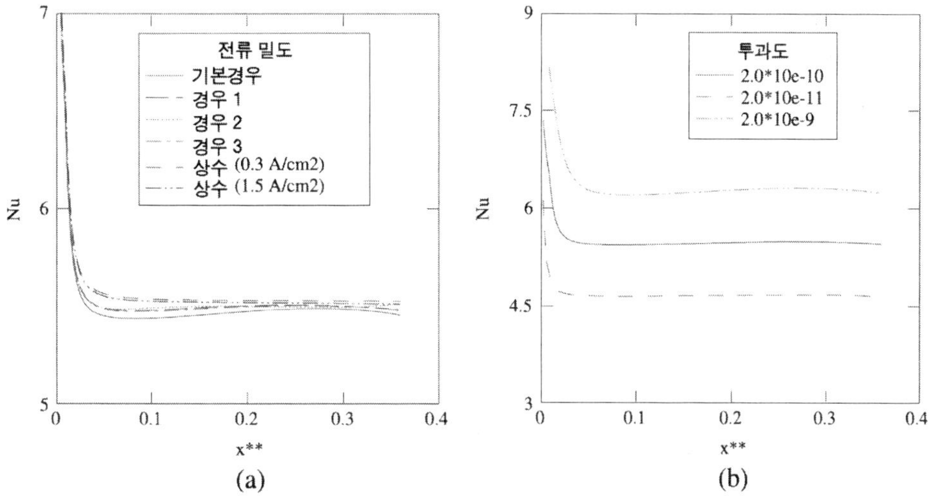

그림 7. PEMFC의 경우 Re=300, O_k=1.0, h_r=20%에서 공기극 유로의 주 유동방향의 *Nu*에 대한 각 파라메터의 영향 (a) 전류밀도의 영향 (b) 투과도의 영향

전류밀도의 크기가 단면 평균 Nu에 미치는 영향이 그림 7(a)에 나타나 있다. 이 그림에서 볼 수 있듯이 기본 경우의 Nu는 다른 경우보다 더 작다. 전류밀도가 크면(즉 기본 경우) 유로로 주입되는 순수한 질량이 커지고, 질량주입에 의해 질량에너지 및 열에너지가 유로로 유입되기 때문에 가열된 표면과 유체 사이의 온도차도 더욱 커지게 된다. 일정한 값을 갖는 총 전류밀도를 변화시킬 때의 각 파라메터에 대한 연구가 이루어졌으며, 그 결과가 그림 7(a)에 주어져 있다. 결론은 그림 7(a)에서 전류밀도가 크면(1.5 A/m^2) Nu_b가 감소하게끔 영향을 미친다는 것이다. 그림 7(b)는 전류밀도를 고정시키고(기본 경우) 투과도를 변화시킬 때의 Nu값과 공기극 유로에 대한 다공질층의 다른 파라메터들을 보여준다. 그림에서 투과도를 증가시키면($\beta_i = 2.0 \times 10^{-9}$) Nu값은 증가하고 반대의 경우는 감소한다[45]

앞서 언급한 것처럼 Darcy 모델의 한계를 수정한 많은 연구들을 문헌에서 찾아볼 수 있다. 예를 들면 미세구조상의 전단력으로 인한 마찰력을 고려한 항이 모델에 포함된 것도 있다. 이 모델을 보통 Brinkman-확장 Darcy(BD) 모델이라 부른다. 또한 유체의 관성에너지를 고려한 항을 Darcy 모델에 포함시킨 것도 있으며, 이것을 Forchheimer 항이라고 부른다[29, 40]. 식 (18)의 관성계수 *B*는 다공질물질의 마이크로한 구조나 나노 구조에 따라 크게 변화하며 그 값을 이론적으로 결정하는 것은 쉽지 않다. 예를 들어 *B*와 관련된 문헌에서 다룬 두 가지 모델이 표 2에 주어져 있다. 표에서 모델 2는 PEMFC에서 다공질물질의 마이크로 또는 나노 구조에 대한 좀 더 상세한 정보, 예를 들면 현재로서는 알 수 없는 입자의 직경 d와 같은 것을 필요로 하는 것이 분명하다. 따라서 모델 1만을 여기서 사용한다. 표 3은 모델 1에서 Forchheimer 계수 F를 결정하는 방법을 보여준다. 두 방법 모두 파라메터 변화에 대한 연구와 함께 본 연구에 포함되어져 있다.

표 2. 식 (18)의 관성계수 B

모델	관성계수	참고문헌
BFD-1	$B = \varepsilon F/(K)^{0.5}$	[29, 40, 41, 42]
BFD-2	$B = 1.75(1-\varepsilon)/(\varepsilon^3 d)$	[43]

표 3. BFD-1 모델의 Forchheimer 계수

모델	Forchheimer 계수	참고문헌
BFD-1a	$F = 1.8/(180\varepsilon^5)^{0.5}$	[29]
BFD-1b	$F = 0.143\varepsilon^{-1.5}$	[40]

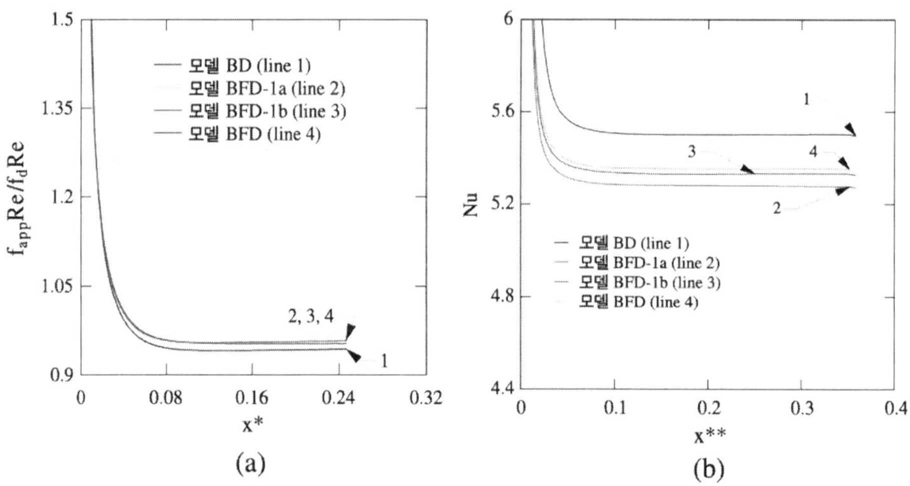

그림 8. 일반화 BD 및 BFD 모델의 의한 공기극 유로의 (a) f_{app} Re (b)*Nu*

그림 8(a)와 (b)는 여러 가지 모델에 대해 축방향 명목 마찰요소比인 $f_{app}Re/f_dRe$ (여기서 f_d는 완전히 발달된 유동인 경우의 마찰계수)와 Nusselt 수인 Nu의 변화를 보여준다. 수력학적 및 열역학적인 경계층이 전개되기 때문에 $f_{app}Re/f_dRe$

와 Nu는 모두 급격히 감소하는 것이 분명하다. 그림 8(a)와 (b)에서 보듯이 PEMFC 공기극 유로의 경우 일반화된 BFD 모델은 BD 모델에 비해 명목마찰계수 값이 더 크게, 그리고 Nu값이 더 작게 계산되고 있다. 이는 Forchheimer 항(B)으로 인한 부가적인 관성력이 다공질층을 통한 측면유동(side-flow)의 속도를 늦추고 따라서 축방향 속도와 그 구배를 증가시키기 때문이다. 유로로 물질이 유입될 때에도 비슷한 효과가 나타난다.

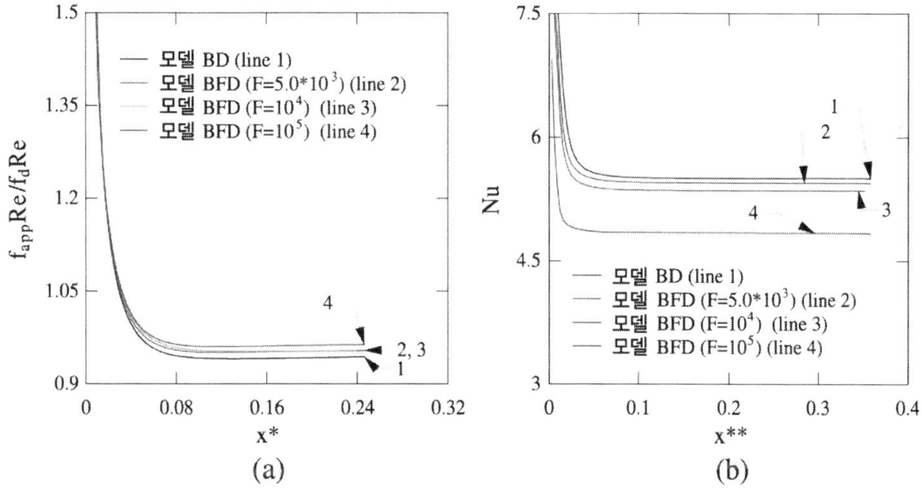

그림 9. PEMFC의 경우 일반화된 BFD 모델에 의해 예측된 공기극 유로의 (a) $f_{app}Re$ (b) Nu에 미치는 관성에너지의 영향.

반면에 다공질층으로부터 지체된 유동(retarded flow) 때문에 유도에 더 많은 열이 유입된다. BFD 모델은 Nu값의 감소에 큰 영향을 미치지만 $f_{app}Re$의 값의 증가에는 영향이 작음을 명심해야 한다. BFD-1a와 1b 모델이 Nu에 대한 비슷한 결과를 내고 있다는 것 또한 분명하며, 이 값은 그림에서 F = 104에 해당하는 값에 가깝다. 표 3으로부터 두 모델의 Forchheimer 계수 F가 이와 같은 특정한 PEMFC 경우(ε = 0.7) 104의 정도임이 입증될 수 있다[46, 47].

Forchheimer 계수 F의 항으로써 관성이 파라메터에 미치는 영향을 PEMFC의 경우를 포함하여 광범위하게 연구를 수행했다. 그 결과가 그림 9(a)와 (b)에 주어져 있다. 그림 9(a)에 관해 F를 증가시키면(BFD 모델 대 BD 모델) $f_{app}Re$를 증가시킬 수 있지만 모든 경우 $f_{app}Re$값이 비슷하므로 Forchheimer 계수 F가 $f_{app}Re$에 미치는 효과는 제한적이다. 반면에 열전달의 경우, Forchheimer 계수 F를 증가시키면 Nu가 크게 변화한다. 즉, 큰 값의 Forchheimer 계수를 갖는 관성력 때문에 다공질층에서 유로로 더 많은 가스가 흐르게 된다. 결과적으로 지체된 유동에 의해 더 많은 열이 가열된 벽으로부터 유로로 전달되며, 대류열전달 계수 Nu는 감소한다(그림 9(b) 참조).

6.2.2 SOFC에서의 수송 과정

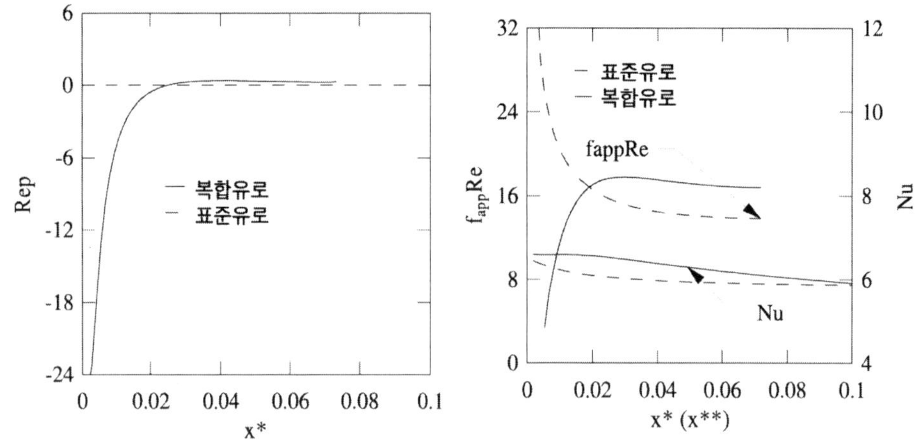

(a) (b)

그림 10. SOFC의 경우 기본 경우의 조건에서 주 유동방향에 따른 (a) 투과 Reynolds 수 Re_p (b) f_{app} Re와 *Nu*

연료극지지 SOFC의 경우, 유로는 다음과 같은 구조로 되어 있다[9]. 유로의 길이 L = 20 mm, 다공질층의 폭 a = 2 mm, 다공질층의 두께 h_p = 2 mm, 유로의 폭 b = 1 mm, 유로의 높이 h_d = 1 mm이다. 연료가스는 H_2의 몰분율이 0.80, 입구온도 T_{in} = 750 ℃인 수증기의 몰분율 0.20로 되어 있다. 또 열 전도도비 $k_r(= k_{eff} / k_f)$ = 1, 유효 동적 점도 $\mu_{eff} = \mu_f$, 기공도 ε = 0.5 및 투과도 $\beta_I = 1.7\times10^{-10}$ m^2, $Re_{in} = 100$, $Re_m = 1.0$, $D_{H_2,f} = 3\times10^{-4}$m^2/s이다.

그림 10은 투과 레이놀즈 수 Re_p, 연료극지지 SOFC 유로의 주 유동방향을 따른 마찰요소 $f_{app}Re$와 Nusselt 수 Nu를 보여주고 있다. 벽의 레이놀즈 수 Re_m (바닥 벽을 통한 물질전달의 경우)과 마찬가지로 경계면을 통과하는 가스투과의 경우 투과 레이놀즈 수는 $Re_p = V_p D_h / v$로 정의된다. 여기서 V_p는 경계면을 통한 가스의 투과로 인한 속도이다. 입구영역에서 Re_p가 음(−)의 큰 값(즉, 다공질 연료극층으로 투과)을 가진다는 것이 밝혀졌다(그림 10(a) 참조). 유로를 따라 압력구배가 감소하기 때문에 다공질층으로의 투과는 점점 작아진다. 반면에 앞서 언

급한 역투과와 함께 바닥 벽에서 전기화학적 반응에 의해 발생된 H_2O는 유로로 물질이 유입되는데 도움을 준다. 그림 10(a)에서 입구에서 Re_p가 짧은 구간 동안 감소한 뒤 작지만 양(+)(즉, 유로로 역류)의 일정한 값을 유지하는 것에 의해 이를 확인할 수 있다.

비투과벽으로 이루어진 순수 유로의 경우, $f_{app}Re$는 입구에서부터 급격히 감소하며 대류가스유동이 완전히 발달됨에 따라 감소된 값으로 일정하게 유지된다(그림 10(b) 참조). 다공질층을 갖는 연료극 유로의 경우 마찰요소 $f_{app}Re$는 입구영역에서는 작지만 입구 부근의 내부로 갈수록 증가하고, 주 유동방향을 따라 짧은 구간동안 감소한 뒤 거의 일정한 값을 유지한다. 앞서 언급한 대로 유로로부터 가스가 배출될 때와 마찬가지로 순수한 강제대류에 의한 유로에서도 마찰요소가 감소한다는 것은 확실하다.

x^*를 증가시키면 Re_p는 더욱 작아지고 $f_{app}Re$의 감소에 대한 그 영향은 그리 크지 않다. $Re_p = 0$이 되면 이 영향은 영(zero)이다. 이 위치를 벗어난 유동방향을 따라 가스유동은 다음과 같은 두 메카니즘에 의해 영향을 받을 가능성이 있다. 즉, $f_{app}Re$를 증가시키기 위한 2차 유동과 역투과, $f_{app}Re$를 감소시키기 위한 대류유동이 그것이다. 그림 10(b)에서 $f_{app}Re$는 입구영역에서부터 거의 일정하게 감소하고 있음을 확실하게 알 수 있다. 유로에서의 $f_{app}Re$의 감소와 2차 유동 및 역투과는 서로 평형을 이루고 있어 주유동에 대한 영향은 사라진다. 복합 유로의 Nu는 순수한 유로의 Nu와 유사한 특성을 가지고 있다. 그러나 다공질층으로 물질이 투과하기 때문에 복합유로에서는 Nu가 약간 더 크다는 것을 알 수 있다(그림 10(b) 참조). 이상으로부터 입구 영역과 더 아래쪽의 하부흐름에서 경계면을 통한 물질의 투과는 열전달보다는 가스유동에 더 큰 영향을 미치는 것이 확실하다.

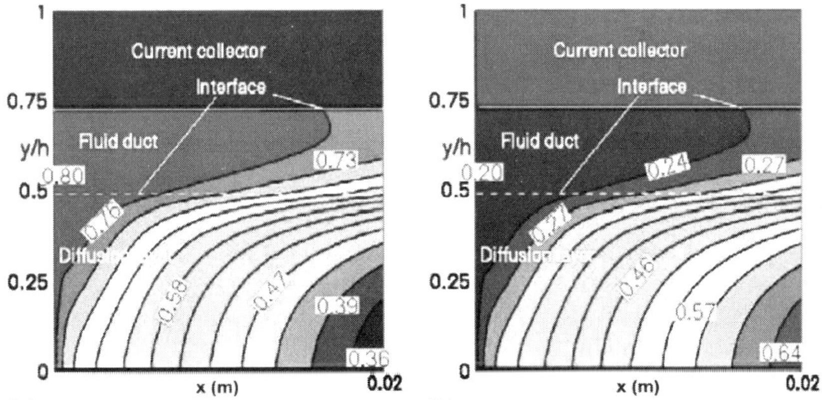

(a) (b)

그림 11. SOFC 연료극 유로의 주 유동방향을 따른 물질농도분포 (a) H_2 (b) H₂o

주 유동방향을 따른 H_2 및 H_2O의 농도 프로파일이 그림 11에 주어져 있다. 그림에서 다공질층과 유로에서의 주유동을 따라 H_2의 농도는 감소하고 H_2O의 농도는 증가함을 볼 수 있다. 이는 전기화학적 반응 동안에 H_2는 소비되고 H_2O는 생성되기 때문이다. 더욱이 활성표면에 수직인 방향으로 H_2 및 H_2O의 농도구배가 다공질층과 유로 양쪽의 경계영역에 비해 반응장소 가까이에서 더 크다[48]. 또한 활성지역(바닥면)에서 총 수소질량 유속벡터의 수직성분을 이용하여 연료극지지 SOFC의 유로의 성능을 분석했으며, 다음과 같이 쓸 수 있다.

$$\left(J_{H_{2,y}}\right)_b = \left(\rho_{eff}\, m_{H_2} V + \rho_{eff}\, m_{H_2,\, eff} \frac{\partial m_{H_2}}{\partial y}\right)_b \tag{56}$$

식 오른쪽의 첫 번째 항은 대류수송을 나타내며 두 번째 항은 확산의 영향을 나타내고 있음을 유의하라. 그림 12는 기본조건의 경우에 대해 대류와 확산에 의한 수소의 질량유속과 이 둘을 합친 총 수소질량유속을 비교한 것을 나타낸다. 그림에서 입구에서는 대류질량유속이 큰 음(−)의 값(즉, 연료물질이 반응장소로 수송된다)을 가짐을 알 수 있다. 유로를 따라 압력차가 감소하기 때문에 대류에 의한 흐름은 더욱 약해진다. 반면에 앞서 언급한 역투과와 함께 활성지역에서의 반응 때문에 발생한 물은 유로로 되돌아 흐르는 물질의 일부가 된다. 이는 작은 양의 대류유속값에 의해 확인할 수 있다. 또한 앞서 말한 대로 수소의 농도구배가 작기 때문에 수소의 확산유속은 입구영역에서는 작지만, 점점 증가하여 유로의 특정한 위치에서 최대값에 도달한다. 이는 반응에 의한 것이다. 확산유속은 출구쪽으로 갈수록 거의 일정한 값을 유지한다.

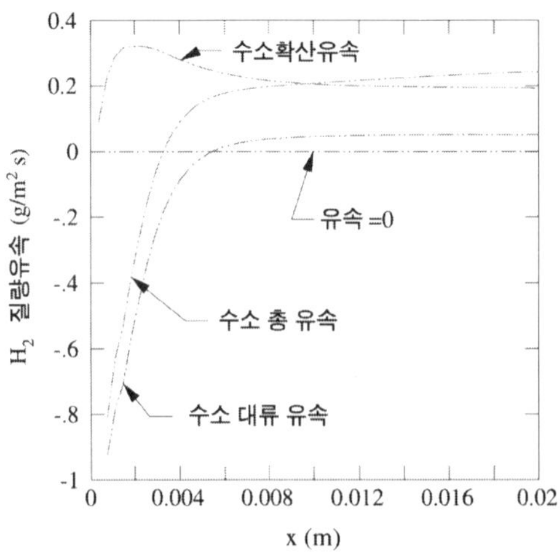

그림 12. SOFC의 경우 기본경우의 조건에 대한 활성표면에서의 다양한 모드의 수소유속

대류와 확산 유속의 절대치를 비교하면 입구영역에서는 대류가 강하지만 출구쪽에서는 확산에 의한 물질수송이 지배적이다. 이와 같은 현상이 발생하는 위치는 입구로부터 전체 길이의 약 1/6이 되는 부분까지이다. 결과적으로 그림 12에서 볼 수 있듯이 식 (56)으로부터의 총유속은 입구영역에서는 대류에 의해 제어되고 유로의 나머지 부분은 확산에 의해 제어된다.

6.3 2상 유동 및 그것이 셀 성능에 미치는 영향

앞서 언급했듯이 이 장에서 사용된 2상 유동모델의 중요한 특징은 상변화와 그것이 가스유동과 열전달에 미치는 영향을 고려하기 위해 2상 혼합물 방법을 기초로 하고 있다. 이 방법은 다중 성분의 가스혼합물에 의해 수송되는 액상의 물을 대류와 확산의 항에서 모델링하는 것이다. 상변화를 하는 물의 양은 수증기의 분압과 포화압력을 기반으로 계산된다. 2상 유동과 열전달이 국소적인 압력과 온도 및 물질의 구성성분을 얻는 것과 관련이 있다는 것을 유의할 필요가 있다. 그러므로 이 모델은 비등온(non-isothermal) 비등압(non-isobaric) 모델로 간주할 수 있다. 위에서 언급한 대로 식 (21)의 소스항은 물의 상변화에 대한 것이다. 수증기의 분압이 포화압력보다 더 크면 수증기는 액상의 물로 농축될 것이다. 따라서 물의 잠열이 방출되면서 주유동에서의 질량분율은 감소될 것이며, 분압이 국소 포화압력과 같아질 때까지 이 현상은 계속해서 발생한다. 반면에 분압이 포화압력보다 낮을 때 포화된 물이 존재한다면 증발할 것이다. 물의 상변화와 관련된 식 (22)의 소스항과 식 (20)의 관련 열 소스항은 2상의 물이 존재하는 검사체적에 해당하므로 이들이 경계조건으로 다루어지지는 않는다.

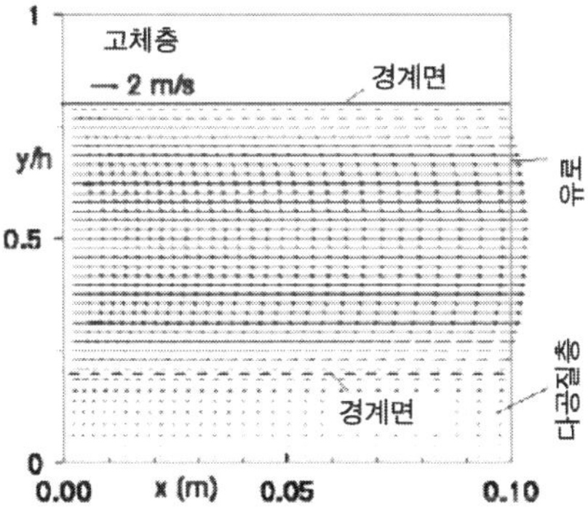

(a)

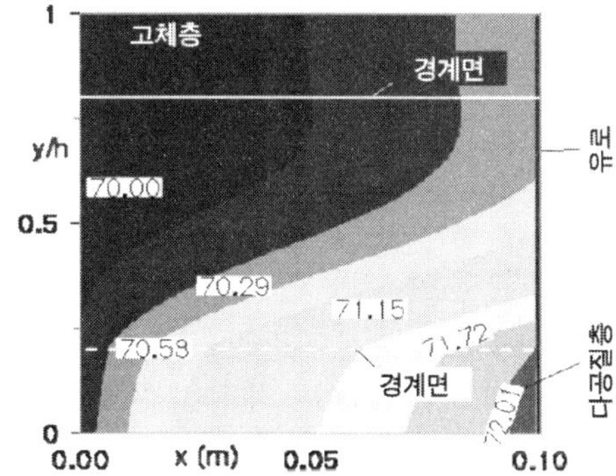

(b)

그림 13. PEMFC의 경우 복합유로의 주 유동방향을 따른 (a) 속도벡터 (b) 온도 T의 등고선

이 절에서는 PEMFC의 공기극 유로에 대해 수치 시뮬레이션의 주된 결과가 제시되고 논의된다. 그림 13(a)는 주 유동방향을 따른 속도 프로파일을 나타낸 것으로 그림의 벡터도의 배율(즉, 2 m/s)은 최대속도의 기준값이다. 그림에 나타나 있듯이 유로에서 포물선 모양의 프로파일을 명확히 볼 수 있다. 반면에 물질이 다공질층을 투과하기는 어려우므로 유로 가까이에 있는 영역을 제외하고는 다공질층에서의 속도는 매우 작다.

그림 13(b)는 온도가 주 유동방향을 따라 증가함을 보여준다. 또한 바닥 표면 가까이에서 수직방향으로 값이 약간 더 커지면서 온도분포가 변화하는 것을 볼 수 있다. 이 효과는 활성표면 가까이에서의 반응과 2상 영역에서 수증기의 농도가 증가함으로써 물이 응축될 때 방사되는 잠열로 인해 열이 발생함으로써 나타난다. 온도는 균일하지 않게 분포되어 있음을 명심하라. 국소적인 온도분포를 고려함으로써 포화압력에 대한 영향을 알 수 있으며, 이는 문헌 [49]의 저자가 가정한 등온이라는 경우와는 다르다.

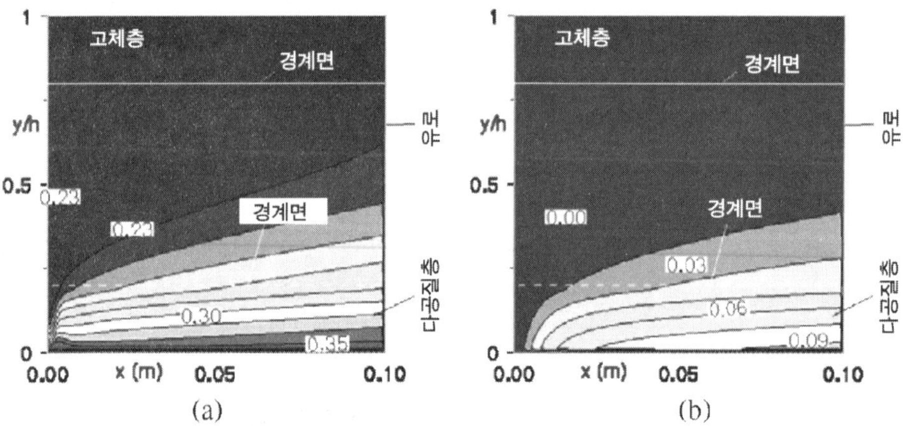

그림 14. 기본 경우 PEMFC의 공기극 유로의 주 유동방향을 따른 (a) 수증기 (b) 액상물에 대한 질량농도 프로파일

유로에서의 물의 거동이 그림 14에 나타나 있다. 입구에서 수증기의 질량농도는 23 %이며, 이는 기본조건(T_{in} = 70 ℃)에서 포화된 경우에 해당한다. 수증기는 바닥면에서 생성되며, 다공질층을 통해 유로로 다시 수송됨을 볼 수 있다. 이 때문에 바닥면에 가까운 다공질층에서 수증기의 질량분율이 더 커짐을 볼 수 있다. 따라서 수증기의 분압은 위에서 언급한 영역에서는 더 크며, 경계영역과 유로에서는 더 작다. 계산된 분압과 포화조건에 따라 액상의 물에 대한 분포를 시뮬레이션한 것이 그림 14(b)에 나타나 있다. 액상의 물이 유로와 다공질층에서 모두 나타나며, 출구 가까이에 있는 다공질층에서 질량분율이 가장 크다(10 %)는 것을 알 수 있다. 포화압력이 국소적인 온도에 비례하기 때문에 다공질층에 비해 유로에서는 포화압력이 더 작아질 것이다. 이것이 액상의 물이 아주 작은 질량분율(5 % 이하)로써 유로에 나타나게 되는 이유이다. 액상의 물이 다공질층 밖으로 배출될 수 있도록 액상 물농도의 구배는 적절하게 유지되어야 한다.

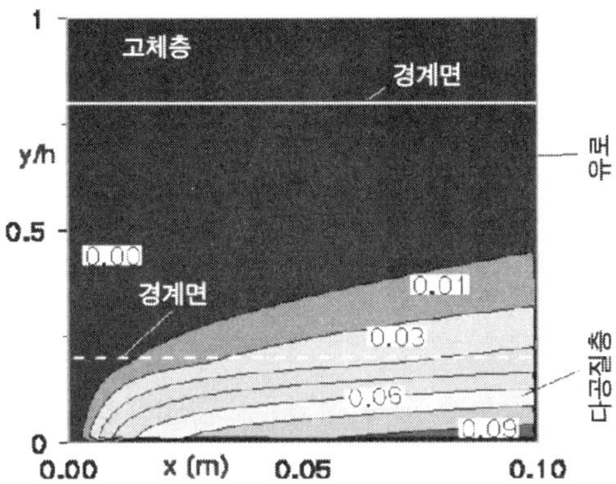

그림 15. PEMFC의 경우 기본 경우에 복합유로에서의 주 유동방향을 따른 유체포화 프로파일

그림 15는 복합유로의 주 유동방향을 따른 액상 물의 포화정도를 보여준다. 식(36)에서 볼 수 있듯이 액체의 포화는 액체에 의해 점유된 체적을 유로의 총 흐름체적으로 나누어 구할 수 있다. 단일 상의 가스유동 영역에서 액체포화 s는 영(zero)임이 분명하다. 이는 물질의 밀도가 가스 상의 밀도로 감소되고 물의 질량분율이 또한 수증기의 질량분율과 동일하기 때문이다. 단일 상의 액체가 흐르는 경우 액체포화 s는 1.0이다. 그림 15에서 볼 수 있듯이 액체포화 s는 입구영역에서 영(zero)이고 흐름방향을 따라 증가한다. 나중에 다루겠지만 액상의 물 수송으로 인해 x가 같을 때 활성장소에서 유로까지 액체포화 s는 감소한다는 것 또한 사실이다. 유로의 출구에서 활성표면 가까이에 있는 모서리에서 나타나는 최대의 s값을 갖는 다공질층에서 액상의 물은 좀 더 많은 체적을 점유하고 있으며, 반면에 입구에서 출구 쪽으로 어느 정도 거리가 멀어지면 경계영역에서 s의 값이 작아질 수 있음을 제외하고는 단일 상의 가스물질이 유로의 대부분을 차지하고 있다.

앞서 논의된 대로 액상 물의 물질구성과 포화수준은 활성표면에서 가장 큰 값을 가지고 있으므로 가스물질의 유동과 열전달에 크게 기여할 수 있을 것으로 예상된다. 이 절에서는 식 (56)에서 볼 수 있듯이 다공질층에서의 액상 물의 흐름은 활성장소에서 액상 물의 질량유속에 의해 평가된다. 양(+)의 질량유속값은 활성장소에서 다공질층을 거쳐 유로로 흐른다는 것을 명심해야 한다.

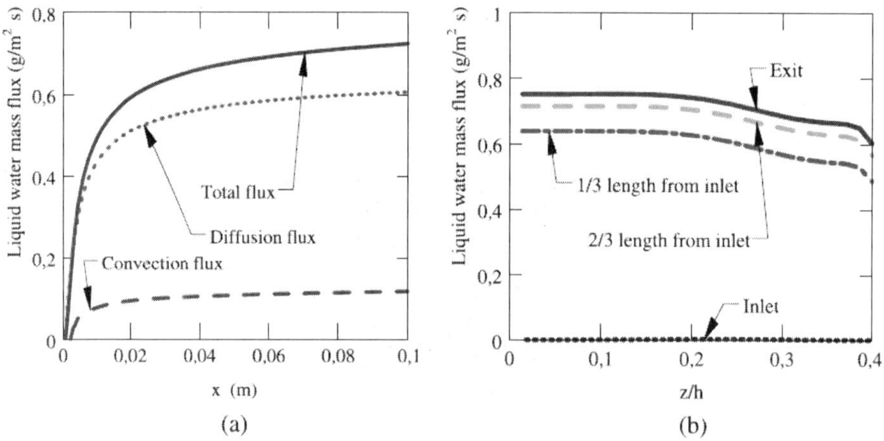

그림 16. PEMFC의 경우 기본경우에 대해 복합유로에서의 (a) 주 유동방향 (b) 단면에 대한 활성표면에서의 액상물 유속

그림 16(a)는 기본조건의 경우 대류, 확산에 의한 액상 물의 질량유속과 및 이 둘을 합한 유속값을 비교한 것을 보여준다. 그림에서 대류와 확산에 의한 질량유속 모두 입구영역에서 매우 작은 값을 가짐을 알 수 있다.

상변화 때문에 수증기가 발생되고 포화조건에 도달하면 액상의 물이 이 영역에서 축적될 수 있다. 액상 물의 농도와 구배는 유로를 따라 더욱 커진다. 따라서 입구에서 출구쪽으로 어느 정도의 거리가 되면 대류와 확산의 값은 더 커짐을 볼 수 있다. 그림 16(a)에서 볼 수 있듯이 포화된 물의 수송은 주로 다공질층에서 발생하는 확산에 의해 지배를 받는다. 사실 물의 총 유속에 대해 대류유속이 차지하는 비율은 약 15 % 이하로 평가된다. 따라서 식 (56)의 총 유속은 이와 같은 특정한 경우에 확산에 의해 조절된다고 말할 수 있다.

그림 16 (b)는 다양한 위치에서 단면적 당 액상 물의 총 질량유속값을 예측한 결과를 보여주며, 질량유속은 입구영역에서 영임을 알 수 있다. 유로로부터 또는 유로까지 수송거리가 긴 고체층 아래의 장소(z/h = 0.2~0.4)의 경우 액상의 물의 유동이 약한 것을 제외하고는 총 질량유속은 단면적 전체에서 거의 균일한 값을 가짐을 알 수 있다[50].

앞서 언급했듯이 국소적인 전류밀도(I)는 셀의 중요한 파라메터이며 전기화학적 반응에 의한 물질의 유입/배출 및 열생성과 관련된 소스항을 계산하는데 필수적이다. 이 절에서는 국소적인 전류밀도가 액상 물의 포화효과를 고려하여 계산되며, 다음과 같이 쓸 수 있다.

$$I = I_0 \left[\frac{(1-s)\phi_{O_2}}{\phi_{O_2, ref}} \right]_b \exp\left(-\frac{O_{2,trans} F}{RT} V_{over} \right) \tag{57}$$

여기서 I는 활성표면을 따라 Tafel 방정식에 기초한 국소적인 전류밀도, I_0는 실제의 촉매 영역 당 교환전류밀도, ϕ_{O_2}는 산소의 질량농도, $O_{2,trans}$는 산소반응에 대한 전달계수, V_{over}는 공기극의 과전압, $\phi_{O_2, ref}$는 산소반응에 대한 산소의 기준농도(즉 P = 1 atm)이다. 다른 기호는 기호표에 주어져 있다. 식 (57)의 $(1-s)$항은 반응장소의 유효표면에 미치는 액상 물의 포화효과를 나타낸다.

그림 17(a)는 활성표면 상($x-z$ 평면)에서 국소적인 전류밀도의 분포를 보여준다. 입구 부근에서는 전류밀도가 높으며 주 유동방향을 따라 점점 감소함을 알 수 있다. 이는 입구영역 부근에서는 산소가 반응장소 쪽으로 많이 전달되기 때문이며, 이때 전달은 거의 대류에 의해 이루어진다. 출구 쪽으로 갈수록 전류밀도가 감소하는 것은 확산에 의해 조절되는 산소의 수송율이 낮기 때문이다. 또한 전류밀도가 고체의 집전체 아래에 있는 모서리 영역의 단면에서 더 작은 값으로 불균일하게 분포한다는 것도 사실이다. 이는 유로에서 활성장소까지 수송거리가 더 길기 때문이다. 그림 17(b)과 관련하여 비슷한 결론이 도출될 수 있다. 즉 전류밀도는 주 유동방향으로 균일하지 않으며, 단면 상에서도 균일하지 않다. 액상 물의 포화는 식 (57)로 알 수 있듯이 불균일한 분포에 영향을 미친다는 것을 주의하라.

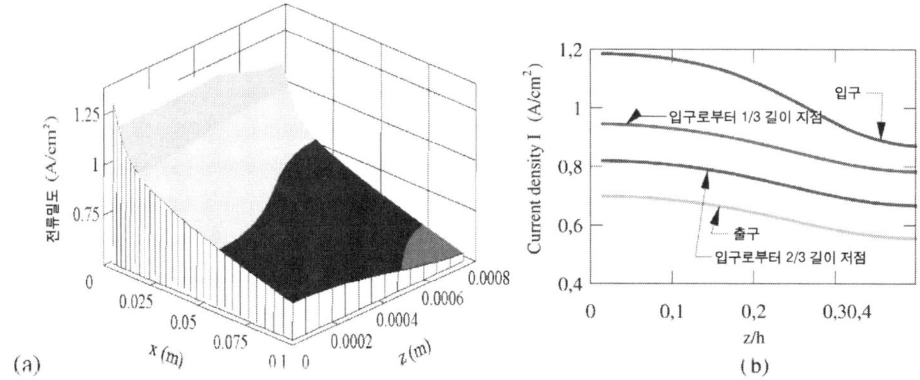

그림 17. 기본 경우에 PEMFC의 (a) 활성표면 (b) 공기극 유로의 단면에 대한 국소전류밀도 분포

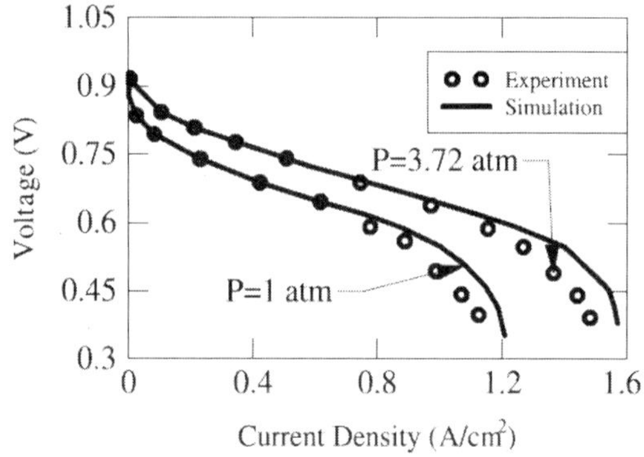

그림 18. 문헌 [52]의 PEMFC의 분극곡선 (*V-I* 곡선)에 대한 실험데이터와 계산 결과의 비교

문헌 [52]에서 제시된 3-D PEMFC 모델로부터의 시뮬레이션 결과가 다양한 파라메터를 얻기 위한 실험데이터와 비교된다. 그림 18은 연료극과 공기극 양쪽에 대해 운전 및 가습온도가 70 ℃일 때의 대표적인 $V-I$ 분극곡선을 보여준다. 그림으로부터 전류밀도가 작거나 중간값인 경우는 실험치와 예측치가 서로 일치하지만, 전류밀도가 커지면 실제와 다르며, 시뮬레이션 쪽의 결과가 값이 더 큼을 알 수 있다. 문헌 [52]에서 주장하였듯이 실험데이터의 값이 작은 것은 촉매층과 가스확산층에 액상의 물이 존재하기 때문이며, 문헌 [52]에서는 이를 무시했다.

7 결론

SOFC와 PEMFC에서의 중요한 수송과정이 유사하다는 사실을 기반으로 하여 수송과정과 열전달을 고려한 특정한 소스항을 포함시킴으로서 통일적인 CFD 방법의 틀이 개발되었다. 연료전지의 다양한 유로 형태에 대해 가스물질의 유동과 열전달에 대한 수치적 조사와 분석이 이루어졌다. 모델은 SOFC와 PEMFC에서 나타나는 열적 경계조건을 갖는 유로에 대해 모델이 개발되었다. 또한 직사각형이나 삼각형의 단면적과 같은 다른 형태의 유로가 고려되었으며, 또한 다공질층이나 유로 및 고체의 집전체를 포함한 복합적인 구조에 대한 것도 고려되었다.

전극이나 유로구조(다공질층과 같은 것)에서 전기화학적 반응과 관련된 물질의 소모/발생은 가스유동과 열전달에 중요한 영향을 미친다는 것을 알 수 있다. 더욱이 PEMFC에서 2상 흐름을 포함한 물관리 문제도 연구되었으며, 물관리가 셀 성능에 미치는 중요성을 다루었다.

감사의 글

이 연구의 재정적 지원은 스웨덴의 정지형 연료전지에 대한 국가프로그램(Swedish National Programme)에 의해 이루어졌다. 스웨덴 에너지국(Swedish Energy Agency, STEM)이 재정 후원자이고 Elforsk가 프로그램의 책임을 맡고 있다. Wenner-Gren 재단은 Faghri 교수와 Sunden 교수 사이에서 협조가 원활히 되도록 지원했다.

참고문헌

[1] Haraldsson, K. & Vipke, K., Evaluating PEM fuel cell system models. J. Power Sources, 126, pp. 88-97, 2004.

[2] FEMLAB Chemical Engineering, COMSOL documentation, 2002.

[3] Vayenas, C. G., Debenedettl, P. G., Yentekakls, I. & Hegedus, L. L., Cross flow, Solid-state electrochemical reactors: A steady-state analysis. Ind. Eng. Chem. Fundam., 24, pp. 316-324, 1985.

[4] Ahmed, S., McPheeters, C. & Kumar, R., Thermal-hydraulic model of a monolithic solid oxide fuel cell. J. Electrochemical Society, 138, pp. 2712-2718, 1991.

[5] Bernier, M., Ferguson, J. & Herbin, R., A 3-dimensional planar SOFC stack Model. Proceedings of Third European Solid Oxide Fuel Cell Forum, Nantes, France, pp. 471-480, 1998.

[6] Melhus, O. & Ratkje, S. K., A simultaneous solution of all transport processes in a solid oxide fuel cell. Denki Kagaku, 64, pp. 662-673, 1996.

[7] Boersma, R. J. & Sammes, N. M., Distribution of gas flow in internally manifolded solid oxide fuel-cell stacks. J. Power Sources, 66, pp. 41-45, 1997.

[8] Virkar, A. V., Chen, J., Tanner, C. W. & Kim, J. W., The role of electrode microstructure on activation and concentration polarizations in solid oxide fuel cells. Solid State Ionics, 131, pp. 189-198, 2000.

[9] Yakabe, H., Hishinuma, M., Uratani, M., Matsuzaki, Y. & Yasuda, I., Evaluation and modeling of performance of anode supported solid oxide fuel cell. J. Power Sources, 86, pp. 423-431, 2001.

[10] Lehnert, W., Meusinger, J. & Thom, F., Modelling of gas transport phenomena in SOFC anodes. J. Power Sources, 87, pp. 57−63, 2000.
[11] Ackmann, T., Haart, L. G. J., Lehnert, W. & Thom, F., Modelling of mass and heat transport in thick−substrate thin−electrolyte layer SOFCs. Proceedings of the 4th European Solid Oxide Fuel Cell Forum, Lucerne/Switzerland, pp. 431−438, July 2000.
[12] Yi, J. S. & Nguyen T. V., An along−the−channel model for proton exchange membrane fuel cells. J. Electrochem. Soc., 145, pp. 1149−1159, 1998.
[13] Nguyen, T. V. & White, R. E., A water and heat management model for proton exchange membrane fuel cells. J. Electrochem. Soc., 140, pp. 2178−2186, 1993.
[14] Singh, D., Lu, D. M. & Djilali, N., A two−dimensional analysis of mass transport in proton exchange membrane fuel cells. Int. J. of Eng. Sci., 37, pp. 431−432, 1999.
[15] Okada, T., Xie, G. & Meeg, M., Simulation for water management in membranes for polymer electrolyte fuel cells. Electrochem. Acta, 43, pp. 2141−2155, 1998.
[16] Kazim, A., Liu, H. T. & Forges, P., Modelling of performance of PEM fuel cells with conventional and interdigitated flow fields. J. Applied Electrochem., 29, pp. 1409−1416, 1999.
[17] Um, S., Wang, C. Y. & Chen, K. S., Computational fluid dynamics modeling of proton exchange membrane fuel cells. J. Electrochem. Soc., 147, pp. 4485−4493, 2000.
[18] Voss, H. H., Wilkinson, D. P., Pickup, P. G., Johnson, M. C. & Basura, V., Anode water removal: a water management and diagnostic technique for solid polymer fuel cells. Electrochimica Acta, 40, pp. 321−328, 1995.
[19] Dutta, S., Shimpalee, S. & Zee, J. W. V., Three−dimensional numerical simulation of straight channel PEM fuel cells. J. Appl. Electrochemistry, 30, pp. 135−146, 2000.
[20] Shimpalee, S. & Dutta, S., Numerical prediction of temperature distribution in PEM fuel cells. Num. Heat Transfer (Part A), 38, pp. 111−128, 2000.

[21] You, L. & Liu, H., A two-phase and multi-component model for the cathode of PEM fuel cells. ASME IMECE2001/HTD-24273, pp. 1-10, 2001.

[22] He, W., Yi, J. S. & Nguyen, T. V., Two-phase flow model of the cathode of PEM fuel cells using interdigitated flow fields. AIChE Journal, 46, pp. 2053-2064, 2000.

[23] Nguyen, T. V., Modeling two-phase flow in the porous electrodes of proton exchange membrane fuel cells using the interdigitated flow fields. Electrochem. Soc. Proc., 99.14, pp. 222-241, 2000.

[24] Wang, Z. H., Wang, C. Y. & Chen, K. S., Two-phase flow and transport in the air cathode of proton exchange membrane fuel cells. J. Power Sources, 94, pp. 40-50, 2001.

[25] Djilali, N. & Lu, D., Influence of heat transfer on gas and water transport in fuel cells. Int. J. Therm. Sci., 41, pp. 29-40, 2002.

[26] Hwang, G. J., Cheng, Y. C. & Ng, M. L., Developing laminar flow and heat transfer in a square duct with one-walled injection and suction. Int. J. Heat Mass Transfer, 36, pp. 2429-2440, 1993.

[27] Kinney, R. B., Fully developed frictional and heat-transfer characteristics of laminar flow in porous tubes. Int. J. Heat Mass Transfer, 11, pp. 1393-1401, 1968.

[28] Quaile, J. P. & Levy, E. K., Laminar flow in a porous tube with suction. ASME J. Heat Transfer, 97, pp. 66-71, 1975.

[29] Teng, H. & Zhao, T. S., An extension of Darcy's law to non-stokes flow in porous media. Chem. Eng. Sci., 55, pp. 2727-2735, 2000.

[30] Alkam, M. K., Al-Nimr, M. A. & Hamdan, M. O., Enhancing heat transfer in parallel-plate channels by using porous inserts. Int. J. Heat Mass Transfer, 44, pp. 931-938, 2001.

[31] Alazmi, B. & Vafai, K., Analysis of fluid flow and heat transfer interfacial conditions between a porous medium and a fluid layer. Int. J. Heat Mass Transfer, 44, pp. 1735-1749, 2001.

[32] Wang, J., Gao, Z., Gan, G. & Wu, D., Analytical solution of flow coefficients for a uniformly distributed porous channel. Chem. Eng. Journal, 84, pp. 1-6, 2001.

[33] Kee, R. J., Korada, P., Walters, K. & Pavol, M., A generalized model

of the flow distribution in channel networks of planar fuel cells. J. Power Sources, 109, pp. 148−159, 2002.
[34] Versteeg, H. K. & Malalasekera, W., An Introduction to Computational Fluid Dynamics, the Finite Volume Method, Longman Scientific & Technical: England, 1995.
[35] Yuan, J., Computational Analysis of Gas Flow and Heat Transport Phenomena in Ducts Relevant for Fuel Cells, Ph.D. Thesis, ISBN 91−628−5540−9/ISSN 0282−1990, Lund Institute of Technology, Sweden, 2003.
[36] Shah, R. K. & London, A. L., Laminar flow forced convection in ducts (Chapters VII and X). Advances in Heat Transfer, eds T. F. Irvine & J. P. Hartnett, Academic Press: New York, 1978.
[37] Comiti, J., Sabiri, N. E. & Montillet, A., Experimental characterization of flow regimes in various porous media−III: limit of darcy' s or creeping flow regime for Newtonian and purely viscous non−Newtonian fluids. Chem. Eng. Sci., 55, pp. 3057−3061, 2000.
[38] Natarajan, D. & Nguyen, T. V., A two−dimensional, two−phase, m−ulticomponent, transient model for the cathode of a proton exchange membrane fuel cell using conventional gas distributors. J. Electrochem. Soc., 148, pp. A1324−1335, 2001.
[39] Warnatz, J., Maas, U. & Dibble, R. W., Combustion−Physical and Chemical Fundamentals, Modeling and Simulation, Experiments, Pollutant Formation, Springer: Berlin, Germany, 1996.
[40] Chikh, S., Bounedien, A. & K. Bouhadef., Non−Darcian forced convection analysis in an annulus partially filled with a porous material. Num. Heat Transfer, 28, pp. 707−722, 1995.
[41] Marafie, A., & Vafai, K., Analysis of non−Darcian effects on temperature differentials in porous media. Int. J. Heat Mass Transfer, 44, pp. 4401−4411, 2001.
[42] Vafai, K. & Kim, S. J., Fluid mechanics of the interface region between a porous medium and a fluid layer − an exact solution. Int. J. Heat Fluid Flow, 11, pp. 254−256, 1990.
[43] Poulikakos, D. & Renken, K., Forced convection in a channel filled with porous medium, including the effects of flow inertial, variable

porosity, and Brinkman friction. ASME J. Heat Transfer, 109, pp. 880–888, 1987.

[44] Yuan, J., Rokni, M. & Sunden, B., Simulation of fully developed laminar heat and mass transfer in fuel cell ducts with different cross sections. Int. J. Heat Mass Transfer, 44, pp. 4047–4058, 2001.

[45] Yuan, J., Rokni, M. & Sunden, B., A numerical investigation of gas flow and heat transfer in proton exchange membrane fuel cells. Num. Heat Transfer, 44, pp. 255–280, 2003.

[46] Yuan, J., Rokni, M. & Sunden, B., Three–dimensional computational analysis of gas and heat transport phenomena in ducts relevant for anode–supported solid oxide fuel cells. Int. J. Heat Mass Transfer, 46, pp. 809–821, 2003.

[47] Yuan, J. & Sunden, B., A numerical investigation of heat transfer and gas flow in proton exchange membrane fuel cell ducts by a generalized extended Darcy model. Int. J. Green Energy, 1, pp. 47–63, 2004.

[48] Yuan, J., Rokni, M. & Sunden, B., Gas flow and heat transfer analysis for an anode duct in reduced temperature SOFCs. Fuel Cell Science, Engineering and Technology, eds R. K. Shah & S. G. Kandlikar, pp. 209–216, FUELCELL 2003–1721, ASME, 2003.

[49] Yuan, J. & Sunden, B., Two–phase flow analysis in a cathode duct of PEFCs. Electrochemica Acta, 50, pp. 677–683, 2004.

[50] Yuan, J. & Sunden, B., Numerical simulation of two–phase flow and heat transfer in a composite duct. Proc. of ASME International Mech. Eng. Cong. and R&D Expo, IMECE 2003–42228,Washington, DC, CD–ROM, 2003.

[51] Beale, S. B., Some aspects of mass transfer within the passages of fuel cells. Fuel Cell Science, Engineering and Technology, eds R. K. Shah & S. G. Kandlikar, pp. 293–300, FUELCELL2003–1721, ASME, 2003.

[52] Wang L., Husar, A., Zhou, T. & Liu, H., A parametric study of PEM fuel cell performance. Int. J. Hydrogen Energy, 28, pp. 1263–1272, 2003.

기 호

A	면적, m^2
a	다공질층의 폭, m
b	유로의 폭, m
B	미소 관성계수, 1/m
BD	Brinkman-확장 Darcy 모델
BFD	Brinkman-Forchheimer-Darcy 모델
d	다공질층의 구 직경, m
c_p	비열, J/(kg.K)
D	확산계수, m^2/s
D_h	수력직경, m
D_{hr}	직경비
f_{app}	명목마찰계수
F	Faraday 상수 (96487 C/mol) 또는 Forchheimer 계수
H	엔탈피, J/kg
h_b	열전달계수, $W/(m^2K)$
h_d	유로의 높이, m
h_p	다공질층의 두께, m
h_r	두께비 (h_p/h_d)
h_{wl}	물의 잠열, J/kg
I	전류밀도, A/m^2
J	물질의 질량유속, $kg/(m^2s)$ 또는 $kg/(m^3s)$
k	열전도도, W/(mK)
k_r	열전도도비 (k_{eff}/k_f)
M	분자량, kg/kmol
MEA	막전해질접합체
$\overline{N_b}$	직경방향 평균 Nusselt 수
$O_{2,trans}$	산소반응에 대한 전달계수
P	압력, Pa
$P*$	습윤 원주길이, m
q	열유속, $W/(m^2)$
q'	유로의 단위길이 당 열유량, (W/m)

Re	Reynolds 수 (UD_h/ν)
Re_m	벽의 Reynolds 수 ($V_m D_{h/}\nu$)
Re_p	투과 Reynolds 수 ($V_p D_{h/}\nu$)
S	소스항
s	액상물의 포화도
S_{di}	운동량 방정식에서의 소스항
T	온도, ℃
TBC-I	열적 경계조건 I
TBC-II	열적 경계조건 II
U_i	x, y, z 방향의 속도성분, m/s
V	활성지역에서의 검사체적, m^3
$\mathbf{v}$	속도벡터, m/s
V_{cell}	셀전압, V
V_m	바닥벽에서의 질량전달속도, m/s
V_p	경계면을 통한 투과속도, m/s
x, y, z	좌표축
x^*	수력학적 무차원 축방향 거리 ($x/(D_h Re)$)
x^{**}	열적 무차원 축방향 거리 (x^*/Pr)

그리스 기호

α	순 물수송계수
β_i	확산층의 투과도, m^2
ϵ	기공도
ϕ	질량분율
Φ	임의의 변수
η	상대습도, %
μ	동적 점성도, kg/(m.s)
ν	동역학적 점성도, m^2/s
ρ	밀도, kg/m^3

아래첨자

a	연료극 또는 공기
active	활성지역
av	평균
b	바닥벽
bulk	체적유체 조건
c	공기극
e	전해질
eff	유효 파라메터
f	유체 또는 연료
H_2	수소
H_2O	수증기
in	입구
m	질량전달
O_2	산소
out	출구
p	다공질층 또는 투과
s	고체층
w	벽
sat	포화
wl	액상의 물
wp	물의 상변화
wv	수증기

Chapter 5
다공질 가스확산전극에서의 2상 수송

S. Litster & N. Djilali
Institute for Integrated Energy Systems and
Department of Mechanical Engineering, University of Victoria, Canada.

개 요

전극에서 액상의 물이 축적되면 PEMFC의 성능을 심각하게 저해할 수 있다. 축적된 물로 인해 반응가스가 반응지역에 도달하는 성능이 감소된다. 이러한 현상들을 이해하는 것은 실험 시에 PEMFC 전극에서 직접 측정할 수 없기 때문에 제한적이므로 수치모델은 이러한 제한을 극복하기 위해 필수적인 도구로서 계속해서 인정받고 있다.

이 장은 PEMFC의 전극에서의 수송현상과 그러한 전극의 물리적 특성에 대해 개괄적으로 살펴본다. 고찰의 범위는 PEMFC에 대한 문헌뿐만 아니라 다양한 분야의 관련 문헌이 포함되어 있다. 구동력과 다양한 유동양식에 대해 토의함으로써 2상유동 양식에 초점을 맞춘다. 다중유체로부터 혼합물 공식화와 기공도 정정에 이르는 복잡함에 초점을 맞춘 수학적인 모델이 요약된다. 각 모델의 핵심 파라메터가 규명되고, 각 모델에 대해 연료전지 시뮬레이션에 대한 적용성, 가능성 및 제한점에 대한 평가가 주어진다. PEMFC에 사용된 다공질 전극 재질의 실험특성에 대한 필요성 또한 강조된다.

1 소개

1.1 PEMFC

고분자전해질막 연료전지(PEMFC)는 수소가 공급되어 연료극에서 산화되고 산소는 공기극에서 환원되는 전기화학적 셀이다. 수소가 산화되는 동안 방출된 수소이온은 수소이온교환막(PEM)을 통해 공기극으로 전도된다. 막은 전기적으로는 전도되지 않으므로 수소가스에서 방출된 전자는 주어진 전기적 우회로를 따라 이동하여 전류를 생성시킨다. 이 반응과 경로가 그림 1에 나타나 있다.

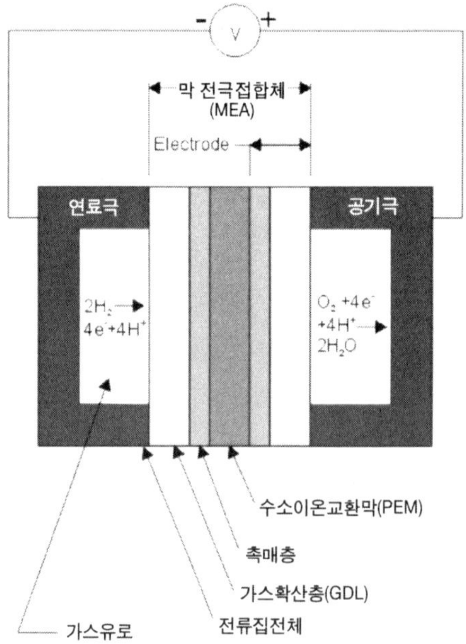

그림 1. 수소이온교환막 연료전지의 개략도

PEMFC의 핵심은 막전극집합체(Membrane electrode assembly, MEA)이다. MEA는 일반적으로 두 개의 유로판(이제부터 집전체라 부른다) 사이에 끼워져 있으며, 더 큰 전압을 얻기 위해 직렬로 셀을 적층할 때 두 유로판을 대칭적으로 배치하여 양극판(bipolar plate)를 형성한다. MEA는 수소이온교환막, 촉매층, 가스확산층(Gas diffusion layer, GDL)으로 이루어져 있다. 그림 1에서 볼 수 있듯이 전극은 막의 표면에서 가스유로와 집전체에까지 이르는 구성요소로 이루어져 있다. 좀 더 상세한 전극의 구조가 그림 2에 나타나 있다. 전극은 다음과 같은 수송과정을 위한 기본틀이 된다.

1. 반응물을 촉매층으로 수송하고 생성물을 촉매층에서 다른 곳으로 수송
2. 막과 촉매층 사이에서 수소이온의 전도
3. 가스확산층을 통해 집전체와 촉매층 사이에서 전자의 전도

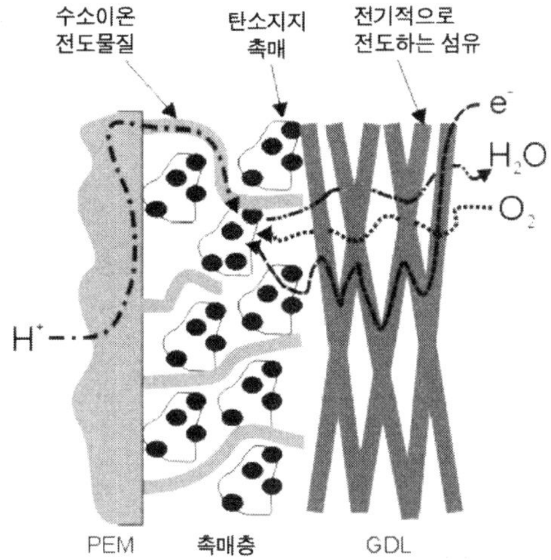

그림 2. PEMFC의 공기극에서의 가스, 수소이온, 전자의 수송

효과적인 전극은 각 수송과정의 균형을 올바르게 맞추는 것이다. 주된 관심이 되는 수송과정은 촉매층으로 산소를 효과적으로 전달하는 것과 전극에서 물을 적절히 제거하는 것이다. 물이 전극에서 너무 빨리 제거된다면 전해질의 건조로 인해 연료전지의 성능이 저하한다. 효과적으로 수소이온을 전도시키려면 막과 촉매층은 높은 습도를 유지해야 한다. 그러나 액상의 물이 전극에서 축적된다면 반응물의 수송이 감소되고 성능은 저하된다.

1.2 다공질 물질

정의에 의하면 다공질 물질은 다상(多相) 시스템이다. 다공질 물질의 고체 부분은 상(相)들 중의 하나이다. 일반적으로 다공질 물질의 고체상 역시 유체 내부에서 분산된 형태(즉 입자)로 존재하거나 또는 유체가 연속적인 고체상 내부에 존재한다. 연속적인 고체상의 경우 유체가 기공을 점유하고 있으며, 기공의 특징을 나타내는 지표는 직경이다. 반면에 고체상이 분산되어 있다면 모래층에서와 마찬가지로 입자크기가 특징지표가 된다. 많은 형태의 다공질 물질은 내부 및 외부에서 힘을 인가하면 쉽게 변형된다. 그러나 그 영향은 복잡함 때문에 보통 무시된다.

다공질 물질로 이루어진 유로는 기공 직경이나 입자 크기 이외에 두 가지 특징이 더 있다. 그것은 기공도과 뒤틀림이다. 기공도는 외부 유체가 점유할 수 있는 체적의 일부분이다. 기공도가 결정되면 고체부분에서 유체가 점유할 수 없는 부분을 무시하거나 점유부분이 정정될 수 있다. 뒤틀림은 다공질 물질에 있는 유체가 직선로로 이동할 수 없을 때 일어나는 특징적 파라메터이다. 대신에 유동체는 뒤틀린 길을 통해 이동하므로 두 지점 사이의 거리보다 더 길다. 우회 유체통로는 경로의 길이가 길어지고 농도구배가 감소되기 때문에 확산에 의한 수송을 감소시킨다.

일반적으로, 고체상은 비활성물질이라고(열전달은 제외) 여겨진다. 또한 변형도 보통 무시된다. 이로 인해 고체상 내에서 운동량이나 물질전달을 무시함으로써 모델링은 단순하게 된다. 이러한 간소화는 다공질 물질에서 왜 단일 상의 유동이 일반적으로 고려되는가를 설명하고 있다. 다공질 물질에서의 다상 유동이란 일반적으로 열린 체적(open volume)을 점유하는 두 가지 이상의 상을 갖는 다공질 고체를 말한다.

1.3 PEMFC 전극의 다공질 물질

PEMFC 전극은 두 영역의 다공질물질로 특징지을 수 있다. 그것은 가스확산층과 비교적 밀도가 높은 촉매층이다. 가스확산층은 촉매층보다 훨씬 더 두껍고 개방되어 있다. 촉매층은 수소이온 전도 아이오노머(ionomer)(대표적으로 Nafion)의 주입으로 인해 빈 공간이 매우 작은 특징이 있다. 이 대조적인 특징이 전체 MEA의 단면도를 보여주는 그림 3에 나타나 있다.

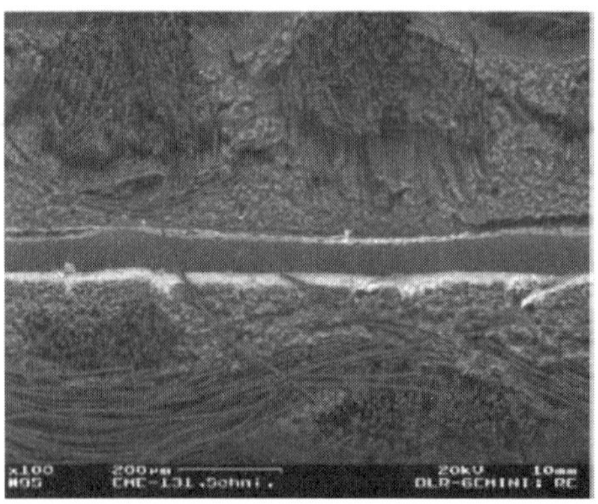

그림 3. 직조 섬유구조의 특징을 갖는 탄소천의 가스확산층을 찍은 SEM 영상. 복사권(2004)을 가진 Elsevierdml 허가에 의해 문헌 [1]에서 복사

현재 대부분의 촉매층은 막이나 가스확산층에 Nafion과 탄소지지 촉매를 포함하고 있는 잉크를 도포하여 제조된다. 촉매층이 매우 얇고($\sim 15\ \mu m$) Nafion 용액으로 도포되었기 때문에 공간적으로 동일하다고 여길 수 있다. 그러나 GDL쪽으로 좀 더 들어가면 촉매의 특성이 변화할 것으로 예상된다. 이러한 변화의 크기는 촉매층이 GDL에 도포되느냐 또는 막에 도포되느냐에 따라 달라진다. 촉매층은 일반적으로 약 5~15 %의 기공도(또는 빈 공간 부분)와 약 1 μm의 기공직경을 특징으로 한다. 보통 탄소천과 탄소종이의 두 가지 재료가 PEMFC의 가스확산층에 사용된다. 두 재료는 모두 탄소섬유로 제조된다. 그림 3에서 볼 수 있는 탄소천은 탄소섬유로 엮어서 제조된다. 또 탄소종이(그림 4 참조)는 탄소섬유를 임의로 직조하여 제조된다. 탄소천과 탄소종이는 모두 약 10 μm의 기공직경과 40~90 % 사이의 기공도를 가지고 있다. 그러나 탄소천은 보통 350~500 μm 사이의 두께를 사용가능한 반면에 탄소종이는 90 μm 이하의 두께가 사용가능하다. 또한 두 개의 가스확산층 구조는 공간의 균일성과 이방성의 정도에 따라 변화한다. 탄소천은 직조구조 때문에 거시적으로 보면 공간적으로 이질적인 반면에 탄소종이는 임의의 직조구조 때문에 공간적으로 동질이다. 더욱이 탄소천은 직조로 인해 거시적으로 3 개의 자유도를 갖는 이방성구조가 된다. 이는 탄소종이의 자유도가 2인 것과 대조를 이룬다. PEMFC 전극의 모든 다공질재질의 세 가지 형태가 표 1에 요약되어 있다.

일반적으로 가스확산층은 재질의 소수성(疏水性, hydrophobicity)을 증가시키기 위해 PTFE(Teflon) 용액으로 처리된다. 이렇게 함으로써 전극에서의 물관리에 도움이 된다. 소수성은 가스확산층의 자유표면에서 물방울이 뭉쳐지게 한다. 그러나 촉매층의 Nafion은 친수성이므로 액상의 물을 흡수하여 함유하고 있을 것이다. 따라서 생성된 액상의 물은 포화된 촉매층으로부터 가스확산층의 자유표면으로 이동한다.

그림 4. Toray의 탄소종이로 만든 GDL의 임의의 직조섬유구조를 찍은 현미경 영상

표 1: PEM 전극에서의 다공질 물질 요약

다공질 물질	공간 균일성	이방성의 차원	기공도	기공 직경	두께
촉매층	동종	등방성	5–15%	~1	~15
탄소천	이종	3-D	40–60%	~10	350–500
탄소종이	동종	2-D	40–90%	~50	100–300

(a) (b)

그림 5. Toray 탄소종이 산에 응축된 물을 찍은 ESEM 영상 (a) 시간 = t (b) 시간 = t + △t. 복사권(2003)을 가진 Elsevier의 허가에 의해 문헌 [2]에서 복사

가스확산층 내에서 응축은 오직 탄소섬유가 균열된 곳(친수성)에서만 발생한다는 것이 이론적으로 확립되었다[2]. 따라서 가스확산층을 PTFE로 처리하면 응축의 정도를 완화시킬 것이다. 연료와 산화제가스가 보통 수증기에 의해 포화되고, 따라서 물은 액상의 형태 또는 빠르게 응축되는 수증기의 형태로 생성되기 때문에 응축이 일어난다. 더욱이 수소와 산소의 고갈은 가스유동에 물이 과도하게 응축되는 결과를 낳는다.

소수성 재질에서 액체의 모든 특징이 그림 5에 나타나 있으며, 여기서 PTFE로 처리된 탄소종이에 대해 두 가지의 응축 이미지를 보여준다. 첫째는 액상의 물은 필름형태가 아니라 물방울 형태로 형성된다. 물론 시간이 지나 액상의 물이 더욱 많이 존재하면 물방울은 서로 연결되면서 좀 더 큰 덩어리의 물로 형성되어 감을 알 수 있다.

이와 같은 관찰의 목적은 가스확산전극에 사용할 수 있는 다공질물질 내에서 다상 및 다중성분 수송을 모델링할 수 있는 방법을 제시하는 것이다. 공기는 질소와 산소 및 수증기로 구성된 다중성분 혼합물이다. 이러한 모델링 방법들을 보증하는 것은 가능한 한 명백하지만 먼저 다공질 물질에서 단일 상, 단일성분 수송부터 시작한 뒤, 다중성분 흐름과 열전달을 포함하는 것까지 확장될 것이며, 그 뒤 다상시스템의 모델링을 설명하는 데까지 진행될 것이다.

2 단일 상(相) 수송

2.1 단일성분의 단일상 수송

다공질 물질에서 단일성분을 갖는 단일상(相)의 경우, 수력학적 거동을 설명하기 위해 필요한 두 개의 방정식이 있다. 이 방정식들은 질량보존과 운동량보존에 대한 것이다. 다공질 물질에서 질량보존에 대한 식은 다음과 같이 표현된다.

$$\frac{\partial(\varepsilon\rho)}{\partial t}+\nabla \cdot (\rho u)=0 \tag{1}$$

이 경우에, u는 표면의 기공도를 고려한 표면속도로서, 다음과 같은 관계를 갖는 평균간극속도(기공에서의 평균속도)이다.

$$u=u_i\varepsilon \tag{2}$$

등온시스템에서 다공질 물질 내의 단일 유체/가스물질의 수송은 압력구배 ∇P에 의해 구동된다. 다공질 물질을 연속체로서 모델링할 때 운동량 보존방정식의 일반화된 Darcy 방정식 형태를 사용하는 것이 보통 인정된다.

$$u=-\frac{k}{\mu}\nabla P, \tag{3}$$

여기서 k은 투과도이고 k/μ는 점성저항이다.

2.1.1 투과도

다공질 물질의 투과도는 열린 체적을 통해 유체가 흐를 수 있게 하는 성능을 나타낸다. 투과도는 물질과 운동량 보존법칙을 기공 크기의 모델에 적용함으로써 얻어질 수 있다. 대부분의 다공질 물질이 복잡한 기하학적 구조를 특징으로 하고 있고 이방성(anisotropic)이므로, 투과도에 대한 해는 단지 이상적인 조건에서만 구할 수 있었다. PEMFC 전극의 가스확산층에서 볼 수 있는 섬유상 물질은 구조가 매우 복잡하고 3 차원적이다. 기공 크기의 모델링을 위한 두 가지 형태는 모세관모델(capillary model)과 흡인모델(drag model)이다. 모세관모델에서는 Navier-Stokes 방정식이 직렬, 병렬 및 네트워크화된 유로에 적용된다. 투과도를 근사화시키기 위한 흡인모델은 Navier-Stokes 방정식을 대상물에 대한 유동에 적용한 것이다. 이제 투과도를 결정하기 위해 기공 수준에서 CFD를 사용한다[3, 4]. 그러나 기공 크기가 분자의 영향을 고려해야 할 정도로 충분히 작다면(기공 내부의 유동은 더 이상 연속체로 고려될 수 없다), CFD를 사용하는 것은 부정확한 방법이다. 대신에 격자-Boltzmann 모델과 같은 계산면에서 강력한 방법을 사용할 수 있다.

투과도를 결정하기 위한 다른 방법은 보통 Carman-Kozeny 이론이라 부르는 준귀납적 수력학적인 반경법(semi-heuristic hydraulic radius method)이다. 투과도에 대한 관계는 Hagen-Poiseuille 유동에 대한 방정식을 근사화된 수력학적 직경을 갖는 기공에 적용함으로써 얻어진다. 유도된 식은 다음과 같다.

$$k = \frac{d_{por}^2 \varepsilon^3}{36 k_k (1-\varepsilon)^2} \tag{4}$$

여기서 d_{por}는 특징을 나타내는 기공직경이고 k_k는 Kozeny 상수이다. Kozeny 상수는 뒤틀림 요소(압축된 층의 경우 약 2.5)를 곱한 형상요소(원형모세관의 경우 2)로부터 결정된다. 따라서 압축된 층의 투과도는 Kozeny 상수값 5를 사용하여 얻을 수 있다. 해석적/준해석적 방법에 대한 대안은 투과도값을 결정하기 위해 경험적인 데이터에 의존하는 것이다. 실험적으로 투과도를 결정하기 위한 개략적인 방법이 Biloe & Mauran[5]의 연구에 주어져 있다.

2.2 두 가지 성분을 갖는 단일상의 수송

단일 상의 다중성분 수송은 두 종류의 혼합물에서 단일물질의 보존방정식으로부터 시작할 것이다. 희석된 것으로 고려할 수 있는 두 가지 이상의 물질이 있다면, 그들의 확산은 가장 큰 농도의 물질(바탕물질)을 갖는 2종확산(二種擴散, binary diffusion)으로 근사화될 수 있다. 새로운 물질이 추가되거나 농도가 변화하면 혼합물의 점도와 밀도는 변화한다. 이러한 변화는 다양한 방법으로 설명될 수 있다.

가장 간단한 방법은 체적평균을 구하는 것이다. 그러나 Bird 등[6]은 혼합물의 점도에 대한 좀 더 이론적인 근사값을 제시하여 이 값을 운동량보존방정식에 사용했다(식 (3) 참조). 점도와 밀도가 물질의 농도에 의존한다는 것을 제외하고는 수력학적 방정식은 변화되지 않는다.

이제부터 다중성분 시스템에서의 속도와 분포를 나타내기 위해 질량유속(n_A), 질량농도(ρ_A), 질량분율(y_A) 등이 사용될 것이다. 이 변수들은 각 물질의 몰질량에 의해 대응하는 몰 값으로 변환될 수 있다. A의 질량분율은 $y_A = \rho_A/\rho$로써 농도와 관계있고 A의 질량유속은 $n_A = \rho_A/\rho$로써 A의 속도 (u_A)와 관계가 있다.

다공질 물질에서 2 종 또는 희석된 다중성분 혼합물에 대한 물질 보존방정식은 벡터형태로 다음과 같이 나타낼 수 있다.

$$\frac{\partial(\varepsilon\rho_A)}{\partial t} + (\nabla \cdot n_A) = S_A \tag{5}$$

여기서 S_A는 체적으로 나타낸 A의 소스항/싱크항이다. A의 질량유속(n_A)은 A의 질량 평균유속($\rho_A u$) 더하기 A의 상대 질량유속(j_A)으로 구할 수 있다. 여기서 u는 식 (2)로 나타내지는 표면속도라는 것을 기억해야 한다. A의 상대질량유속(j_A)은 Fickian 확산항으로써 두 번째 물질 B에서의 A의 유효확산도 (D_{AB}^{eff})와 A의 농도구배($\nabla\rho_A$)의 함수이다.

$$j_A = -D_{AB}^{eff}\nabla\rho_A \tag{6}$$

유속 \ 구동력	속도구배	온도구배	농도 및 압력구배 외부인가 힘 차이
운동량	Newton의 법칙 (점도)		
에너지		Fourier 법칙 (열전도도)	Dufour 효과 (열확산 계수)
질량		Soret 효과 (열확산 계수)	Fick의 법칙 (확산도)

그림 6. 운동량, 에너지 및 질량전달의 구동력에 대한 요약도. 각 현상과 관련된 수송계수가 나열되어 있다. 문헌 [6]에서 인용.

결과적으로 A의 질량유속(n_A)은 다음 식으로 구할 수 있다.

$$n_A = \rho_A u - D_{AB}^{eff} \nabla_{\rho A}. \tag{7}$$

식 (7)과 (5)에 A의 질량유속을 대입하면 물질 A에 대한 물질수송 방정식을 구할 수 있다.

$$\frac{\partial(\varepsilon \rho_A)}{\partial t} + \nabla \cdot (\rho_A u) = \nabla \cdot (D_{AB}^{eff} \nabla \rho_A) + S_A \tag{8}$$

그러나 고려 중인 시스템이 등온이지 않다면 이 식은 간소화된 형태일 뿐이다. 질량유속 이외에 A의 농도구배 또한 에너지 유속을 구동시킨다. 이를 Dufour 효과라 한다. A의 질량유속 또한 온도구배에 영향을 미친다. 이를 Soret 효과라 한다. 일반적으로 이 두 효과는 연료전지에서는 무시할 수 있기 때문에 여기서는 다루지 않는다. 각 유속과 구동력을 정리한 것이 그림 6에 주어져 있다.

2.2.1 다공질 물질에서의 유효확산도

다공질 물질의 기하학적인 제약을 설명하기 위해서, 열린 공간의 확산도는 기하학적인 요소를 이용하여 수정된다. Berning & Djilali[7]가 사용한 Bruggemann 정정이나 PEMFC에서 가스확산층을 모델링하기 위해 많은 연구자들은 기공도의 함수로써 다공질영역에 대한 확산도를 정정했다.

$$D^{eff} = \varepsilon^{1.5} D \tag{9}$$

그러나 많은 문헌들과 기초 연구[5, 8, 9]에서 확산도를 기공도와 뒤틀림 요소 모두의 함수로 정의했다. 뒤틀림정도는 그림 7에서 볼 수 있듯이 두 지점 간 경로에 대한 실제 경로의 길이이다.

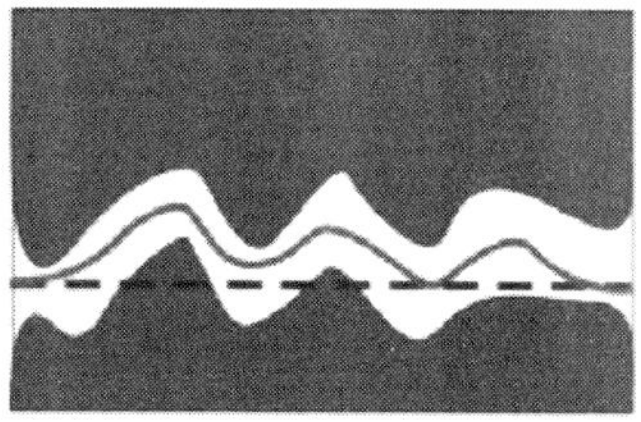

그림 7. 비틀림에 대한 개략도

뒤틀림 계수는 보통 2와 6 사이에서 변하며 10이라는 큰 값도 보고된 바 있다[10]. 유효확산도는 다음의 관계를 이용하여 구해진다.

$$D^{eff} = \frac{\varepsilon}{\tau} D \tag{10}$$

$$\tau = \left(\frac{\text{실제 경로길이}}{\text{두 지점 간의직선 경로길이}} \right)^2$$

ε/τ항을 때로 형상인자라 부른다. 기공도 ε은 물질수송에 사용할 수 있는 영역이다. 뒤틀림도로써 나타내지는 확장된 경로길이와 감소된 농도구배 때문에 뒤틀림도의 제곱이 나타난다. 이 식은 Epstein[9]에 의해 유도되었다.

Bruggemann 정정값과 두 번째 식은 뒤틀림정도가 1.5의 낮은 값을 갖는 $0.4 < \varepsilon < 0.5$의 영역에서 등가적으로 ±5%이다. 모든 다른 영역에서 상호관계 사이에는 큰 차이가 있다. 가장 널리 사용되고 인용되는 Bruggemann 정정값은 선기전도도의 분신도로부터 구할 수 있다[10]. $e^{1.5}$값은 경험적으로 결정된 인자로써 De La Rue & Tobias[10] 논문에서와 같이 특별한 경우에 나타난다. 전기전도도의 측정은 현재 뒤틀림 정도를 결정하기 위한 몇 가지 방법들 중 하나이다. 비전도성 다공질 물질이 전도성 유체로써 포화될 때 전기전도도가 측정된다. 그러나 이 방법은 전기적으로 전도성을 가지는 가스확산층에 적용될 수는 없다. 그럼에도 불구하고 형상인자는 전도도가 k_f인 유체로써 포화되는 다공질물질에 대한 유효전도도 k_e의 비로서 결정된다.

$$\frac{\varepsilon}{\tau} = \frac{k_e}{k_f} \tag{11}$$

Bruggemann 정정값을 사용하기 위해서는 $e^{1.5}$값 대신에 Bruggemann 인자 α를 사용하는 것이 더욱 적절하다. 그러면 Bruggemann 인자는 가공도 및 뒤틀림도의 함수로 나타낼 수 있다.

$$\varepsilon^{\alpha} = \frac{\varepsilon}{\tau} \qquad (12)$$

$$\alpha = \frac{\log_{10}(\varepsilon/\tau)}{\log_{10}(\varepsilon)}$$

기공도가 0.5, 뒤틀림 인자가 3인 대표적인 경우 Bruggemann 인자 α값은 2.585이다. 이는 보통 사용되는 $e^{1.5}$가 가스확산층에는 적용될 수 없음을 의미한다. 결과적으로 대표적인 다공질 물질에서 유효확산도에 대한 가장 좋은 규칙은 $\frac{1}{10}$ 정도로 줄이는 것이다.

2.2.2 2종 확산계수의 결정

2종 확산계수 D_{AB}는 Cussler[8]에 의해 제시된 경험적으로 수립된 수식에 의하여 보통 계산된다. 이것은 수치모델에서 확산계수를 결정하기 위한 효과적인 방법이면서 문헌에 보고된 경험적 데이터와 잘 일치한다. 경험적인 방법은 Berning & Djilali[7]가 구현하였고 Cussler[8]가 다음과 같이 수식화하였다.

$$D_{AB} = \frac{T^{1.75}}{P} \frac{\sqrt{1/M_A + 1/M_B}}{\left(\phi_A^{1/3} + \phi_B^{1/3}\right)} \qquad (13)$$

여기서 ϕ는 확산체적, M은 몰질량이다. Chapman-Enskog 이론[8]과 같은 다른 수식은 표로 만든 온도에 따른 대응값을 사용할 필요가 있으며, 이로 인해 2종 확산계수를 결정하는 과정을 복잡하게 만든다. 주어진 압력 P_o와 온도 T_o에서의 확산도를 알면 위의 식은 훨씬 더 간단하게 될 수 있다.

$$D_{AB} = D_{AB}(T_0, P_0)\frac{P_0}{P}\left(\frac{T}{T_0}\right)^{1.75} \qquad (14)$$

2.2.3 두 가지 이상의 성분을 갖는 가스의 단일상 수송

희석되지 않은 $n(n > 2)$개의 성분으로 이루어진 시스템의 경우 확산도를 결정하는 것은 더욱 복잡하게 된다. 성분이 n개이면 각 성분의 확산유속은 다른 $n-1$ 종의 농도구배에 따라 달라진다. 이러한 의존성은 다중성분 확산에 대한 Maxwell-Stefan 방정식에서 명백하며 다음과 같이 표현된다.

$$\nabla c_i = \sum_{j=1, j \neq i}^{n} \frac{x_j N_i - x_i N_j}{D_{ij}^{eff}} \tag{15}$$

위의 방정식에서 더 이상 2종 시스템을 고려하지 않기 때문에 문자 아래첨자 A와 B 대신에 정수 아래첨자 i와 j를 사용했다. 위에서 c_i는 몰농도, $x_{i,j}$는 몰분율, $N_{i,j}$는 몰유속이다. 그러나 이것은 제한된 용량의 CFD 프로그램에 포함시키기에는 어려운 수식이다. Berning[11]은 일반화된 Fick의 법칙이라 부르는 등가적인 방법을 사용할 것을 제안하고 있다.

2.3 Knudsen 확산

다공질 물질에서의 확산의 경우 확산 메카니즘이 다공질 물질의 길이에 따라 변한다는 것은 인정된다. Knudsen 수는 일반적으로 사용된 마이크로 유로에서 유동과 확산 거동을 설명하는 무차원 파라메터이다. Knudsen 수는 기공 직경에 대한 평균자유경로의 비이다. 기공직경에 비해 평균자유경로가 크면 분자-분자 간의 상호작용 확률은 작고 분자-벽 간의 충돌이 지배적이게 된다. Knudsen 수에 대한 수식은 다음과 같다[8].

$$\begin{aligned} Kn &= \frac{\lambda}{d_{por}} \\ &= \frac{k_B T}{d_{por}\sqrt{2}\,\pi \sigma_{ii}^2 P} \end{aligned} \tag{16}$$

여기서 λ는 평균자유경로, d_{por}는 기공직경, k_B는 Boltzmann 상수, σ_{ii}는 충돌직경, 그리고 P는 압력이다. 다공질 물질에서의 유동은 Knudsen 수에 의해 다음과 같은 3가지 체제(regime)로 구분될 수 있다[12].

1. 연속체 체제, $Kn < 0.01$
2. Knudsen 체제, $Kn > 1$
3. Knudsen 천이체제, $0.01 < Kn < 1$

대부분의 문헌[12, 13]에서 Knudsen 체제는 $Kn > 1$로 정의된다. 그러나 Karniadakis [14]는 천이영역은 0.1 < Kn < 10에 해당되며 Knudsen 체제는 Kn > 10에 해당한다고 주장한다. 또한 Karniadakis는 Kn > 1에서 거시적인 특성분포의 개념이 무너진다고 언급했다. 또한 0.1 < Kn < 1의 경우 유동의 거동에 큰 차이가 있으며, 1 < Kn < 10 에서 유동의 특성이 훨씬 작게 변화한다는 것을 5장에 있는 Karniadakis의 다양한 그림[14]에서 명백히 볼 수 있다. 따라서 Karniadakis에 의하면 만약 유동이 천이체제의 위쪽 영역에서 있다면 유동은 여전히 Knudsen 확산에 의해 지배된다. 그러므로 Kn > 1일 때 엄격한 Knudsen 체제가 존재한다고 가정하는 것이 합리적이다.

Knudsen 체제에서는 분자-분자 충돌보다 분자-벽 충돌이 지배적이다. 몰확산과 마찬가지로 Knudsen 영역에서의 유속은 물질의 농도구배에 영향을 받는다. 분압의 구배는 구동력으로 작용한다. 일정한 압력조건에서 분압구배는 농도구배와 동일하다. 그러나 새로운 확산도가 정의된다(Knudsen 확산도 D_{Kn}). 다공질 물질에서 분자의 확산도와 같은 방법으로 Knudsen 확산도가 정정된다. 점성확산 및 일반 확산은 Knudsen 체제에서 무시할 수 있으므로[12, 13], 식 (7)은 다음과 같이 줄어든다.

$$\begin{aligned} n_A &= j_A \\ &= -D_{Kn}^{eff} \nabla \rho_A \end{aligned} \tag{17}$$

물질수송 방정식(식 (8) 참조)은 다음과 같다.

$$\frac{\partial \varepsilon \rho_A}{\partial t} = \nabla \cdot (D_{Kn}^{eff} \nabla \rho_A) + S_A \tag{18}$$

2.4 Knudsen 확산도의 결정

Knudsen 확산계수는 가스의 동역학적 이론으로부터 결정되며 다음과 같이 나타내 진다[5, 8, 15, 16].

$$D_{Kn,A} = \frac{1}{3} d_P \sqrt{\frac{8RT}{\pi M_A}} \tag{19}$$

Knudsen 확산도는 시스템에 존재하는 다른 물질과는 무관하다는 것을 앞의 식으로부터 추론할 수 있다. 이는 분자 사이의 충돌을 무시할 수 있기 때문이다. 하나의 물질은 다른 물질의 존재에 대해 '알 수' 없다[13]. 따라서 이는 2 가지 이상의 성분을 갖는 시스템에 대해 더 이상 고려할 필요가 없다는 것을 뜻한다. Cunningham [13]의 말을 인용하면 "Knudsen 체제에서, (분자확산의 경우와 같이) 물질이 존재하는 만큼의 각각의 유속이 존재하고, 이 유속들은 (분자확산과 달리) 서로 독립적이다."

2.5 Knudsen 천이체제

천이체제는 0.01 < Kn < 1에서 존재한다. 이 체제에서는 분자확산과 Knudsen 확산(미끄럼 흐름)이 모두 존재한다. 이 체제를 평가하는 일반적인 방법은 먼지가스모델(Dusty gas model, DGM)[12, 13 15, 17, 18]이다. 물질들 중의 하나가 존재하면 고체 매트릭스를 가스 혼합물중에 떠 있는 정지한 큰 구(sphere)로 생각함으로써 DGM이 유도된다. 유도과정은 Cunningham[13]이 자세히 설명하였고 Suwanwarangkul[18]은 고체산화물 연료전지를 모델링하는 데 사용하였다. 등가의 몰 질량의 경우 유효 DGM 확산도(D_{DG})는 근사화된다[13, 19]. 이 경우 유효 DGM 확산도는 다음과 같이 계산된다.

$$D_{DG} = \frac{D_{Kn,A} D_{AB}}{D_{Kn,A} + D_{AB}} \tag{20}$$

결과적으로 다공질물질의 경우 이 확산도는 식(10)을 이용하여 정정되고, 물질수송방정식(식(8))의 2종 확산계수를 대체하게 된다.

2.5.1 확산도의 비교

지금까지 다룬 3개의 확산도(2종 분자 확산도 D_{AB}, Knudsen 확산도 $D_{Kn,A}$, 그리고 등가 몰확산도 D_{DG}을 갖는 DGM로부터 유도된 유효확산도)를 Knudsen 수와 비교된가. 이를 위해 각 확산도를 3개의 확산체제에 적용할 수 있는 가능성을 그림으로 나타낸다. Knudsen 수는 0.01(연속체 영역)에서 10(Knudsen 영역)까지 변화시켰다. 제시된 확산도는 350 K의 온도와 1 기압에서 질소 속에서의 산소의 확산도에 대한 것이다. 그림 8은 3개의 확산도를 나타내고 있다.

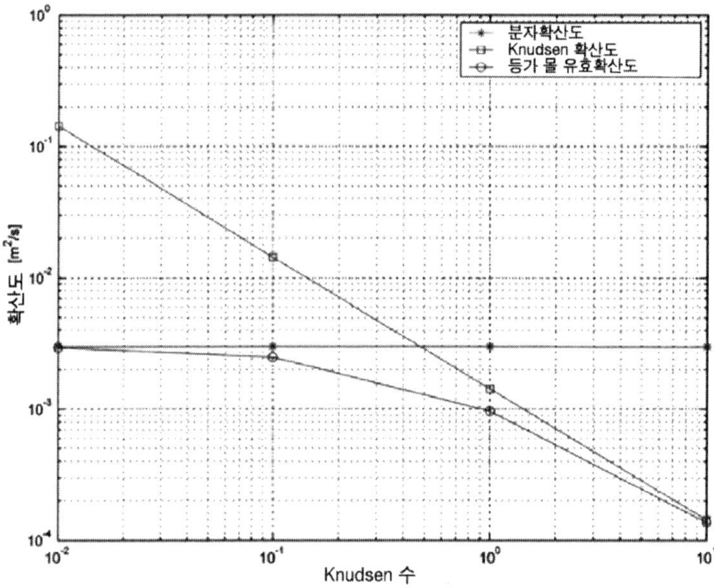

그림 8. 특정한 범위의 Knudsen 수에 대해 먼지-가스모델로부터 등가몰 확산 D_{DG}로써 보상된 2종부자확산도 D_{AB}, Knudsen 확산도 $D_{Kn,A}$ 및 유효확산도의 비교. 350K, 1기압에서 질소속의 산소에 대한 것이다.

그림 8은 체제에 따른 확산도의 근사화에 있어 크게 차이가 남을 보여준다. Toray 탄소종이의 영상은 대략 1 ~ 100μm 사이의 폭을 갖는 빈 공간을 보여주며, 이는 0.1 ~ 0.001 사이의 Knudsen 수에 해당한다. 그림 8에서 0.1의 Knudsen 수는 Knudsen 확산이 지배적인 것으로 보이는 영역의 경계상에 있다. 이는 Knudsen 확산이 관심의 대상일 수 있으나, 그림 2의 탄소종이의 경우는 중요하지 않음을 의미한다. 그럼에도 불구하고 촉매층의 기공직경이 작으면 작을수록($\sim 1\mu m$) Knudsen 확산을 고려할 필요가 있다.

3 2상 시스템

다공질 물질에서 다상유동, 열전달 및 다중성분 물질전달을 포괄하는 모델에 대해 다양한 응용분야가 존재한다. 여기에는 열강화기름(thermally enhanced oil)의 회수, 지표면 아래의 오염과 치료, 모세관 보조 열 기술, 건조공정, 열차단물질, 점적층상 반응기, 핵반응 안전해석, 고준위 방사능폐기물 저장기, 지열에너지 이용 등이 포함된다[20]. 물론 PEMFC의 전극에서 물의 범람을 모델링할 때 이러한 수송현상이 결합되어 존재한다.

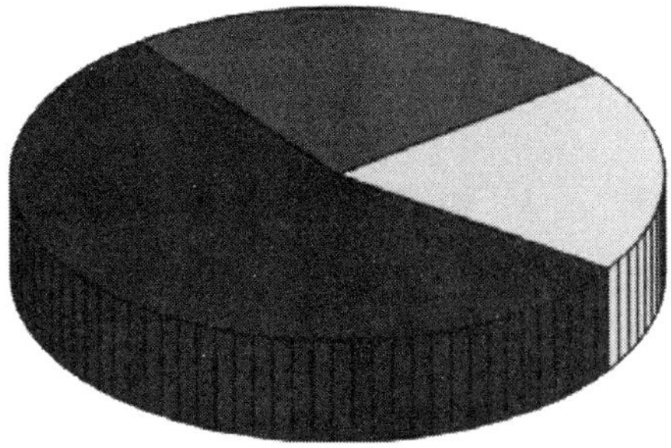

그림 9. 체적분율의 개략도

물질의 상(相)의 분포는 점성력, 모세관력 및 중력의 결과이다. 상변화에 의해 다른 상이 형성되거나 외부에서 시스템 내부로 들어올 수 있다. 또한 각 상은 다중성분 혼합물일 수도 있고 각 상의 성분은 어떤 경우 상의 경계를 넘어 수송될 수도 있다. PEMFC의 확산층을 모델링할 때 두 번째 상인 액상의 물은 단일성분으로 구성되어 있으므로 상의 경계를 넘어 오직 물만이 전달된다고 일반적으로 인정된다.

빈 공간이 두 개의 상에 의해 점유되어 있는 다공질 물질의 경우 전체 기공도 ε은 액체 체적기공도 ε_l과 가스 체적기공도 ε_g 부분으로 나누어진다. 액체포화도 s_l은 열린 기공체적 ε으로 나눈 액체기공도 ε_l에 의해 점유된 체적이다. 이 관계가 그림 9와 식 (21)에 설명되어 있다.

$$\begin{aligned} \varepsilon_s + \varepsilon_l + \varepsilon_g &= 1 \\ \varepsilon_l + \varepsilon_g &= \varepsilon \\ S_l &= \frac{\varepsilon_l}{\varepsilon} \end{aligned} \tag{21}$$

3.1 2상 체제

2상 유동은 세 개의 가능한 체제에서 존재한다. 진자체제(pendular regime), 선회체제(funicular regime) 포화체제(saturation regime)가 그것이다. 어떤 시간과 장소에 존재하는 체제는 포화에 따라 달라진다. 또한 어느 정도는 습윤도(wettability)에 따라 달라지기도 한다. 앞서 언급한 체제가 그림 10에 나타나 있다. 진자체제는 액체의 상이 불연속적으로 존재하며 포화도가 낮은 영역에서 우세하다. '진자(pendular)'란 말은 이 체제에서 모래알 주위로 형성되는 진자고리(pendular ring)로부터 유래

되었다. 선회체제는 액체가 연속적이며 선회하는(funicular) 방법으로 기공을 통해 이동할 때 발생한다. 포화가 1 가까이 되면 액체가 포화된 체제가 나타나고 기공은 액체에 의해 완전히 점유된다.

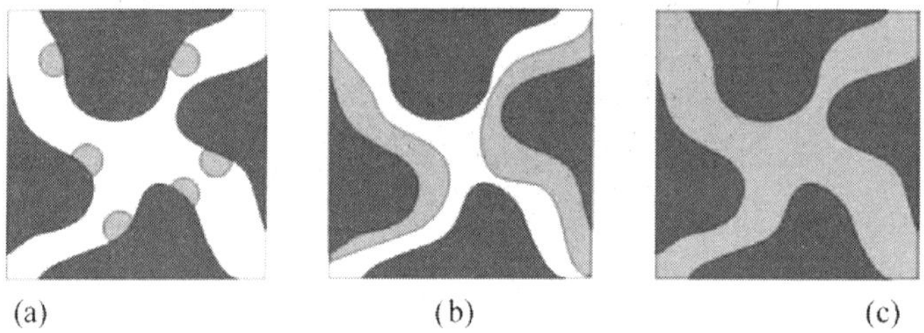

그림 10. 다공질 물질에서의 2상체제 (a)진자체제 (b)선회체제 (c)포화체제

선회체제와 진자체제 사이의 천이상태에서의 포화수준은 대략 비이동성 포화(immobile saturation)(또한 돌이킬 수 없는 포화(irreducible saturation)라고도 한다)에 해당한다. 종종 원심분리기의 특징을 나타내는 투과시험에서 2상의 시험샘플로부터 물이 더 이상 제거될 수 없을 때 이러한 포화수준이 나타난다. 샘플의 최종 무게를 건조상태의 무게와 비교하면 비이동성 포화 s_{im}을 결정할 수 있다. 이러한 비이동성은 표면장력에 의한 것이다. 이제부터 포화도 s는 감소된 포화로써 실제의 액체포화도이며, 다음 식에 의해 크기를 구할 수 있다.

$$s = \frac{s_l - s_{im}}{1 - s_{im}} \tag{22}$$

PEMFC의 전극에서는 비동성포화가 매우 클 것으로 예상된다. 이는 App & Mohanty[22]가 제시한 결과에서 나온 것이며, 그들은 모세관수 Ca에 대한 s_{im}의 의존도를 보였다.

$$Ca = \frac{u\mu}{\sigma} \tag{23}$$

여기서 u와 μ는 변화하는 상의 점도와 속도이며, σ는 계면장력(interfacial tension)이다. 모세관지수는 계면장력에 대한 점성력의 비이다. 높은 모세관지수는 표면장력보다 훨씬 더 큰 점성력으로부터 발생한다. 이는 높은 속도의 결과일 수도 있다. 작은 모세관지수를 적용하는 하나의 조건은 둘 중 어느 쪽 상의 속도를 무시할 수 있을 경우이다. 물질수송이 확산에 의해 지배되고 속도항 u는 아주 작기 때문에 모세관지수는 PEMFC 전극에서 작다. App & Mohanty는 기공 중심에서 모세관지수가 작은 경우의 비이동성 포화는 $s_{im} = 0.18$인 반면에, 모세관지수가 큰 경우의 비이동성 포화는 0으로 된다고 보고했다. 또한 Kaviany[23]는 기공의 크기가 감소됨에 따라 비이동성 포화가 증가한다고 보고했다.

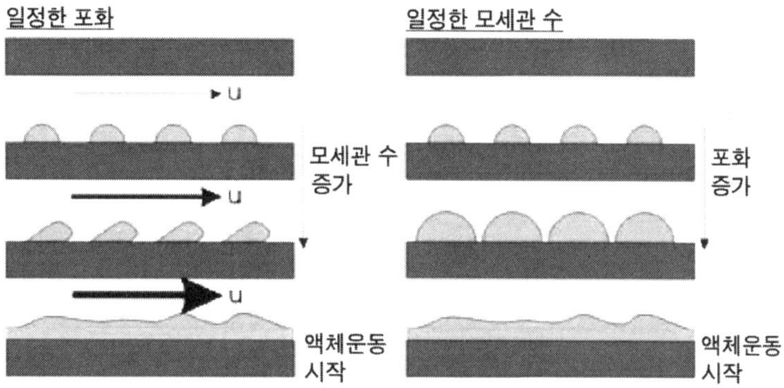

그림 11. 비이동성 포화를 능가하는 원인인 두가지 과정. 높은 속도에 의해 모세관수를 증가시키는 것과 액체의 포화도를 증가시키는 것.

모세관수에 대한 비이동성 포화의 의존성은 높은 속도로 침투하는 상의 점성응력 하에서 물방울의 변형으로 설명될 수 있다. 점성력은 궁극적으로 간격을 메워 연속적인 상을 형성하는 작은 물방울을 길게 늘어지게 한다. 이 때 치환된 상의 상 영역은 진자체제에서 선회체제로 변환되며 모세관 흐름이 시작된다. 그림 11은 더 큰 속도로 인해 증가된 모세관수가 어떻게 포화가 비이동성 포화를 능가할 수 있는가를 설명한다. 또한 포화가 비이동성 포화를 능가할 때 액체포화도가 증가하면 어떻게 진자체제에서 선회체제(액체가 이동할 수 있는 체제)로 변환되는가를 나타내고 있다.

3.2 2상 시스템에서의 수력학과 모세관현상

다공질 물질에서 단일상의 수력학에 대해 수립된 관계는 이제 2상 시스템(가스와 유체)에서 각 상에 적용될 것이다. 가스상 및 액체상에 대한 보존방정식은 다음과 같다.

$$\frac{\partial(1-s_l)\,\varepsilon\,\rho_g}{\partial t} + \nabla \cdot (\rho_g u_g) = \dot{S}_g \qquad (24)$$
$$\frac{\partial\, s_l\,\varepsilon\,\rho_l}{\partial t} + \nabla \cdot (\rho_l u_l) = \dot{S}_l$$

여기서 방정식의 첫 항에 있는 $(1-s_l)\varepsilon$과 $s_l\varepsilon$은 각 상의 체적을 나타낸다. 또 $\dot{S}_g$와 $\dot{S}_l$은 가스와 액체의 체적 소스를 나타낸다. 이러한 소스 또는 싱크는 $\dot{S}_g=-\dot{S}_l$의 경우 상변화에 기인하거나 또는 외부 소스로부터 발생한다.

같은 방식으로 단일상의 운동량 방정식(식 (3))은 2상 시스템에 적용된다. 단일상 및 2상 시스템 사이에서 주목해야 할 유일한 차이점은 가스와 액체의 투과도가 k_g와 k_l로써 다르다는 것이다. 이 투과도는 다른 상의 존재 때문에 각 상에 개방된 면적이 감소되는 효과에 대한 체적투과도(k)의 정정값이다.

$$u_g = -\frac{k_g}{\mu_g}\nabla P_g \qquad (25)$$
$$u_l = -\frac{k_l}{\mu_l}\nabla P_l$$

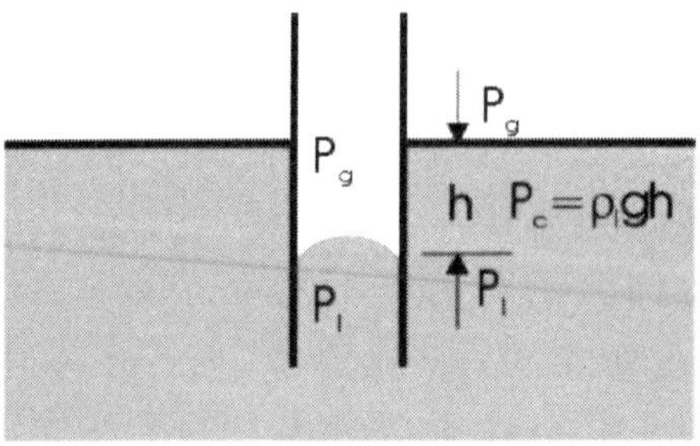

그림 12. 액체가 비습윤상일 때 모세관압력의 정수력적 표현

시스템이 일반적인 질량 및 운동량 보존방정식으로 완전히 정의되지 않은 것은 명백하다. 위의 네 가지 방정식으로는 풀어야 하는 5 가지 변수(s_l, u_g, u_l, P_g, P_l)를 구할 수 없다. 이는 다공질 물질에서 다상유동의 대표적인 현상이 방정식에 포함되지 않았기 때문이다. 시스템 방정식을 완성시키는 본질적인 관계로써 모세관 압력에 대한 식이 사용된다.

모세관 현상과 모세관 압력은 계면장력의 결과이며, 혼합될 수 없는 두 상 사이의 자유표면에너지이다. 미시적 모세관압력은 계면장력에 비례하고 곡면계면의 반지름에 역비례한다. 따라서 곡면의 반지름이 작으면 작을수록 모세관압력의 효과는 더욱 우세하게 된다. 이것이 미시적 모세관압력에 대한 정의이며, 일반적으로 다음과 같이 나타낼 수 있다.

$$P_c \propto \frac{\sigma}{r} \tag{26}$$

여기서 r은 액체/가스 경계면의 특성 반경이다. 모세관압력 P_c의 거시적인 정의인 습윤가스와 비습윤액체 압력 사이의 압력차는 2상 운동량 방정식(식 (25))에 포함되어 있다. 이것이 그림 12에서 정수력적 형태로 나타나 있다.

그림 13은 기공에서 모세관운동을 설명하기 위해 모세관압력의 미시적 및 거시적 정의를 사용하려고 나타낸 그림이다. 액체의 반경이 큰(국지적 포화도가 높은) 기공의 끝단보다 액체의 반경이 더 작은(국지적 포화도가 낮은) 기공의 끝단에서 모세관압력이 더 크다. 액체압력은 모세관압력과 가스압력의 합이므로, 좀 더 작은 반경을 가진 기공의 끝단에서 액체의 수력학적 압력은 더 크다. 따라서 액체의 체적운동은 더 큰 반경(그리고 국지적 포화도)을 갖는 끝단으로 향한다.

$$P_c = P_l - P_g. \tag{27}$$

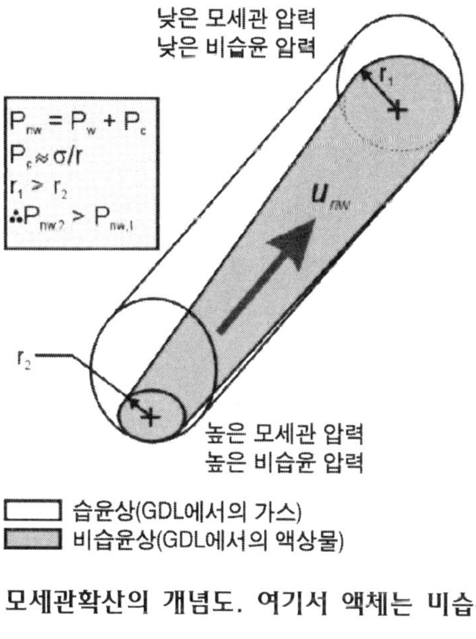

그림 13. 모세관확산의 개념도. 여기서 액체는 비습윤상이다.

이 시점에서 PEMFC 전극에서 액상 물의 수송을 다시 다루어야 한다. 그림 13에 나타난 것과 같이 포화도가 낮은 쪽에서 높은 쪽으로 액상의 물을 수송하는 것은 직관과는 반대이며 틀린 결론을 초래할 수 있다. 넓은 의미에서 그림 13의 수송현상은 모세관압력이 액체반경에 반비례하므로 소수성물질에서 기공 직경이 계속 증가하는 쪽으로 물이 이동하는 경향을 보여주고 있다. 결국 액체가 가스유로에 도달하면 직경이 가장 큰 곳에 도달할 수 있다.

반대로 전해질의 친수성 때문에 물은 촉매층의 매우 작은 기공에 침투한다. 그러나 촉매층의 전해질 상으로 인해 물은 두 번째 모드로 수송된다. 물은 전해질막의 수송과 비슷한 방법으로 촉매층의 전해질을 통해 수송될 수 있다. 그러나 이 수송 문제를 검토하는 것은 이 장의 범위를 넘어서는 것이므로 고분자전해질막에서의 수송현상을 다룰 때 다시 논의할 것이다.

거시적인 모세관압력의 정의로부터 운동량 방정식은 다음의 형태를 가진다.

$$u_g = -\frac{k_g}{\mu_g}\nabla P_g \tag{28}$$
$$u_l = -\frac{k_l}{\mu_l}\nabla P_g - \frac{k_l}{\mu_l}\nabla P_c$$

모세관압력의 구배로 인해 계면장력이 물질수송을 구동할 때 그 현상을 모세관확산이라 부른다. 모세관확산으로 인한 액상의 질량유속은 액체의 운동량방정식(식 28)의 두 번째 항으로부터 얻어질 수 있다.

$$\dot{m}_{l,s} = -\frac{\rho k_l}{\mu_l}\nabla P_c \tag{29}$$

모세관압력의 구배가 단지 포화의 구배에만 의존한다고 가정하면 모세관확산으로 인해 다음과 같이 액체의 수송이 나타난다.

$$\dot{m}_{l,s} = -\frac{\rho k_l}{\mu_l}\left(\frac{dP_c}{ds_l}\right)\nabla s_l \tag{30}$$

따라서 모세관 확산도는 보통 다음과 같이 정의된다[20].

$$D(s_l) = \frac{k_l}{\mu_l}\left(\frac{dP_c}{ds_l}\right) \tag{31}$$

이제 방정식으로부터 액체 압력장을 제거하기 위해 2상 시스템에 대한 운동량 방정식(식 (28))을 다시 쓸 수 있다. 액체의 운동량방정식에 모세관 확산도의 정의식을 대입하면 가스압력과 액체 포화의 함수가 된다.

$$u_l = -\frac{k_l}{\mu_l}\nabla P_g - D(s_l)\nabla s_l \tag{32}$$

모세관확산의 결과로 나타나는 계면장력은 비등온 다중성분 시스템에서 일정하지 않다는 것을 명심하라.

$$\sigma = \sigma(T, c_A) \tag{33}$$

따라서 계면장력으로 인한 확산은 포화와 더불어 온도와 농도구배에 의해 구동될 수 있다. 이 두 수송 메카니즘을 열- 및 용해-모세관 확산이라 부른다.

$$\begin{aligned} \dot{m}_{l,T} &= \frac{\rho k_l}{\mu_l}\left(\frac{\partial P_c}{\partial \sigma}\frac{\partial \sigma}{\partial T}\right)\nabla T \\ \dot{m}_{l,c_A} &= \frac{\rho k_l}{\mu_l}\left(\frac{\partial P_c}{\partial \sigma}\frac{\partial \sigma}{\partial c_A}\right)\nabla c_A \end{aligned} \tag{34}$$

모세관 확산에서와 마찬가지로 열- 및 용해-모세관 확산도도 유도될 수 있다. 그러나 이 항은 총 질량유속에 비해 무시할 수 있기 때문에 종종 포함되지 않는다.

여기서 더 진행하기 전에 다룰 필요가 있는 것으로는 다공질 물질에서의 2상 유동의 또 다른 특징은 액체의 상과 고체 매트릭스 사이의 계면장력이다. 계면장력은 액체/고체 계면의 습윤도나 소수성에 따라 다르다. 그림 14는 소수성이 접촉각 θ에 미치는 영향을 나타낸다. 소수성 경계면은 90° 보다 큰 접촉각을 가지고 있는 특징이 있다. Teflon(PTFE)은 108° 의 접촉각을 가지고 있다. 소수성 고체의 경우 가스는 습윤된 상이다. 친수성 계면은 90° 보다 작은 접촉각을 특징으로 한다. 이 경우 액체는 습윤된 상이다. 접촉각 θ는 기체-액체의 경우 σ, 기체-고체의 경우는 σ_{gs}, 그리고 액체-고체는 σ_{ls}의 계면장력으로부터 계산될 수 있다.

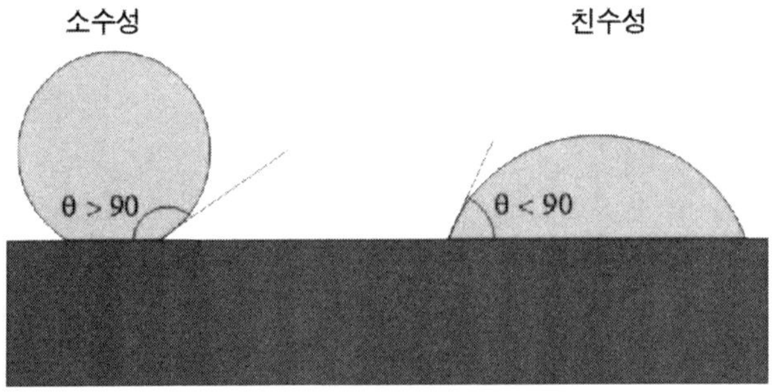

그림 14. 소수성 및 친수성 유체/고체 계면에 대한 접촉각

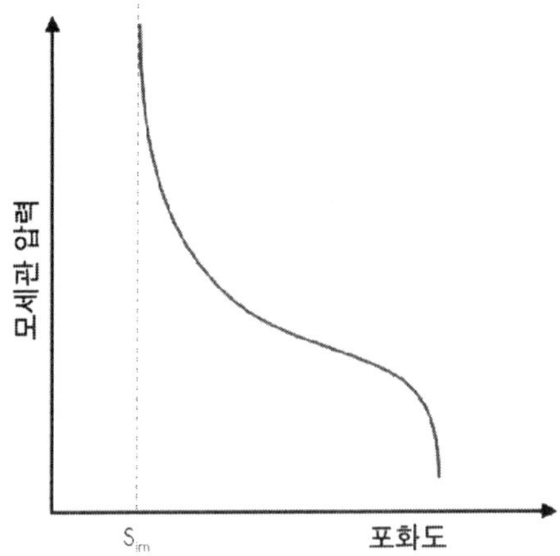

그림 15. 일반적인 형태의 모세관압력 곡선

$$\cos(\theta) = \frac{\sigma_{gs} - \sigma_{ls}}{\sigma} \tag{35}$$

평면판 상의 접촉각이 아닌 다공질 물질에서 접촉각에 대해서는 수정이 필요하다. 다공질 물질에서의 유효접촉각은 실제 각보다 작다는 것이 알려져 있다[24]. 이는 어떤 재질이 다공질이면 기공이 없는 것보다 소수성이 더 작다는 것을 의미한다. 계면장력에 대해 명심할 점은 접촉각이 증가하면 액상의 물의 수송 역시 증가한다(좀 더 소수성이 된다)고 알려진 것이다. 이러한 경향은 다공질 물질과 액체 사이의 접촉면적이 감소하기 때문이며(그림 14 참조), 이는 침투하는 상에 의해 작용된 점성력의 영향을 증가시킨다. 이와 같이 액체의 수송이 증가하기 때문에 전극확산층에 PTFE를 침투시킨다.

3.2.1 모세관압력 곡선

모세관압력을 관계식으로 사용하기 위해 모세관압력에 대한 수식이 유도된다. 그림 13에서처럼 모세관 압력을 미시적으로 결정하는 것은 너무 어려울 것이다. 따라서 체적평균 근사화법이 사용된다. 이 식을 유도하기 위한 시작점은 실험에서 모세관 압력곡선을 얻는 것이다. 이 실험에서 모세관압력이 샘플로서 측정되고 계산된 포화수준과 비교된다[24]. 얻어진 곡선의 형태가 그림 15에 주어져 있다.

포화에 대한 모세관 압력의 관계는 무차원 형태로 다음과 같이 쓸 수 있다고 Leverett[25]은 가정하였다.

$$J(s) = \frac{P_c}{\sigma}\left(\frac{k}{\varepsilon}\right)^{1/2} \tag{36}$$

이 함수를 일반적으로 Leverett J-함수라 부른다[2]. 때로는 다음과 같이 Leverett -J 함수에 접촉각 θ의 cosine항이 포함된다

$$J(s) = \frac{P_c}{\sigma\cos(\theta)}\left(\frac{k}{\varepsilon}\right)^{1/2} \tag{37}$$

하지만 모세관압력에 미치는 습윤도의 영향을 모델링하기에는 이것이 유용하지 않다고 Anderson[24]은 주장했다. 이후에 Udell[21]은 Leverett의 실험에서 다공질 물질에 대한 J-함수를 결정하기 위해 Leverett [25]이 제시한 데이터를 사용했다. 그리고 Udell은 압축된 모래의 경우에 대한 실험결과를 1차원의 정상상태 모델과 비교했다. 기공도는 0.33~0.99에서 변화하며 투과도는 1.39 ~ 10.3 × 10^{-12} m^2 사이에서 변화하였다. 모델과 실험 결과는 잘 일치하였다. Udell이 얻은 J-함수를 종종 Udell 함수라 부르며 다음과 같이 나타낼 수 있다.

$$J(s) = 1.417(1-s) - 2.120(1-s)^2 + 1.263(1-s)^3 \tag{38}$$

또한 다음과 같은 Scheidegger의 J-함수[26]를 포함하여 많은 다른 J-함수가 있다.

$$J(s) = 0.364(1-e^{-40(1-s_l)}) + 0.221(1-s_l) + \frac{0.005}{s_l - 0.08} \tag{39}$$

위의 J-함수(식 (39))는 다음과 같은 식을 사용하여 모세관압력을 계산하기 위해 사용된다.

$$P_c = \frac{\sigma \cos(\theta)}{(k/\varepsilon)^{1/2}} J(s) \tag{40}$$

또한, van Genuchten[27]은 모세관압력에 대한 관계를 제시했다. 그 관계식은 포화의 함수이고 경험적인 상수를 필요로 한다.

$$\begin{aligned} P_c &= \frac{1}{\alpha}(s^m - 1)^{1/n} \\ m &= 1 - 1/n \end{aligned} \tag{41}$$

Kaviany[23]는 모세관압력 곡선이 다음의 관계에 의해 제한되어야 한다고 서술했다.

$$\lim_{s_l \to s_{im}} \frac{dP_c}{ds} = -\infty \tag{42}$$

식 (30)에서 도함수 dP_c/ds를 관찰하면 Kaviany[23]의 경계식(식(42))은 $s_l \approx s_{im}$에서 질량유속이 매우 크다는 것을 추정할 수 있다. 그러나 또한 이것은 액체가 진자체제와 선회체제 사이에서 천이상태에 있는 점이기도 하다. 따라서 높은 모세관 압력은 불연속적인 상의 비이동성 때문이다. 그러므로 질량유속은 제한된다.

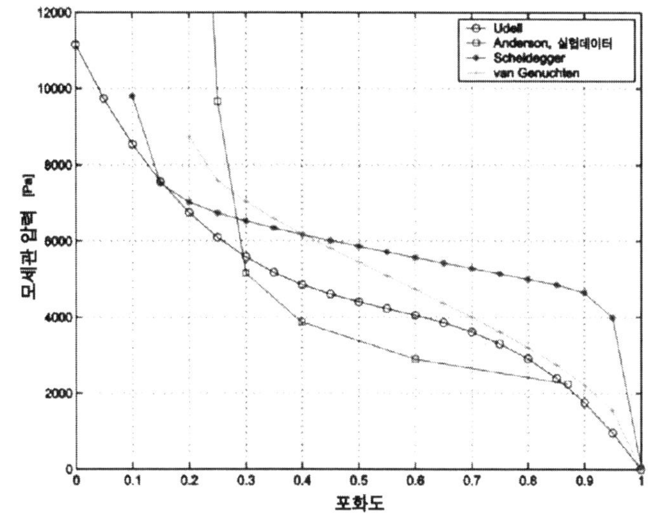

그림 16. 여러 관계식과 실험결과로부터의 모세관압력 곡선. Udell과 Scheidegger의 경우 $K \approx 10^{-11} m^2, \varepsilon = 0.35, 0 = 0.0644 N/m$(공기/물)이다. Anderson의 경우는 경계면의 테프론 중심에서 공기와 물에 대한 것이다. van Genuchten의 경우 $n = 2$, $0 \approx 7 \times 10^{-21}$이다.

그림 16은 이러한 다양한 모세관압력의 관계식을 포화의 함수로서 보여준다. Anderson [24]이 제시한 실험결과 또한 주어져 있다. 실험결과가 Kaviany의 경계식을 따르지만 반면에 모세관압력식은 그렇지 않다는 것이 명백하다. 이 식의 또 다른 단점은 흡입(s_l이 증가) 또는 배출(s_l이 감소)이 고려되고 있는지에 관계없이 (실제로 큰 차이가 있다는 것이 명백히게 보여졌을 때[23, 24]) 결과는 농일하다는 것이다.

모세관압력에 대한 많은 다른 식이 존재하지만 여기에서 다루지는 않는다. Leverett과 Udell의 연구에서와 마찬가지로 이 관계는 압축된 모래와 다른 흙 성분에 대한 것이다. 섬유상 다공질 물질에서 모세관압력을 평가하는 재료는 크게 부족하다.

3.3 상대투과도

2 개 이상의 상이 같은 기공을 점유하고 있을 때 각 상이 점유할 수 있는 기공 공간의 크기는 감소된다. 식 (4)를 참고하면 적어도 이론상으로 투과도는 기공도의 함수라는 것은 알려져 있다. 그러므로 다른 상에 의해 점유된 체적 부분에 대해 투과도가 조정되어야 한다. 이제 가스와 액체의 투과도는 다음과 같이 표현된다.

$$k_g = k_{rg} k \qquad (43)$$
$$k_l = k_{rl} k$$

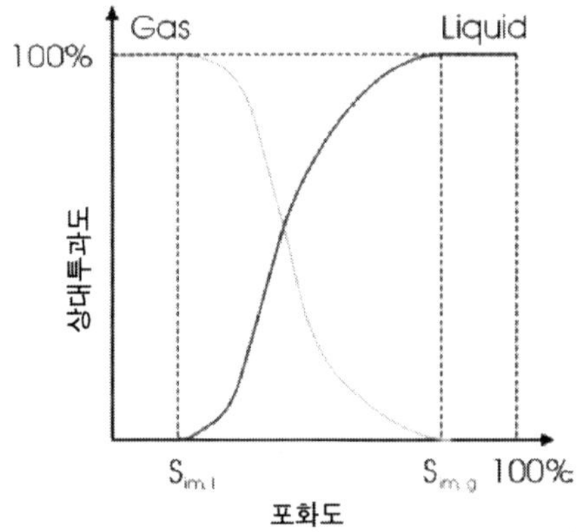

그림 17. 상대투과도 함수의 일반적인 형태

여기서 k는 단일상의 투과도이다. 그림 17은 가스와 액체상에 대해 사용된 상대투과도 함수의 일반적인 형태를 나타내고 있다. 또한 상들에 대한 비이동성 포화도는 상대투과도에서 수학적으로 설명된다. 상대투과도는 일반적으로 다음과 같이 표현된다.

$$k_{rg} = (1 - s)^3 \qquad (44)$$

$$k_{rl} = s^3 \qquad (45)$$

여기서 s는 감소된 포화도(식 (22) 참조)이다. 이 식의 3승항에 대해서는 Carman-Kozeny 방정식(식 (4) 참조)에서 어느 정도 설명이 되어 있으며, Carman-Kozeny 방정식에서 단일상의 투과도는 대략 $\varepsilon^3/(1-\varepsilon^3)$에 비례한다.

계면장력이 더욱 지배적일수록 비이동성 포화도가 커진다는 것을 기억한다면 계면장력과 습윤도/소수성은 상대투과도에 영향을 미친다는 것이 명백하다. Anderson[28]은 상대투과도에 미치는 습윤도의 영향을 조사하였다. 그림 18은 넓은 범위의 접촉각에 대해 가스의 상대투과도를 보여준다. $\theta=108^\circ$인 경우는 Teflon으로 처리된 중심부에서 물을 치환한 질소의 경우이다. 이것은 PEMFC 전극을 매우 훌륭하게 근사화한 것이며, 그 타당성을 평가하기 위해 식 (44)를 그림으로 나타낸다. 먼저 Anderson이 제시한 가스투과도가 모든 정도의 습윤도에 대해 확실히 두 가지 모드를 가진다는 것은 명백하다. 그러나 자주 사용되는 3승 함수는 변화가 없다. 식

(44)는 낮은 포화도에서 상대투과도를 저평가하고, 높은 포화도 영역에서 실험결과가 보여주는 것보다 훨씬 더 높은 값을 예측할 것임이 그림 18에서 명백하다.

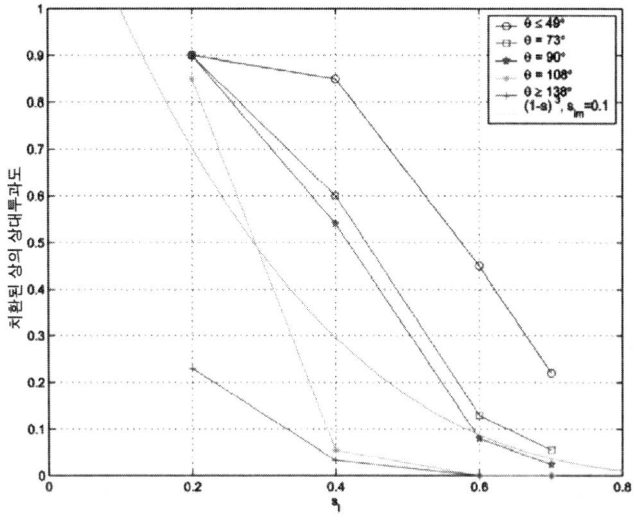

그림 18. 여러 가지의 소수성에 대해 치환된 상(가스)의 상대투과도. θ =108° 는 인조테플론 중심에서 액상물에 의해 치환된 질소에 해당한다.(Anderson, 1987a)

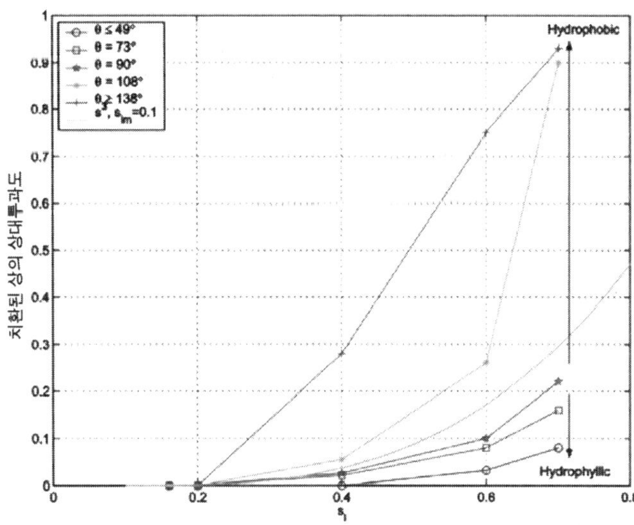

그림 19. 여러 가지 소수성에 대해 치환된 상(액체)의 상대투과도. θ =108° 는 인조테플론 중심에시 액상물에 의해 치환된 질소에 해당한다.(Anderson, 1987b)

그림 19는 Anderson[28]이 제시한 대로 습윤도가 치환하는 상(물)의 투과도에 미치는 영향을 나타낸다. 그림은 비이동성 포화도가 0.16 ~ 0.20 사이에 있음을 나타낸다. 그림은 또한 상대투과도에 미치는 습윤도의 균일한 영향을 나타낸다. 그림에서 소수성 다공질 구조가 구조의 투과도를 증가시킴으로써 물의 수송을 돕는다는 것이 명백하다. 다시 3승의 상대투과도 함수(식 (45))가 비교를 위해 도시되어 있다. 3승의 함수가 가스곡선보다 더 높은 정도로 액체곡선을 따른다는 것을 볼 수 있다.

식 (45)는 약간의 소수성을 띠는 100° 의 접촉각을 특징으로 하는 계면에 대해 근사적으로 상대투과도를 예측한다는 것이 명백하다.

더 높은 포화도에서 상대투과도가 급격히 증가하여 효과적으로 물을 수송할 수 있게 됨을 주목하라. 그러나 가스상은 소수성의 경우에 대해 0.6의 액체 포화도에서 비이동성 포화에 도달하는 것이 그림 18에 나타나 있다. 이 점에서 가스의 투과도는 영(zero)까지 감소한다.

4 다상유동 모델

비등온 다상유동을 갖는 다공질 물질에서 수송현상을 확실히 이해함으로써, PEMFC 전극에 문헌에서 제시된 모델을 사용하기 위해 평가될 수 있다. 그림 20은 특징에 따라 모델을 분류하고 있다. 구별되는 특징은 액상 물의 고려, 가스에 의한 액상물의 대류, 계면장력 효과(모세관확산)로 인한 액상물의 수송, 또는 유체가 정지해 있는가를 고려하는 여부 등을 포함하고 있다. PEMFC의 가스확산층에 적용될 수 있는 다양한 다상모델을 특징짓는 것은 가장 일반화된 경우(다중유체, multi-fluid)로부터 시작하여 가장 특정한 경우(기공도 정정)쪽으로 진행해 간다.

4.1 다중유체 모델

여기에서 제시된 다중유체 모델은 앞서 전개된 방정식을 공기와 액상의 물에 의해 점유된 다공질 물질에 적용한 것이다. 공기는 다중성분 혼합물로 다루어지고 액체 상은 혼합되지 않은 물로써 고려된다. Berning & Djilali[7]가 연료전지에 사용한 다중유체 모델에서, 각 상은 고유의 방정식으로 모델링되어진다. 2상은 상대투과도에 의해 결합되어 있으며, 이는 곧 포화도 항과 상변화 항에 민감하다는 것을 의미한다.

이 모델을 지배하는 정상상태의 물질 및 운동량보존 방정식은 다음과 같다.

$$\nabla \cdot (\rho_g u_g) = \dot{m}_p c \qquad (46)$$
$$\nabla \cdot (\rho_l u_l) = \dot{m}_p c$$

그리고

$$u_g = -\frac{k_g}{\mu_g}\nabla P_g \qquad (47)$$
$$\mu_l = -\frac{k_l}{\mu_l}\nabla P_g - D(s_l)\nabla s$$

Berning & Djilali[7]의 물질보존 방정식은 오직 가스 상에만 적용되어졌고, 가스에 개방된 감소된 체적부분을 설명하기 위해 액체 포화도가 수정된 단일상의 물질보방정식(식 (8))이다. 가스 상의 물질 A의 정상상태 보존방정식은 다음과 같이 쓸 수 있다.

$$\nabla \cdot (u_g \rho_A) = \nabla \cdot (D_A^{eff} \nabla \rho_A) + \dot{S}_A \qquad (48)$$

여기서 D_A^{eff}는 물질 A의 확산도이고, $\dot{S}_A$는 상변화 소스항으로써, 수증기 보존 방정식의 경우를 제외하고는 영이다.

4.1.1 상변화

다중유체 모델을 완성하기 위해 가스와 액체 상 사이의 상변화율에 대한 식이 포함되어야 한다. 국소직 속성에 따라 가스와 액체 사이의 상변화는 증발 또는 응축일 수 있다. 그러나 상변화 동안의 분사역학에 대한 지식은 여전히 제한되어 있다고 생각된다[29]. 상변화의 규명은 가스의 동역학 이론에서 시작한다. 동역학이론으로써 상변화를 모델링할 때 주 원리는 수증기/액체 경계면에는 수용될 수 있는 증기의 최대양이 존재한다는 것이다. 이 최대 수용량이 물질전달을 제한하는 특징이다. 따라서 가스의 동역학이론을 적용함으로써 액체의 최대증발율을 결정할 수 있다.

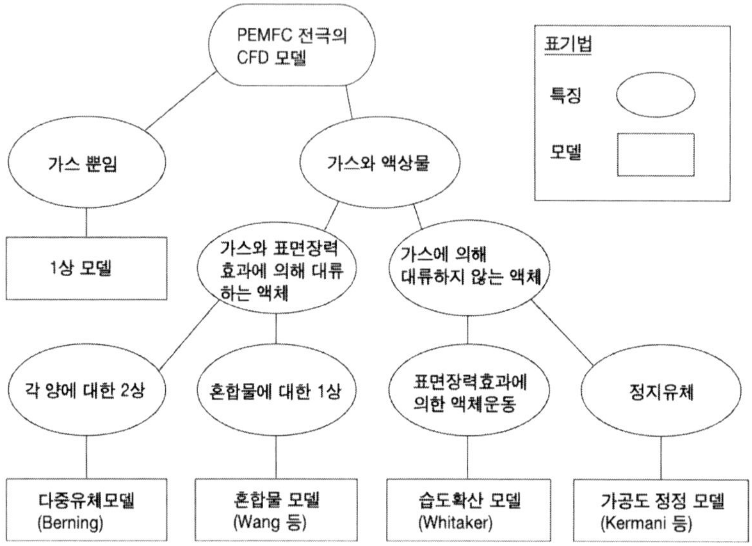

그림 20. PEMFC 전극 모델의 분류

동역학적 상변화에 대한 최근 연구의 목적은 증발 및 응축 계수의 근사화이다. 그 계수들은 이론적인 최대전달율에 대한 실제 물질전달의 비이다. Eames 등[29]과 Marek & Straub[30]은 다양한 조건에 대해 이전에 얻어진 값을 검토한다.

동역학이론 근사화에 의해 열평형과 가스 및 액상 사이의 온도차를 고려할 수 있다. 가스와 액체가 열적 평형상태에 있을 때, 기체/액체 경계면의 단위면적 당 질량전달율($\dot{m}_{H_2O}$)에 대한 식이 Eames 등[29]에 의해 다음과 같이 주어졌다.

$$\dot{m}_{H_2O} = \gamma_k \left(\frac{M_{H_2O}}{2\pi R} \right)^{1/2} (P_s(T) - P_\nu) \tag{49}$$

여기서 $P_s(T)$는 수증기 포화압력이고, P_ν는 체적가스유동에서 수증기의 분압이다. γ_k은 동역학적 증발계수로써, 열평형 조건 하에서 응축계수와 등가이다. 실험으로 측정된 증발계수의 크기는 0.001~1 사이이다[30].

두 번째 방법은 액상이 구형의 물방울 형태로 존재한다고 가정한다. 그런 경우 질량전달은 체적 가스와 물방울의 표면 사이의 확산율로부터 결정된다. 또한 질량전달 Nusselt 수는 질량을 교환하는 물방울의 성능을 나타내는 무차원 척도로서 사용된다. 현재 형태에서 이 방법은 단지 국소적인 열평형을 특징으로 하는 시스템에 적용된다. 액체 물방울에서 주위 가스로의 물질전달에 대한 Nusselt 수(Nu_m)

는 다음과 같다[6].

$$Nu_m = 2.0 + 0.6\,Re^{1/2}\,Sc^{1/3} \tag{50}$$

여기서 Sc는 Schmidt 수($\mu_g/(\rho_g D_{H_2O_g})$)이고 Re는 레이놀즈수($\rho_g D_d u_{rel}/\mu_g$)이다. D_d는 물방울 직경이고 u_{rel}은 가스와 물방울 사이의 상대속도이다. 물방울의 질량전달 계수(γ_d)는 가스에서의 수증기의 확산도(D_{vg})와 물방울 직경의 역수($1/D_d$)에 Nusselt 수를 곱하여 얻을 수 있다.

$$\gamma_d = D_{\nu g}\,Nu_m\,/\,D_d \tag{51}$$

이후 질량전달 계수는 물로 포화된 공기에서의 수증기 밀도(ρ_s)와 기체/액체 경계면의 단위면적 당 질량전달을 근사화시키기 위한 체적가스의 수증기의 밀도(ρ_ν) 사이의 차가 곱해진다. 이 두 밀도를 명확히 이해하려면 그림 21을 참조하라.

$$\dot{m}_{H_2O} = \gamma_d(\rho_s - \rho_\nu) \tag{52}$$

질량전달율을 결정하는 이러한 방법은 Berning [7, 11]에 의해 PEMFC를 모델링하는 데에 사용되었다. 이 모델을 사용하기 위해 필요한 간략화는 실세값이 아닌 평균 물방울 직경을 사용하는 것이다. 또 다른 적절한 간략화는 가스확산층에서의 속도가 충분히 작기 때문에 Nusselt 수가 2.0으로 줄어든다고 가정하는 것이다[6]. 따라서 식(52)는 다음과 같이 표현될 수 있다.

$$\dot{m}_{H_2O} = \frac{2D_{\nu g}}{D_d}(\rho_s - \rho_\nu) \tag{53}$$

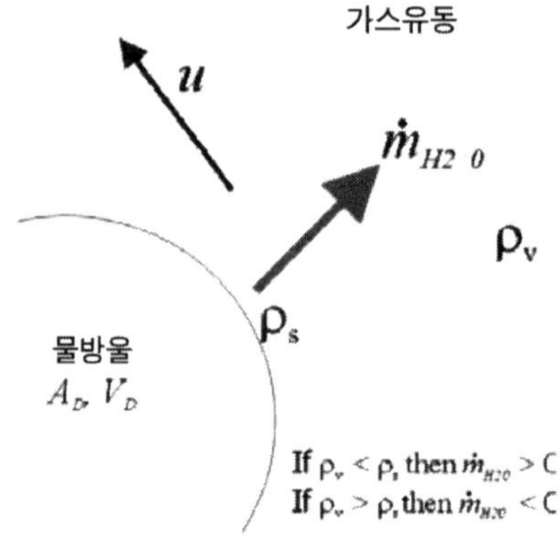

그림 21. 열평형시 물방울 증발의 개략도

Berning & Djilali[7] 또한 다공질 물질에서 감소된 상변화율을 위해 정정계수 (ω)를 포함시켰다.

$$\dot{m}_{H_2O} = \frac{2wD_{\nu g}}{D_d}(\rho_s - \rho_\nu) \tag{54}$$

상변화의 비율을 계산하는 앞서 언급한 두 가지 방법을 구현할 때, 총 물질전달 ($\dot{M}_{H_2O}$)을 계산하기 위해 가스상과 액체상 사이의 총 접촉면적(A_{gl})이 결정되어야 한다. 이것은 평균직경(πD_d^2)을 갖는 구형 물방울의 면적으로써 일반적으로 구해진다. 대표체적(V)에서의 물방울의 수(n_d)는 액체체적($\varepsilon s_l V$)을 물방울 하나의 체적($\frac{1}{6}\pi D_d^3$)으로 나눈 것이다.

$$n_d = \frac{6\varepsilon s_l V}{\pi D_d^3} \tag{55}$$

따라서 접촉면적은 다음과 같다.

$$A_{gl} = \frac{6\varepsilon s_l V}{D_d} \tag{56}$$

그리고 체적 V에서 총 물질전달은 다음과 같다.

$$\dot{M}_{H_2O} = A_{gl}\dot{m}_{H_2O} \tag{57}$$

4.1.2 응용

다중유체 모델은 가장 일반적이며, 개념상으로 가정이 좀 더 제한적이지 않기 때문에 가장 유연하다. 이 모델을 연료전지에 적용시킨 예가 그림 22-24에 주어져 있다[11].

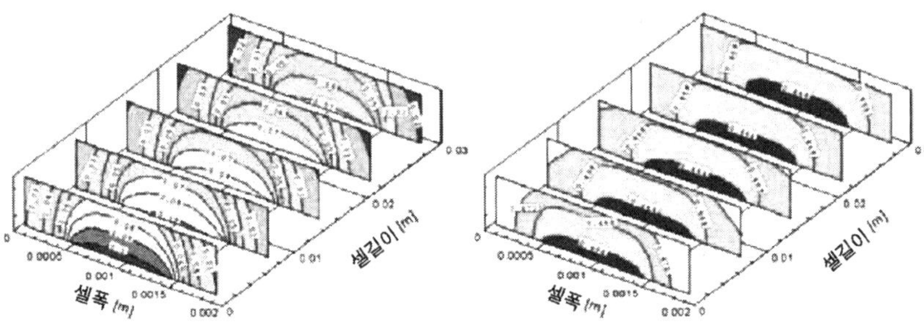

그림 22. 0.8A/m^{2}의 전류밀도에서 공기극의 가스확산층 내부의 산소 몰농도(좌측)와 수증기 분포(우측)

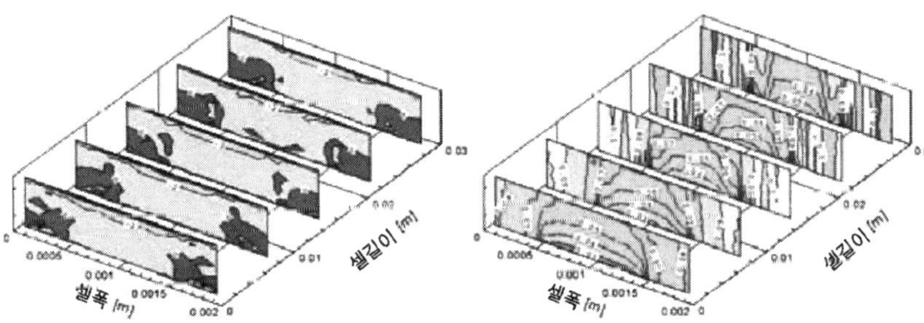

그림 23. 0.8A/m^{2}의 전류밀도에서 공기극의 가스확산층 내부의 상변화율[kg/(m^3·s)](좌측)과 액상물의 포하도(우측)

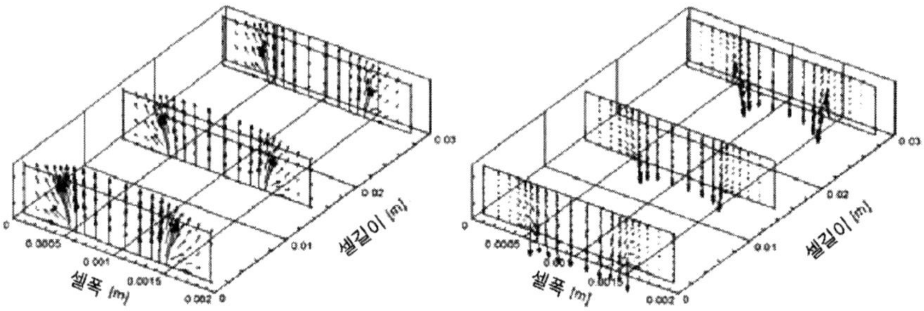

그림 24. 0.8A/m^{2}의 전류밀도에서 공기극의 가스확산층 내부의 가스상 속도벡터(좌측)과 액상 속도벡터(우측)

그림 22는 산소와 수증기 농도의 등고선을 보여준다. 그림 22-24에서 수직축의 상부와 하부는 각각 촉매층/가스확산층과 유로/가스확산층의 계면에 해당하며, 평면은 연료전지 부분의 입구에서 출구까지의 연속된 위치에 해당한다. 집전판의 바닥면 아래에 산소의 결핍이 더욱 두드러짐과 함께 몰 당 산소농도 등고선은 모델의 단일상의 형태에서 나타나는 등고선과 비슷하다. 그러나 상변화 때문에 물의 농도는 상대적으로 균일하다. 0.8% 차이로 인해 물의 포화압력에 대한 온도장의 영향이 커질 것이다.

그림 23의 왼쪽은 연료극의 GDL에서의 상변화를 보여준다. 양(+)의 값은 증가된 압력강하로 인해 바닥면 아래에서 나타나는 증발에 해당한다. 바닥면 아래에서 가스수송에 대한 증가된 저항으로 인한 압력강하는 포화점 아래로 수증기 압력을 감소시킨다. 응축을 나타내는 음(-)의 값은 산소의 소모와 수증기의 생성 때문에 촉매층/GDL 경계면에서 가장 우세하다.

그림 23의 오른쪽에서는 공기극의 GDL에서 액상 물의 포화도 분포가 나타나 있다. 이 전류밀도(0.8 A/cm^2)에 대해 유로의 끝부분에서 바닥면 아래에서 10 %의 최대 포화도가 얻어진다. 포화도의 구배는 촉매층의 높은 수준으로부터 유로 경계면의 낮은 수준에 걸쳐 존재한다. 이는 높은 포화도에서 낮은 포화도 쪽으로 물이 이동하는 모세관 수송의 친수적 현상에 대해 수식화가 훌륭히 이루어졌음을 나타낸다.

가스상 및 액상의 속도벡터가 그림 24에 나타나 있다. 왼쪽에 나타나 있는 가스상은 촉매층으로 가스의 체적수송을 나타낸다. 단일상의 모델에서, 가스의 체적운동은 수증기 생성물의 제거로 인해 반대방향이다. 그러나 상변화와 모세관 수송을 고려할 때, 생성물인 물은 대부분 액상으로 제거된다. 이는 그림 24의 우측에서 액상 속도벡터 그림으로부터 명백하다. 다중유체 모델의 폭 넓은 적용성은 일련의 특성방정식과 각 상의 결합에 대해 해를 구해야 하는 대가를 치름으로써 얻어진다. 이로 인해 수치적 해를 구하는 것은 더욱 어렵고 계산량은 훨씬 더 많아진다. 특히 모델의 수렴율과 수치적 안정성은 어떤 운전조건 하에서는 문제가 될 수 있다. 다양한 단순화가 이루어진 대안의 모델들이 다음에 제시되어 있다. 그 모델들은 일반성은 없더라도 훨씬 더 실제적이며, 적절한 영역에서 사용된다면 GDL에서 수송을 시뮬레이션하는데 효과적일 수 있다.

4.2 혼합물 모델

혼합물 모델은 Wang 등[31]과 You & Liu를 포함한 여러 연구원에 의해 PEMFC 전극에서의 2상 흐름을 모델링하는데 사용되어 왔다. 혼합물모델의 주제는 전통적인 혼합물이론의 연습과 함께 수증기와 액체로서 물의 수송을 설명하는 것이다. 일련의 결과식은 수학적으로 다중유체 모델과 등가이다[20]. 혼합물의 양과 관련된 상의 양을 사용함으로써 식을 다시 쓸 수 있다. 정상상태 조건에 대해 혼합물 모델에 사용되는 방정식은 다음과 같다.

혼합물 보존방정식

$$\nabla \cdot (\rho u) = 0 \tag{58}$$

혼합물 운동량방정식

$$u = -\frac{K}{\rho\nu}\nabla P \tag{59}$$

여기서 ν는 혼합물의 동적 점성도이다. 혼합물의 보존방정식은 다음과 같이 표현된다.

$$\nabla \cdot (\gamma_A \rho u y_A) = -\nabla \cdot (\varepsilon\rho D \nabla y_A) + \cdots \nabla \cdot \left[\varepsilon \sum_{k=g,l}\left[\rho_k s_k D_A^k (\nabla y_A^k - \nabla y_A)\right]\right] - \nabla \cdot \left[\sum_{k=g,l} y_A^k j^k\right] \tag{60}$$

식 (60)의 수평류(advection) 정정계수 γ_A는 각 물질에서 나타나는 특정한 속도장을 고려한 것이다. 수평류 정정계수는 다음과 같이 수식화된다.

$$\gamma_A = \frac{\rho(\lambda_l y_A^l + \lambda_g y_A^g)}{\rho_l s_l y_A^l + \rho_g s_g y_A^g} \tag{61}$$

여기서 γ_k 항은 가스상과 액상혼합물에 대한 상대이동도로서 다음과 같이 표현된다.

$$\lambda_g = \frac{k_{rg}/\nu_g}{k_{rg}/\nu_g + k_{rl}/\nu_l} \qquad \lambda_l = \frac{k_{rl}/\nu_l}{k_{rg}/\nu_g + k_{rl}/\nu_l} \tag{62}$$

혼합물의 양은 다음과 같이 계산된다.

$$\begin{aligned} \rho &= \rho_l s_l + \rho_g s_g \\ \rho u &= \rho_l u_l + \rho_g u_g \\ \rho y_A &= \rho_l s_l y_A^l + \rho_g s_g y_A^g \\ \rho D_A &= \rho_l s_l D_A^l + \rho_g s_g D_A^g \\ \rho h &= \rho_l s_l h_l + \rho_g s_g h_g \\ \nu &= \frac{1}{(k_{rl}/\nu_l) + (k_{rg}/\nu_g)} \end{aligned} \tag{63}$$

각 상의 속도는 다음 단계에서 해로부터 얻어진다. 이 속도들은 상대속도를 혼합물속도에 더함으로써($\rho_{g,l}\, u_{g,l} = \lambda_{g,l}\, \rho\, u + j^{g,l}$) 구할 수 있다. 단지 모세관확산만을 고려한다면 식 (60)의 상대질량유속항 j^k는 다음과 같이 표현된다.

$$\begin{aligned} j^l &= k\frac{\lambda_l \lambda_g}{\nu}\left(\frac{dP_c}{ds_l}\right)\nabla s_l \\ j^g &= -j^l \end{aligned} \tag{64}$$

액체포화도는 각 반복루프마다 계산되어 새 값으로 수정된다. 액체포화도는 전체 물의 농도를 가스상을 포화시키기 위해 필요한 수증기의 농도와 비교함으로써 결정된다. 물농도가 포화농도보다 더 크다면 액상의 물이 존재해야 한다. 액상 물의 포화도(s_l), 포화된 가스 및 액상 물의 농도(각각 ρ_s, ρ_l)의 함수로써 총 물(ρ_{H_2O})의 밀도에 대한 식을 사용하면 포화도는 다음과 같이 구할 수 있다.

$$\rho_{H_2O} = s_l \rho_l + (1 - s_l)\rho_\nu \tag{65}$$

여기서 ρ_s가 수증기포화 공기의 단위체적 당 수증기의 질량(수증기의 체적밀도를 곱한 공기 중에서의 수증기의 질량분율)이라는 것을 유의해야 한다. ρ_s는 공기의 온도의존 포화압력($P_s(T)$), 가스 절대압력(P), 그리고 수증기의 체적밀도(ρ_ν)로부터 구할 수 있다.

$$\rho_s = \frac{P_s(T)}{P}\rho_\nu \tag{66}$$

순수한 액상을 고려하면 식 (65)는 다음과 같이 다시 쓸 수 있다.

$$s_l = \frac{\rho_{H_2O} - \rho_s}{\rho_l - \rho_s}. \tag{67}$$

따라서 물 전체의 농도, 온도, 압력으로부터 포화도를 계산할 수 있다.

4.3 습도확산 모델

유일한 구동력이 모세관현상일 때 액상물의 수송을 결정하기 위해 습도확산(moisture diffusion) 모델 – 이를 비포화유동 이론(unsaturated flow theory)이라고도 부른다[20] – 이 개발되었다. Luikov[33]와 Whitaker[34]가 이 수식을 만든 개척자로 여겨진다. 이 방법은 Natarajan & Nguyen[35]에 의해 PEM 연료전지에 적용되어졌다. 습도확산 모델에서 액상 물의 수송에 대한 정상상태 방정식은 다음과 같이 나타낼 수 있다(Wang & Cheng, 1997).

$$\nabla \cdot (D(s_l)\nabla s_l) + \dot{S}_l = 0 \tag{68}$$

여기서

$$D(s_l) = \frac{\rho_l k_l}{\mu_l}\frac{\partial p_c}{\partial s_l} \tag{69}$$

$$\dot{S}_l = -\dot{S}_{g,H_2O} \tag{70}$$

이다. 그리고 $\dot{S}$는 상변화로 인한 물질의 소스이다. 액상을 대류항이 없는 스칼라

물질로 취급하면 습도확산 모델을 CFD 프로그램에 포함시킬 수 있다. 이는 2상 흐름을 단일상 연료전지 모델에 포함시키는 적절하고도 쉬운 방법이다. 물질의 소스는 다상유체 모델에서처럼 비율의 형태로 계산될 필요가 있다. 또 기공도는 액체포화를 근거로 하여 수정될 필요가 있다.

4.4 기공도정정 모델

기공도정정 모델은 액상 물의 수송을 무시함으로써 2상 문제를 단순화시킨다. 각 반복루프마다 포화수준이 계산된다. Kermani 등[36]의 모델에서는 포화의 온도와 수준이 시스템의 내부에너지와 물의 밀도를 사용하여 반복적으로 계산된다. 결론적으로 가스 상에 개방된 체적 부분은 다음과 같이 다시 쓸 수 있다.

$$\varepsilon_g = \varepsilon(1-s) \tag{71}$$

이 모델은 포화 수준이 낮을 때(액상의 물의 경우 비이동성 포화한계 아래) 특히 효율적이다. 이 모델은 현존하는 단일 상의 연료전지 모델에 포함시킬 수 있는 가장 간단한 것이다.

4.5 여러 문헌의 다상모델의 평가

시스템의 조건, 고려된 다공질물질, 사용가능한 컴퓨터 사양 등이 주어지면 어떤 모델을 사용해야 하는가를 결정하는 데 도움이 되도록 표 2가 주어져 있다. 제일 위쪽은 다중유체 모델이다. 다중유체 모델은 성능이 우수한 컴퓨터가 많고 안정한 상 결합이 이루어질 수 있을 때 유력한 모델이다. 가장 아래쪽에는 기공도정정 모델이 있다. 이 모델은 비이동성 값 이하에서 포화도 수준을 고려할 때 계산상의 효율성 때문에 이상적인 모델이다.

표 2. 각 다상흐름 모델의 장점, 단점 및 응용 분야

다상흐름 모델	장 점	단 점	응 용 분 야
다중유체 모델	- 일반화된 형태 - 상 사이의 전달 모델이 사용가능함 - 복잡한 액체운동을 풀 수 있음 - 가스에 의한 액체의 대류를 모델링함	- 변수 수가 가장 많음 - 계산양이 가장 많음 - 상들의 결합 때문에 불안정한 모델이 될 수 있음 - 다상 CFD 프로그램을 필요로 함	- 좀 더 많은 액체용액의 필요로 인해 높은 포화도 조건에서 가장 잘 사용됨 - 가스가 액체에 미치는 영향이 표면장력에 대한 영향과 동일할 때

혼합물 모델	- 변수 수가 감소됨 - 액체에 대한 가스압력의 영향을 모델링함	- 포화도가 높을 때 수렴하는 문제가 있을 수 있음(액체와 가스가 아주 다른 속도장을 가진다) - 상 사이의 전달모델을 사용불가 - 계산해야 할 혼합물의 수가 많음	- 액체에 대해 가스압력이 가장 우세한 힘이거나 또는 모세관력이 같은 방향으로 액체를 구동시킬 때 - 높은 모세관지수(즉, 많은 기공과 높은 투과도)
습도확산 모델	- 단일 상 모델에서 하나의 방정식 부가 - 상변화모델을 사용 가능	- 액체에 미치는 가스압력의 영향을 고려하지 않음 - 상 사이의 열 및 물질 전달을 모델링 할 수 없음	- 액체에 대해 표면장력이 우세한 힘일 때 - 낮은 모세관지수(즉, 적은 기공과 낮은 투과도)
기공도 정정	- 단일 상 모델에 대해 부가적인 수송 방정식이 필요 없음	- 액체이동을 고려하지 않음	- 액체포화도가 비이동성 포화도를 초과하지 않는 조건(즉, 낮은 상대습도, 매우 작은 기공, 낮은 전류밀도)

5 미해결 문제와 결론

가스확산 전극에서 2상 수송에 대한 신뢰성 높은 예측도구를 개발하기 위해 다음과 같은 많은 근본적인 문제들을 언급될 필요가 있다.

- 전극에서 다공질 물질의 수력학적 및 확산적 특성을 밝힐 필요가 있다. PEM 연료전지의 가스확산층의 구조는 일반적으로 섬유질로 이루어져 있다. 탄소천층의 경우 다공질 매트릭스는 크고 작은 구멍을 만드는 직조섬유로 구성되어 있다. 이와 달리 탄소종이층은 임의로 짠 섬유로 구성되어 있다. 가스확산층의 구조는 다공질 물질 연구의 대상이 되는 단체 구조에서 압축층상(packed deb) 구조 또는 원통형 기공과는 크게 다른 것이 분명하다. 또한 이 섬유층은 이방성임이 분명하다. 풀어야 할 몇 가지 파라메터는 영역의 기공도, 투과도, 비틀림도 등에 대해 3 차원 텐서형식이다. 현재 특성들은 구할 수 있는 상용 CFD 프로그램에서 등방성 형태로 구현될 수 있을 뿐이다.
- 전극의 다공질 물질에서의 모세관 현상에 대해 많은 연구가 필요하다. 전극의 모세관 압력을 결정하는 데 사용되는 식들은 압축층상에 대한 연구를 기반으로 하고 있으며, 습윤도의 영향을 거의 포함하고 있지 않다. 해결되어야 할 문제는 가스확산층에서 포화곡선에 대한 모세관 압력, 가스와 액체에 대한 비이동성 포화도 수준, 그리고 그러한 특성들에 대한 습윤도의 영향 등을 포함한다.

이 논의를 마침에 있어 우리는 PEM 연료전지에서 더 큰 전류밀도를 얻는데 물질수송의 제한이 커다란 장애가 된다는 것을 언급하였다. PEMFC의 물 관리는 설계에서 중요한 고려사항이다. 전극에서 액상 물의 거동은 실측할 수 없기 때문에 완전히 이해할 수 없다. PEMFC 전극에서의 물의 수송은 중요한 물리적 과정을 파악하는 모델에 의해 잘 이해될 수 있다. 이 장에서는 2상 물질수송의 특정한 몇 가지 모델에 대해 개략적으로 설명하였다. 이 모델이 CFD 프로그램으로 일단 구현되면 설계자는 다공질 전극에서 액상 물의 수송 뿐만 아니라 반응물과 생성물 가스의 수송을 더욱 잘 이해할 수 있을 것이다. 가스확산전극에서 2상 수송에 대한 모델링을 개선하기 위한 결정적인 부분은 PEM 연료전지에 사용된 다공질 재질을 실험에 의해 특성을 파악하는 것임을 이 장에서 밝혔다.

참고문헌

[1] Schulze, M., Schneider, A. & Gülzow, E., Alteration of the distribution of the platinum catalyst in membrane-electrode assemblies during PEFC operation. J. Power Sources, 127, pp. 213-221

[2] Nam, J. H. & Kaviany, M., Effective diffusivity and water-saturation distribution in single- and two-layer PEMFC diffusion medium. Int. J. Heat Mass Transfer, 46, pp. 4595-4611, 2003.

[3] Ngo, N. D. & Tamma, K. K., Microscale permeability predictions of porous fibrous media. Int. J. Heat Mass Transfer, 44, pp. 3135-3145, 2001.

[4] Papathanasiou, T. D., Flow across structured fiber bundles: a dimensionless correlation. J. Multiphase Flow, 27, pp. 1451-1461, 2001.

[5] Biloé, S. & Mauran, S., Gas flow through highly porous graphite matrices. Carbon, 41, pp. 525-537, 2003.

[6] Bird, R. B., Stewart, W. E. & Lightfoot, E. N., Transport Phenomena, John Wiley and Sons: New York, 1960.

[7] Berning, T. & Djilali, N., A three-dimensional, multi-phase, multicomponent model of the cathode and anode of a PEM fuel cell. J. Electrochem. Soc. 150, pp. A1589-A1598, 2003.

[8] Cussler, E. L., Diffusion-Mass Transfer in Fluid Systems, Cambridge University Press: New York, 1997.

[9] Epstein, N., On tortuosity and the tortuosity factor in flow and diffusion through porous media. Chem. Eng. Sci., 44(3), pp. 777-779, 1989.

[10] De La Rue, R. E. & Tobias, C. W., On the conductivity of dispersions. J. Electrochem. Soc., 106(9), 1959.
[11] Berning, T., Three-Dimensional Computational Analysis of Transport Phenomena in a PEM Fuel Cell. Ph D. thesis, University of Victoria, 2002.
[12] Kast, W. & Hohenthanner, C. R., Mass transfer within the gas-phase of porous media. Int. J. Heat Mass Transfer, 43(5), pp. 807-823, 2000.
[13] Cunningham, R. R .& Williams, R. J. J., Diffusion in Gases and Porous Media, Plenum Press: New York, 1980.
[14] Karniadakis, G. E. & Beskok, A., Micro Flows-Fundamentals and Simulation, Springer-Verlag: New York, 2002.
[15] Feng, C. & Stewart, W. E., Practical models for isothermal diffusion and flow of gas in porous solids. Ind. Eng. Chem. Fundam., 12(2), 1973.
[16] Taylor, R., Calculation of steady-state multicomponent mass transfer rates in porous media in the transition region. Ind. Eng. Chem. Fundam., 21, pp. 63-67, 1982.
[17] Staia, M. H., Cambell, F. R. & Hills, A. W. D., Measurement of gaseous diffusion coefficients in porous reaction products. Ind. Eng. Chem. Res., 26, pp. 438 446, 1987.
[18] Suwanwarangkul, R., Croiset, E., Fowler, M. W., Douglas, P. L., Entchev, E. & Douglas, M. A., Performance comparison of Fick's dusty-gas and Stefan-Maxwell models to predict the concentration overpotential of a SOFC anode. J. Power Sources, 122, pp. 9-18, 2003.
[19] Mezedur, M. M., Kaviany, M. & Moore, W., Effect of pore structure, randomness and size on effective mass diffusivity. AIChE Journal, 48(1), pp. 15-24, 2002.
[20] Wang, C. Y. & Cheng, P., Multiphase flow and heat transfer in porous media. Advances in Heat Transfer, 30, pp. 30-196, 1997.
[21] Udell, K. S., Heat transfer in porous media considering phase change and capillarity – the heat pipe effect. Int. J. Heat Mass Transfer, 28(2), pp. 485-495, 1985.
[22] App, J. F. & Mohanty, K. K., Gas and condensate relative permeability at near critical conditions: capillary and Reynolds number dependence.

J. Petrol. Sci. Eng., 36, pp. 111-126, 2002.
[23] Kaviany, M., Principles of Heat Transfer in Porous Media, Springer-Verlag: New York, 1991.
[24] Anderson, W. G., Wettability literature survey - Part 4: Effects of wettability on capillary pressure, J. Petrol. Technol., pp. 1283-1299, 1987.
[25] Leverett, M. C., Capillary behaviour in porous solids. AIME Trans., 142, pp. 152-169, 1941.
[26] Scheidegger, A. E., The Physics of Flow through Porous Media, University of Toronto Press: Toronto, 1974.
[27] van Genuchten, M. Th., A closed-form equation for predicting the hydraulic conductivity of unsaturated soils. Soil Sci. Soc. Amer. J., 44, pp. 892-898, 1980.
[28] Anderson, W. G., Wettability literature survey - Part 5: Effects of wettability on relative permeability. J. Petrol. Technol., pp. 1453-1468, 1987.
[29] Eames, I. W., Marr, N. J. & Sabir, H., The evaporation coefficient of water: a review. Int. J. Heat Mass Transfer, 40(1), pp. 2963--2973, 1997. 212 Transport Phenomena in Fuel Cells
[30] Marek, R. & Straub, J., Analysis of the evaporation coefficient and the condensation coefficient of water. Int. J. Heat Mass Transfer, 44, pp. 39-53, 2001.
[31] Wang, Z. H., Wang, C. Y. & Chen, K. S., Two-phase flow and transport in the air cathode of proton exchange membrane fuel cells. J. Power Sources, 94, pp. 40-50, 2001.
[32] You, L. & Liu, H., A two-phase and transport model for the cathode of PEM fuel cells. Int. J. Heat Mass Transfer, 45, pp. 2277-2287, 2002.
[33] Luikov, A. V., Systems of differential equations of heat and mass transfer in capillary-porous bodies (Review). Int. J. Heat Mass Transfer, 18, pp. 1-14, 1975.
[34] Whitaker, S., Simultaneous heat, mass and momentum transfer in porous media: A theory of drying. Advances in Heat Transfer, 13, pp. 119-203, 1977.
[35] Natarajan, D. & Nguyen, T. V., Three-dimensional effects of liquid water flooding in the cathode of a PEM fuel cell. J. Power

Sources, 115, pp. 66-80, 2003.
[36] Kermani, M. J., Stockie, J. M. & Gerber, A. G., Condensation in the cathode of a PEM fuel cell. Proc. of the 11th Annual Conference of the CFD Society of Canada, 2003.

기 호

A_D 물방울 영역
A_{gl} 가스-액체 경계영역
c 몰농도
Ca 모세관 수
d_{por} 기공직경
D 확산계수
D_{AB} 2종 시스템에서의 확산계수
D_{ij} 다중성분 시스템에서의 확산계수
$D_{(sl)}$ 모세관 확산계수
D_d 물방울직경
j 상대질량유속
k 투과도
$k_{g,l}$ 상대투과도
k_B Boltzmann 상수
k_k Kozeny 상수
Kn Knudsen 수
$\dot{m}_{H_2O}$ 상변화 질량전달
M 분자량
n 질량유속
N 몰유속
N_m 질량전달 Nusselt 수
P 압력
P_c 모세관압력
P_s 포화압력
R 일반 가스상수

s	감소된 포화
s_{im}	비이동성 포화
$s_{g,l}$	상 포화
S	질량 소스항
Sc	Schmidt 수
t	시간
T	온도
x	몰분율
y	질량분율
u	피상속도
u_i	평균간극속도
V	체적
V_D	물방울의 체적

그리스 기호

γ	질량전달계수
γ_A	수평류정정인자
ϵ	기공도
λ	평균자유행정
$\lambda_{g,l}$	상대이동도
μ	점성도
ν	동역학적 점성도
ρ_A	물질 A의 밀도
ρ	밀도
σ	계면장력
σ_{ii}	충돌직경
τ	비틀림도 인자
ϕ	확산체적
ω	상변화 정정인자

Chapter 6

수소이온교환막 연료전지의 수치 시뮬레이션

T. C. Jen, T. Z. Yan & Q .H. Chen
Department of Mechanical Engineering,
University of Wisconsin–Milwaukee, USA

요　약

이 장은 다양한 설계방법과 운전조건이 PEMFC 성능에 미치는 효과를 평가하기 위해 수소이온교환막 연료전지(PEMFC)에 대한 일반적인 수학적 모델과 수치 시뮬레이션 결과를 제시한다. 1 차원 및 2 차원 모델이 제시되며, 각 모델의 장점과 단점이 자세히 논의된다. 그 후 일반적인 3 차원 모델이 수립되고 자세히 설명된다. 이 3 차원 모델은 전기화학적 동력학, 전류밀도 분포, 수력학, 다중성분 수송을 설명한다. 연료전지에서 샌드위치 구조로 된 요소들에서 질량보존방정식, 운동량방정식, 에너지균형, 물질의 농도 뿐만 아니라 교환막과 촉매계층에서 상전위에 대한 식을 포함한 기본 수송방정식으로부터 3 차원 모델의 수립을 시작한다. 이러한 지배방정식들은 다양한 소스항을 도입함으로서 화학반응 동역학과 결합된다. 이 방정식들은 소스항을 제외하면 매우 비슷한 형태를 가진다는 것을 알 수 있다. 이러한 관찰을 기반으로, 연료전지의 각 요소 사이의 계면에서 경계조건을 설정하지 않고 단일 영역에서 같은 수치적 방법을 사용하여 모든 지배 방정식들의 해를 구할 수 있다. 자세한 수치적 방법들이 이 장에 설명되어 있다. 가스유로, 촉매층 그리고 교환막으로 구성된 단일 영역에서 지배방정식들의 해를 구함으로써 다양한 운전조건 하에서 속도장, 국소 전류밀도 분포, 유로를 따른 물질의 밀도변화 등과 같은 파라메터들이 계산된다. 온도, 압력 그리고 교환막의 두께와 같은 다양한 파라미터들이 PEMFC의 성능에 미치는 영향이 조사된다. 수치계산 결과는 문헌에서 얻을 수 있는 실험데이터를 이용하여 검증되었다. 이 일반적인

3 차원 모델은 PEMFC의 최적설계와 운전에 사용될 수 있다. 또한 PEMFC 스택과 시스템을 모델링하고 이해하기 위한 기본 토대가 된다.

1 서 론

최근 연료전지는 많은 관심을 받아 왔음에도 불구하고 개념을 이해하기 위해서는 아직 많은 연구가 필요하다[1]. 연료전지 동작에 대한 일반적인 개념은 가스 혼합물의 수송과 전기화학적 반응에 의한 물질의 변환을 특징으로 하고 있다. 따라서 연료전지 연구에 있어서 가장 도전적인 문제는 연료전지의 성능을 예측하는 것이다. 수송현상을 시뮬레이션하기 위한 수학적 모델은 연료전지의 기초적인 물리적 및 화학적 과정을 이해하는데 효율적인 도구가 된다. 따라서 신뢰성 있는 수학적 모델은 연료전지의 설계, 운전 및 최적화에 필수적이다.

2 1 차원(1-D) 모델

PEMFC의 현상을 시뮬레이션하려는 초창기 시도는 주로 1-D 모델을 사용하였다. 1-D 모델의 선구적인 연구는 Savinell & Fritts[2], Ridge[3], Fritts & Savinell[4], Yang[5], Verbrugge & Hill[6], Bernerdi & Verbrugge[7], Springer[8] 등에 의해 이루어졌다. 이러한 초기 연구는 대부분 물과 온도 관리를 고려하였다. PEMFC가 운전되는 동안 물 분자는 전기삼투(electro-osmosis) 현상에 의해 막의 연료극에서 공기극으로 이동된다. 만일 물의 수송속도가 물의 역확산속도보다 빠르면 교환막은 탈수되고 저항이 너무 커져서 전류가 흐를 수 없게 된다. 반대로 만일 물이 너무 많으면 즉, 공기극 가스확산층의 기공에 물이 범람하면 촉매 쪽으로 반응물질을 수송할 수 없게 될 것이다. 결론적으로 적당한 물의 관리가 막의 높은 전도도를 유지하고 물의 범람을 막는데 필수적이다. 또 높은 수증기압력에 의해 반응가스가 희석되는 효과도 고려해야 한다. 따라서 물관리는 성능에 결정적인 요소이다. Verbrugge & Hill[6]은 희석용액이론(dilute solution theory)을 기반으로 하여 퍼플루오르슬폰산 아이오노머(perfluorosulfonate ionomer)의 수송특성을 광범위하게 모델링하였다. False[9]는 수력투과도(hydraulic permeability)와 전기삼투흡인(electro-osmotic grag) 데이터를 기초로 하여 등온 물분포도(isothermal water map)를 제시하였다. Fuller & Newman[10]은 연료전지 막에서의 물수송을 설명하기 위해 농축용액이론(concentrated solution theory)을 적용시켰고 수송특성에 대한 문헌의 데이터를 사용하였다. Bernardi와 Verbrugge[7]는 가스확산전극을 통한 수송을 고려한 다른 방법을 사용하였다. 그들은 '극단적으로 얇은 막'의 경우에 대응하여 막이 균일하게 수화된다(hydrated)고 가정하였다. Springer[8]는 다공질 전극을 통한 수송을 포함하는 등온모델을 제시하였다. 그의 모델은 기공도가 정정되어야 하는 계산된 확산도와 막을 통한 수송의 경우 실험적으로 결정된 수송파라미터로부터의 입력을 필요로 했다. 대부분의 이러한 모델들은 가스유로를 따라 농도차와 압력차가 없는 완전히 잘 고정된 것으로 유로를 취급하였다. 이러한 연구는 다공질 가스확산전극에 대한 모델들은 분류하고 수치 시뮬레이션에 필요한 막의 핵심특성을 제공하는데 특히 유용하다. 이러한 1-D 모델들은 이어지는 많은 2-D 혹은 3-D 연구의 기반이 되는 부모델(sub-model)을 제공했다.

여기서 우리는 Bernardi & Verbrugge[7]가 연구한 결과에 기초한 일반적인 1 차원 PEMFC 모델을 소개한다.

2.1 일반적인 1 차원 모델

2.1.1 모델 설명

연료전지는 그림 1과 같이 두 개의 가스확산전극 사이에 삽입된 막으로 구성되어 있다. 가스확산전극은 소수성의 폴리테트라플루오르에틸렌(polytetra- fluorethylene)이 혼합되고 탄소천 상에 지지된 전기적으로 전도성을 가진 물질로 만들어진 다공질 복합물이다. 가스반응물은 운전 동안에 전극을 통해 수송된다. 전기화학적 반응은 촉매층에서 일어난다. 가습된 수소가 연료극 가스실로 들어가서 연료극 가스확산기를 통해 수송된 뒤 촉매층에 도날한다. 수소분자는 산화되어 수소이온과 전자가 생성된다. 수소이온은 막으로 이동하며 전자는 탄소전도체로 모이게 된다. 전체 전기화학적 반응은 다음과 같이 표현될 수 있다.

$$2H_2 \leftrightarrow 4H^+ + 4e^- \tag{1}$$

공기로부터의 가스반응물 O_2은 보통 H_2O와 섞여 공기극의 가스유로로 들어가서 다공질 가스확산기를 통해 수송된 뒤 공기극 촉매층에 도달한다. 수소이온은 연료극 촉매층으로부터 막을 통해 공기극 촉매층으로 확산된다. 촉매입자의 표면에서 산소는 수소이온 및 전자와 함께 소모되며, 생성물인 H_2O가 폐열과 함께 생성된다. 반응지역에서 일어나는 전체 전기화학적 반응은 다음과 같이 나타낼 수 있다.

$$4H^+ + 4e^- + O_2 \leftrightarrow 2H_2O + heat \tag{2}$$

그러므로 PEMFC의 전체 전기화학적 반응은 다음과 같다.

$$2H_2 + O_2 \leftrightarrow 2H_2O + 열 + 전기에너지 \tag{3}$$

수소이온, 용해된 산소 및 용해된 수소의 농도는 산소환원에 대한 4개 전자의 전달 반응과 수소산화에 대한 수소이온 전달반응의 동역학 식에 따라 달라진다.

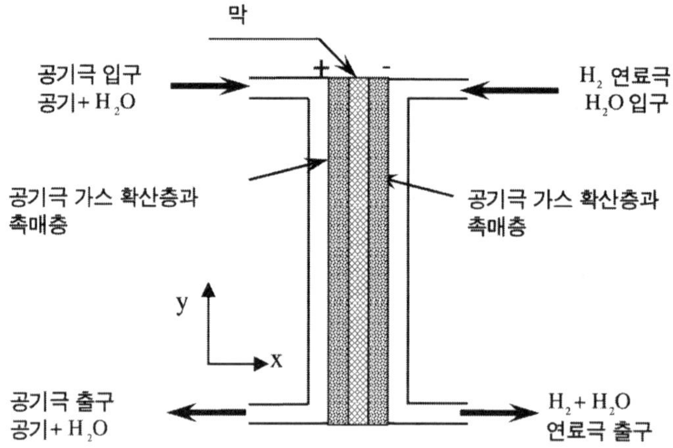

그림 1. PEMFC의 개략도

2.1.2 모델 가정

셀은 정상상태 조건에서 동작한다고 가정된다. 셀의 두께는 셀의 다른 부분의 두께에 비해 매우 작기 때문에 모델 수식화에 1 차원적 근사화가 사용된다. 전체 시스템의 온도는 일정하고 가스는 이상적이며 가스실에서 잘 혼합되었다고 가정한다. 정상상태 및 등온이라는 가정은 소형의 단일 셀 실험 연구에서 이러한 조건이 성립하기 때문에 유효하다. 이 모델은 물확산계수, 전기삼투흡인계수, 수분흡착 등온선(water sorption isotherm), 그리고 막의 전도도와 같은 몇 가지 특성 입력이 필요하au, 이들은 모두 단일 셀 실험에서 측정된다. 연료전지의 온도도 잘 제어된다고 가정한다. 열은 매우 효과적으로 전달되므로 저항손실이나 물질수송 과전압과 같은 전기화학적 반응의 비가역성에 의해 발생되는 열은 재빨리 제거될 수 있다. 입구가스는 셀의 온도까지 미리 가열된다고 가정한다. 충분히 가습된 교환막, 습윤된 가스확산층 그리고 포화된 유로의 가스가 고려된다.

가스의 속도가 매우 느리고 가스유로를 따른 압력변화는 무시할 수 있기 때문에 가스유로 내부의 전체 가스압력은 상수이며 가스확산층의 압력과 같다고 가정한다. 그러나 연료극과 공기극 사이의 압력은 변할 수 있다.

다음에 설명된 것처럼 이러한 가정 하에 전극, 촉매층, 그리고 막에 대한 수송 방정식으로써 셀 모델이 수립된다.

2.1.3 지배방정식

PEMFC의 수학적 모델을 구성하는 지배방정식은 다공질 물질에서 이상기체에 대한 보존방정식, Butler-Volmer 방정식, 그리고 기체상 수송에 대한 Stefan-Maxwell 방정식을 적용함으로써 유도된다.

전극 :

연속방정식 : $$\frac{d}{dx}(\rho v)=0 \tag{4}$$

물질보존방정식 : $$\frac{d}{dx}(\rho_i \nu+\rho V_i)=m_i \tag{5}$$

전위 : $$\frac{d\Phi_s}{dx}=-\frac{I}{\sigma^{eff}} \tag{6}$$

여기서 ρ_i는 물질 i의 부분적인 밀도, ρ는 평균밀도, v는 x 방향의 질량평균 속도이다. V_i는 물질 i의 확산속도이며 m_i는 물질 i의 질량이다. Φ_s는 전극의 고체 매트릭스의 전위를 나타내며, I는 셀의 전류밀도이다. 그리고 σ^{eff}는 유효 전기전도도이다. 확산속도 V_i는 다중성분 가스확산에 대한 Stefan-Maxwell 방정식으로부터 결정될 수 있다

$$\nabla x_i=\sum_i\left(\frac{x_i}{D_{ij}^{eff}}\right)(V_j-V_i) \tag{7}$$

여기서 D_i^{eff}는 물질 j 내부에 존재하는 물질 i에 대한 유효 2종확산계수이고, x_i는 몰분율을 나타낸다. 공기극에 공급되는 물질은 O_2, N_2 및 H_2O이며 연료극에 공급되는 물질 i는 H_2와 H_2O이다.

2.1.4 촉매층

촉매층은 PEMFC의 다른 요소에 비해 가장 얇지만 연료전지의 핵심이다. 이 영역에서 전기에너지와 생성물을 발생시키기 위해 전기화학적 반응이 일어난다. 이 영역

에서, 셀에 부하가 걸려있고 전극 사이의 전위차가 발생할 때 에너지와 물질의 전달은 반응동역학과 결합되어 있다. 질량전달, 전극동역학, 에너지 유속의 함수로써 이 전위차가 어떻게 변화하는가가 연료전지의 성능을 결정한다. 활성 촉매층 영역을 수학적으로 나타내는 것은 전기화학적 반응과 질량확산에 대한 Butler-Volmer식을 기반으로 한다[13, 14]. 거시적 동종법(macro-homogeneous approach)이 지배방정식을 수립하는데 사용되었다. 촉매층의 전류는 전기적 전도성이 있는 촉매층의 고체 부분(탄소와 촉매 입자)으로 이동된다. 전기화학적 반응율은 Butler-Volmer식[13, 14]에 의해 주어진다. 질량전달은 물질보존식과 Fick의 확산법칙에 의해 모델링된다. 지배방정식은 다음과 같이 표현될 수 있다.

$$\frac{di}{dx} = -aj_0^{ref}\left(\frac{C_{O2}}{C_{O_2ref}}\right)\exp\left(-\frac{\alpha F\eta_C}{RT}\right) \tag{8}$$

여기서 i는 전류밀도이고, a는 단위체적 당 촉매 반응표면 영역이다. j_0^{ref}은 기준농도 C^{ref}에서 기준 교환전류밀도이다. C_{O_2}는 산소농도이며 α_c는 Butler-Volmer 관계식에서 전달계수이다. F는 Faraday의 수이며 R은 일반 가스상수이다. η_c는 공기극에서의 과전압이며 T는 반응온도이다.

표준 다공질 전극 이론을 기반으로 한 물질평형으로부터 다음 식이 성립한다.

$$\frac{dN_i}{dx} = -\frac{s_i}{nF}\frac{di}{dx} \tag{9}$$

여기서 N_i는 물질 i의 피상유속을 나타내며, s_i는 연료극반응과 공기극반응에서 물질 i의 화학량론 계수이다. 식 (9)의 오른쪽 항은 다음과 같은 물질보존방정식에 대한 소스항이다.

수소의 경우 : $$D_{H_2}^{eff}\frac{d^2C_{H_2}}{dx^2} = \nu\frac{dC_{H_2}}{dx} + \frac{di}{dx}\left(\frac{{}^sH_2}{nF}\right) \tag{10}$$

산소의 경우 : $$D_{O_2}^{eff}\frac{d^2C_{H_20}}{dx^2} = \nu\frac{dC_{H_2}}{dx} + \frac{di}{dx}\left(-\frac{{}^sw}{nF}\right) \tag{11}$$

물의 경우 : $$D_{H_2O}^{eff}\frac{d^2C_{H_20}}{dx^2} = \nu\frac{dC_{H_2O}}{dx} + \frac{di}{dx}\left(-\frac{{}^sw}{nF}\right) \tag{12}$$

전위 : $$i = -\sigma^{eff}\frac{d\Phi}{dx} \tag{13}$$

여기서 i는 전자 전도성 고체의 전류밀도이며, σ^{eff}는 전자적으로 전도되는 촉매층의 전도도를 나타낸다.

2.1.5 막

PEMFC의 막은 수소이온의 전도체 역할을 한다. 막에서의 수송과정은 물질보존으로 설명될 수 있다. 막에서의 물질의 유속은 순수한 전기삼투견인 효과와 농도구배에 의한 확산 그리고 압력구배로 인한 대류에 의해 결정된다. Nernst-Planck 방정식의 한 형태가 막에서의 물질유속을 설명하는데 사용된다[15, 16].

$$N_i = -z\frac{F}{RT}D_iC_i\frac{d\Phi_m}{dx} - D_i\frac{dC_I}{dx} + vC_i \tag{14}$$

여기서 N_i는 물질 i의 피상유속을 나타내며 z_i는 물질 i의 전하수를 나타낸다. C_i는 물질 i의 농도, D_i는 물질 i의 확산계수 그리고 Φ_m은 막의 전위이다. v는 전위와 압력구배에 의해 발생된 H_2O의 속도로서, Schogl 방정식의 형태로 다음과 같이 표현될 수 있다.

$$v = \frac{k_\Phi}{\mu}z_fc_fF\frac{d\Phi_m}{dx} - \frac{k_p}{\mu}\frac{dp}{dx} \tag{15}$$

여기서 k_Φ는 전기-동역학적 투과도이고, μ는 기공-유체 점도이며, z_f는 고정장소의 전하이다. c_f는 고정전하 농도이며 k_p는 수력학적 투과도이다.

전류 보존 : $$\frac{di}{dx} = 0 \tag{16}$$

액체유동에 대한 질량보존 : $$\frac{dv}{dx} = 0 \tag{17}$$

전위 : $$\frac{d\Phi}{dx} = -\frac{i}{\sigma} + \frac{F}{\sigma}c_{H+V} \tag{18}$$

$$\sigma = \frac{F^2}{RT}D_H + c_{H^+} \tag{19}$$

또한 막 영역에서의 전위와 압력의 프로파일은 일정항 속도를 가지는 선형으로 가정된다. 이것은 기본적으로 완전히 발전된 다공질 물질의 경우에는 사실이다.

2.1.6 경계조건

지배방정식을 풀기 전에 적절한 경계조건이 정해져야 한다. 온도, 압력, 상대습도, 유량, 연료극과 공기극 유로에서의 반응가스의 성분 등이 셀의 운전조건에 따라 정해져야 한다.

다음 모델을 기술함에 있어 $c_$는 연료극 촉매층, c_+는 공기극 촉매층, d_-는 연료극 가스확산층, d_+는 공기극 가스확산층 그리고 m은 막, l_{c_-}는 연료극 촉매층 두께, l_{c_+}는 공기극 촉매층의 두께, l_m은 막의 두께, l_{d_-}는 연료극 가스확산층의 두께, l_{d_+}는 공기극 가스확산층의 두께를 나타낸다. 연료극 가스확산층와 촉매층 사이의 계면에서 고체상 전위구배는 옴의 규칙에 의해 셀의 동작전류밀도와 관계가 있다.

$$i = \frac{d\Phi_m}{dx}|c_- \sigma_{eff}^{c_-} \tag{20}$$

여기서 $\sigma_{eff}^{c_-}$는 연료극 촉매층의 전자전도도이다. 산소의 막 농도는 영(zero)으로 설정된다.

$$c_{O_2} = 0 \tag{21}$$

연료극 가스확산층을 통한 수압분포가 선형이기 때문에 우리는 연료극 가스확산층과 교환막 사이의 계면에서 다음과 같은 압력의 경계조건을 설정할 수 있다.

$$P_0 = P_- - \frac{\mu}{k_p^{d_-}} l_{d_-} v_s^{d_-} \tag{22}$$

여기서 p_-은 연료극 가스실의 압력이며, $k_p^{d_-}$는 연료극 가스확산층의 투과도, 그리고 $v_s^{d_-}$는 연료극 가스확산층에서의 물의 속도이다.

전체 물 유속은 연속이므로 다음 식이 성립한다.

$$C_w v_s^{d_-} + N_w^{d_-} = C_w \varepsilon_m^{c_-} \varepsilon_w^m v|_{c_-} \tag{23}$$

여기서 $N_w^{d_-}$는 Stefan-Maxwell 식[17]으로부터의 수증기 유속이au, 다음과 같다.

$$N_w^{d_-} = -\frac{I}{2F}\frac{x_w^{sat_-}}{(1-x_w^{sat_-})} \tag{24}$$

여기서

$$x_w^{sat_-} = \frac{p_w^{sat_-}}{p-} \tag{25}$$

이다. 수소의 농도는 다음과 같이 주어진다.

$$c_{H_2}^{sat} = (1-x_w^{sat})\frac{p-}{K_{H_2}} \tag{26}$$

막과 연료극 촉매층 사이의 경계면에서 전류의 연속성은 다음 식을 만족해야 한다.

$$\sigma_m \frac{d\Phi}{dz}|_m = \sigma_{eff}\frac{d\Phi}{dz}|_{c_-} \tag{27}$$

액상 물의 피상유속은 선형이다.

$$v|_m = \varepsilon_m^{c_-} v|_{c_-} \tag{28}$$

그리고 용해된 수소의 유속은 내부경계를 통해 연속이다.

$$D_{H_2}\frac{d_{CH_2}}{dx}|_m = D_{H_2}^{eff}\frac{d_{CH_2}}{dx}|_{c_-} \tag{29}$$

교환막/공기극 촉매층 사이의 경계면에서 전류, 액상 물의 피상유속, 용해된 산소의 유속은 연속이며 용해된 수소의 농도는 영이다.

$$\sigma_m \frac{d\Phi}{dz}|_m = \sigma_{eff}^{c_+} \frac{d\Phi}{dz}|_{c_-} \tag{30}$$

$$v|_m = \varepsilon_{eff}^{c_+} v|_{c+} \tag{31}$$

$$D_{O_2} \frac{d_{CO_2}}{dx}|_m = D_{O_2}^{eff} \frac{d_{CO_2}}{dx}|_{c_+} \tag{32}$$

$$C_{H_2} = 0 \tag{33}$$

공기극-촉매층/가스확산층 경계면에서 고체상에서의 전류는 연속이다.

$$\sigma_{eff}^{c_+} \frac{d\Phi_{solid}}{dx}|_{c_+} = \sigma_{eff}^{c_+} \frac{d\Phi_{solid}}{dx}|_{d_+} \tag{34}$$

그리고 물의 피상유속은 다음과 같다.

$$\rho v_s^{d_+} + N_W^{D_+} = \rho \varepsilon_m^{c_+} \varepsilon_w^{c_+} v|_{c_+} \tag{35}$$

여기서

$$N_w^{d_+} = \frac{I}{4F} \frac{x_w^{sat_+}}{1 - x_w^{sat_+} - x_{N_2} + \dfrac{x_{N_2}}{rw}} \tag{36}$$

이다. 그리고 r_w는 다음과 같이 주어지는 확산도 비이다.

$$r_w = \frac{D_{W-N_2}}{D_{W-O_2}} \tag{37}$$

촉매층에서 용해된 산소의 농도는 다음과 같이 주어진다.

$$c_{o_2}^{sat} = (1 - x_{N_2} - x_w^{sat_+}) \frac{p_+}{K_{O_2}} \tag{38}$$

여기서 K_{O_2}는 Henry 상수이다. 또 다음 식이 성립한다.

$$x_w^{sat_+} = \frac{P_w^{sat_+}}{p+} \tag{39}$$

2.1.7 결과와 토의

Ticianelli 등[11]과 Srinivasan 등[18]은 실험 결과를 각각 보고하였다. 그들의 실험데이터는 Bernardi & Verbrugge[7]와 같은 많은 수치연구에서 표준검증치로 널리 사용되고 있다. 대부분의 수치적 시뮬레이션 파라메터와 특성들은 실험을 기반으로 하기 때문에, 이러한 파라미터들과 특성들을 이 장에서 기술하였다. 표 1은 자세한 물리적 파라미터와 특성을 나타낸다.

그림 2는 Bernardi & Verbrugge의 계산결과[7]를 Ticianelli의 실험결과[11]와 비교한 것이다. 그들 모델에서 교환전류밀도 $a_+ i_o^{ref}$를 실험결과에 일치시키기 위해 조정되었음을 명심하라. 이 하나의 파라메터 조절로 모델과 실험결과는 매우 잘 일치하게 된다.

그림 3은 기본 경우에 대한 전체 셀 분극의 성분을 나타낸다. 낮은 전류밀도 (100 mA/cm^2 이하)에서 산소환원반응의 활성화과전압은 거의 전적으로 셀의 전위손실에 기인한다. 200 mA/cm^2 이상의 전류밀도에서는 교환막과 전극에서 발생하는 저항 전위손실은 더 중요하며, 공기극의 활성화과전압은 상대적으로 일정한 값을 가지게 된다.

그림 4는 교환막 두께가 전위에 미치는 영향을 보여준다. 일반적으로 전기적 전도도는 교환막의 두께와 비례한다. 교환막이 건조한 상태에서 교환막 두께가 7 mil (1 mil = 1/1000 inch)에서 2 mil로 감소함에 따라 연료전지의 전위가 증가한다는 것을 결과는 보여준다.

습윤된 교환막에 대한 모델링 값은 건조한 막의 두께에 대한 습윤된 막의 비율이 일정하다고 가정하여 구해진다. 실험데이터(주어져 있지 않음)와 모델예측치를 비교하면 일반적으로 만족할 만하다.

공기극을 가압시키는 것이 연료전지의 전위에 미치는 효과가 그림 5에 나타나 있다. 공기극의 압력이 5 기압에서 3 기압으로 감소하면 개방회로전압은 공기극의 압력변화에 의해 단지 약간의 영향을 받을 뿐이다. 셀 전위가 감소하는 것은 낮은 압력 때문에 주로 산소 몰 분율의 감소로 인해 감소한다. 이것은 공기극 활성화과전압 손실을 증가시킨다.

표 1. 파라메터 값

습윤막의 두께, l_m	0.023 cm
가스확산층의 두께, $l_{d_+} = l_{d_-}$	0.026 cm
촉매층의 두께, $l_{c_+} = l_{c_-}$	0.001 cm
입구공기의 상대속도	100 %
입구수소의 상대속도	100 %
연료와 공기의 입구온도, T_0	105 ℃
셀온도, T	80 ℃
입구의 질소-산소 몰비율	0.79/0.21
공기측 압력, p_+	5 atm
연료측 압력, p_-	3 atm
열역학적 개회로전위, U	1.194 V
계산된 수소이온 확산계수, D_{H^+}	4.5×10^{-5} cm^2/s
계산된 이온전도도, σ_m	0.17 ohm/cm
전하 고정지역 농도, c_f	1.2×10^{-3} cm^2/s
고정지역의 전하수, z_f	−1
용해된 산소 확산도, D_{O_2}	1.2×10^{-6} cm^2/s
전기동역학적 투과도, k_Φ	1.13×10^{-15} cm^2
수력투과도, k_p	1.58×10^{-14} cm^2
기공-유체(물) 점성도, μ	3.565×10^{-4} kg/ms
기공-유체(물) 밀도, ρ	0.054 mol/cm^3
포화 수증기압, p_w^{sat}	0.467 atm
막의 산소에 대한 Henry 법칙 상수, K_{O_2}	2×10^5 atm.cm^3/mol
막의 수소에 대한 Henry 법칙 상수, K_{H_2}	4.5×10^4 atm.cm^3/mol
활성영역에서 막의 체적분율, $\epsilon_{m,c}$	0.5
막에서 물의 체적분율, $\epsilon_{w,m}$	0.28
전자전도도, $\sigma_{eff}^d = \sigma_{eff}^c$	0.53 ohm/cm
연료극의 동역학적 기준 파라메터, $a_{j_0}^{ref}$	1.4×10^5 A/cm^3
공기극의 동역학적 기준 파라메터, $a_{j_0}^{ref}$	1×10^{-5} A/cm^3
공기극 전달계수, α_c	2
연료극 전달계수, α_a	0.5
H^+기준농도, $c_{H^+}^{ref}$	1.2×10^{-3} mol/cm^3
O_2기준농도, $c_{O_2}^{ref}$	3.39×10^{-6} mol/cm^3
H_2기준농도, $c_{H_2}^{ref}$	5.64×10^{-5} mol/cm^3

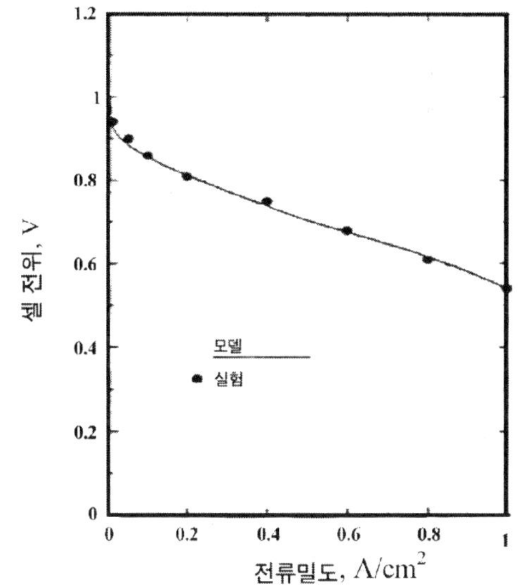

그림 2. 80 ℃, p+ = 5 atm, p_ = 3 atm에서 연료전지의 모델에 의한 계산치와 실험데이터

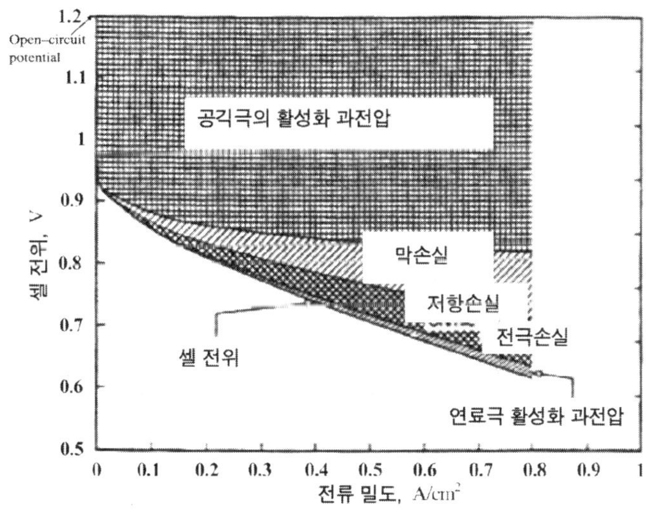

그림 3. 연료전지의 과전압

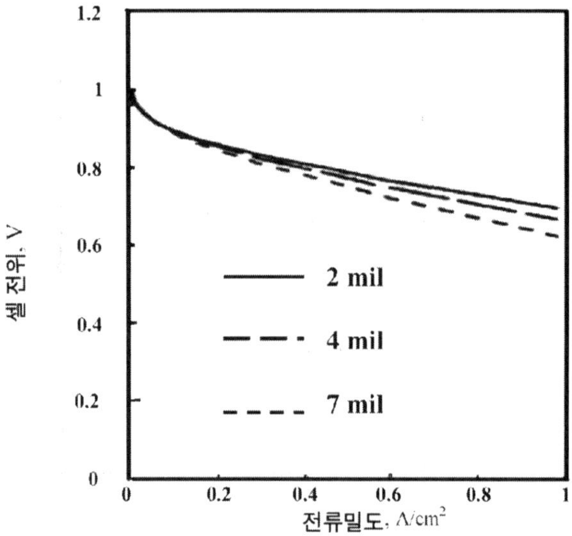

그림 4. 막의 두께가 연료전지의 과전압에 미치는 영향

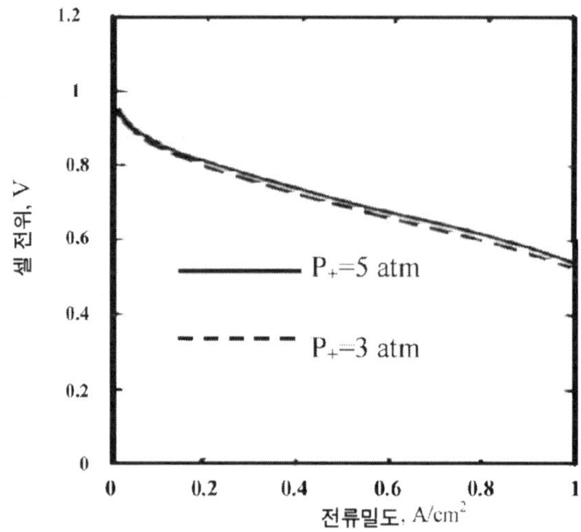

그림 5. 공기극 가스유로 압력의 영향

2.1.8 요약

1-D 모델은 PEMFC의 모델링을 위한 훌륭한 예비적 토대가 된다. 이러한 1-D 모델들은 연료극 및 공기극 반응의 활성화과전압에 의해 전위손실이 발생되고 막에서 저항손실이 발생되는 기본적인 수송특성을 기초로 하고 있다.

2.2 일반적인 2 차원(2-D) 모델

2 차원(2-D) 모델은 이전의 1-D 모델을 개선시키기 위해 수립되었다. Fuller & Newman[19]은 가스유로를 따라 특정한 위치에서 연료전지의 각 층들을 통한 수송을 모델링하고 해를 구하였으며 이를 두 번째 방향(y 축)으로 통합시켰다. 이 2-D 모델에서 가스확산층 외부의 가스는 셀을 가로지르는 방향으로 균일하게 분포되어 있다고 가정하였다. Nguyen & White[20], Amphlett 등[21], Yi & Nguyen[22]은 유로를 따라 구성성분의 변화를 고려한 유사(pseudo) 2-D 모델을 개발하였다. 이러한 모델들은 소형의 단일셀에는 유용하지만, 큰 규모의 연료전지에 적용할 때 특히 연료소모율이 높은 조건에서는 적용이 제한된다.

이후에 Gurau 등[23]은 PEMFC에서의 수송현상에 대한 2-D 모델을 제시하였다. 그들은 산소나 물의 분포와 같은 수송현상을 이해하기 위해 모델을 개발하였다. 그들은 가스유로와 나머지 연료전지층 사이의 상호작용을 고려하였다. 또한 Yi & Nguyen[24]은 상호교차유로(interdigitated flow field)를 갖는 PEMFC의 공기극에서 수력학과 다중성분 수송을 연구하기 위한 2-D 모델을 개발하였다. 최근에는 Um 등[25]은 유한-체적 CFD법에 기반한 과도상태 2-D 모델을 제안하였다. 또한 그들은 개질된 가스로 운전되는 PEMFC에 미치는 수소농도의 영향을 조사하였다.

다음 절에서는 PEMFC 내부에서 일어나는 전기화학적 과정과 수송과정에 대한 일반적인 2-D 모델을 설명한다.

2.2.1 모델 수식 및 가정

그림 6은 전형적인 2-D PEMFC를 보여준다. 그림에서 집전판, 연료와 가스 유로, 가스확산층, 촉매층과 교환막을 포함되어 있다. 수소와 수증기는 연료극 유로를 통과하여 흐르고 가습된 공기는 공기극 유로로 공급된다. 수소산화 및 산소환원 반응은 활성촉매층에서만 일어난다고 가정한다.

이 2-D 모델의 추가적인 가정은 아래와 같다.

- 연료극 유로와 공기극 유로를 포함한 가스혼합물은 이상기체이며, 밀도는 상수로 취급한다.
- 가스유동은 층류이며 비압축성이다.
- 전극, 가스확산층, 촉매층, 그리고 교환막은 등방성(isotropic)이며 동질이다(homogeneous).
- 가역조건 하에서 발생된 열은 무시한다.

- 정상상태 조건만을 고려한다.
- 셀 온도는 상수로 고정된다.
- 셀의 다른 구성요소의 접촉전압강하는 무시할 수 있다.

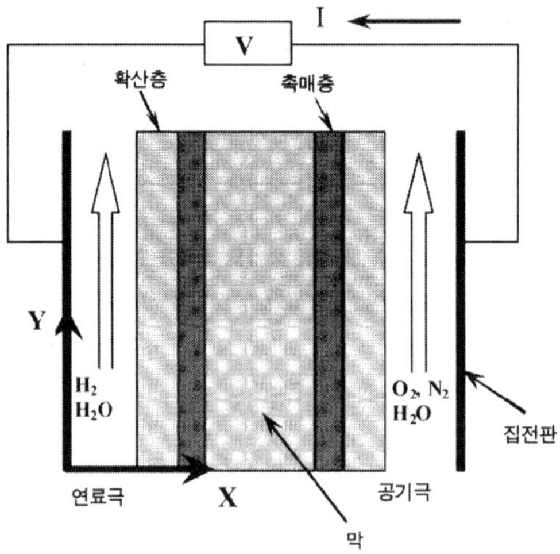

그림 6. PEMFC의 개략도

2.2.2 수학적 모델

이 절에서는 연료전지의 수송과정을 설명하기 위해 Um 등[24]에 의해 개발된 단일영역(single domain) 방법이 사용된다. 따라서 연료전지의 다른 구성요소 사이의 경계조건이 필요하지 않다.

지배 방정식은 다음과 같이 쓸 수 있다.

질량보존 : $$\frac{\partial u}{\partial x}+\frac{\partial v}{\partial y}=0 \tag{40}$$

운동량보존 : $$\frac{1}{\varepsilon}\rho\left(u\frac{\partial u}{\partial x}+v\frac{\partial u}{\partial y}\right)=-\varepsilon\frac{\partial p}{\partial x}+\mu\left(\frac{\partial^2 u}{\partial x^2}+\frac{\partial^2 u}{\partial y^2}\right)+S_x \tag{41}$$

$$\frac{1}{\varepsilon}\rho\left(u\frac{\partial v}{\partial x}+v\frac{\partial v}{\partial y}\right)=-\varepsilon\frac{\partial p}{\partial y}+\mu\left(\frac{\partial^2 v}{\partial x^2}+\frac{\partial^2 v}{\partial y^2}\right)+S_y \tag{42}$$

물질보존 : $$\frac{1}{\varepsilon}\left(u\frac{\partial X_k}{\partial x}+v\frac{\partial X}{\partial y}\right)=\varepsilon D_k\left(\frac{\partial^2 X_K}{\partial x^2}+\frac{\partial^2 X_K}{\partial y^2}\right)+S_k \tag{43}$$

$$\text{전하보존 :}\quad \frac{\partial}{\partial x}\left(\sigma_m \frac{\partial \Phi}{\partial x}\right)+\frac{\partial}{\partial y}\left(\sigma_m \frac{\partial \Phi}{\partial y}\right)+S_\Phi=0 \tag{44}$$

여기서 ε은 기공도(가스유로의 경우 ε은 1이다)이며, S는 소스항이다.

표 2는 연료전지의 다른 영역에 대한 값들을 나타낸다. X_k는 물질 k의 몰분율이고, D_k는 물질 k의 확산도이다.

표 2. 위의 지배방정식에 대한 소스항

	S_x	S_y	S_k	S_Φ
가스유로	0	0	0	0
가스확산층	$-\frac{\mu}{K}\varepsilon^2 u$	$-\frac{\mu}{K}\varepsilon^2 v$	0	0
촉매층	$-\frac{\mu}{K_P}\varepsilon_c u+E_\Phi\frac{\partial \Phi}{\partial x}$	$-\frac{\mu}{K_P}\varepsilon_c v+E_\Phi\frac{\partial \Phi}{\partial y}$	H2의 경우 H2O의 경우 O2의 경우	연료극의 경우 공기극의 경우
막	$-\frac{\mu}{K_P}\varepsilon_m u+E_\Phi\frac{\partial \Phi}{\partial x}$	$-\frac{\mu}{K_P}\varepsilon_m v+E_\Phi\frac{\partial \Phi}{\partial y}$		

여기서 $E_\Phi=\dfrac{k_\Phi}{k_p}z_f c_f F$이고, K_Φ는 전기동역학적 투과도이며, K_p는 막의 수력투과도이다. z_f는 고정위치의 전하량, c_f는 고정된 전하농도, 그리고 F는 Faraday 상수이다. c_{total}은 총 물질농도이다. j_a와 j_c는 Bulter-Volmer 식에 의해 정의되는 전달전류밀도이다.

$$j_a=aj_0^{ref}\left(\frac{X_{O_2}}{X_{O_2}^{ref}}\right)\left[\exp\left(\frac{\alpha_a^a F}{RT}\eta_C\right)-\exp\left(-\frac{\alpha_a^c F}{RT}\eta_C\right)\right] \tag{45}$$

$$j_c=aj_0^{ref}\left(\frac{X_{H_2}}{X_{H_2}^{ref}}\right)\left[\exp\left(\frac{\alpha_a^a F}{RT}\eta_C\right)-\exp\left(-\frac{\alpha_a^c F}{RT}\eta_C\right)\right] \tag{46}$$

여기서 σ_m는 막에서의 수소이온 전도도이고, Springer 등[8]에 의하면 다음과 같은 관계가 있다.

$$\sigma_m=\exp\left(1268\left(\frac{1}{303}-\frac{1}{T}\right)\right)(0.005139\lambda-0.00326) \tag{47}$$

식 (47)에서 함수율 λ는 다음과 같이 나타낼 수 있다[25].

$$\begin{aligned} \lambda &= 0.043 + 17.81A + 39.85A^2 + 36A^3 && \text{for} \quad 0 < A < 1 \\ \lambda &= 14 + 1.4(A-1) && \text{for} \quad 1 \le A \le 3 \end{aligned} \tag{48}$$

열역학적 평형상태에 있다고 가정할 때 A는 공기극 가스확산 촉매층의 경계에서 수증기 활성도로 정의되며, 다음과 같이 주어진다.

$$\mathrm{A} = \frac{X_w p}{p^{sat}} \tag{49}$$

여기서 X_w는 수증기 몰분율이다. 포화된 물의 분압 p^{sat}는 다음과 같은 경험식으로 나타낼 수 있다.

$$\log_{10} P^{sat} = 2.1794 + 0.2953T + 9.1837 \times 10^{-5} T^2 + 1.4454 \times 10^{-7} T^3 \tag{50}$$

일단 막에서 전위가 결정되면 국소 전류밀도는 다음과 같이 계산될 수 있다.

$$i(y) = -\sigma \frac{\partial \Phi_e}{\partial x}\Big|_{interface} \tag{51}$$

다음에 평균전류밀도는 다음과 같이 결정된다.

$$i_{avg} = \frac{1}{L} \int_{mem} i(y) dy \tag{52}$$

셀 전압은 다음과 같이 계산될 수 있다.

$$E = E_0 - |\eta_a| - |\eta_c| - i_{avr} / \sigma_m \tag{53}$$

여기서 E_0는 연료전지의 기준 개회로전위이며 온도의 함수로써 다음과 같이 나타낼 수 있다[25].

$$E_0 = 0.0025T + 0.2329 \tag{54}$$

2.2.3 경계조건

유로 입구에서 u, v, p, X_{H_2}, X_{H_20}, X_{O_2}, Φ_e에 대한 경계조건은 다음과 같이 고정된다.

$$u_{in,\,anode} = u_{0-}, \quad v_{in,\,anode} = 0, \quad u_{in,\,cathode} = u_{0+}, \quad v_{in,\,cathode} = 0$$
$$p_{\in,\,anode} = p_{o-}, \quad p_{\in,\,cathode} = p_{o+} \quad X_{H_2O,\,anode} = X_{H_2O}^{o-}$$
$$X_{H_2O,\,cathode} = X_{H_2O}^{o+}$$

여기서 위첨자 및 아래첨자 o^-와 o^+는 모두 연료극과 공기극에서 입구의 경계조건을 나타낸다.

고체 벽에서의 모든 속도는 미끄러짐이 없다(no-slip)는 조건으로 인해 0이 된다. 전위에 대한 경계조건은 계산영역의 경계를 따른 모든 곳에서 유속이 없다(no-flux). 출구에서 두 유로는 속도와 물질농축이 완전히 발전될 수 있도록 충분히 길다고 가정한다.

2.2.4 수치 과정

Gurau 등[23]은 3개의 다른 영역에서 이러한 지배방정식들을 풀었다. 3개 영역은 공기혼합물에 대한 공기극 가스유로-가스확산층-촉매층, 액상 물에 대한 공기극 가스확산층-촉매층-교환막-연료극 촉매층-가스확산층, 수소에 대한 연료극 가스유루-가스확산층-촉매층이다. 가스혼합물에 대한 연속방정식과 운동량방정식은 가스유로와 가스확산층이 결합된 영역에서 해를 구했다. 이어서 물질농도방정식과 Butler-Volmer 식에 대한 해를 반복계산에 의해 구했다. 수렴이 되면 셀 전위와 전류밀도에 대한 식뿐만 아니라 수증기 흐름과 관련된 수송방정식의 해가 구해진다. 두 영역에 대한 소스항과 경계조건이 경계면에서 일치해야 하므로 새로운 단계의 반복이 소개되었다. 그들이 전기화학적 셀의 효율을 구할 때는 먼저 전체 과전압을 가정하고 이후에 다른 미지의 양과 함께 전달전류밀도가 계산되었다. 일단 정확한 전류밀도가 구해지면 저항손실이 계산될 수 있고 셀 전위는 개방전위에서 전체 과전압과 전체 저항손실의 합을 뺀 값이 된다.

Um 등[25]은 단일영역에서 지배방정식을 풀었다. 몇 가지 물질들이 연료전지의 특정 영역에서 실제로 존재하지 않음에 불구하고, 물질수송방정식은 전체 계산영역에 대해 큰 소스항 기법을 사용함으로써 여전히 적용될 수 있다. 큰 소스항

기법은 이러한 특정한 하위영역에 충분히 큰 소스항을 할당함으로써 존재하지 않는 물질의 몰분율을 효과적으로 영(zero)으로 만들 수 있다.

2.2.5 결과 및 토의

그림 7은 2-D 모델의 해를 구하기 위해 연료전지의 전위-전류밀도 특성의 기본 프로파일을 나타낸다[26]. 전위손실은 일반적으로 세 가지가 있다. 그들은 (1) 활성분극(act), (2) 저항분극(ohm), (3) 농도분극(conc)이다. 활성화분극 손실은 낮은 전류밀도에서 우세하다. 이 지점에서 전류와 이온의 흐름에 우선하여 전자장벽이 극복되어야 한다. 저항분극(손실)은 직접적으로 전류에 따라 변화하며, 온도가 크게 변화하지 않으면 셀 저항은 거의 상수이므로 전류가 증가함에 따라 증가한다. 가스수송 손실은 전 영역의 전류밀도 걸쳐 발생하지만, 이 손실은 셀의 반응영역으로 충분한 반응물을 공급하기 어렵게 되는 큰 전류에서 현저하게 두드러진다.

그림 8은 Gurau 등[23]에 의해 제시된 가스확산 기공도가 연료전지의 성능에 미치는 영향을 나타내고 있다. 그들은 T=353 K의 등온조건, 입구 공기속도 U_0 = 0.35 m/s, 100% 습도로 가정하였다. 기공도가 낮은 경우 한계전류밀도 값이 더 낮아짐을 알 수 있었다. 농도과전압이 우세한 영역에서의 셀 성능 또한 예측되었다.

그림 9는 가스확산층의 투과도 $\epsilon = 0.4$, 일정온도 $T = 353\ K$와 100 %의 습도를 가정할 때 공기극 가스유로에서 공기의 입구속도에 대한 전류밀도를 나타낸다. 입구 공기속도를 높이려면 더 많은 산소가 공급되어야 한다. 따라서 산소가 많으면 촉매층에 도달하기 쉽고, 이로 인해 한계전류밀도가 높아진다. 이는 압력이 같은 경우 가스유로-가스확산층 경계면을 통과하는 축방향 운동량 전달이 속도가 커지면 더욱 중요하게 된다는 사실로서 설명된다. 이것은 더 많은 '신선한' 공기가 촉매층에 도달할 수 있을 때의 결과이다. 입구의 공기속도가 약 2 m/s 보다 빠른 경우 한계전류는 일정하며, 이는 가스유로-가스확산층 경계면을 통한 운동량 전달을 제한하는 효과가 있음을 보여준다.

그림 10은 전류밀도 I_{avg} = 2.89×10^3 A/m^2, U_i = 0.35 m/s, T = 353 K (등온의 경우), 습도 100 %의 경우에 공기극의 가스유로-가스확산층의 결합영역에서 산소의 몰분율을 나타낸다. 몰분율은 유동방향을 따라 감소하게 된다. 산소소모는 운전 전류밀도에 의존한다. 높은 전류밀도에서 더 많은 산소가 소모되며, 따라서 유동방향을 따라 몰분율이 더욱 빠르게 감소한다. 한계전류밀도는 산소나 수소가 반응면에서 완전히 고갈될 때 발생된다. 연료극 가스유로-가스확산

층 결합영역에서 수소의 몰분율은 공기극의 산소와 비슷한 분포를 갖는다. 현재 모델에서 물은 수증기 상태로만 존재한다고 가정하고 있다. 하지만 전기화학적 반응율이 충분히 크면 많은 양의 물이 액상으로 농축될 수 있다. 이 상황에서는 2 상유동 모델이 고려되어야 한다.

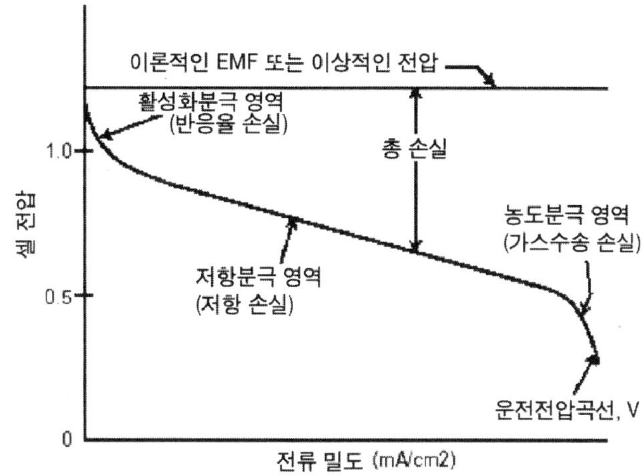

그림 7. 연료전지의 전압-전류밀도 곡선

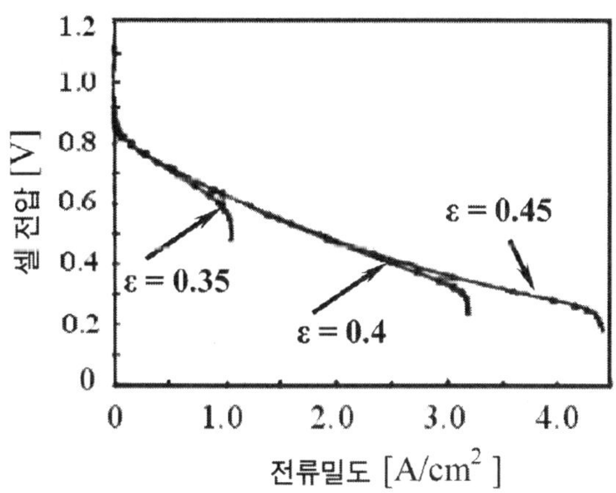

그림 8. 전압-전류밀도 곡선에 미치는 가스확산층 기공도의 영향

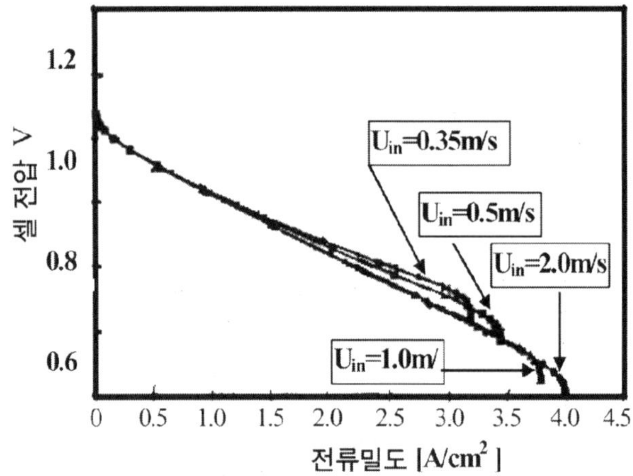

그림 9. 연료전지의 특성에 미치는 공기입구속도의 영향

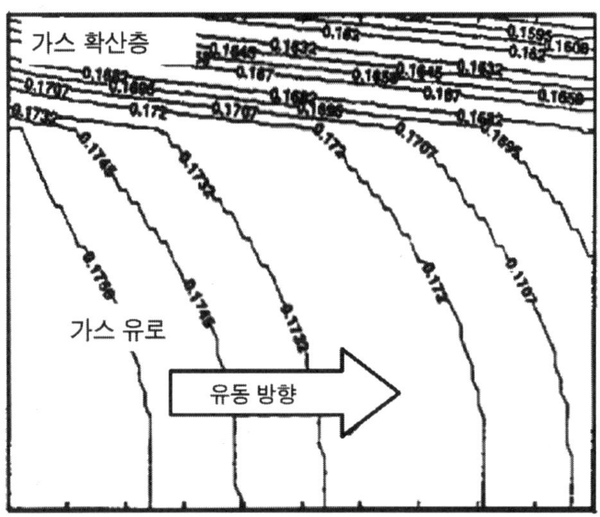

그림 10. 공기극 가스유로와 가스확산층에서의 산소분포도

2.2.6 결언

2-D 모델은 1-D 모델을 크게 개선시킨 것이며 좀 더 실제에 가깝게 시뮬레이션할 수 있다. 이는 가스유로를 포함한 전체 연료전지에서 발생하는 수송현상을 예측할 수 있다. 물질의 농도나 전류밀도의 분포에 대한 어떠한 가정도 필요로 하지 않는다. 입력 데이터는 실제 연료전지에서 제어되는 파라메터들 뿐이다.

2.3 3 차원(3-D) 모델

최근 들어 Shimpalee & Dutta[27], Zhou & Liu[28], Um & Wang[29] 그리고 Jen 등[30]의 연구그룹은 2-D 모델을 3-D 모델로 확장했다. 2-D 모델을 대한 3-D 모델의 가장 중요한 개선점은 집전판의 차단효과(blocking effect)와 상호교차유로(interdigitated flow field)의 유효성을 연구할 수 있다는 것이다. 여기서 우리는 일반적인 3-D 모델뿐만 아니라 그 수치적 방법과 결과를 소개한다. 3-D 모델을 풀기 위해 CD-Star[24], FLUENT[27], 준 내재법(Semi-Implicit Method)[28], 속도-속도법(Vorticity-Velocity Method)[30]과 같은 많은 수치해석적 방법이 이용되었다. 이 절에서는 결합된 영역에서 가스유로, 가스확산층, 촉매층의 Navier-Stokes 방정식을 풀기위해 동일한 프로그램을 사용하는 방법으로 3-D의 수식들이 수립되었다. 전위식과 물질농도식은 전체 연료전지를 단일영역으로 하여 해를 구했다. 유동의 수력학적 해와 분극곡선이 분석되어 자세히 제시되었다. 이 연구의 결과는 연료전지 성능을 보다 더 완벽히 해석하는데 도움이 될 것이다.

2.3.1 모델 수립

대표적인 PEMFC의 구성이 그림 11에 나타나 있다. 물리적인 연료전지 모델은 연료극 가스유로, 다공질 물질로 구성된 연료극 가스확산층, 연료극 촉매층, 교환막, 공기극 촉매층, 공기극 가스확산층 그리고 공기극 가스유로로 구성된다. 실제로 연료전지가 동작할 때 등온의 직각형 유로에서 연료와 산화제는 정상 층류로써 강제대류에 의해 가스확산층을 통해 촉매층으로 관통하는 것으로 간주된다. 여기서 제시된 모델에서 유동은 정상유동이고 일정한 특성을 가지며 비압축성이라고 가정되었다. 점성소산(viscous dissipation), 압축작용, 부력(buoyancy)은 무시되었다. 가스혼합물은 이상기체이며, 물질농도는 유로의 입구에서는 일정하다고 간주하였다. 가스유로와 가스확산층을 따른 농도는 촉매층에서의 확산-대류 수송과 전자동역학 때문에 변화할 것이며, 분포도는 가스특성과 반응률에 따라 다르다. 전극의 내부 및 외부에서의 물 수송은 수증기 형태로만 이루어진다고 가정된다. 이 모델에서 이와 같이 가정하는 것은 포화조건 하에서 반응물이 가스유로로 흘러들어갈 때 특히 문제의 소지가 있다. 물 생성률이 물 제거율보다 높은 편이기 때문에 공기극에서 농축이 이루어진다. 결과적으로 공기극 유로에서 2상유동이 형성된다. 그러나 이와 같이 복잡한 경우는 이 장에서 무시한다. 가스확산층, 촉매층 그리고 막의 재질은 등방성의 다공질 물질로 고려된다. 다공질 물질의 수축 또한 무시된다.

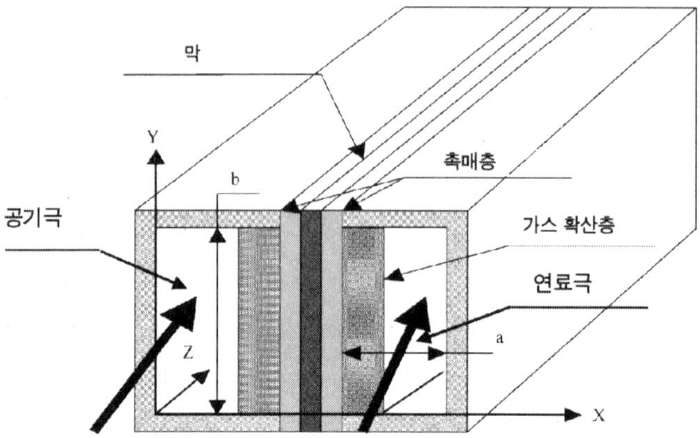

그림 11. PEMFC의 개략도

2.3.2 수학적 모델

지배방정식은 질량보존, 운동량보존, 에너지보존 그리고 물질보존을 기반으로 하고 있다.

모델의 지배방정식은 다음과 같다.

질량 보존 :

$$\frac{\partial_u}{\partial_x}+\frac{\partial_v}{\partial_y}+\frac{\partial_w}{\partial_z}=0 \qquad (55)$$

운동량 보존 :

$$\frac{\rho}{\varepsilon}\left(u\frac{\partial u}{\partial x}+v\frac{\partial u}{\partial y}+w\frac{\partial u}{\partial z}\right)=-\varepsilon\frac{\partial p}{\partial x}+\mu\left(u\frac{\partial^2 u}{\partial x^2}+v\frac{\partial^2 u}{\partial y^2}+w\frac{\partial^2 u}{\partial z^2}\right)+S_x \qquad (56)$$

$$\frac{\rho}{\varepsilon}\left(u\frac{\partial v}{\partial x}+v\frac{\partial v}{\partial y}+w\frac{\partial v}{\partial z}\right)=-\varepsilon\frac{\partial p}{\partial y}+\mu\left(u\frac{\partial^2 v}{\partial x^2}+v\frac{\partial^2 v}{\partial y^2}+w\frac{\partial^2 v}{\partial z^2}\right)+S_y \qquad (57)$$

$$\frac{\rho}{\varepsilon}\left(u\frac{\partial w}{\partial x}+v\frac{\partial w}{\partial y}+w\frac{\partial w}{\partial z}\right)=-\varepsilon\frac{\partial p}{\partial z}+\mu\left(u\frac{\partial^2 w}{\partial x^2}+v\frac{\partial^2 w}{\partial y^2}+w\frac{\partial^2 w}{\partial z^2}\right)+S_z \qquad (58)$$

물질 보존 :

$$\frac{1}{\varepsilon}\left(u\frac{\partial w}{\partial x}+v\frac{\partial w}{\partial y}+w\frac{\partial w}{\partial z}\right)=-\varepsilon\frac{\partial p}{\partial z}+\mu\left(u\frac{\partial^2 w}{\partial x^2}+v\frac{\partial^2 w}{\partial y^2}+w\frac{\partial^2 w}{\partial z^2}\right)+S_K \qquad (59)$$

전하 보존 :

$$\frac{\partial}{\partial x}\left(\partial_m\frac{\partial \Phi}{\partial x}\right)+\frac{\partial}{\partial y}\left(\partial_m\frac{\partial \Phi}{\partial y}\right)+\frac{\partial}{\partial z}\left(\partial_m\frac{\partial \Phi}{\partial z}\right)+S_\Phi=0 \qquad (60)$$

여기서 ε은 기공도로써, 가스유로의 경우는 1, 가스확산층의 경우는 $\varepsilon=\varepsilon_d$, 촉매층의 경우는 $\varepsilon=\varepsilon_c$, 막의 경우는 $\varepsilon=\varepsilon_m$이고 S는 소스항이다. 표 3은 연료전지의 다른 영역에 대한 소스항을 나타낸다.

표 3. 위의 지배방정식에 대한 소스항

	S_x	S_y	S_z	S_k	S_ϕ
Gas channel	0	0	0	0	0
Gas diffuser	$-\frac{\mu}{K}\varepsilon^2 u$	$-\frac{\mu}{K}\varepsilon^2 v$	$-\frac{\mu}{K}\varepsilon^2 w$	0	0
Catalyst layer	$-\frac{\mu}{K_p}\varepsilon_c u + E_\Phi \frac{\partial \Phi_e}{\partial x}$	$-\frac{\mu}{K_p}\varepsilon_c v + E_\Phi \frac{\partial \Phi_e}{\partial y}$	$-\frac{\mu}{K_p}\varepsilon_c w + E_\Phi \frac{\partial \Phi_e}{\partial z}$	For H_2 $-\frac{j_a}{2Fc_{\text{total}}}$ For H_2O $\frac{j_c}{2Fc_{\text{total}}}$ For O_2 $-\frac{j_c}{4Fc_{\text{total}}}$	For anode j_a For cathode j_c
Membrane	$-\frac{\mu}{K_p}\varepsilon_m u + E_\Phi \frac{\partial \Phi_m}{\partial x}$	$-\frac{\mu}{K_p}\varepsilon_m v + E_\Phi \frac{\partial \Phi_m}{\partial y}$	$-\frac{\mu}{K_p}\varepsilon_m w + E_\Phi \frac{\partial \Phi_m}{\partial z}$	0	0

위 지배 방정식의 파마메터들은 2-D 모델과 같다. 경계조건과 수치적 과정은 2-D 와 유사하므로 여기서 반복하지 않는다.

여기서 우리는 통상의 포물선(parabolic) 가정에 의해 3-D 모델을 간단히 하기 위해 Jen[30]이 사용한 새로운 방법을 도입한다. 포물선 가정 하에서 $\frac{\partial^2 u}{\partial z^2}, \frac{\partial^2 v}{\partial z^2}, \frac{\partial^2 w}{\partial z^2}$와 같은 축 방향의 확산항과 $\frac{\partial^2 X_K}{\partial z^2}$과 같은 항을 무시할 수 있다. 나아가 수정된 압력 P는 다음과 같이 정의된다.

$$P(x,y,z) = p(z) + p^*(x,y) \tag{61}$$

여기서 $p(z)$는 각 축의 위치에서 단면적에 대한 압력이며, $p^*(x,y)$는 두 번째 유동을 구동시키는 x, y 방향의 압력변화이다. 축 방향의 압력구배는 다음과 같다.

$$\frac{\partial P}{\partial z} = \frac{\partial p}{\partial z} + \frac{\partial p^*}{\partial z} \tag{62}$$

여기서 $\frac{\partial p}{\partial z} \gg \frac{\partial p^*}{\partial z}$는 유용한 포물선 가정 때문이다. 따라서 축방향 압력구배는 다음과 같이 정리된다.

$$\frac{\partial P}{\partial z} = \frac{\partial p}{\partial z} = f(z) \tag{63}$$

또 다음과 같이 쓸 수 있다.

$$\frac{\partial P}{\partial x} = \frac{\partial p^*}{\partial x} \tag{64}$$

$$\frac{\partial P}{\partial y} = \frac{\partial p^*}{\partial y} \tag{65}$$

위의 포물선 유동이란 가정과 함께 타원형 흐름의 경우에서처럼 출구쪽으로의 흐름조건을 염려하지 않고 주유동 방향에서 긴 계산과정을 간단할 수가 있다. 이 문제를 해결하기 위해 새로운 와류속도법이 사용되었다. 축방향 와류함수는 다음과 같이 정의된다.

$$\zeta = \frac{\partial u}{\partial y} - \frac{\partial v}{\partial x} \tag{66}$$

위 식을 u와 v에 대해 연속방정식 (55)에 적용시키면 다음과 같은 결과를 얻는다.

$$\nabla^2 u = \frac{\partial \zeta}{\partial y} - \frac{\partial^2 w}{\partial x \partial z} \tag{67}$$

$$\nabla^2 v = -\frac{\partial \zeta}{\partial y} - \frac{\partial^2 w}{\partial y \partial z} \tag{68}$$

압력항을 제거하기 위해 가스유로의 x와 y의 운동량 방정식을 교차 미분하면 다음과 같은 식을 얻는다.

$$u\frac{\sigma\zeta}{\sigma x} + v\frac{\sigma\zeta}{\sigma y} + w\frac{\sigma\zeta}{\sigma z} + \zeta\left(\frac{\sigma u}{\sigma x} + \frac{\sigma v}{\sigma y}\right) + \frac{\sigma w}{\sigma y}\frac{\sigma u}{\sigma z} - \frac{\sigma w}{\sigma x}\frac{\sigma v}{\sigma z} \tag{69}$$
$$= \frac{\mu}{\rho}\left(\frac{\sigma^2\zeta}{\sigma x^2} + \frac{\sigma^2\zeta}{\sigma y^2}\right)$$

같은 방법을 사용하여 가스확산층에 대해서도 비슷한 식을 얻을 수 있다.

$$\frac{1}{\varepsilon}\left(u\frac{\sigma\zeta}{\sigma x} + v\frac{\sigma\zeta}{\sigma y} + w\frac{\sigma\zeta}{\sigma z} + \zeta\left(\frac{\sigma u}{\sigma x} + \frac{\sigma v}{\sigma y}\right) + \left(\frac{\sigma w}{\sigma y}\frac{\sigma u}{\sigma z} \quad \frac{\sigma w}{\sigma x}\frac{\sigma v}{\sigma z}\right)\right) + \frac{\varepsilon^2\mu}{k}\zeta \tag{70}$$
$$= \frac{\mu}{\rho}\left(\frac{\sigma^2\zeta}{\sigma x^2} + \frac{\sigma^2\zeta}{\sigma y^2}\right)$$

$f(z)$를 결정하기 위한 추가적인 제한조건은 다음과 같이 전 영역에 걸쳐 질량 보존이 반드시 만족되어야 한다는 것이다.

$$\iint w dx dy = U_{\in} D_e^2 \frac{(1+r)^2}{4r} \tag{71}$$

여기서 $r = \frac{a}{b}$는 가스유로의 종횡비이며, U_{in}는 입구속도, D_e는 수력직경이다(4A/S).

2.3.3 경계 조건

가스혼합물의 속도, 압력, 구성성분의 농도와 같은 가스유로 입구에서의 경계조건들이 제시되었다. 가스유로 벽에서는 미끄러짐이 없는(no slip) 경계조건이 자세히 제시되었다. 가스유로와 전자집전판 사이의 경계면에서 구성성분 농도의 경계조건은 다음과 같이 가정된다.

$$\frac{\partial X_i}{\partial n}=0 \tag{72}$$

막의 전위방정식에서 경계조건은 다음과 같다.

$$\frac{\partial \Phi}{\partial y}=0 \tag{73}$$

이것은 상부 및 하부 경계에서 수소이온에 의한 전류가 남아있지 않다는 것을 의미한다. x축 방향에서는 다음 식이 성립한다.

$$\Phi|_{\substack{\text{연료극}\\\text{촉매}\\\text{표면}}}=0, \quad \frac{\partial \Phi}{\partial x}\bigg|_{\substack{\text{공기극}\\\text{촉매}\\\text{표면}}}=0 \tag{74}$$

가스유로와 가스확산층은 단일영역으로 결합되어 있기 때문에 그들 사이의 경계면에는 어떠한 경계조건도 필요로 하지 않는다.

2.3.4 이산화 전략

위 방정식을 풀기 위해 몇 가지 항들은 이산화가 필요하다. 이산화 전략은 다음과 같다.

$\frac{\partial w}{\partial x}, \frac{\partial w}{\partial y}, \frac{\partial u}{\partial x}$와 $\frac{\partial v}{\partial y}$의 값은 격자점에서 중앙차분(central differencing)을 이용하여 이산화된다. $\frac{\partial u}{\partial z}, \frac{\partial v}{\partial z}, \frac{\partial \Phi}{\partial z}$값은 두 점의 후방차분(two points backward differencing)을 이용하여 계산된다. $\frac{\partial^2 w}{\partial x \partial z}, \frac{\partial^2 w}{\partial y \partial z}, \frac{\partial \zeta}{\partial x}$와 $\frac{\partial \zeta}{\partial y}$의 값은 축방향으로는 후방차분값, 횡방향으로는 중앙차분값을 이용한다. 경계벽 상의 와류값은 다음과 같은 식으로 계산된다.

$$\zeta_{1\frac{1}{2},j} = \frac{1}{2}(\zeta_{1,j} + \zeta_{2,j}) = \frac{1}{2\Delta y}(u_{1\frac{1}{2},j+1} - u_{1\frac{1}{2},j+1}) - \frac{v_2,j}{\Delta x} \quad (75)$$

$$\zeta_{1,j} = -2v_{2,j}/\Delta x + (u_{2,j+1} - u_{2,j-1})/(2\Delta y) - \zeta_{2,j} \quad (76)$$

여기서

$$u_{1\frac{1}{2},j+1} = \frac{1}{2}u_{2,j+1} : u_{1\frac{1}{2},j-1} = \frac{1}{2}u_{2,j-1} \quad (77)$$

2.3.5 해를 구하기 위한 알고리즘

1. 먼저 연료극 영역에 대한 속도장과 압력장의 해를 구한다. 미지수 u, v, ζ의 초기값은 입구 $z=0$에서 0으로 한다. 입구에서의 축방향 속도는 균일하다고 한다(즉 $w = 1$). 와류도의 정의로부터 $\zeta = 0$, $z=0$임을 유의하라.
2. 멱법칙법(power-law scheme)[33]을 이용하여 식 (69)와 (70)을 이산화시키고 결합영역에서 해를 구한다. 가스유로, 가스확산층, 촉매층에 대한 와류도 ζ는 계산될 수 있다.
3. 타원형의 식 (67)과 (68)은 u와 v에 대해 반복계산에 의해 해를 구할 수 있다. 반복계산 과정 동안 식 (76)을 사용하여 경계에서의 와류도 값이 구해진다.
4. z 방향의 운동량방정식을 이산화시키기 위해 멱법칙법을 갖는 섬사체적법을 이용하고, 단계 2에서 구한 새로운 u, v값을 대입함으로써, 제한유량의 요구조건을 만족시키기 위해 제약조건 (71)을 가진 결합영역에서 축방향속도 w를 구할 수 있다.
5. 속도성분 u, v에 대해 다음의 수렴기준을 만족할 때까지 단계 3과 4가 횡단면에서 반복된다.

$$\frac{\max|u_{i,j}^{n+1} - u_{i,j}^{n}|}{\max|u_{i,j}^{n+1}|} < 10^{-5} \quad (77)$$

   여기서 n은 단계 3-4의 n번째 반복이다.
6. 공기극 영역에 대해서 단계 1-5를 반복하라. 공기극 영역에서 가스유로, 가스확산층 그리고 촉매층에 대한 속도분포를 계산할 수 있다.
7. 연료극과 공기극 유로에 대해 구해진 해 u, v, 그리고 w와 함께 연료극 전

해질에서 공기극 전해질까지의 단일영역에 대한 물질농도 방정식과 전위방정식을 반복계산을 통해 풀 수 있다. 이 단계는 다음의 수렴조건이 만족될 때까지 반복된다.

$$\max\left(\frac{\max|X_k^{n+1}Xu_K^m|}{\max|u_k^{m+1}|}, \frac{|\Phi^{m+1}-\Phi^m|}{|\Phi^{m+1}|}\right) < 10^{-6} \tag{78}$$

여기서 m은 단계 6의 m 번째 반복이다. 그리고 k는 k번째 물질이다.

8. 단계 3-7은 다음 축방향 위치에서 마지막 위치인 z에 도달할 때까지 반복된다.
9. 한번 전극의 전위가 구해지면, 국소 전류밀도는 축방향을 따라 다음과 같은 방정식을 이용하여 계산된다.

$$I(y,z) = -\sigma_m \frac{\partial \Phi}{\partial x} \tag{79}$$

평균전류밀도는 다음과 같이 결정된다.

$$I_{avg} = \frac{1}{b}\frac{1}{L}\int_0^b dy \int_0^L I(y,z)dz. \tag{80}$$

2.3.6 결과 및 토의

3-D 모델은 일반적으로 2-D 모델보다 수송현상에 대해 더 정확하고 자세하다. Jen 등[30]은 연료전지 유로에서 2차유동에 대한 패턴을 연구하였다. Zhou & Liu[28]은 연료전지에서 온도분포를 자세히 분석하였다. Um & Wang[29]은 연료전지의 성능에 미치는 상호교차유로의 영향을 연구하였다. 그림 12는 Zhou & Liu[28]의 3-D 모델의 수치해석 결과를 실험결과와 함께 비교한 것이다[32]. 운전조건은 공기극 유량 1200 cm^3/s, 연료극 유량 1200 cm^3/s, 공기극 온도 60 ℃, 연료극 온도 60 ℃, 공기극 압력 3 atm, 연료극 압력 1 atm이다. 분극곡선에 대한 3-D 모델의 수치 시뮬레이션 결과는 농도분극손실이 지배적인 영역을 제외하고는 실험결과와 잘 일치함을 알 수 있다. 이 영역에서는 두 결과가 다소 일치하지 않지만 기본적인 경향은 여전히 일치한다. 농도분극영역은 Ticianelli 등[11,12]의 실험에서 주어져 있지 않음을 유의하라. 이 영역에 대해 얻을 수 있는

실험 데이터가 없기 때문에 대부분의 1-D 또는 2-D 모델은 이 영역을 다루지 않았다.

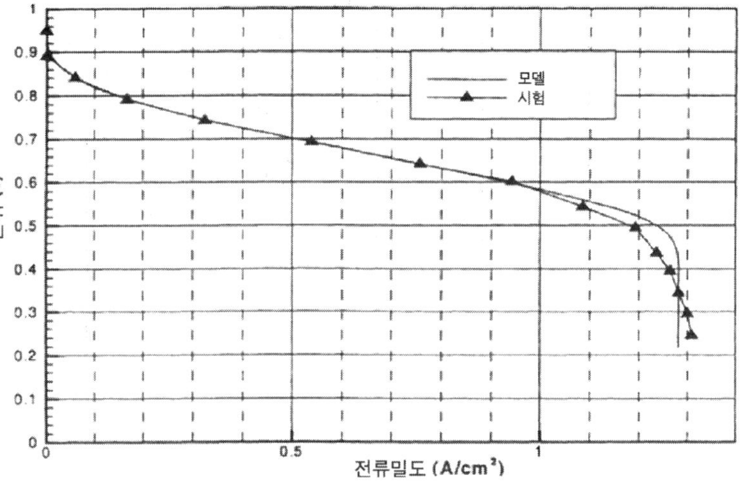

그림 12. 계산결과와 실험결과의 비교

2.3.7 이차유동 패턴

Jen 등의 3-D 모델[30]에서 연료전지 유로에서의 일반적인 이차유동 패턴이 그림 13에 나타나 있다. 그림 13에서 보는 것과 같이 $\bar{z}=0.0005$ 위치에서 2차 유동은 중심영역에서 다공성 물질로부터 이동해 나간다. 이것은 쉽게 말해 이전의 입구영역의 가스확산층으로부터 유체를 밀어내는 중심 가스유로의 유동의 가속도와 강한 다공성 물질의 저항 때문이다. 그림 13(b)는 $\bar{z}=0.008$에서의 이차유동 패턴 벡터를 나타낸다. 그림에서 두 쌍의 와류를 볼 수 있으며, 작은 쌍은 가스유로의 모서리 부근에서 반대방향으로 회전하고 있다. 중심영역 부근에서 가스 균일한 왼쪽에서 오른쪽으로 이동해 가스확산층으로 들어가는 상당히 균일한 이차유동을 관찰할 수 있으며, 상부 및 하부 벽 근처에서 가스확산층에서 가스유로로 흘러나가는 유동이 있다. 상부 및 하부 왼쪽 모서리에서 가스유로의 모서리 효과 때문에 발생하는 반대로 회전하는 유동을 보는 것 또한 흥미롭다. $\bar{z}=0.2$(그림 13(c))의 거의 완전히 발달된 영역에서 이차유동의 강도는 크게 감소하며, 단면적 상의 대류효과는 무시할 수 있다.

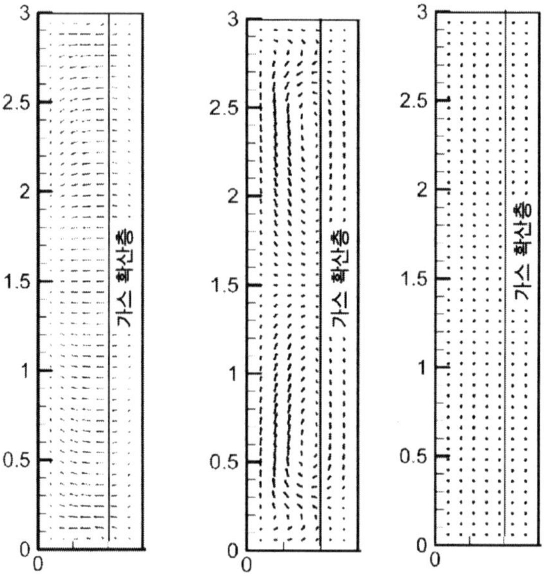

(a) at $\bar{z}$ = 0.0005 (b) at $\bar{z}$ = 0.008 (c) at $\bar{z}$ = 0.2

그림 13. 2차유동 벡터도

2.3.6.2 온도 분포

Zhu & Liu[28]은 PEMFC에서 온도분포를 분석했다. 전체 연료전지층에 걸친 온도 분포는 화학반응에 의한 열생성, 전류에 의한 줄가열 및 유로벽의 냉각에 따라 다르다. 냉각이 매우 효율적으로 이루어지기 때문에 셀 벽의 온도는 일정하다고 가정되었다. 대표적인 온도분포가 그림 14에 주어져 있다. 공기와 연료의 입구온도는 모두 82 ℃로 가정하고, 연료극와 공기극의 입구압력은 3 atm과 1 atm이다. 주된 열공급원은 연료극 촉매층에서의 화학반응과 줄가열이다. 최고온도는 그림 14에서와 같이 공기입구영역 부근의 연료극 촉매층 내에 위치해 있다. 이는 화학반응율이 높기 때문이다. 가스유로의 바깥쪽 벽은 82° C의 일정한 온도로 유지된다. 가스유로의 바깥쪽 벽을 따른 냉각에 의해 열이 효율적으로 연료전지 밖으로 전달되므로 연료전지의 내부는 과열되지 않는다. 교환막의 건조와 연소를 피하기 위해 온도분포 프로파일은 연료전지의 설계를 개선하는데 사용될 수 있다.

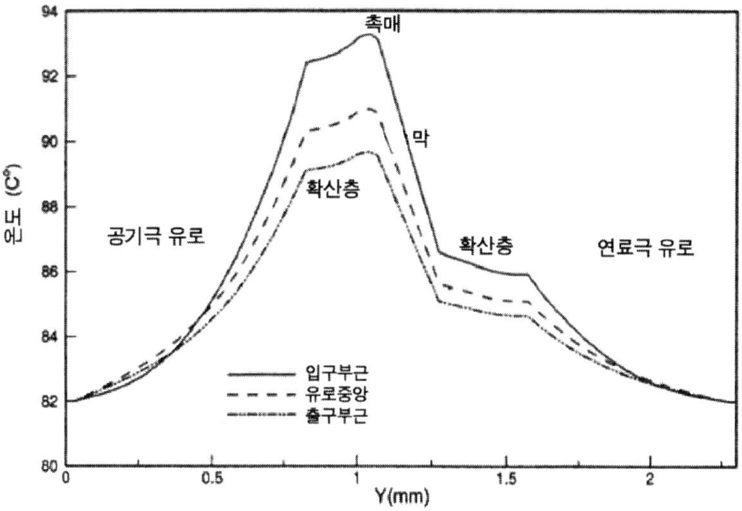

그림 14. 연료전지의 온도분포

2.3.6.3 물 농도 변화

PEMFC 성능에서 물 관리는 매우 중요하다. 연료전지가 운전되는 동안 교환막 내부의 물은 전기삼투에 의해 연료극에서 공기극으로 전달되며, 동시에 확산에 의해 반대쪽으로 이동한다[28]. 생성된 물이 공기극으로부터 수송된 물보다 많으면 공기극에서 물이 범람하게 된다. 반면에 연료극으로부터의 물 손실이 물 공급보다 많으면 막이 탈수되어 저항손실이 커지게 된다. 고분자전해질의 전도도는 크게 함수율의 정도와 공기극의 물의 범람 정도의 함수이다. 따라서 입구의 연료 및 공기 유동을 포화시키는 것이 보통이다. 그러나 공기극에서의 물의 생성과 연료극에서 공기극으로의 전기삼투흡인으로 인해 공기극 유로에서는 수증기 농도가 증가하게 된다. 연료극 입구의 흐름이 이미 충분히 포화되어 있으므로 화학적인 반응과 전기삼투흡인으로 인한 추가 수분에 의해 공기극이 과포화상태가 된다. 다시 말하면 액상의 물이 공기극에 존재하며, 이로 인해 공기극에서 물이 범람하게 된다. 이런 현상을 막기 위해 공기극 입구유동에서의 함수량은 감소되어야 함을 알 수 있다. 그림 15와 16은 연료극에서 수소가 완전히 포화되고 공기극에서의 입구 공기유동이 완전히 건조되어 있을 때 연료극에서 공기극까지의 수증기 분포를 나타낸다. 그림 15에 나타나 있듯이 화학반응에 의한 물의 생성과 연료극에서 공기극으로의 전기삼투흡인에 의한 복합효과 때문에 공기극의 수증기 농도는 증가한다. 그러한 운전조건 하에서 연료극의 수증기 농도는 그림 16에서 볼 수 있듯이 전기삼투흡인에 의해 감소하게 된다. 이러한 운전조건에서 막에서 물이 범람하는 것을 피할 수 있다. 그러나 공기극 입구 부근의 수증기농도는 매우 낮아서 교환막이 건조될 수도 있다. 따라서 적당한 수증기가 공기극 유동에 부가되고 연료극 유동을 충분히 포화시키면 연료전지의 성능을 향상시킬 수 있다.

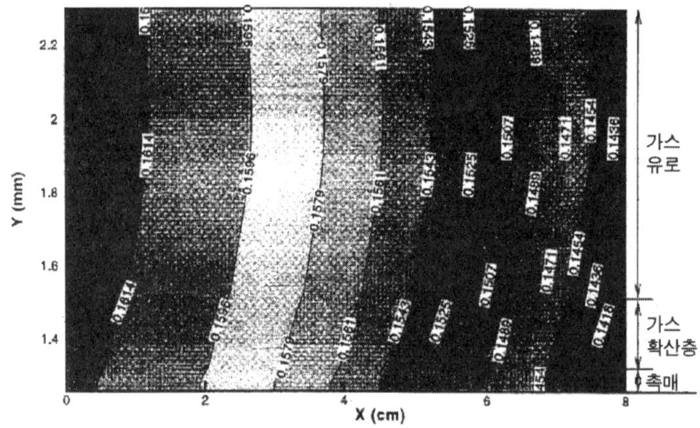

그림 15. 공기극유로에서 유동방향을 따른 수증기의 몰분율 변화

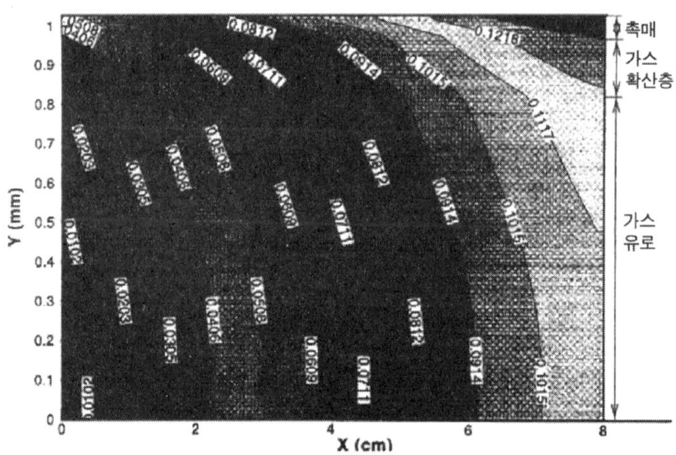

그림 16. 연료극유로에서 유동방향을 따른 수증기의 몰분율 변화

2.3.6.4 유동장의 영향

Um & Wang[29]은 기존의 유동장과 상호교차유로가 연료전지의 성능에 미치는 영향을 조사하였다. 기존의 유로는 입구와 출구가 개방되어 있기 때문에 가스 흐름은 직선형태가 된다. 기존의 유로에 반해 상호교차유로는 공기가 아래쪽 유로

를 따라 유입되어 다공질의 지지층(backing layer)을 통과한 뒤 위쪽 채널로 들어가게 된다. 이 과정 동안에 강제대류에 의해 좀 더 많은 산소가 공기극의 촉매반응영역으로 유입되어 셀의 성능을 향상시킨다. 그림 17은 상호교차유로가 셀의 성능에 미치는 영향을 나타낸다. 전류밀도가 1 A/cm^2 보다 작은 경우 셀의 전위손실은 주로 저항손실에 의한 것이기 때문에 셀 전위가 0.55 V에 이르기 전까지는 전류밀도가 약간 차이가 있다. 그러나 I_{avg} > 1 A/cm^2의 경우 셀의 분극곡선은 물질수송에 의해 제한되기 시작한다. 이 영역에서 상호교차유로의 장점이 나타난다. 이것은 전류밀도를 제한하는 물질수송이 상호교차유로를 사용함으로써 훨씬 개선됨을 볼 수 있다.

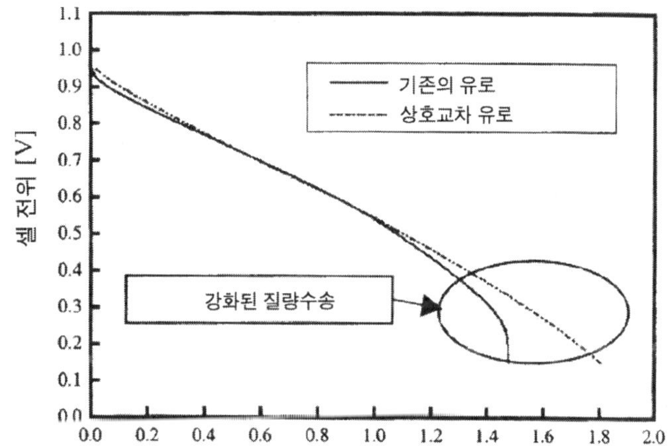

그림 17. 353 K에서 기존 유로 및 상호교차유로에 대한 분극곡선

2.4 요약 및 결론

여기에서는 두 개의 가스유로, 두 개의 가스확산층, 두 개의 촉매층과 막을 포함한 전체 연료전지층에서의 현상을 예측할 수 있는 수치시뮬레이션이 제시되었다. 이에 의해 상세한 속도분포, 물질농도, 전류밀도, 온도 및 분극곡선을 예측할 수 있다. 또한 이로 인해 실험적으로 시각화할 수 없는 상호작용하는 복잡한 전기화학적 현상 및 수송현상을 이해할 수 있다. 이로 인해 셀의 온도나 압력을 올리거나 교환막의 두께를 줄이거나 적절한 수증기함유량을 결정하거나 유로를 선택하는 것과 같은 미래의 연료전지 설계 시 연료전지 출력을 향상시키기 위한 방법을 제시하고 있다.

참고문헌

[1] Crowe, B. J. *Fuel Cells: A Survey*, NASA Rep. (SP−5115), Washington, DC, 1973.

[2] Savinell, R. F. & Fritts, S. D., Theoretical performance of a hydrogen −bromine rechargeable SPE fuel cell. *J. Power Sources*, 22, p. 423, 1988.

[3] Ridge, S. J., White, R. E., Tsau, Y., Beaver, R. N. & Eisman, G. A., Oxygen reduction in a proton exchange membrane test cell. *J. Electrochem. Soc.*, p. 136, 1902, 1989.

[4] Fritts, S. D. & Savinell, R. F., Simulation studies on the performance of the hydrogen electrode bonded to proton exchange membranes in the H_2−Br_2 fuel cell. *J. Power Source*, 28, pp. 301-315, 1990.

[5] Yang, S. C., Cutlip, M. B. & Stonehart, P., Further development of an approximate model for mass transfer with reaction in porous gas−diffusion electrodes to include substrate effects. *Electrochem. Acta*, 34, p. 703, 1989.

[6] Verbrugge, M. W. & Hill, R. F., Ion and solvent transport in ion−exchange membranes. *J. Electrochem. Soc.*, 137, pp. 886, 1990a.

[7] Bernardi, D. M. & Verbrugge, W. M., Mathematical model of a gas diffusion electrode bonded to a polymer electrolyte. *AIChE*, 37, pp. 1151-1163, 1991.

[8] Springer, T. E., Zawodinski, T. A. & Gottesfeld, S., Polymer electrolyte fuel cell model. *Electrochem. Soc.*, 136, pp. 2334-2341, 1991.

[9] False, J. L., Vanderborgh, N. E. & Stroeve, P., The influence of channel geometry on ionic transport, Diagrams. *Separators, and Ion−Exchange Membranes*, 86, pp. 13, 1986.

[10] Fuller, T. F. & Newman, J., Water and heat management in solid−polymer electrolyte fuel cell. *J. Electrochem. Soc.*, 140, pp. 1218-1225, 1993.

[11] Ticianelli, E. A., Derouin, C. R., Redondo, A. & Srinivasan, S., Methods to advance technology of proton exchange membrane fuel cells. *J. Electrochem. Soc.*, 135, pp. 2209-2214, 1988a.

[12] Ticianelli, E. A., Derouin, C. R. & Srinivasan, S., Localization of platinum

in low catalyst loading electrodes to attain high power densities in SRE fuel cells. *J. Electroanal. Chem.*, 251, pp. 275-295, 1988b.

[13] Newman, J., *Electrochemical Systems*, Prentice-Hall: Englewood Cliffs, NJ, 1973.

[14] Bard, A. J. & Faulkner, L. R., *Electrochemical Methods*, Wiley: New York, 1980.

[15] Nernst, W., Die elektromotorische wirksamkeit der Jonen: I. Theorie der diffusion. Z. *Physic Chem.*, 4, pp. 129, 1889.

[16] Planck, M., Ueber die erregung vol electricitat und warme in electrolyten. *Ann, d. Phys. U. Chem.*, 39, p. 161, 1890.

[17] Bird, R. B., Stewart, W. E. & Lightfoot, E. N., *Transport Phenomena*, Wiley : New York, 1960.

[18] Srinivasan, S., Manko, D. J., Koch, H., Enayetullab, M. A. & Appleby, J. A., *J. Power Sources*, 29, p. 367, 1990.

[19] Fuller, T. F. & Newman, J., Water and thermal management in solid-polymer electrolyte fuel cells. *J. Electrochem. Soc.*, 5, p. 1218, 1993.

[20] Nguyen, T. V. & White, R. E., A water and heat management model for proton-exchange membrane fuel cells. *J. Electrochem. Soc.*, 140, pp. 2178-2186, 1993.

[21] Amphlett, J. C., Baumert, R. M., Mann, R. F., Peppley, B. A. & Robcrge, P. R., Performance modeling of Ballard mark IV solid polymer electrolyte fuel cell. *J. Electrochemical Society*, 142, p. 1, 1992.

[22] Yi, J. S. & Nguyen, T. V., An along-the-channel model of PEM fuel cells, *J. Electrochem. Soc.*, 145, pp. 1149-1159, 1998.

[23] Gurau, V., Liu, H. T. & Kakac, S., Two dimensional model for proton exchange membrane fuel cells. *AIChE Journal*, 44, pp. 2410-2422, 1998.

[24] Yi, J. S. & Nguyen, T. V., Multi-component transport in porous electrodes of proton exchange membrane fuel cells using interdigitated gas distributors. *J. Electrochem. Soc.*, 146, pp. 38--45, 1999.

[25] Um, S. & Wang, C. Y., Computational fluid dynamics modeling of proton exchange membrane fuel cells. *Journal of The Electrochem. Soc.*, 147, pp. 4485-4493, 2000.

[26] *Fuel Cell Hand Book*, Fifth edition, EG&G Services Parsons, Inc. Science

Applications International Corporation, 2000.

[27] Shimpalee, S. & Dutta, S., Effect of humidity on PEM fuel cell performance. *Part-II Numerical Simulation*, HTD, 364,1. Heat Transfer Division. ASME 1999.

[28] Zhou, T. & Liu, H., A general three-dimensional model for proton exchange membrane fuel cells. *I.J. Trans. Phenomena*, 3(3), pp. 177 - 198, 2001.

[29] Um, S. & Wang, C. Y., Three dimensional analysis of transport and reaction in proton exchange membrane fuel cells. *Proceedings of the ASME Fuel Cell Division -2000: The 2000 ASME* 5, 10, Walt Disney World Dolphin, Orlando, FL.

[30] Jen, T. C., Yan, T. Z. & Chan, S. H., Chemical reaction transport phenomena in a PEM fuel cell. *International Journal of Heat and Mass Transfer*, 46, pp. 4157-4168, 2003.

[31] Wood, D. L., Yi, J. S. & Nguyen, T. V., Effect of direct liquid water injection and interdigitated flow field on the performance of proton exchange membrane fuel cells. *Electrochem. Acta*, 43, pp. 3795-3809, 1998.

[32] Huang, Z., *Experimental and mathematical studies for PEM fuel cell performances*, M. S. thesis, University of Miami: Coral Gables, Florida.

[33] Patankar, S. V., *Numerical Heat Transfer and Fluid Flow*, Hemisphere: Washington, DC, 1980.

Chapter 7

연료전지의 수학적 모델링 해석에서 수치계산까지

M. Vynnycky & E. Birgersson
FaxenLaboratoriet, Royal Institute of Technology, Stockholm, Sweden.

개 요

연료전지에서 수송현상을 수학적으로 모델링하는 것은 여러가지 고려되어야 하는 영향때문에 어렵다. 먼저 가스흐름은 보통 3 차원적이고 비등온이며 다상이고 다중성분으로 구성되어 있으며 시간에 따라 변화하며, 유로, 다공질전극, 촉매층, 전해질 등의 여러 가지 구성요소에 걸쳐 있다. 연료전지의 모델링에 있어 일반적으로 3D 전산유체역학(computational fluid dynamics)을 사용하는 가장 최근의 경향과는 반대로, 우리가 여기서 제시하는 방법은 쟁점을 축소하여 무차원화와 모델에서의 주된 지배파라메터를 구하기 위한 점근적 기법을 사용함으로써 축소모델을 유도하는 것이나. 이렇게 함으로써 어떠한 중요한 물리적 특징을 희생하지 않으면서 계산량이 상당히 줄어든 모델을 만들 수 있다는 것이다. 고분자전해질 연료전지(PEFC)와 직접메탄올 연료전지(DMFC)의 성능을 제한하는 전극에서 2 차원의 운동량과 다중성분 물질전달의 경우에 대해 이 개념을 먼저 설명한다. 두 번째의 경우, 완전한 모델과 축소모델의 계산결과와 계산시간에 대해 양적인 비교가 이루어진다. 대체로 두 결과는 잘 일치하지만 감소모델의 경우 필요한 계산시간은 100분의 1 정도였다.

1 서론

최근 연료전지에 대한 관심이 폭발적으로 증가함으로써, 실험에 의한 결과를 해석하고 연료전지의 설계와 성능을 개선하기 위한 방법에 대한 통찰력을 제공하기 위한 도구로서 수학적인 모델링을 사용하는 경우가 증가하였다. 이 작업은 동시에 발생할 수 있는 광범위한 물리적 현상 때문에 더욱 어려워진다. 예를 들어 7개의 층으로 이루어진 고분자전해질 연료전지(PEFC)는 그림 1과 같이 2 쌍의 유로, 연료극과 공기극의 다공질 전극(보통 다공질지지체 또는 가스확산층이라 부른다), 연료극과 공기극의 촉매층(또는 활성층이라 부른다) 그리고 막으로서의 고분자전해질 등으로 이루어져 있으며, 다음 현상들은 모두 중요하다.

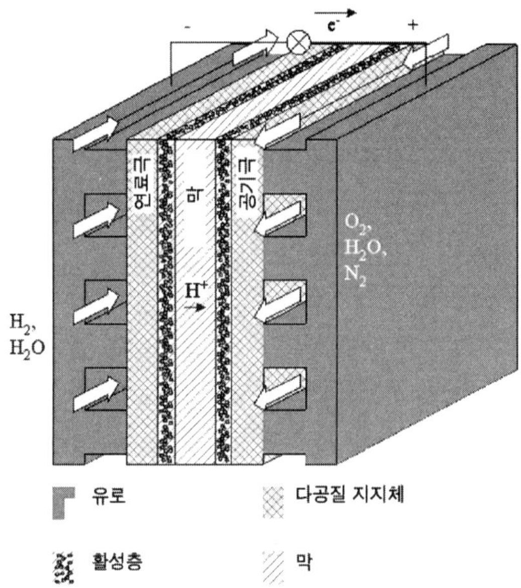

그림 1. PEFC의 핵심구조

- 물 수송
- 다공질 지지체와 유로에서의 상 변화
- 양극판(bipolar plates)/냉각유로(cooling channel)와 양극판/유로 사이의 결합된 열전달
- 연료극 다공질 지지체와 유로에서의 2상(가스와 액체) 유동
- 공기극 다공질 지지체에서의 전자 수송
- 막과 촉매층에서의 저항 가열
- 공기극 촉매층에서의 물 생성
- 유로에서의 대류 열/물질 전달

- 막에서의 전기삼투흡인
- 촉매층에서의 전기화학적 반응
- 막을 통하는 H_2/O_2의 확산
- 막에서의 수소이온 수송
- 촉매층에서의 열 발생
- 다공질 지지체에서의 Knudsen 확산

또한 그림에서 알 수 있듯이 유동은 보통 3 차원적이며, 다양한 응용분야에서 연료전지의 운전은 시간에 따라 달라진다.

연료전지에서의 수송현상을 모델링하기 위한 최신 방법은 유로와 다공질 지지체에서의 유동을 설명하기 위해 막을 통한 물의 수송은 물론이고 연료극과 공기극에서의 전기화학적 반응에 대한 모델과 결합된 3-D 전산유체역학(computational fluid dynamics, CFD) 프로그램을 사용하는 것이 널리 인정받고 있다. PEFC에 이를 적용한 가장 최근의 예가 문헌 [1~6]에 제시되어 있으며, 그 중 몇 가지는 상용 소프트웨어로서 전산모델을 구현한 것도 있다.

정확하게만 사용된다면 3D CFD는 최소한 기하학적으로 연료전지에서의 수송현상에 대해 가장 자세한 모델을 제시할 수 있다는 것은 의심의 여지가 없다.

그러나 계산시간이 길다는 단점을 가지고 있다.

1. 하나의 경우에 대한 운전 파라메터에 대해 모델 방정식을 수치적으로 해를 구하는 것은 매우 값비쌀 수 있다. 더욱이 가능한 파라메터의 조합(습도, 온도, 연료극/공기극 압력, 화학량론)이 많고, 특히 경험적 관계식이 사용되어야 하는 다상유동의 경우 수많은 모델 상수들이 있을 수도 있다.
2. 보통 관심의 대상이 되는 것은 단일 셀이 아니라 셀 스택이다. 이로 인해 수치해를 구하는데 필요한 격자수를 증가시킨다.
3. 이 방법을 시스템 연구나 수 천 배 이상 빠르게 풀어야 할 모델방정식에 포함시키는 것은 어렵다.
4. 과도상태에서 동작하는 셀의 시뮬레이션 또한 자주 관심의 대상이 된다.
5. 그러한 모델은 긴 계산시간을 필요로 하므로 연료전지의 제어 또는 최적화 연구 등과 같은 영역으로 확대되어 사용될 가능성은 전혀 없다.
6. 계산시간을 감소시키기 위해 모델을 간소화하려는 것은 불가능하지는 않지만 어려울 것이다.

따라서 매우 큰 계산상의 부담 없이 3D CFD가 기술하는 물리적 현상을 설명하는 모델을 수립할 필요성이 있다. CFD를 사용하기 이전에는 먼저 PEFC의 1 차원 모델[11, 14]을 통해, 그 다음에는 '유로를 따른(along-the-channel)' 유사 2 차원 모델(pseudo two-dimensional model)[15-18]을 통해 그러한 축소 모델이 수립되었다. 이 방법의 각 단점은 다음과 같다.

1. 1 차원 방법은 위에서 언급한 연료전지 성능에 관련된 세 가지 문제점에 대한 몇 가지 양상을 제시할 수 있지만, 산소결핍이 발생하는 곳이나 물이 넘치는 곳 또는 열이 적절하게 제거되지 못하는 곳 등과 같은 국소적인 수준에서 이 질문을 제기할 수 없다.
2. '유로를 따른' 모델은 독립변수로서 연료전지를 따른 축을 갖는 상미분방정식의 형태가 되고, 전체 영역에 걸쳐서는 질량보존, 운동량보존 및 에너지평형을 만족시키지만 국소적으로는 그렇지 않음으로써, 형식적으로는 오직 전체 영역의 경우에만 유효하다.

이 두 경우 모두 차원을 가지는 변수에 의해 거의 모든 연구가 이루어졌다. 따라서 모델 간소화가 가능한지 또는 상충하는 물리적 영향의 상대적인 중요성이 무엇인지를 밝히는 것은 어렵다.

이 토의에서 우리는 축소모델 방법의 강력함을 조명하여 위에서 지적한 각 모델링 방법들 사이에 존재하는 틈새를 메울 것이다. 이것이 어떻게 이루어지는가는 나중에 2절과 3절에서 제시할 것이다. 일반적인 생각은 CFD 모델에서 구현되는 완전한 모델방정식을 수립하여 무차원화하고 핵심적인 무차원 파라메터를 구하는 것이며, 운이 좋다면 (1 보다 훨씬 더 크거나 훨씬 더 작은 파라메터가 존재한다면) 실질적인 유용성을 감소시키지 않으면서 모델의 복잡함을 감소시킬 수 있을 것이다. 여기서 강조해 두고 싶은 것은, 축소모델 방법이 앞서 언급한 CFD를 사용하지 않은 연료전지 모델[11, 18]로 단지 되돌아 가는 것이 아니라는 것이다. 그 보다는 오히려 완전한 방정식의 분석으로부터 시작하여 해석적으로 해를 구할 수 없는 경우, 수치적으로 해를 구할 때 원래 방정식과 같이 긴 계산시간이나 고도의 계산성능을 필요로 하지 않는 방정식으로 축소하는 것이다. 그 뒤 수학적 분석에 의해 복잡한 모델의 거동을 더욱 분명하게 하는데 초점이 맞춰진다. 이 방법을 통해 모델구조를 훨씬 더 명확히 이해하고 계산시간이 훨씬 더 빨라짐으로써 모델의 초기 개발단계에서 '수식간소화(pen-and-paper)' 작업에 소비된 시간은 나중에 보상된다.

여기서 제시된 내용은 얇은 연료전지 구조에서의 정상상태 다중성분 유동에 대한 무차원 축소모델을 수립하는 데 있어서 우리 자신의 노력을 반영하고 있으며,

특정한 형태의 셀에서 성능을 제한하는 전극 – PEFC의 공기극과 DMFC의 연료극 – 에서의 수력학에 특별한 초점을 맞춘다. 그러나 제시된 수학적 방법의 핵심은 더욱 일반적인 문제 – 전체 셀, 다상유동, 과도상태 거동 등 – 에 사용될 수 있다. 우리는 축소모델을 유도하기 위해 PEFC의 공기극에서 가스유동에 대한 수식화로부터 시작한다. 이후에 DMFC 연료극에서의 흐름을 설명하기 위해 모델이 훨씬 더 축소될 수 있음을 보여준다. 두 경우 모두 명확하지 않은 특정한 변수들 사이의 대수적 관계가 차원을 갖는 수식을 사용하고 있음을 알고 있다. 또한 축소모델 방정식은 포물선적이며 프로그래밍 순서에 따라 수치적으로 해가 구해진다. 이렇게 함으로써 원래 방정식의 완전한 타원 수식에 대한 해보다 훨씬 더 빠르며 정확도가 크게 떨어지지 않는다. 이 연구는 이미 보고된 연구[19, 20]에 기반하고 있으며 여전히 진행 중에 있다[21].

2 PEFC

PEFC의 개략적인 동작원리가 그림 2에 나타나 있다. 본질적으로 PEFC는 두 개의 가스확산전극 사이에 끼워진 고분자전해질 막을 포함하고 있으며, 전극은 양극판 내에 포함되어 있는 유로에 인접해 있다. 산화제는 보통 어느 정도 건조하거나 가습되는 공기에 포함된 산소로서, 공기극의 유로 입구에서 유입되어 전해질/공기극 경계면으로 수송된다. 반면에 연료는 보통 수소로서 연료극 유로 입구에서 공급되어 전해질/연료극 경계면으로 수송된다. 반응을 촉진시키기 위해 두 경계면은 촉매(보통 백금)를 포함하고 있다.

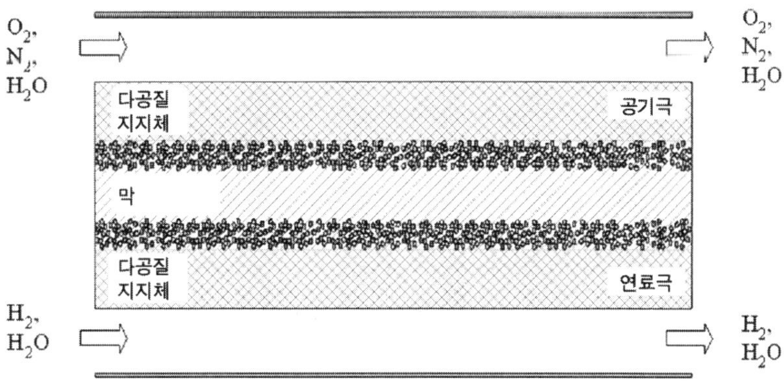

그림 2. PEFC의 개략도

$$\text{연료극} \quad 2H_2 \rightarrow 4H^+ + 4e^- \tag{1}$$

$$\text{공기극} \quad O_2 + 4H^+ + 4e^- \rightarrow 2H_2O \tag{2}$$

특히 공기극에서의 반응 또한 부산물로서 열과 물을 발생시키고, 물은 시스템의 전체에서 증기나 액체, 또는 양쪽 모두의 형태로 존재할 수 있다. 열이 생성됨으로써 촉매층의 온도는 80~90 ℃로 된다. 연료전지는 약 1 A/m^{2}의 전류밀도, 약 0.5V의 대표적인 전압에서 최적성능을 낼 수 있다.

2.1 공기극의 흐름에 대한 수식화

다음으로 연료전지의 좁은 유로와 다공질 지지체에서의 가스 상의 공기/물 혼합물의 일정한 2D 흐름을 고려한다.

2.1.1 유로

길이 L, 높이 h_p의 다공질 물질에 인접한 높이 h_f의 유로(그림 3 참조)에서의 유동을 고려하자. 혼합물에 대한 물질 및 운동량 연속방정식은 다음과 같다.

$$\nabla \cdot (\rho \mathbf{v}) = 0 \tag{3}$$

$$\nabla \cdot (\rho \mathbf{v} \otimes \mathbf{v}) = -\nabla \left(p + \frac{2\mu}{3} \nabla \cdot v\right) + \mu \nabla^2 \mathbf{v} - \rho g \mathbf{j} \tag{4}$$

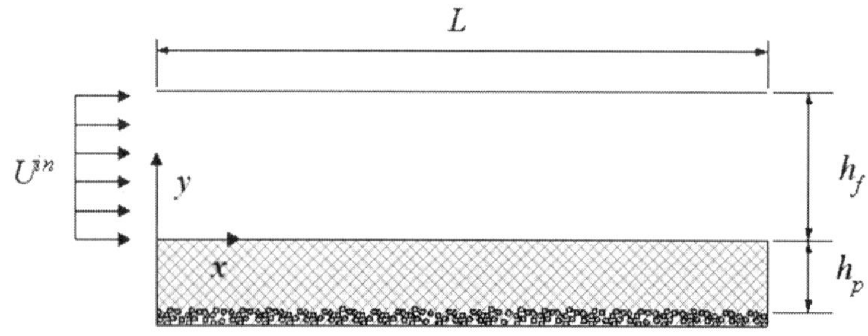

그림 3. PEFC의 공기극

여기서 $\rho, \mu, \mathbf{v}$는 각각 혼합물의 밀도, 점성도, 질량평균 속도이며, g는 중력가속도, j는 양(+)의 y 방향의 단위벡터이다. 나중을 위해 수정된 압력 p'를 정의해 두는 것이 편리하며, 압력 p의 항으로 다음과 같이 주어진다.

$$p' = p + \frac{2}{3}\mu\nabla\cdot\mathbf{v}$$

각 물질의 연속방정식은 질량유속 **n**의 항으로 다음과 같이 주어진다

$$\nabla\cdot\mathbf{n}_i = 0, \quad i = O_2, H_2O, N_2 \tag{5}$$

여기서

$$\mathbf{n}_i = \frac{\rho M_i x_i}{M}\mathbf{v} + \frac{\rho}{M^2}\sum_{j=1}^{n} M_i M_j D_{ij}\nabla x_j, \quad i = O_2, H_2O, N_2$$

x_i는 물질 i의 몰분율이고, 식 오른쪽의 두 번째 항은 이상기체 혼합물의 경우 질량확산유속[22]으로써 이 유속의 원인은 오직 농도확산 때문이며 질량평균속도 **v**와 관계가 있다. 또한 $(M_i)_{i=1,\ldots,O_2,H_2O,N_2}$는 분자량이다.

$$M = M_{O_2}x_{O_2} + M_{H_2O}x_{H_2O} + M_{N_2}x_{N_2}$$

그리고 $(D_{ij})_{i,j=1,\ldots,O_2,H_2O,N_2}$는 다음과 같이 주어지는 다중성분 확산계수이다.

$$D_{ij} = \underline{D}_{ij}\left\{1 + \frac{x_k[(M_k/M_j)\underline{D}_{ij} - \underline{D}_{ij}]}{x_i\underline{D}_{ij} + x_j\underline{D}_{ij} + x_k\underline{D}_{ij}}\right\}, \ i,j,k = O_2, H_2O, N_2$$

여기서 Stefan-Maxwell 확산계수$((\underline{D}_{ij})_{i,j-1,\ldots,n}$은 구성성분에 독립적이며 원칙적으로 실험에 의해 측정될 수 있다.

그 뒤 식 (5)는 두 개의 수송방정식의 형태로 다시 바뀔 수 있다.

$$\nabla\bullet\left(\frac{\rho\mathbf{v}}{M}\begin{bmatrix} x_{O_2} \\ x_{H_2O}\end{bmatrix}\right) = \nabla\bullet\left(\frac{\rho}{M^2}\mathbf{M}\begin{bmatrix}\nabla x_{O_2} \\ \nabla x_{H_2O}\end{bmatrix}\right) \tag{6}$$

여기서

$$\mathbf{M} = M_{N_2}\begin{pmatrix} D_{O_2,N_2} & D_{O_2,N_2} \\ D_{H_2O,N_2} & D_{H_2O,N_2}\end{pmatrix} - \begin{pmatrix} 0 & M_{H_2O}D_{O_2,H_2O} \\ M_{O_2}D_{H_2O,O_2} & 0\end{pmatrix}$$

여기서 x_{N_2}를 제거하기 위해 $x_{O_2} + x_{H_2O} + x_{N_2} = 1$의 관계식을 사용했다. 혼합물의 밀도의 경우 이상기체에 대한 관계를 사용한다.

$$\rho = \frac{pM}{RT} \tag{7}$$

여기서 T는 온도, R은 일반 가스상수(8.314 $\mathrm{kgm^2s^{-2}mol^{-1}K^{-1}}$)이다. 또한 여기서 다루었다 하더라도 혼합물의 점성도 μ는 반드시 상수일 필요가 없을 가능성을 언급해 두고자 한다.

2.1.2 다공질 지지체

다공질 지지체의 경우 본질적인 양과 피상적인 양 사이를 주의깊게 구별하기 위해 체적평균 기법이 필요하다. 먼저 B를 가스상과 관련된 양(스칼라, 벡터 또는 텐서)이라 하고, 양 $\langle B\rangle$를 B의 국소적인 체적(또는 피상적) 평균이라 하여 다음과 같이 정의한다.

$$\langle B\rangle \equiv \frac{1}{\nu}\int_{\nu^{(g)}} B\, d\nu \tag{8}$$

그리고 $\langle B\rangle^{(g)}$를 가스 상 B의 본질적인 체적평균이라 하면 다음과 같다.

$$\langle B\rangle^{(g)} \equiv \frac{1}{\nu^{(g)}}\int_{\nu^{(g)}} B d\nu \tag{9}$$

또한 γ를 $\gamma = \nu^{(g)}/\nu$로 주어지는 기공도라 두자. 식 (8)과 (9)를 비교하면 가스상에 대한 국소적 및 본질적 체적평균이 다음과 같이 주어짐을 알 수 있다.

$$\langle B\rangle = \gamma\langle B\rangle^{(g)} \tag{10}$$

이 정의에 따라 다공질 지지체에서의 지배방정식은 다음과 같이 된다.

$$\nabla \cdot (\langle \rho\rangle^{(g)}\langle \mathbf{v}\rangle) = 0 \tag{11}$$

$$\langle \mathbf{v} \rangle = -\frac{\kappa}{\mu}\left(\nabla \langle p' \rangle^{(g)} + \langle \rho \rangle^{(g)} g\mathbf{j}\right) + \frac{\kappa}{\gamma}\nabla^2 \langle \mathbf{v} \rangle \tag{12}$$

$$\nabla \cdot \left(\frac{\langle \rho \rangle^{(g)} \langle \mathbf{v} \rangle}{\langle M \rangle^{(g)}} \begin{bmatrix} \langle x_{O_2} \rangle^{(g)} \\ \langle x_{H_2O} \rangle^{(g)} \end{bmatrix} \right) = \nabla \cdot \left(\frac{\gamma^{\frac{3}{2}} \langle \rho \rangle^{(g)}}{(\langle M \rangle^{(g)})^2} \langle \mathbf{M} \rangle^{(g)} \begin{bmatrix} \nabla \langle \mathrm{x}_{O_2} \rangle^{(g)} \\ \nabla \langle \mathrm{x}_{H_2O} \rangle^{(g)} \end{bmatrix} \right) \tag{13}$$

여기서

$$\langle \mathbf{M} \rangle^{(g)} = M_{N_2} \begin{pmatrix} \langle D_{O_2, N_2} \rangle^{(g)} & \langle D_{O_2, N_2} \rangle^{(g)} \\ \langle D_{H_2O, N_2} \rangle^{(g)} & \langle D_{H_2O, N_2} \rangle^{(g)} \end{pmatrix} - \begin{pmatrix} 0 & M_{H_2O} \langle D_{O_2, H_2O} \rangle^{(g)} \\ M_{O_2} \langle D_{H_2O, O_2} \rangle^{(g)} & 0 \end{pmatrix}$$

$$< D_{ij} >^{(g)} = D_{ij}\left\{ 1 + \frac{\langle x_k \rangle^{(g)} [(M_k/M_j) D_{ik} - D_{ij}]}{(x_i)^{(g)} D_{jk} + \langle x_j \rangle^{(g)} D_{ik} + \langle x_k \rangle^{(g)} D_{ij}} \right\}$$

$$i,\ j,\ k = O_2,\ H_2O,\ N_2$$

여기서 식 (12)는 Brinkman 확장에 의한 Darcy의 법칙이며, Darcy 법칙의 투과도 텐서(tensor)는 등방성이며 일정하다고 가정함으로써 간단히 투과도 κ는 상수가 된다. 식 (11)~(13)의 유도과정은 문헌 [19]에 자세히 나타나 있다.

2.1.3 경계조건

2.1.3.1 입구, 출구, 위쪽벽(upper wall), 수직벽(vertical walls)

유로에서의 경계조건을 구하기 위해 $x=0,\ 0 \le y \le h_f$에서 입구의 속도와 구성성분을 설정하면 다음과 같다.

$$u = U^{in}, \quad v = 0, \quad x_{O_2} = x_{O_2}^{in}, \quad x_{H_2O} = x_{H_2O}^{in} \tag{14}$$

여기서 $\mathbf{v} = (u, v)$이다. 유로의 위쪽벽($0 \le x \le L,\ y = h_f$)에서, 미끄러짐은 없으며(no slip) 정상유동이나 각 성분의 유속도 없으므로(no normal flow, no componental flux) 다음식이 성립한다.

$$u = v = \frac{\partial x_{O_2}}{\partial y} = \frac{\partial x_{H_2O}}{\partial y} = 0 \tag{15}$$

출구에서 $x = L,\ 0 \le y \le h_f$이면 압력이 일정하고 어떠한 확산성분 유속도 없으므로 다음과 같이 된다.

$$p = p^{out}, \quad \frac{\partial v}{\partial x} = \frac{\partial x_{O_2}}{\partial x} = \frac{\partial x_{H_2O}}{\partial x} = 0 \tag{16}$$

다공질 전극의 수직벽($x = 0, L, \ -h_p \leq y \leq h_f$)에서 가스성분의 정상유동(normal flow), 접선 전단유속(tangential shear flux) 및 질량유속은 없다고 가정하면 다음과 같이 된다.

$$\langle u \rangle = \frac{\partial \langle v \rangle}{\partial x} = \frac{\partial \left\langle x_{O_2} \right\rangle^{(g)}}{\partial x} = \frac{\partial \left\langle x_{H_2O} \right\rangle^{(g)}}{\partial x} = 0 \tag{17}$$

여기서 $\langle \mathbf{v} \rangle = (\langle u \rangle, \langle v \rangle)$이다

2.1.3.2 유로/다공질지지체 경계면

또 $y = 0, \ 0 \leq x \leq L$에서 유체-다공질 경계면에는 정합(matching)조건이 필요하다. 정상속도와 정상응력의 연속성은 각각 다음과 같이 주어진다.

$$v = \langle v \rangle \tag{18}$$

$$p - \mu \frac{\partial v}{\partial y} = \langle p \rangle^{(g)} - \mu_{eff} \frac{\partial (v)}{\partial y} \tag{19}$$

여기서 $\mu_{eff}(= \mu/\gamma)$는 다공질 물질의 유효점성도라 불린다. 필요한 나머지 2개의 조건은 Beavers & Joseph[23]의 연구 이래로 오랫동안 논쟁이 되어온 주제이며, 선택 가능한 운동량방정식을 요약한 것이 Alazmi & Vafai[24]에 의해 주어져 있다. 이들 가운데 관성효과가 중요한 경우 본 응용에 가장 관련이 많은 것은 Ochoa-Tapia & Whitaker[25]가 제시한 식이다.

$$u = \langle u \rangle \tag{20}$$

$$\frac{\mu}{\gamma} \frac{\partial \langle u \rangle}{\partial y} - \mu \frac{\partial u}{\partial y} = \frac{\beta_1 \mu}{\kappa^{\frac{1}{2}}} u + \beta_2 \rho u^2 \tag{21}$$

여기서 가장 우선적인 문제는 식 (21)보다는 식(20)에 의해 기술된 것이라는 것

이 드러났다 하더라도, β_1과 β_2는 실험적으로 결정되어야 하는 상수이다.

마지막으로 문헌 [26]의 열전달에 사용되는 기법들에 대해 경계면에서 유사한 체적평균기법을 사용하는 것은 몰분율 수송방정식을 필요로 한다. 자세히는 다루지 않겠지만 유로에서 O_2와 H_2O의 몰분율에 대한 어떤 지점 값(point value)을 다공질 지지체의 고유한 값과 같다고 간단히 가정하면 다음과 같이 된다.

$$\langle x_{O_2} \rangle^{(g)} = x_{O_2}, \ \langle x_{H_2O} \rangle^{(g)} = x_{H_2O}, \quad at \quad y=0 \tag{22}$$

그리고 또 O_2와 H_2O의 몰분율에 대한 어떤 지점 값(point value)을 다공질 물질의 피상적인 값과 같다고 하면 다음과 같게 된다.

$$\mathbf{n}_{O_2} \cdot \mathbf{N} = \langle \mathbf{n}_{O_2} \cdot \mathbf{N} \rangle, \ \mathbf{n}_{H_2O} \cdot \mathbf{N} = \langle \mathbf{n}_{H_2O} \cdot \mathbf{N} \rangle$$

여기서 $\mathbf{N}$은 외부방향 단위법선벡터이다. 식 (18)과 (22)를 사용하면 각각 다음 식을 얻을 수 있다.

$$\gamma^{\frac{3}{2}} \frac{\partial}{\partial y} \begin{bmatrix} \langle x_{O_2} \rangle^{(g)} \\ \langle x_{H_2O} \rangle^{(g)} \end{bmatrix} = \frac{\partial}{\partial y} \begin{bmatrix} x_{O_2} \\ x_{H_2O} \end{bmatrix} \tag{23}$$

2.1.3.3 촉매/다공질 지지체 경계면

비록 본래 이 방법을 사용하여 촉매층은 물론이고 이를 확장시켜 막과 다른 전극의 대응하는 부분까지도 모델링할 필요가 있다하더라도, $y=-h_p$에서 $\langle u \rangle$, $\langle v \rangle$, $\langle x_{O_2} \rangle^{(g)}$, $\langle x_{H_2O} \rangle^{(g)}$가 촉매층의 대응부분과 정합되어 있다고 예상된다. 촉매와 막에서의 전기화학반응보다는 다공질지지체와 가스유로의 유동장이 관심사항일 때는 자주 이용되는 다른 방법은 이 경계면에서 전류밀도 I에 대한 함수형태를 규정하는 것이다. Faraday 법칙을 사용하면 반응물의 피상적인 질량유속은 다음 식과 같이 전류밀도 함수로 주어진다.

$$\langle \mathbf{n}_{O_2} \cdot \mathbf{N} \rangle = -\frac{M_{O_2} I}{4F} \tag{24}$$

여기서 F는 Faraday 상수이다. 물의 경우 대응식은 다음과 같다.

$$\langle \mathbf{n}_{H_2O} \cdot \mathbf{N} \rangle = \frac{M_{H_2O}(1+2\alpha)I}{2F} \tag{25}$$

여기서 α는 모든 메카니즘(예를 들면 막에서의 전기삼투흡인)에 의한 전체 물 수송을 고려한 파라메터이다. 보통 문헌에서 사용하는 대표적인 값은 $\alpha = 0.3$[28] 및 $0.5 \le \alpha \le 1.7$[18, 29]이다. 또 촉매층에서 질소가 반응에 참가하지 않기 때문에 다음 식이 성립한다.

$$\langle \mathbf{n}_{N_2} \cdot \mathbf{N} \rangle = 0 \tag{26}$$

이는$\langle v \rangle$, $\langle x_{O_2} \rangle^{(g)}$, $\langle x_{H_2O} \rangle^{(g)}$에 대해 다음과 같은 경계조건을 만들 수 있다.

$$\langle \rho \rangle^{(g)} \langle v \rangle = \frac{I}{4F}((2+4\alpha)M_{H_2O} - M_{O_2}) \tag{27}$$

그리고

$$\frac{\langle \rho \rangle^{(g)} \langle v \rangle}{\langle M \rangle^{(g)}} \begin{bmatrix} \langle x_{O_2} \rangle^{(g)} \\ \langle x_{H_2O} \rangle^{(g)} \end{bmatrix} - \frac{\gamma^{\frac{3}{2}} \langle \rho \rangle^{(g)}}{(\langle M \rangle^{(g)})^2} \mathrm{M} \frac{\partial}{\partial y} \begin{bmatrix} \langle x_{O_2} \rangle^{(g)} \\ \langle x_{H_2O} \rangle^{(g)} \end{bmatrix} = \frac{I}{4F} \begin{bmatrix} -1 \\ 2(1+2\alpha) \end{bmatrix} \tag{28}$$

2.2 무차원화

다음과 같이 각 파라메터를 정의하자.

$$\tilde{x} = \frac{x}{L},\ \tilde{y} = \frac{y}{L},\ \tilde{\mathbf{v}} = \frac{\mathbf{v}}{U^{in}},\ \langle \tilde{\mathbf{v}} \rangle = \frac{\langle \mathbf{v} \rangle}{U^{in}},\ \tilde{\rho} = \frac{\rho}{[\rho]},\ \langle \tilde{\rho} \rangle^{(g)} = \frac{\langle \rho \rangle^{(g)}}{[\rho]},$$

$$\tilde{p} = \frac{p - p^{out}}{[\rho](U^{in})^2},\ (\tilde{p})^{(g)} = \frac{(p)^{(g)} - p^{out}}{[\rho](U^{in})^2},\ \tilde{p}' = \frac{p' - p^{out}}{[\rho](U^{in})^2},\ \langle \tilde{p}' \rangle^{(g)} = \frac{\langle p' \rangle^{(g)} - p^{out}}{[\rho](U^{in})^2},$$

$$\tilde{I} = \frac{I}{[I]},\ \underline{M} = \frac{M}{[M]},\ \langle \underline{M} \rangle^{(g)} = \frac{\langle M \rangle^{(g)}}{[M]},\ \tilde{c} = \frac{c}{[\rho]/[M]}$$

$$\underline{M}_i = \frac{M_i}{[M]},\ \widetilde{D}_{ij} = \frac{D_{ij}}{[D]},\ \widetilde{D}_{ij}^{eff} = \frac{D_{ij}^{eff}}{[D]},\quad i,j = O_2, H_2O, N_2$$

$$Re = \frac{[\rho] U^{in} L}{\mu}\ ,\ Sc = \frac{\mu}{[\rho][D]}\ ,\ Da = \frac{\kappa}{L^2}\ ,\ Fr = \frac{U^2}{gL}\ ,$$

$$\widetilde{\mathrm{M}} = \frac{\mathrm{M}}{[M][D]}\ ,\ \ \langle \widetilde{M} \rangle^{(g)} = \frac{\langle \mathrm{M} \rangle^{(g)}}{[M][D]}$$

여기서 $[\rho]$는 농도기준값, $[D]$는 확산기준값, $[I]$는 전류밀도 기준값, $[M]$은 분자량 기준값이다. 그리고 R_e, Sc, Da, F_r은 Reynolds 수, Schmidt 수, Darcy 수 및 Froude 수이다. 우리는 각 파라메터에서 ~(틸드) 표시를 떼어내고 다음과 같은 무차원화된 형태를 취한다. 유로의 경우$(0 \le x \le 1,\ 0 \le y \le h_f/L)$ 다음과 같다.

$$\nabla \cdot (\rho \mathbf{v}) = 0 \tag{29}$$

$$\nabla \cdot (\rho \mathbf{v} \otimes \mathbf{v}) = -\nabla\left(p + \frac{2\delta^2}{3} \nabla \cdot \mathbf{v}\right) + \delta^2 \nabla^2 \mathbf{v} - Fr^{-1} \rho \mathbf{j}, \tag{30}$$

$$\nabla \cdot \left(\frac{\rho \mathbf{v}}{\underline{M}} \begin{bmatrix} x_{O_2} \\ x_{H_2O} \end{bmatrix}\right) = \frac{\delta^2}{Sc} \nabla \cdot \left(\frac{\rho}{\underline{M}^2} \mathrm{M} \begin{bmatrix} \nabla x_{O_2} \\ \nabla x_{H_2O} \end{bmatrix}\right) \tag{31}$$

여기서 $\delta^2 = Re^{-1}$이며, 다공질 물질의 경우$(0 \le x \le 1\ ,\ -h_p/L \le y \le 0)$는 다음과 같다.

$$\nabla \cdot \left(\langle \rho \rangle^{(g)} \langle \mathbf{v} \rangle\right) = 0 \tag{32}$$

$$\frac{\delta^2}{\epsilon^2} \langle \mathbf{v} \rangle \ = \ -\nabla \langle p' \rangle^{(g)} + \delta^2 \nabla^2 \left(\frac{\langle \mathbf{v} \rangle}{\gamma}\right) - Fr^{-1} \langle \rho \rangle^{(g)} \mathbf{j} \tag{33}$$

$$\nabla \cdot \left(\frac{\langle \rho \rangle^{(g)} \langle \mathbf{v} \rangle}{\langle \underline{M} \rangle^{(g)}} \begin{bmatrix} \langle x_{O_2} \rangle^{(g)} \\ \langle x_{H_2O} \rangle \end{bmatrix}\right) - \frac{\delta^2}{Sc} \nabla \cdot \left(\gamma^{\frac{3}{2}} \frac{\langle \rho \rangle^{(g)}}{(\langle \underline{M} \rangle^{(g)})^2} \langle \mathrm{M} \rangle^{(g)} \begin{bmatrix} \nabla \langle x_{O_2} \rangle^{(g)} \\ \nabla \langle x_{H_2O} \rangle^{(g)} \end{bmatrix}\right) \tag{34}$$

여기서 $\epsilon^2 = Da$이다. 이제 경계조건은 다은과 같이 된다.

$$u = 1,\ v = 0,\quad x_{O_2} = x_{O_2}^{in}\ ,\ x_{H_2O} = x_{H_2O}^{in} \quad at\ x = 0,\ 0 \le y \le h_f/L \tag{35}$$

$$u = v = \frac{\partial x_{O_2}}{\partial y} = \frac{\partial x_{H_2O}}{\partial y} = 0\ ,\ at\ \ 0 \le x \le 1\ ,\ y = h_f/L \tag{36}$$

$$p = 0\ ,\ \ \frac{\partial v}{\partial x} = \frac{\partial x_{O_2}}{\partial x} = \frac{\partial x_{H_2O}}{\partial x} = 0\ ,\ at\ \ x = 1,\ 0 \le y \le h_f/L \tag{37}$$

$$\langle u \rangle = \frac{\partial \langle v \rangle}{\partial x} = \frac{\partial \langle x_{O_2} \rangle^{(g)}}{\partial x} = \frac{\partial \langle x_{H_2O} \rangle^{(g)}}{\partial x} = 0 \ at \ \ x = 0,\, 1, -h_p/L \le y \le 0 \tag{38}$$

이제 $0 \le x \le 1$, $y = -h_p/L$에 대한 경계조건은 다음과 같다.

$$\langle u \rangle = 0\,,\ \langle \rho \rangle^{(g)} \langle v \rangle = \Lambda \left\{ \frac{I}{4}(2(1+2\alpha)\underline{M}_{H_2O} - \underline{M}_{O_2} \right\}, \tag{39}$$

$$\frac{\langle \rho \rangle^{(g)} \langle \nu \rangle}{\langle \underline{M} \rangle^{(g)}} \begin{pmatrix} \langle x_{O_2} \rangle^{(g)} \\ \langle x_{H_2O} \rangle^{(g)} \end{pmatrix} - \frac{\delta^2 \gamma^{\frac{3}{2}} \langle \rho \rangle^{(g)}}{Sc(\langle \underline{M} \rangle^{(g)})^2} \langle \mathbf{M} \rangle^{(g)} \frac{\partial}{\partial y} \begin{bmatrix} \langle x_{O_2} \rangle^{(g)} \\ \langle x_{H_2O} \rangle^{(g)} \end{bmatrix} = \frac{\Lambda I}{4} \begin{pmatrix} -1 \\ 2(1+2\alpha) \end{pmatrix} \tag{40}$$

여기서 $\Lambda = [I][M]FU^{in}[\rho]$이다. 마지막으로 $y=0$상에서 유체-다공질 계면을 따르는 경계조건은 다음과 같이 간략화된다.

$$\nu = \langle \nu \rangle \tag{41}$$

$$p - \delta^2 \frac{\partial v}{\partial y} = \langle p \rangle^{(g)} - \delta^2 \frac{\partial \langle v \rangle}{\partial y} \tag{42}$$

$$u = \langle u \rangle \tag{43}$$

$$\frac{1}{\gamma} \frac{\partial \langle u \rangle}{\partial y} - \frac{\partial u}{\partial y} = \left(\frac{\beta_1}{\epsilon} \right) u + \left(\frac{\beta_2}{\delta^2} \right) \rho u^2 \tag{44}$$

$$\langle x_{O_2} \rangle^{(g)} = x_{O_2}\ ,\ \langle x_{H_2O} \rangle^{(g)} = x_{H_2O} \tag{45}$$

$$\gamma^{\frac{3}{2}} \frac{\partial}{\partial y} \begin{bmatrix} \langle x_{O_2} \rangle^{(g)} \\ \langle x_{H_2O} \rangle^{(g)} \end{bmatrix} = \frac{\partial}{\partial y} \begin{bmatrix} x_{O_2} \\ x_{H_2O} \end{bmatrix} \tag{46}$$

2.3 파라메터

대표적으로 $U^{in} \sim 1ms^{-1}$, $h_f \sim 10^{-3}m$, $h_p \sim 3 \times 10^{-4}m$, $L \ge 10^{-2}m$, $[I] \sim 10^4 Am^{-2}$, $p^{out} \sim 1\ atm \sim 10^5\ kgm^{-1}s^{-2}$, $T \sim 300-350K$, $0.1 \le \gamma \le 0.5$, $0.3 \le \alpha \le 1.7$, $\mu \sim O(10^{-5})\,kgm^{-1}s^{-1}$. 또 $Mo_2 = 0.032\,kgmol^{-1}$, $M_{H_2O} = 0.018kgmol^{-1}$, $M_{N_2} = 0.028\,kgmol^{-1}$, $F = 96487\,Asmol^{-1}$, $M_{\min} \le M_{\max}$이다. 여기서

$$M_{\min} = M|_{x_{H_2O}=1,\, x_{O_2}=0} = 0.018\ kgmol^{-1}$$

$$M_{\max} = M|_{x_{H_2O}=0,\, x_{O_2}=1} = 0.032\ kgmol^{-1}$$

또 우리는 밀도 기준값 $[\rho]$를 얻기 위해 이상기체에 대한 관계식을 이용한다. $p \sim p^{out}$에서 $\rho \sim 1\,kgm^{-3}$ 이므로, $[\rho] \sim 1\,kgm^{-3}$가 적절한 것처럼 보인다. [D]의 경우 예를 들면 [11, 12]와 같은 문헌에서 우리는 $O(10^{-5})$ $\mathrm{m^2s^{-1}}$의 값을 취한다.

따라서 Re, Sc, Da, Fr, Λ와 같은 무차원의 파라메터의 경우 다음을 사용하게 된다.

$$Re \sim 10^4,\ Sc \sim 1,\ Da \le 10^{-6},\ Fr \sim 1,\ \Lambda \le 10^{-2},\ \sigma \sim 10^{-2}$$

따라서 $\delta \sim 10^{-2}$이고 $\varepsilon \le 10^{-3}$이 된다.

2.4 좁은 간극의 근사화(narrow-gap approximation)

전형적으로 h_f/L, $h_p/L \ll 1$이며, 다음과 같이 더욱 크기를 재조정해야 한다.

$$X = x,\quad Y = \frac{y}{\sigma},\quad U = u,\ V = \frac{\nu}{\sigma},\ \langle U \rangle = \langle u \rangle,\ \langle V \rangle = \frac{\langle \nu \rangle}{\sigma,}$$
$$P = p,\quad P^{'} = p^{'},\ \langle P \rangle = \langle p \rangle,\ \langle P' \rangle = \langle p^{'} \rangle$$

여기서 $\sigma = h_f/L$이며, σ의 곱과 다른 무차원 파라메터를 포함하고 있는 항을 당분간 유지한다 하더라도 $O(\sigma)$항을 무시하거나 낮춤으로써 더욱 간략화할 수 있다. 여기서 다음 식으로 주어지는 $\triangle$, Σ, Ω와 같은 무차원 파라메터를 도입한다.

$$\triangle = \delta^2/\sigma^2,\quad \Sigma = \sigma^2/\epsilon,\quad \Omega = \Lambda/\sigma$$

그리고 $\triangle$에 대한 다른 식은 $\wedge = (Re\sigma^2)^{-1}$로써 감소된 Reynolds 수에 반비례함을 주의하라.

$$\frac{\partial}{\partial X}(\rho U) + \frac{\partial}{\partial Y}(\rho V) = 0 \tag{47}$$

$$\rho\left(U\frac{\partial U}{\partial X} + V\frac{\partial U}{\partial Y}\right) = -\frac{\partial P'}{\partial X} + \triangle\frac{\partial^2 U}{\partial Y^2} \tag{48}$$

$$0 = -\frac{\partial P'}{\partial Y} \tag{49}$$

$$\rho\left(U\frac{\partial}{\partial X} + V\frac{\partial}{\partial Y}\right)\left(\frac{1}{\underline{M}}\begin{bmatrix} x_{O_2} \\ x_{H_2O} \end{bmatrix}\right) = \frac{\triangle}{Sc}\frac{\partial}{\partial Y}\left(\frac{\rho}{\underline{M}^2}\mathrm{M}\frac{\partial}{\partial Y}\begin{bmatrix} x_{O_2} \\ x_{H_2O} \end{bmatrix}\right) \tag{50}$$

그리고 다공성 물질의 경우

$$0 = \frac{\partial}{\partial X}(\langle\rho\rangle^{(g)}\langle U\rangle) + \frac{\partial}{\partial Y}(\langle\rho\rangle^{(g)}\langle V\rangle) \tag{51}$$

$$\langle U\rangle = -\frac{\epsilon}{\Delta\Sigma}\frac{\partial\langle P'\rangle^{(g)}}{\partial X} + \frac{\epsilon}{\Sigma\gamma}\frac{\partial^2\langle U\rangle^{(g)}}{\partial Y^2} \tag{52}$$

$$\langle V\rangle = -\frac{\epsilon}{\Delta\Sigma^2}\frac{\partial\langle P'\rangle^{(g)}}{\partial Y} + \frac{\epsilon}{\Sigma\gamma}\frac{\partial^2\langle V\rangle^{(g)}}{\partial Y^2} \tag{53}$$

$$\langle\rho\rangle^{(g)}\left(\langle U\rangle\frac{\partial}{\partial X} + V\frac{\partial}{\partial Y}\right)\left(\frac{1}{\langle\underline{M}\rangle^{(g)}}\begin{bmatrix}\langle x_{O_2}\rangle \\ \langle x_{H_2O}\rangle^{(g)}\end{bmatrix}\right)$$

$$= \frac{\Delta}{Sc}\frac{\partial}{\partial Y}\left(\frac{\gamma^{\frac{3}{2}}\langle\rho\rangle^{(g)}}{(\langle\underline{M}\rangle^{(g)})^2}\mathbf{M}^{(g)}\frac{\partial}{\partial Y}\begin{bmatrix}\langle x_{O_2}\rangle^{(g)} \\ \langle x_{H_2O}\rangle^{(g)}\end{bmatrix}\right) \tag{54}$$

또한 다음을 명심하라.

$$P' = P + O(\delta^2), \quad \langle P'\rangle^{(g)} = \langle P\rangle^{(g)} + O(\delta^2)$$

그리고 $\delta^2 \ll 1$이므로, 이제부터는 우리는 수정된 압력값보다 실제 압력값을 사용한다. 또 식 (49)와 (53)의 중력항은 $O(Fr^{-1}\sigma)$이므로 감소되었다. $0 \le X \le 1, Y = 1$의 경우에 대한 경계조건은 다음과 같다.

$$U = V = \frac{\partial x_{O_2}}{\partial Y} = \frac{\partial x_{H_2O}}{\partial Y} = 0 \tag{55}$$

$0 < X \le 1,\ Y = 0$의 경우는 다음과 같다

$$V = \langle V\rangle \tag{56}$$

$$P = \langle P\rangle^{(g)} \tag{57}$$

$$U = \langle U\rangle \tag{58}$$

$$\frac{1}{\gamma}\frac{\partial(U)}{\partial Y} - \frac{\partial U}{\partial Y} = \left(\frac{\beta_1\sigma}{\epsilon}\right)U + \left(\frac{\beta_2\sigma}{\delta^2}\right)\rho U^2 \tag{59}$$

$$\langle x_{O_2}\rangle^{(g)} = x_{O_2},\ \langle x_{H_2O}\rangle^{(g)} = x_{H_2O} \tag{60}$$

$$\gamma^{\frac{3}{2}} \frac{\partial}{\partial Y} \begin{bmatrix} \langle x_{O_2} \rangle^{(g)} \\ \langle x_{H_2O} \rangle^{(g)} \end{bmatrix} = \frac{\partial}{\partial Y} \begin{bmatrix} x_{O_2} \\ x_{H_2O} \end{bmatrix} \tag{61}$$

$0 \le X \le 1,\ Y = -\underline{H}(= h_p / h_f)$의 경우는 다음과 같다.

$$\langle U \rangle = 0\,,\ \langle \rho \rangle^{(g)} \langle V \rangle = \Omega \left\{ \frac{I}{4} (2(1+2\alpha)\underline{M}_{H_2O} - \underline{M}_{O_2} \right\} \tag{62}$$

$$\frac{\langle \rho \rangle^{(g)} \langle V \rangle}{\langle \underline{M} \rangle^{(g)}} \begin{bmatrix} \langle x_{O_2} \rangle^{9g)} \\ \langle x_{H_2O} \rangle^{(g)} \end{bmatrix} - \frac{\Delta \gamma^{\frac{3}{2}} \langle \rho \rangle^{(g)}}{Sc(\langle \underline{M} \rangle^{(g)})^2} \langle \mathrm{M} \rangle^{(g)} \frac{\partial}{\partial Y} \begin{bmatrix} \langle x_{O_2} \rangle^{(g)} \\ \langle x_{H_2O} \rangle^{(g)} \end{bmatrix} = \frac{\Omega I}{4} \begin{bmatrix} -1 \\ 2(1+2\alpha) \end{bmatrix} \tag{63}$$

유동의 확산항을 무시하는 것은 물론 이렇게 축소된 형태에서는 $X=0$ 와 1에서 원래의 모든 경계조건이 모두 만족되는 것은 아니며, 그 항들은 $X \sim O(\sigma)$ 및 $1 - X \sim O(\sigma)$의 경우에 대해 재정립될 필요가 있다는 것을 의미한다. 이것은 범위를 벗어나는 것이기 때문에 일관성 있는 수식화를 위해 다음과 같이 간단히 쓴다.

$$U = 1\,,\ x_{O_2} = x_{O_2}^{in},\quad x_{H_2O} = x_{H_2O}^{in},\ \text{at}\quad X = 0,\ \ 0 \le Y \le 1 \tag{64}$$

$$< U > \ = \frac{\partial \langle x_{O_2} \rangle^{(g)}}{\partial X} = \frac{\partial \langle x_{H_2O} \rangle^{(g)}}{\partial X} = 0\,, at\ \ X = 0, -\underline{H} \le Y \le 0 \tag{65}$$

최초의 논의를 위해 우리는 Δ , Σ, $\Omega \sim O(1)$라는 가정 하에 진행한다. 나중에 우리는 $\Omega \gg 1$인 경우도 고려할 것이다. 이제 가장 우선적으로 $\langle U \rangle = 0$임을 식 (52)로부터 명심하면 더욱 단순화시킬 수 있으며, 식 (51)과 (54)를 더욱 축소시킬 수 있나. 또 Vynnycky & Birgersson[19]은 두께가 $\epsilon^{0.5}$인 다공질 경계층을 규명하였으며, 이것이 식 (54)로 인한 결과가 아님이 판명되었음에도 불구하고 고려해야 하는 값이다. 또 방정식들은 β_1과 β_2에 독립적임이 입증되었다. 이러한 것들과 다른 많은 자세한 내용들은 문헌 [19]에 있다.

2.5 또 다른 간소화와 관찰

무차원 변수에 있어서 이상기체에 대한 관계식을 상기시키면 유로와 다공질 물질의 경우 각각 다음과 같다.

$$\rho = \underline{M} + \left(\frac{[\rho](U^{in})^2}{p^{out}} \right) P, \ \langle \rho \rangle^{(g)} = \langle \underline{M} \rangle^{(g)} + \left(\frac{[\rho](U^{in})^2}{p^{out}} \right) \langle P \rangle^{(g)} \tag{66}$$

여기서 압력과 속도가 고려되는 경우 이들은 $\rho = M$, $\langle \rho \rangle^{(g)} = \langle M \rangle^{(g)}$으로 줄어질 수 있다. 이제 $0 \le X \le 1$, $0 \le Y \le 1$의 경우 감소된 시스템의 식은 다음과 같이 된다.

$$\frac{\partial}{\partial X}(\rho U) + \frac{\partial}{\partial Y}(\rho V) = 0 \tag{67}$$

$$\rho \left(U \frac{\partial U}{\partial X} + V \frac{\partial U}{\partial Y} \right) = - \frac{\partial P}{\partial X} + \Delta \frac{\partial^2 U}{\partial Y^2} \tag{68}$$

$$\frac{\partial}{\partial X} \left(U \begin{bmatrix} x_{O_2} \\ x_{H_2O} \end{bmatrix} \right) + \frac{\partial}{\partial Y} \left(V \begin{bmatrix} x_{O_2} \\ x_{H_2O} \end{bmatrix} \right) = \frac{\Delta}{Sc} \frac{\partial}{\partial Y} \left(\frac{M}{\underline{M}} \frac{\partial}{\partial Y} \begin{bmatrix} x_{O_2} \\ x_{H_2O} \end{bmatrix} \right) \tag{69}$$

또 $0 \le X \le 1$, $-\underline{H} \le Y \le 0$인 경우는 다음과 같다.

$$\langle \rho \rangle^{(g)} \langle V \rangle \Omega \left\{ \frac{I}{4} (2(1+2\alpha) \underline{M}_{H_2O} - \underline{M}_{O_2} \right\} \tag{70}$$

$$\langle V \rangle = - \frac{1}{\Delta \Sigma^2} \frac{\partial (P)^{(g)}}{\partial Y} \tag{71}$$

$$\langle V \rangle \begin{bmatrix} \langle x_{O_2} \rangle^{(g)} \\ \langle x_{H_2O} \rangle^{(g)} \end{bmatrix} - \frac{\Delta \gamma^{\frac{3}{2}}}{Sc \langle \underline{M} \rangle^{(g)}} \langle \mathbf{M} \rangle^{(g)} \frac{\partial}{\partial Y} \begin{bmatrix} \langle x_{O_2} \rangle^{(g)} \\ \langle x_{H_2O} \rangle^{(g)} \end{bmatrix} = \frac{\Omega I}{4} \begin{bmatrix} -1 \\ 2(1+2\alpha) \end{bmatrix} \tag{72}$$

$0 \le X \le 1$, $Y = 1$의 경우 경계조건은 다음과 같다.

$$U = V = \frac{\partial x_{O_2}}{\partial Y} = \frac{\partial x_{H_2O}}{\partial Y} = 0 \tag{73}$$

그리고 $X = 0$, $0 \le Y \le 1$의 경우 경계조건은 다음과 같다.

$$U = 1, \ x_{O_2} = x_{H_2O}^{in}, \ x_{H_2O} = x_{H_2O}^{in}, \text{ at } X = 0, \ 0 \le Y \le 1 \tag{74}$$

$X = 0$, $-\underline{H} \le Y \le 0$의 경우 그러한 경계조건이 필요하지 않음을 입증되었다. 왜냐하면 $-\underline{H} \le Y \le 0$에 대해 상미분방정식을 풀어야 하기 때문이다. $0 \le X \le 1$의 경우 $Y = 0$에서 다공질물질과 유체의 양은 다음 식의 관계가 있다.

$$U = 0,\ V = \langle V \rangle,\ P = \langle P \rangle^{\langle g \rangle} \tag{75}$$

$$\langle x_{O_2} \rangle^{(g)} = x_{O_2},\ \langle x_{H_2O} \rangle^{(g)} = x_{H_2O} \tag{76}$$

$$\gamma^{\frac{3}{2}} \frac{\partial}{\partial Y} \begin{bmatrix} \langle x_{O_2} \rangle^{(g)} \\ \langle x_{H_2O} \rangle^{(g)} \end{bmatrix} = \frac{\partial}{\partial Y} \begin{bmatrix} x_{O_2} \\ x_{H_2O} \end{bmatrix} \tag{77}$$

일반적으로 I는 상수가 아니며, 더 더욱 연역적으로 설명될 수 없다. 하지만 촉매와 막과 연료극에서의 물질수송을 고려함으로써 결정된다. 그러나 다공질 지지체와 가스유로에서의 유동을 강조하는 연구들에 있어서의 공통적인 사항은 전류밀도를 몰분율의 함수로 간단히 기술하는 것이다. 예를 들면 He, Yi & Nguyen[27]에 의해 제시된 Tafel 법칙의 차원화된 형식을 이용하면 다음과 같다.

$$I = \frac{a\rho}{M} \exp\left(\frac{\alpha_c F\eta}{RT}\right) \tag{78}$$

여기서 $\alpha_c(= 2)$는 식 (2)의 산소환원반응의 전달계수이고, η는 산소반응에 대한 과전압이며, $a(= 10^{-6} Ammol^{-1})$는 교환전류밀도와 산소반응의 경우 산소기준농도와 관련된 상수이다. 우리는 다음 식과 같이 $[I]$에 대한 적절한 기준값을 얻는다.

$$[I] = \frac{a[\rho]}{[M]} \exp\left(\frac{\alpha_c F\eta}{RT}\right) \tag{78}$$

그 결과 무차원 형태는 다음과 같이 된다.

$$I\ \left(\langle \rho \rangle^{(g)}, \langle x_{O_2} \rangle^{(g)}, \langle x_{H_2O} \rangle^{(g)}\right) = \frac{\langle \rho \rangle^{(g)} \langle x_{O_2} \rangle^{(g)}}{\langle \underline{M} \rangle^{(g)}} = \langle x_{O_2} \rangle^{(g)} \tag{79}$$

분극곡선을 결정하기 위한 중요한 차원형태의 양은 평균전류밀도 I_{av}이며, 다음과 같이 주어진다.

$$I_{av} = [I] \int_0^1 I\, dX$$

이로써 수식화와 필요소선이 완성된다. 기본경우에 대한 물리적 파라메터에 대한 3.2절에 주어진 데이터는 $\Delta \sim O(1)$임을 가리킨다. 확실히 유로의 종횡비를 더욱 작게하거나 연료전지의 입구가스속도를 더욱 낮게 하여 운전시키면 Δ를 증가시키므로 윤활이론한계($\Delta \gg 1$)를 고려해야 할 것이다. 왜냐하면 그 이론을 사용하면 정성적으로 유용한 분석적 해를 구할 수 있을 뿐만 아니라 우리의 수치적 해석 결과와 정량적으로 비교할 수도 있기 때문이다. 이것이 문헌 [19]에 주어져 있다.

흥미 있고 도움이 되는 간략화는 $\Omega \gg 1$인 경우에 나타난다[21]. 우리는 다음과 같은 점근적 급수(asymptotic series)를 식 (67) - (77)에 도입한다.

$$\chi = \chi_0 + \Omega^{-1}\chi_1 + O(\Omega^{-2}) \text{ 여기서 } \chi = (U, V, P, \rho)$$
$$\chi = \chi^{(0)} + \Omega^{-1}\chi^{(1)} + O(\Omega^{-2}), \text{ 여기서 } \chi = (x_{O_2}, x_{H_2O}, \underline{M}, \mathbf{M})$$

Ω^{-1}의 차수에 따른 순서를 가지는 위 식들은 대부분의 경우 변하지 않으며, 예외가 있다면 식 (70) 및 식 (72) 안에 포함된 2개의 식이 다음과 같은 1 개의 식으로 줄어진다는 것이다.

$$x_{O_2}^{(0)} = 0 \qquad \text{at } 0 \le X \le 1, Y = -\underline{H} \tag{80}$$

식 (70)과 (72)를 자세히 살펴보면 각각 다음과 같이 된다.

$$\rho_0 V_0 = \frac{1}{4}(2(1+2\alpha)\underline{M}_{H_2O} - \underline{M}_{O_2})x_{O_2}^{(1)} \qquad \text{at } 0 \le X \le 1, Y = -\underline{H} \tag{81}$$

$$V_0\begin{pmatrix} x_{O_2}^{(0)} \\ x_{H_2O}^{(0)} \end{pmatrix} - \frac{\Delta\gamma^{\frac{3}{2}}}{Sc\,\underline{M}^{(0)}}M^{(0)}\frac{\partial}{\partial Y}\begin{pmatrix} x_{O_2}^{(0)} \\ x_{H_2O}^{(0)} \end{pmatrix} = \frac{1}{4}\begin{pmatrix} -\underline{M}_{O_2} \\ 2(1+2\alpha)\underline{M}_{H_2O} \end{pmatrix}x_{O_2}^{(1)} \tag{82}$$

가장 우선적인 문제는 높은 차수로부터 정보를 필요로 하기 때문에 한눈에 이것은 어렵다는 것을 알 수 있다. 그러나 우리는 식 (81)을 통해 $x_{O_2}^{(1)}$이 제거될 수 있으며, 필요경계조건은 식 (80)이므로 다음 식이 성립한다.

$$V_0\begin{pmatrix} 0 \\ x_{H_2O}^{(0)} \end{pmatrix} - \frac{\Delta\gamma^{\frac{3}{2}}}{Sc\,\underline{M}^{(0)}}\mathbf{M}^{(0)}\frac{\partial}{\partial Y}\begin{pmatrix} x_{O_2}^{(0)} \\ x_{H_2O}^{(0)} \end{pmatrix} = \frac{\rho_0 V_0}{(2(1+2\alpha)\underline{M}_{H_2O} - \underline{M}_{O_2})}\begin{pmatrix} -1 \\ 2(1+2\alpha) \end{pmatrix} \tag{83}$$

이식으로 인해 활성영역에서의 전기화학반응이 어떻게 모델링되었는가에 관계없이 특정한 셀에 대한 제한전류를 구할 수 있다. 일단 ρ_o와 Vo가 계산되면 (무차원의) 제한전류밀도 프로파일은 다음과 같이 된다.

$$I_{\lim}(X) = \frac{4\rho_0(X)V_0(X)}{2(1+2\alpha)\underline{M}_{H_2O} - \underline{M}_{O_2}}$$

또 이로부터 경계조건으로써 식 (80)과 (83)을 사용하면 전류밀도가 높은 경우 계산이 수렴할 수 있도록 해야 함을 의미한다.

2.6 계산 및 결과

Keller-Box 이산화방법과 Newton 반복계산(예를 들면, Cebeci & Bradshaw[30] 참조)을 사용하여 간략화된 포물선 방정식을 수치적으로 풀었다. 유로에서 풀어야 할 편미분방정식 (67)~(69)의 시스템은 차수가 8이며 이 식은 다공질 영역의 6차 상미분방정식 (70)~(72) 시스템과 결합되어 있다. 잘 아는 것처럼 그 방법은 시간 및 공간 변수(time-like and space-like variables)에서 2차적으로 정확하므로(second-order accurate), 더 이상의 세부적인 내용은 여기서 생략한다. 계산속도를 나타내기 위해 채널에서의 계산지점을 폭 방향으로는 500 곳, 길이방향으로는 200 곳으로 한 경우 3 GB RAM을 가진 500 MHz Compaq Alpha server는 약 100 CPU 초가 필요했다.

식(79)의 무차원 형태로 주어진 Tafel 법칙에 대해 결과가 제시되며, 이 결과는 이전의 PEFC 연구[18, 27, 29]에 사용되었다. 시종일관 우리는 $\gamma = 0.3$, $T = 353\,K$를 유지했으며, 유로 높이와 길이의 변화, 다공질지지체의 두께와 투과도, 압력, 입구 속도와 구성성분 등의 효과에 더욱 관심을 기울여 왔다. 이들 가운데 물리적으로 현실성 있고 구현가능한 변화는 기껏해야 관련 무차원 파라메터의 크기가 다소 변한다는 것이다. 가장 민감한 파라메터는 Ω이며, 이것은 셀전압 E_{cell}이 감소함에 따라 수백 수천배 이상 크기가 변한다. 여기서 과전압 η 대신에 다시 셀전압을 사용하는 것을 주의하라. 두 양은 다음과 같은 관계가 있다.

$$E_{cell} = E_0 - \eta$$

여기서 E_0(=1.1V)는 연료전지의 개회로전압이다.

$\Delta \gg 1$의 경우에 대한 분석적 해가 문헌 [19]에 주어져 있다. 그러나 여기서 우리는 $\Delta \sim O(1)$인 좀디 물리적으로 현실성 있는 운선소건에 대한 해를 구하는데 집중할 것이다.

2.6.1 $\triangle$와 Ω의 효과

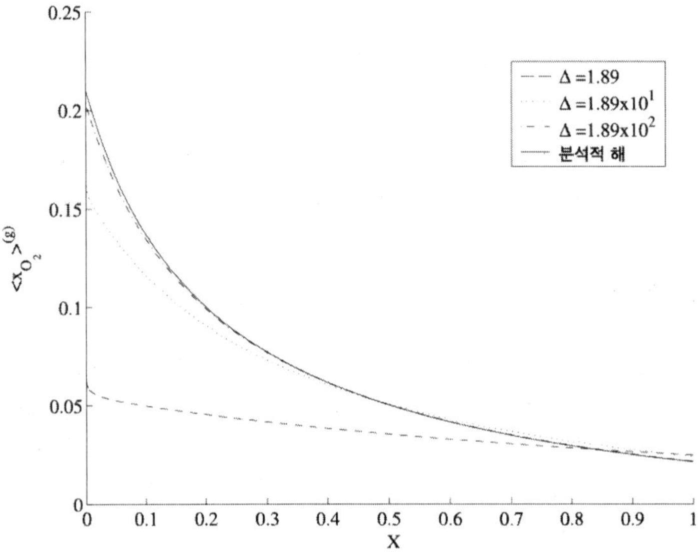

그림 4. $Y=-\underline{H}$에서 $\left\langle x_{O_2}\right\rangle^{(g)}$에 대한 분석적 해를 $\triangle = 1.89,\ 1.89\times10^1,$ $1.89\times10^2\,(E_{cell}=0.75\,V)$인 경우의 수치해와 비교한 곡선

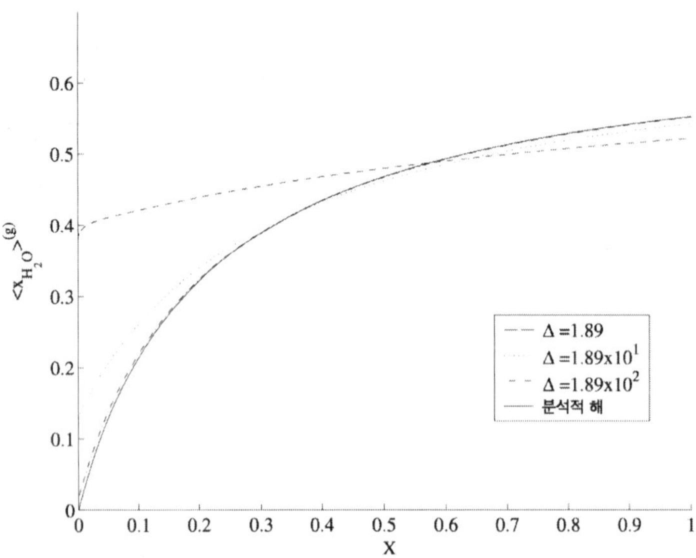

그림 5. $Y=-\underline{H}$에서 $\left\langle x_{H_2O}\right\rangle^{(g)}$에 대한 분석적 해를 $\triangle = 1.89,\ 1.89\times10^1,$ $1.89\times10^2\,(E_{cell}=0.75\,V)$인 경우의 수치해와 비교한 곡선

우리는 $\Omega = 10.2$에 해당하는 $E_{cell} = 0.75\,V$인 경우 Δ의 크기가 수백 수천배 변화하는 결과를 보였으며, 이 결과를 윤활이론 한계에서의 분석적 해와 비교하였다. 그림 4와 5는 $Y = -\underline{H}$에서 고유한 산소 및 물의 몰분율에 대한 것이며, Δ가 $O(10^2)$만큼 낮은 경우 윤활해가 잘 일치함을 보여준다. 그러나 이는 3.2절에서 주어진 기본 경우의 물리적인 값보다 훨씬 더 큰 값으로써, $\Delta = 1.89$에 해당한다. 그림 6은 $Y = 0.5$에서 흐름속도 U를 나타내며, 기존의 값인 1.5에서 얼마나 오차가 생기는가를 보여주고 있다.

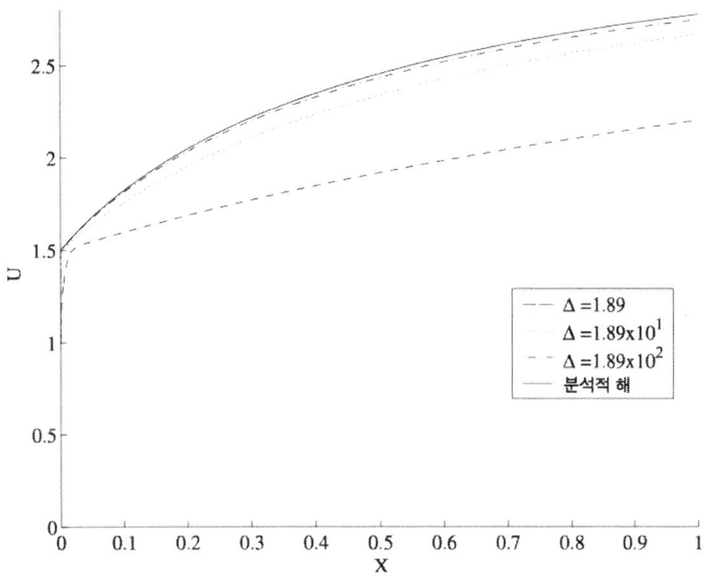

그림 6. $Y = \frac{1}{2}$**에서** U**에 대한 분석적 해를** $\Delta = 1.89, 1.89 \times 10^1, 1.89 \times 10^2\,(E_{cell} = 0.75\,V)$**에 대한 수치해와 비교한 곡선**

E_{cell}이 감소함에 따라 관심을 가지고 있는 한계가 발생한다. 이 경우 $Y = -\underline{H}$에서 $\Omega(x_{O_2})^{(g)}$가 $O(1)$을 유지한다 하더라도 Ω는 증가한다. 이것은 제한전류에 도달했다는 것에 해당되며, 대응하는 그래프가 그림 7~9에 주어져 있다. 그림 7과 8에서 분석적 해에 대한 고유한 산소 및 물의 몰분율에 대한 제한값에 급속히 도달하여 그림 7에서 $(x_{O_2})^{(g)}$에 대한 곡선이 효과적으로 X축 상에 놓여져 있음을 보라.

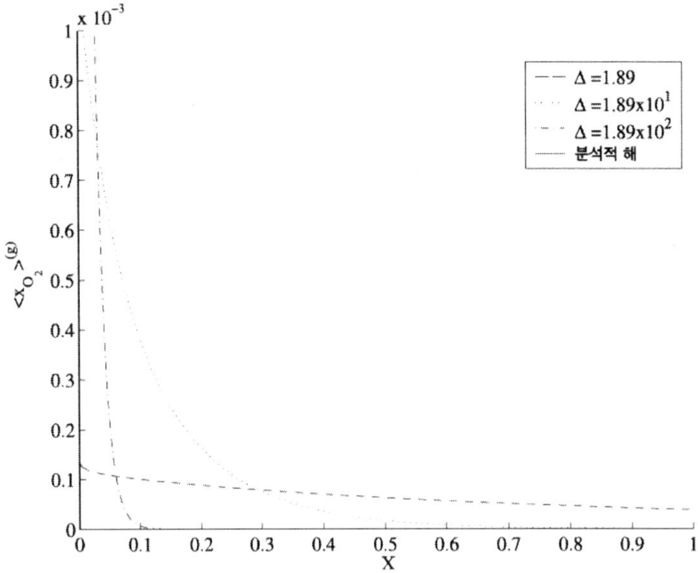

그림 7. $Y = -\underline{H}$에서 $\langle x_{O_2} \rangle^{(g)}$에 대한 분석적 해를 $\Delta = 1.89,\ 1.89 \times 10^1,\ 1.89 \times 10^2\ (E_{cell} = 0.65\,V)$에 대한 수치해와 비교한 곡선

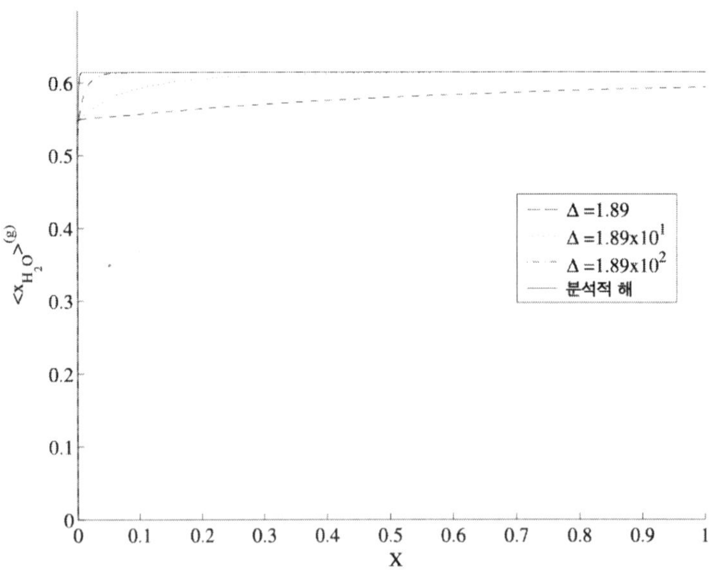

그림 8. $Y = -\underline{H}$에서 $\langle x_{H_2O} \rangle^{(g)}$에 대한 분석적 해를 $\Delta = 1.89,\ 1.89 \times 10^1,\ 1.89 \times 10^2\ (E_{cell} = 0.65\,V)$에 대한 수치해와 비교한 곡선

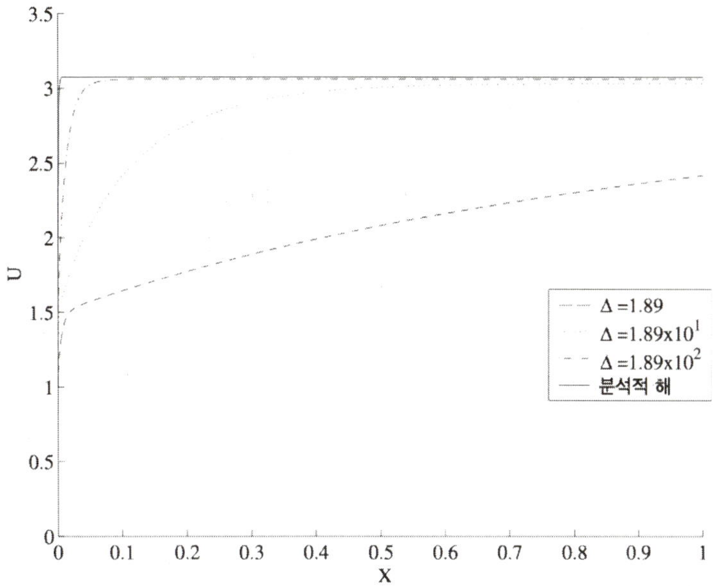

그림 9. $Y=\frac{1}{2}$**에서** U**에 대한 분석적 해를** $\Delta=1.89,\ 1.89\times10^1,\ 1.89\times10^2\ (E_{cell}=0.65\,V)$**에 대한 수치해와 비교한 곡선**

수치연산에 관한 한 Ω가 증가함에 따라 전류밀도에 대한 외부루프의 상당한 반복계산이 요구된다. 예를 들면 $E_{cell}=0.75\,V$의 경우 4번의 반복계산이 필요한 반면, $E_{cell}=0.65\,V$의 경우 20~30번의 반복계산이 필요하다. 또 Ω값이 큰 경우 X = 0에서 초기에 계산을 시작하는 것이 어렵다. 이것은 앞 절의 끝부분에서 설명된 현상 때문이라고 추측된다. 유로를 따른 계산의 첫 단계로서 Ω값이 낮은 경우 초기값으로 유로입구값을 설정하는 것이 적절한 반면, E_{cell}이 0.71V보다 너 낮은 경우 이 값은 충분하지 않다고 밝혀졌다. 그러한 경우 $E_{cell}=0.71\,V$에 대한 첫 단계 해가 대신에 사용되어야 했고, 그래서 제한전류값에 도달하기 전에 매우 큰 값의 Ω에 대해 수치적으로 해를 구할 수 있게 된다.

2.6.2 '분극표면(polarization surfaces)'

연료전지의 성능을 분극곡선으로 나타내는 것이 보통이며, 분극곡선은 셀전위 E_{cell}이 평균전류밀도 I_{av}의 함수로 주어진다. 일반적으로 분석이 차원적으로 이루어지면, 각 물리적 파라메터들을 변화시키는데 따른 수 많은 그래프가 만들어진다. 그러나 여기서 다루는 무차원 분석의 주된 장점은 '분극표면'을 그림으로써 그 결과를 더욱 컴팩트하게 나타낼 수 있다는 것이다. 개개의 분극곡선이 모여 분극표면곡선을 이루게 될 것이다. 우리는 이것을 다음과 같이 설명한다. 앞서 말한 무차원화에 의해 새롭게 나타나는 무차원 파라메터는 Δ, Σ, Ω와 Sc이다. 또 본 연구에서 값을 고정시킨 γ가 있으며, 연료전지의 성능에 미치는 영향을 조사해야 하는 $x_{O_2}^{in}$, $x_{H_2O}^{in}$, H들도 있다. 먼저 대상 파라메터의 변화범위에서 무차원밀도는 압력과 무관하며 유로의 압력은 다공질물질에서의 압력에 대한 경계조건이 되므로 Σ는 I_{av}에 영향을 미치지 않는다. 또 Sc의 변화는 $[\rho]$가 변화할 때만 영향을 미치며 이것은 공기극이 다른 온도에서 동작하고 있을 때에만 발생한다. 결과적으로 I_{av}를 적절하게 나타내면 Sc, $x_{O_2}^{in}$, $x_{H_2O}^{in}$, $\underline{H}$의 값을 고정시킨 채 Δ와 Ω의 함수로 그것을 그릴 수 있으며, 이것의 장점은 4개의 파라메터 h_f, L, U^{in}, E_{cell}의 영향을 하나의 그래프에 그릴 수 있다는 것이다. Ω의 크기가 수천배 변화하므로 변수를 $\log(\Omega)$로 사용하는 것이 편리하다. 이에 대한 예가 아래에 주어져 있다.

그림 10은 압력이 1과 3기압일 때 $\underline{H}=0.3$에 대한 분극표면을 보여준다. Ω가 증가함에 따라 제한전류 현상이 관찰되며, 그 값은 Δ가 증가함에 따라 적당하게 증가하지만, 압력이 증가하면 크게 증가함을 볼 수 있다. 그림 11은 유사한 그래프를 보여주지만, $\underline{H}=0.15$과 $\underline{H}=0.6$에서 $P^{out}=1\,atm$에 대한 것이라는 것이 다르다. 다공질 지지체가 더욱 얇은 경우 평균전류밀도는 더욱 높으며, 두 경우 모두 Ω가 증가함에 따라 제한값은 명백해진다. 그림 12는 $P^{out}=1\,atm$, $x_{O_2}^{in}=0.21$인 기본경우를 1 atm에서 입력가스의 구성성분을 달리한 두 경우와 비교하고 있다. 두 경우는 건조한 산소($x_{O_2}^{in}=1$)의 경우와 $p^{out}=0.13$, $x_{H_2O}^{in}=0.36$(76% 상대습도에 해당)으로 부분적으로 가습된 산소에 대한 것이다[1, 2, 16]. 확실히 입구에서 산소함유율이 증가되면 평균전류밀도가 상승한다. $x_{O_2}^{in}=1$의 경우 Ω의 값이 상당히 작기 때문에 잘 수렴하지 않는 어려움이 있었으며, 이로써 이 경우에 제시된 값보다 더욱 좁은 범위의 값을 사용해야 함을 알 수 있지만, 그럼에도 불구하고 평균전류밀도는 다른 두 경우에 비해 훨씬 더 크다.

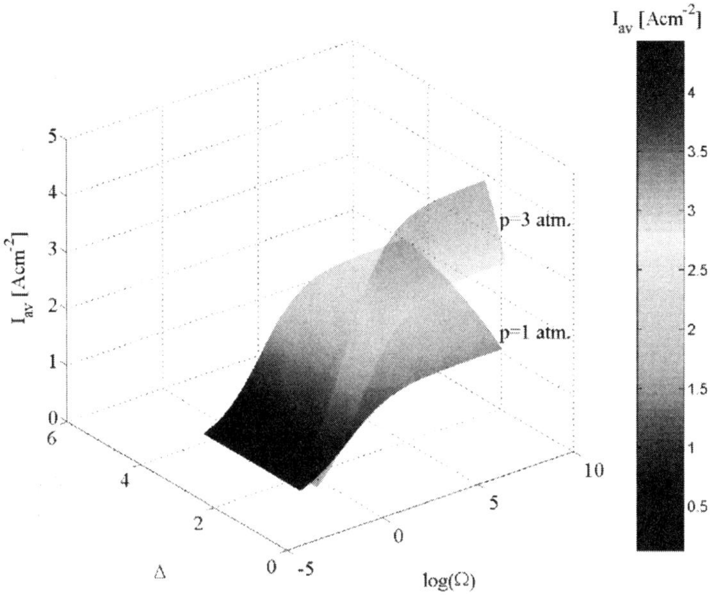

그림 10. $P^{out}=1, 3\ atm\ (\underline{H}=0.3)$에 대한 분극표면

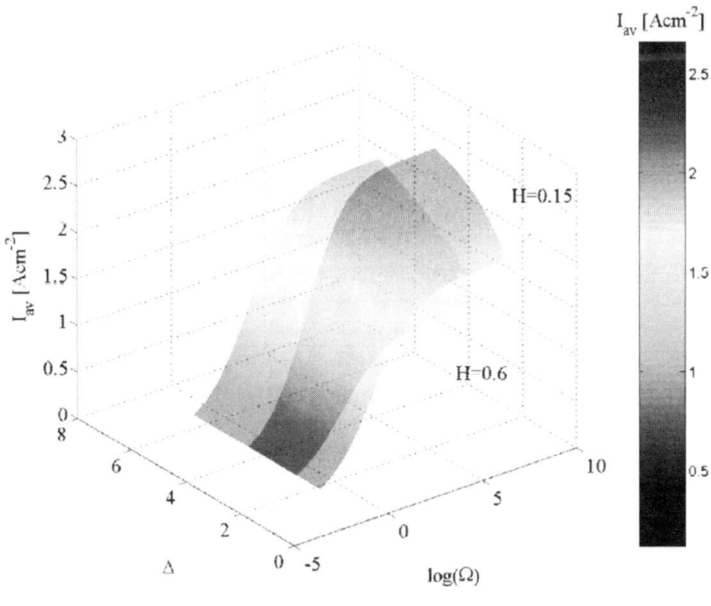

그림 11. $\underline{H}=0.3,\ 0.6(P^{out}=1\,atm)$에 대한 분극표면

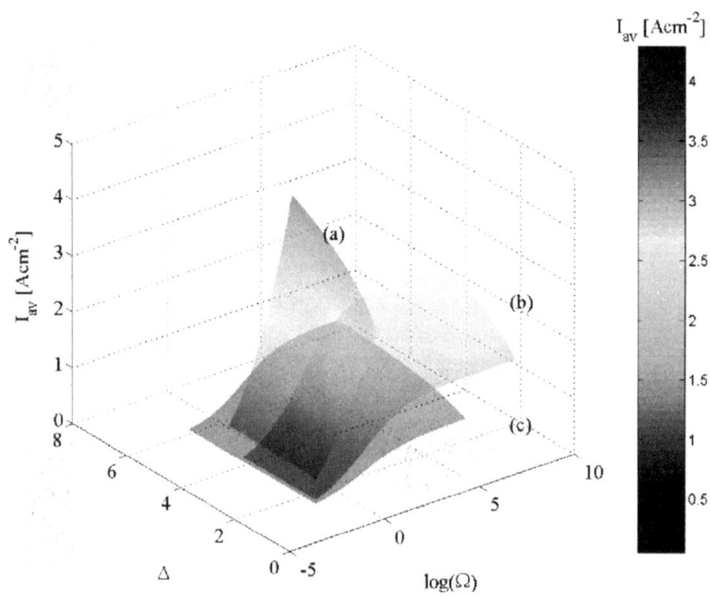

그림 12. 여러 가지 경우에 대한 분극표면 (a) $P^{out}=1\,atm,\ x_{O_2}^{in}=0.21$의 기본 경우 (b) $P^{out}=1\,atm,\ x_{O_2}^{in}=1$의 건조한 경우 (c) $P^{out}=1\,atm,\ x_{O_2}^{in}=0.13,\ x_{H_2O}^{in}=0.36$ (76%의 상대습도)의 부분적으로 가습된 경우

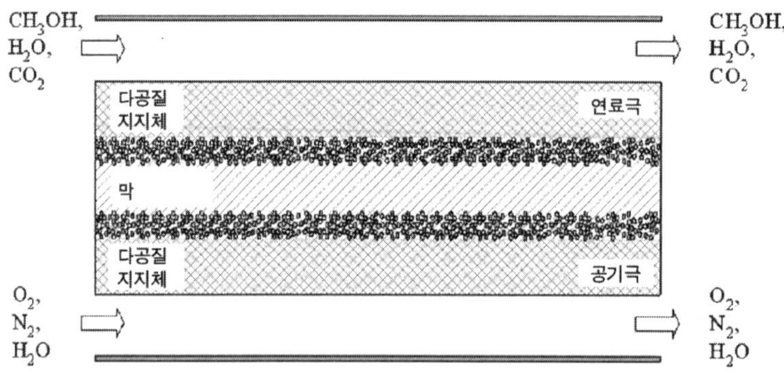

그림 13. DMFC의 개략도

3 DMFC

DMFC에 대한 개략적인 구조가 그림 13에 주어져 있다. 근본적으로 이것은 두 개의 가스확산전극 사이에 끼워진 고분자막으로 이루어져 있으며, 가스확산전극은 양극판 내에 포함된 유로와 인접해 있다. 보통 공기 중의 산소를 가습시켜 사용하

는 산화제는 공기극의 유로입구로 공급되어 전해질/연료극 계면으로 수송된다. 반면에 보통 희석된 액체메탄올을 사용hk는 연료는 연료극 유로입구로 공급되어 전해질/연료극 계면으로 수송된다. 두 계면은 다음 반응을 촉진시키기 위해 촉매를 포함하고 있다.

$$\text{연료극} \qquad CH_3OH + H_2O \rightarrow CO_2 + 6H^+ + 6e^- \tag{84}$$

$$\text{공기극} \qquad O_2 + 4H^+ + 4^{e^-} \rightarrow 2H_2O \tag{85}$$

두 반응에 의해 전류가 발생하여 부하에 전력을 공급한다. 약 0.1 A/cm^2의 전류밀도, 0.4 V의 대표적인 전압값에서 최적의 연료전지 성능을 얻을 수 있다.

3.1 연료극에서의 유동에 대한 수식화

다음에서 DMFC에서의 좁은 유로와 다공질지지체에서의 액상의 물/메탄올/이산화탄소 혼합물의 정상상태 2D 유동을 고려하는 것으로부터 시작한다. 간단히 하기 위해 2.3절에서 이미 유도한 PEFC 공기극 모델과의 유사성과 차이점을 여기서 강조한다. 시종일관 우리는 PEFC의 공기극에서의 세 가지 물질이 DMFC의 연료극에서의 세 가지 물질과 서로 관련이 있음을 말할 것이다.

$$O_2 \Leftrightarrow CH_3OH, \quad H_2O \Leftrightarrow CO_2, \quad N_2 \Leftrightarrow H_2O$$

3.1.1 유로

식 (3)~(6)은 변하지 않는다. 그러나 시스템이 희석된 용액으로 처리될 수 있고 교차항들을 중복되게 하면 유로와 다공질 지지체에서의 확산텐서는 다음과 같이 대각텐서로 간략화될 수 있다.

$$\begin{aligned} \mathbf{M} &= M_{H_2O}\begin{pmatrix} D_{CH_3OH,H_2O} & 0 \\ 0 & D_{CO_2,H_2O} \end{pmatrix} \\ \langle \mathbf{M} \rangle^{(1)} &= M_{H_2O}\begin{pmatrix} \langle D_{CH_3OH,H_2O} \rangle^{(1)} & 0 \\ 0 & \langle D_{CO_2,H_2O} \rangle^{(1)} \end{pmatrix} \end{aligned}$$

혼합물 밀도의 경우, 이상기체에 대한 관계식은 이제 당연히 적절하지 않다. 문헌의 데이터로부터 70 ℃에 대한 값을 추정하면 밀도에 대한 메탄올의 영향은 혼합물에서 2 wt% 메탄올에서 0.4%만큼 밀도가 낮아진다고 평가된다[31]. 이러한 영향은 무시될 수 있으며, 따라서 혼합물의 밀도 ρ를 순수한 물의 밀도로 취급할 수 있으므로 상수로 할 수 있다.

3.1.2 다공질 지지체

위 첨자 (g)가 액체 상을 표시하기 위해 (l)로 대체된다.

3.1.3 경계조건

3.1.3.1 입구, 출구, 위쪽벽, 수직벽

우리가 입구에서 발달된 유동 프로파일을 가정한다 하더라도 대부분 이들은 변하지 않는다.

$$u = 4U^{in}\left(\frac{y}{h_f} - \left(\frac{y}{h_f}\right)^2\right), \quad v = 0$$

3.1.3.2 유로/다공질지지체 경계면

이들은 변하지 않는다.

3.1.3.3 촉매/다공질지지체 경계면

유일한 변화는 식 (24)~(26)을 다음 식으로 대체하는 것이다.

$$\langle \mathbf{n}_{CH_3OH} \cdot \mathrm{N} \rangle = -\frac{I(1+6\alpha_{CH_3OH})M_{CH_3OH}}{6F} \tag{87}$$

$$\langle \mathbf{n}_{CO_2} \cdot \mathrm{N} \rangle = \frac{IM_{CO_2}}{6F} \tag{88}$$

$$\langle \mathbf{n}_{H_2O} \cdot \mathrm{N} \rangle = -\frac{I(1+6\alpha_{H_2O})M_{H_2O}}{6F} \tag{89}$$

여기서 α_{H_2O}와 α_{CH_3OH}는 막을 통과하는 물과 메탄올을 고려한 파라메터이다. 다음에 우리는 α_{CH_3OH}로 주어지는 메탄올교차의 영향을 무시했다. 교차가 크면 공기극에서 바람직하지 않은 혼합전위(mixed potential)를 야기시킬 뿐만 아니라 연료극에서 연료의 손실을 야기시키기 때문에 실제의 DMFC 응용에 있어서 이러한 가정은 합리적이다. 교차를 무시할 수 없으면 막에서의 메탄올수송을 고려한 항은 쉽게 더해질 수 있다. 이에 대한 예는 Scott 등[32]을 참조하라. 그러면 식 (27)과 (28)에 의해 $\langle v\rangle$, $\langle x_{CH_3OH}\rangle^{(1)}$, $\langle x_{CO_2}\rangle^{(1)}$에 대한 다음의 경계조건이 대신 주어진다.

$$\langle\rho\rangle^{(1)}\langle v\rangle = -\frac{I}{6F}((1+6\alpha_{H_2O})M_{H_2O}+M_{CH_3OH}-M_{CO_2}) \tag{90}$$

$$\frac{\langle\rho\rangle^{(1)}\langle v\rangle}{\langle M\rangle^{(1)}}\begin{bmatrix}\langle x_{CH_3OH}\rangle^{(1)}\\ \langle x_{CO_2}\rangle^{(1)}\end{bmatrix}-\frac{\gamma^{\frac{3}{2}}\langle\rho\rangle^{(1)}}{(\langle M\rangle^{(1)})^2}\overline{\mathbf{M}}\frac{\partial}{\partial y}\begin{bmatrix}\langle x_{CH_3OH}\rangle^{(1)}\\ \langle x_{CO_2}\rangle^{(1)}\end{bmatrix} = \frac{I}{6F}\begin{bmatrix}-1\\ 1\end{bmatrix} \tag{91}$$

3.2 무차원화

이것은 식 (39)와 (40)이 이제 다음과 같이 된다는 것을 제외하고는 변하지 않는다.

$$\langle u\rangle=0,\ \langle\rho\rangle^{(1)}\langle\nu\rangle=-\Lambda\left\{\frac{I}{6}((1+6\alpha_{H_2O})\underline{M}_{H_2O}+\underline{M}_{CH_3OH}-\underline{M}_{CO_2}\right\} \tag{92}$$

$$\frac{\langle\rho\rangle^{(1)}\langle\nu\rangle}{\langle\underline{M}\rangle^{(1)}}\begin{bmatrix}\langle x_{CH_3OH}\rangle^{(1)}\\ \langle x_{CO_2}\rangle^{(1)}\end{bmatrix}-\frac{\delta^2\gamma^{\frac{3}{2}}\langle\rho\rangle^{(1)}}{Sc(\langle\underline{M}\rangle^{(1)})^2}\langle\mathrm{M}\rangle^{(1)}\frac{\partial}{\partial \mathrm{y}}\begin{bmatrix}\langle \mathrm{x}_{\mathrm{CH_3OH}}\rangle^{(1)}\\ \langle \mathrm{x}_{\mathrm{CO_2}}\rangle^{(1)}\end{bmatrix} = \frac{\Lambda I}{6}\begin{pmatrix}-1\\ 1\end{pmatrix} \tag{93}$$

3.3 파라메터

대표적으로 $U^{in}\sim10^{-2}ms^{-1}$, $x_{CH_3OH}\sim O(10^{-2})$, $h_f\sim10^{-3}m$, $h_p\sim1.8\times10^{-4}m$, $L\geq10^{-2}m$, $\kappa\sim10^{-12}m^2$, $[I]\sim4\times10^3Am^{-2}$, $p^{out}\sim1\,atm\sim10^5kgm^{-1}s^{-2}$, $T\sim300-350K$, $0.1\leq\gamma\leq0.9$, $\alpha_{H_2O}=2.5$([33] 참조), $\alpha_{CH_3OH}=x_{CH_3OH}\alpha_{H_2O}$([32] 참조), $\mu\sim O(10^{-4})\,kgm^{-1}s^{-1}$, $\rho\sim978$ kgm^{-3}. 또 $M_{CH_3OH}=0.032\,kgmol^{-1}$, $M_{CO_2}=0.044\,kgmol^{-1}$, $M_{H_2O}=0.018\,kgmol^{-1}$, $F=96487$ $Asmol^{-1}$, $R=8.314\,Jmol^{-1}K^{-1}$, $A=157$, $B=0.61$, $E_O=0.504\,V$, $E_A=0.5\,V$, $\alpha_A=7.9$. $[D]$의 경우 우리는 $O(10^{-9})m^2s^{-1}$의 값을 취하며, 이는 액체확산에 대한 대표적인 기준값이다.

따라서 무차원의 파라메터 Re, Sc, Da, Λ의 경우 다음과 같이 된다.

$$Re \sim 10^{-3},\ S_C \sim 50,\ Da \leq 10^{-6},\ Fr \sim 10^{-2},\ \Lambda \leq 4 \times 10^{-4},\ \sigma \sim 10^{-2},$$

따라서 $\delta \sim 3 \times 10^{-2}$, $\epsilon \leq 10^{-3}$이 된다.

3.4 좁은 간극의 근사화

다음 식을 제외하고는 이에 대한 세부사항은 불변이다.

$$\langle U \rangle = 0 \tag{94}$$

$$\langle \rho \rangle^{(1)} \langle V \rangle = \Omega \left\{ \frac{I}{6} ((1 + 6\alpha_{H_2O}) \underline{M}_{H_2O} + \underline{M}_{CH_3OH} - \underline{M}_{CO_2} \right\} \tag{95}$$

$$\frac{\langle \rho \rangle^{(1)} \langle V \rangle}{\langle \underline{M} \rangle^{(1)}} \begin{bmatrix} \langle x_{CH_3OH} \rangle^{(1)} \\ \langle x_{CO_2} \rangle^{(1)} \end{bmatrix} - \frac{\Delta \gamma^{\frac{3}{2}} \langle \rho \rangle^{(1)}}{Sc(\langle \underline{M} \rangle^{(1)})^2} \langle \mathbf{M} \rangle^{(1)} \frac{\partial}{\partial \mathrm{Y}} \begin{bmatrix} \langle \mathrm{x}_{\mathrm{CH_3OH}} \rangle^{(1)} \\ \langle \mathrm{x}_{\mathrm{CO_2}} \rangle^{(1)} \end{bmatrix} = \frac{\Omega I}{6} \begin{bmatrix} -1 \\ 1 \end{bmatrix} \tag{96}$$

중요한 것은 $\Omega \sim 10^{-2}$이며, 이로 인해 PEFC 공기극에서는 가능하지 않은 간략화를 할 수 있다.

3.5 또 다른 간소화와 관찰

시스템이 희석되었기 때문에 $x_{H_2O} \gg x_{CH_3OH}, x_{CO_2}$이고, 이는 다음과 같이 쓸 수 있음을 의미한다.

$$x_{CH_3OH} + x_{CO_2} = 1 - x_{H_2O}^{in}$$

따라서 우리는 메탄올에 대한 질량수송 방정식만을 풀면 되며, 이 관계로부터 이산화탄소의 질량분율을 구할 수 있다. 이산화탄소와 메탄올의 영향을 무시할 수 있기 때문에 평균 분자질량 $\underline{M}^{(1)}$은 $\underline{M}_{H_2O}$로 감소된다. 밀도가 일정하다는 사실 때문에 $\langle \rho \rangle^{(1)} = 1$로 간단하게 쓸 수 있다. 이로 인해 또한 확산계수 D_{CH_3OH, H_2O}를 간소화할 수 있으며, 희석시스템의 경우 이것을 상수로 취급할 수 있다. 따라서 특성 확산계수 기준값 $[D]$를 적절하게 선택하면 $[D] = D_{CH_3OH,H_2O}$가 된다. 위의 간소화에 따라 유로에 대한 무차원 식의 형태는 다음과 같이 된다.

$$\frac{\partial U}{\partial X} + \frac{\partial V}{\partial Y} = 0 \tag{97}$$

$$U\frac{\partial U}{\partial X} + V\frac{\partial U}{\partial Y} = -\frac{\partial P}{\partial X} + \Delta\frac{\partial^2 U}{\partial Y^2} \tag{98}$$

$$\frac{\partial P}{\partial Y} = 0 \tag{99}$$

$$U\frac{\partial x_{CH_3OH}}{\partial X} + V\frac{\partial x_{CH_3OH}}{\partial Y} = \frac{\Delta}{Sc}\frac{\partial^2 x_{CH_3OH}}{\partial Y^2} \tag{100}$$

이들은 일정한 밀도 ρ와 $P' = P$인 경우 식 (67)~(69)와 동일하다. 다공질 지지체의 경우 다음 식이 성립한다.

$$\frac{\partial\langle V\rangle}{\partial Y} = 0 \tag{101}$$

$$\langle U\rangle = 0 \tag{102}$$

$$\frac{\partial\langle P\rangle^{(1)}}{\partial Y} = -\Delta\Sigma^2\langle V\rangle \tag{103}$$

$$\langle V\rangle\frac{\partial\langle x_{CH_3OH}\rangle^{(1)}}{\partial Y} = \frac{\Delta\gamma^{\frac{3}{2}}}{Sc}\frac{\partial^2\langle x_{CH_3OH}\rangle^{\langle 1\rangle}}{\partial Y^2} \tag{104}$$

그러나 $\langle V\rangle$는 $\Omega(\ll 1)$의 값 정도이므로 여전히 정확한 비율로 정해지지 않았다. 따라서 다음과 같이 설정할 수 있다.

$$\langle\hat{V}\rangle = \frac{\langle V\rangle}{\Omega} \tag{105}$$

따라서 식 (101), (103), (104)는 다음과 같이 된다.

$$\frac{\partial\langle\hat{V}\rangle}{\partial Y} = 0 \tag{106}$$

$$\frac{\partial \langle P \rangle^{(1)}}{\partial Y} = -\Delta \Sigma^2 \Omega \langle \hat{V} \rangle \tag{107}$$

$$\Omega \langle \hat{V} \rangle \frac{\partial \left\langle x_{CH_3OH} \right\rangle^{(1)}}{\partial Y} = \frac{\Delta}{Sc} \gamma^{\frac{3}{2}} \frac{\partial^2 \left\langle x_{CH_3OH} \right\rangle^{(1)}}{\partial Y^2} \tag{108}$$

$Y=0$에서 V에 대한 계면조건과 식 (75)의 두 번째 등식은 V 역시 Ω 정도의 값이라는 것을 의미한다. $V = V/\Omega$로 설정하면 유로에서의 지배방정식 (97)~(100)은 다음과 같이 주어진다.

$$\frac{\partial U}{\partial X} + \Omega \frac{\partial \hat{V}}{\partial Y} = 0 \tag{109}$$

$$U\frac{\partial U}{\partial X} + \Omega \hat{V} \frac{\partial U}{\partial Y} = -\frac{\partial P}{\partial X} + \Delta \frac{\partial^2 U}{\partial Y^2} \tag{110}$$

$$\frac{\partial P}{\partial Y} = 0 \tag{111}$$

$$U\frac{\partial x_{CH_3OH}}{\partial X} + \Omega \hat{V} \frac{\partial x_{CH_3OH}}{\partial Y} = \frac{\Delta}{Sc} \frac{\partial^2 x_{CH_3OH}}{\partial Y^2} \tag{112}$$

이제 $\Omega \sim 0(10^{-2}) \ll 1$이므로 $O(\Omega)$의 항을 무시할 수 있으며, 이는 $V=0$에 해당한다. 더욱이 식 (102)와 (58)은 $U=0$에서 $Y=0$임을 의미한다. 결과적으로 완전히 발달된 층류의 속도 프로파일에 대한 입구조건은 출구쪽 유동의 운동량방정식을 만족시키고, 따라서 가장 우선적으로 속도는 유로에서의 물질전달과 분리됨을 알 수 있다. 나머지 풀어야 할 식은 다음과 같다.

$$4(Y - Y^2) \frac{\partial x_{CH_3OH}}{\partial Y} = \frac{\Delta}{Sc} \frac{\partial^2 x_{CH_3OH}}{\partial Y^2} \tag{113}$$

이제 전체 다공질 지지체에 대해 식 (95)와 (106)을 결합시키면 다음 식이 얻어진다.

$$\langle \hat{V} \rangle = -\frac{I\Phi}{6} \tag{114}$$

여기서 $\Phi = (1 + 6\alpha_{H_2O})\underline{M}_{H_2O} + \underline{M}_{CH_3OH} - \underline{M}_{CO_2}$이다. 그러면 전류밀도는 오직 X

의 함수이므로 $\langle \hat{V} \rangle = \langle \hat{V}(X) \rangle$가 된다. 식(108)을 적분하고 식 (114)와 (96)을 사용하면 다음 식을 얻을 수 있다.

$$-\frac{\Omega I \Phi}{6}\left\langle x_{CH_3OH}\right\rangle^{(1)} - \frac{\Delta}{Sc}\gamma^{\frac{3}{2}}\frac{\partial\left\langle x_{CH_3OH}\right\rangle^{(1)}}{\partial Y} = -\frac{\Omega I}{6}\underline{M}_{H_2O} \tag{115}$$

또 $[M] = M_{H_2O}$을 선택하면 $\underline{M}_{H_2O} = 1$이므로 식 (115)는 다음과 같이 된다.

$$\Phi\left\langle x_{CH_3OH}\right\rangle^{(1)} + \frac{6\Delta}{Sc\Omega I}\gamma^{\frac{3}{2}}\frac{\partial\left\langle x_{CH_3OH}\right\rangle^{(1)}}{\partial Y} = 1. \tag{116}$$

식 (116)을 적분하면 다음과 같이 된다.

$$\left\langle x_{CH_3OH}\right\rangle^{(1)}(X, Y) = \frac{1}{\Phi} + \underline{C}\exp\left(-\frac{\Phi Sc\Omega I}{6\Delta\gamma^{\frac{3}{2}}}Y\right) \tag{117}$$

여기서 $\underline{C}$는 간단히 결정되는 적분상수이다. $Y = -\underline{H}$에서 다음 식이 성립한다.

$$\left\langle x_{CH_3OH}\right\rangle^{(1)}(X, -\underline{H}) = \frac{1}{\Phi} + \underline{C}exp\left(-\frac{\Phi Sc\Omega I}{6\Delta\gamma^{\frac{3}{2}}}\underline{H}\right) \tag{118}$$

그리고 $Y = 0$에서는 다음 식이 성립한다.

$$\left\langle x_{CH_3OH}\right\rangle^{(1)}(X,0) = \frac{1}{\Phi} + \underline{C} \tag{119}$$

따라서 적분상수 $\underline{C}$는 다공질 지지체와 유로 사이의 경계면에서 메탄올의 질량분률로 주어진다. 메탄올수송의 경우 평면/다공질 경계면의 경계조건인 식 (60)과 (61)을 상기하면 $Y = 0$에서 유로에 대한 단 하나의 경계조건을 구하기 위해 이 두 식을 하나로 결합시키면 다음과 같이 된다.

$$\frac{\partial x_{CH_3OH}(X,0)}{\partial Y} + \frac{\Phi Sc\Omega I}{6\Delta}\left(x_{CH_3OH}(X,0) - \frac{1}{\Phi}\right) = 0 \tag{120}$$

이것은 어떠한 I의 프로파일에 대해서도 성립한다. PEFC의 경우, I는 보통 상수가 아니다. 유효활성층의 다공질 영향을 고려하기 위해 활성층/다공질 지지체에서 경계조건으로 사용될 수 있는 국소적인 전류밀도에 대한 식을 수립하기 위해 이전의 모델[34]이 사용된다. 이러한 전류밀도는 그 논문에서 고려되었던 것과 같은 효과(예를 들면 활성층에서의 기공 확산, 유한한 이온전도도, 복잡한 메탄올산화 동역학 등)를 함축적으로 설명하고 있다. 차원을 가진 I에 대한 식은 다음과 같다.

$$I = A\left(\frac{\rho\langle x_{CH_3OH}\rangle^{(1)}}{M^{(1)}}\right)^B \frac{\exp\left(\frac{\alpha_A F}{RT}(E_A - E_0)\right)}{1+\exp\left(\frac{\alpha_A F}{RT}(E_A - E_0)\right)} \tag{121}$$

이에 의해 $[I]$에 대한 적절한 기준값이 다음과 같이 주어진다.

$$[I] = A\left(\frac{\rho x_{CH_3OH}^{in}}{M^{(1)}}\right)^B \frac{\exp\left(\frac{\alpha_A F}{RT}(E_A - E_0)\right)}{1+\exp\left(\frac{\alpha_A F}{RT}(E_A - E_0)\right)}$$

그리고 결과적으로 무차원화된 형태는 다음과 같다.

$$I\left(\langle x_{CH_3OH}\rangle^{(1)}\right) = \left(\frac{\langle x_{CH_3OH}\rangle^{(1)}}{x_{CH_3OH}^{in}}\right)^B \tag{122}$$

이것은 어떠한 I의 프로파일에 대해서도 성립하며, $Y = -\underline{H}$에서 $\langle x_{CH_3OH}\rangle^{(1)}$ 값의 함수가 된다. 본 논문에서 고려하는 프로파일에 대해 I는 다음 방정식을 통해 $x_{CH_3OH}(X, O)$의 항으로 결정될 수 있다.

$$x_{CH_3OH}^{in} I^{\frac{1}{B}} = \frac{1}{\Phi} + \left(x_{CH_3OH}(X,0) - \frac{1}{\Phi}\right)\exp\left(\frac{\Gamma I}{6}\right) \tag{123}$$

여기서 $\Gamma = \Phi Sc \Omega \underline{H}/(\Delta\gamma^{\frac{3}{2}})$이다

요약하면, PEFC의 공기극에 대한 축소모델을 DMFC의 연료극에 적용하는 것

은 연료극이 큰 물 분율(water fraction)로 동작하며 무차원 파라메터 Ω는 1보다 훨씬 더 작다는 사실에 근거하고 있다.

3.6 수치연산과 결과

PEFC의 경우처럼 분석적인 간략화가 더 이상 가능하지 않기 때문에 우리는 유로에서의 메탄올 수송방정식을 풀기 위하여 수치적인 방법에 의지한다. 이것은 경계조건식 (55)와 (120) 및 메탄올에 대한 입구조건식 (64)에 대해 식 (113)을 푸는 것이다.

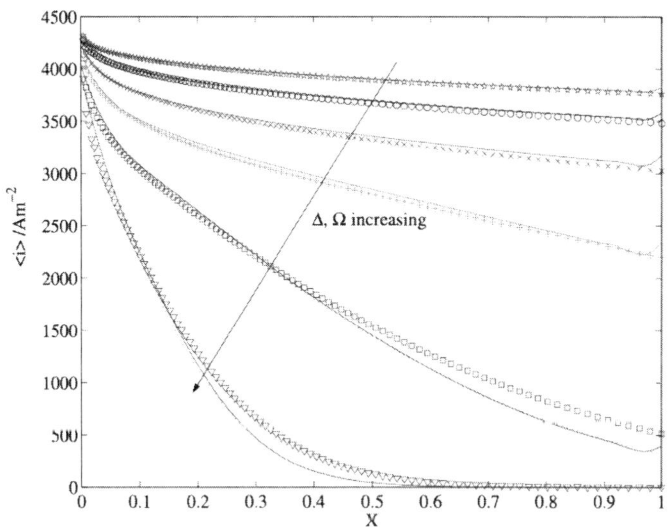

그림 14

지배방정식은 다시 한번 포물선형태이며, 수정된 Box 이산화 방법(Modified Box discretization scheme)이 적절하다[35]. 이 방법에 의해 지배방정식은 구역 3중 대각행렬(block tridiagonal matrix)가 되어 빠른 계산이 가능하다. 비선형 방정식의 결과 시스템은 MATLAB 6의 Newton-Raphson 방법에 의해 풀어진다.

축소모델의 타당성을 확인하기 위하여, 축소모델의 예측치와 완전한 타원형 지배방정식과 경계조건이 구현된 2개의 다른 소프트웨어[7, 8]를 사용하여 얻은 수치결과를 비교하였다. 그림 14는 무차원 파라메터 Δ와 Ω의 값을 변화시킨 경우에 대해 연료극을 따라 얻은 국소적인 피상전류밀도 항으로 비교한 것이다. 이 그래프들은 모든 다른 파라메터를 고정시킨 채 입구속도 U^{in}을 변화시켜 얻은 것이다. 특히 기본 경우는 $\Delta = 9.32$ 및 $\Omega = 3.76 \times 10^{-2}$에 해당한다. 몇 가지 특징이 확실히 나타난다. 첫째 (Δ, Ω) 조합이 큰 경우 전기화학적 반응에 의한 정상속도는 이제 유동방향의 입구속도와 같은 정도의 크기이며, 이는 곧 Ω는 더 이상 1보다 훨씬 더 작지 않으며 유로에서의 정상속도는 더 이상 무시할 수 없기 때문에 축소된 모델의 해는 실제 해와 오차가 나기 시작한다. 그럼에도 불구하고 축소모델의 국소적인 전류밀도는 (Δ, Ω) 조합이 큰 경우에도 완전한 타원형 방정식에서 얻은 전류밀도값에 가깝게 된다. 둘째로 2개의 상용 소프트웨어로써 입구와 출구에서 얻은 값들 사이의 불일치를 주목한다. 특히 모서리 부분의 해상도에 관해서는 FEMLAB 2.2를 사용하는 경우 수렴이 잘 되지 않는 어려움이 있으며, 제시된 해는 실제로 입구와 출구에서 확장된 유로에 대한 것이다. CFX-4.4를 사용하는 경우 그러한 어려움이 발생하지 않았다. 우리의 주된 관심이 축소모델을 검증하는 것 뿐이기 때문에 이러한 차이는 더 이상 다루지 않는다.

이제 축소모델의 장점을 설명하는데 있어 마지막으로 언급하고자 하는 것은 세 가지 방법에 대한 계산시간을 비교하는 것이다. 512MB SDRAM을 가진 1 GHZ AMD PC로써 104개의 셀을 갖는 축소모델을 계산하는 경우 수렴하기까지 ~5 CPU 초가 걸렸으며, 반면에 FEMLAB 2.2는 1~2 CPU 분 이상이 걸렸다. CFX-4.4 프로그램은 3GB RAM을 가진 500 MHz Compaq Alpha server 상에서 1~2 CPU 분이 걸렸다. 10^3개 이하의 셀을 갖는 축소모델에 대해 메시와 무관한 해가 구해졌으며, 계산시간은 1초 이하였다.

4 결론

이 장에서 우리는 CFD의 대안으로써 연료전지에서의 수송현상을 기술하기 위해 축소모델의 사용을 고려했다. 이 방법은 첫눈에 수학적으로 강력하며 무차원화와 비율의 재조정 및 분석을 필요로 할 뿐만 아니라 축소모델이 진정으로 모순이 없는가를 보장하기 위한 어느 정도 수준 이상의 직관과 경험을 필요로 한다 하더라도 다음과 같은 몇 가지 장점을 가지고 있다.

1. 계산상의 경우 축소모델은 아직도 실제로 유용한 도구인 CFD 모델에 비해 크기가 훨씬 더 작다.
2. 물리적인 경향성은 훨씬 더 명백하다. 예를 들면 특정한 파라메터에 대한 모델의 의존성은 모델이 분석되어감에 따라 명백해질 것이므로 감도를 분석하기 위해 계산을 행할 필요는 없다.
3. 무차원 분석은 모델 수정을 위한 가능성을 열어 두므로, 하나의 상황(여기서

는 PEFC의 공기극)에 사용된 모델이 다른 상황(DMFC의 연료극)에 사용될 수 있다.

여기서 다룬 문제들이 PEFC와 DMFC의 성능을 제한하는 전극에서의 동역학과 수송의 상호작용 만을 취급했다 하더라도, 그러한 모델을 확장시켜 다상유동, 과도상태 거동, 전체 셀모델 등과 같은 것을 다룬다면 성공적으로 사용될 수 있는가에 대해서는 다소 의심의 여지가 있다. 또 축소모델방법은 실제로 연료전지의 핵심인 수송현상에 대한 모델링을 시스템연구, 스택 모델링, 연료전지 최적화 등과 쉽게 성공적으로 통합시킬 수 있는 방법이다.

참고문헌

[1] Dutta, S., Shimpalee, S. & van Zee, J. W., Three−dimensional numerical simulation of straight channel PEM cells. *Journal of Applied Electrochemistry*, 30, pp. 135-146, 2000.

[2] Shimpalee, S. & Dutta, S., Numerical prediction of temperature distribution in PEM fuel cells. *Numerical Heat Transfer, Part A*, 38, pp. 111-128, 2000.

[3] Dutta, S., Shimpalee, S. & van Zee, J. W., Numerical prediction of mass exchange between cathode and anode channels in a PEM fuel cell. *Int. J. Heat and Mass Transfer*, 44, pp. 2029-2042, 2001.

[4] Berning, T., Lu, D. & Djilali, N., Three−dimensional computational analysis of transport processes in a PEM fuel cell. *J. Power Sources*, 106(1), pp. 284-294, 2002.

[5] Jen, T. C., Tan, T. & Chan, S. H., Chemical reacting transport phenomena in a PEM fuel cell. *Int. J. Heat and Mass Transfer*, 46, pp. 4157-4168, 2003.

[6] Lee, W. K., Shimpalee, S. & van Zee, J. W., Verifying predictions of water and current distributions in a serpentine flow field polymer electrolyte membrane fuel cell. *J. Electrochem. Soc.*, 150(3), pp. A341-A348, 2003.

[7] CFX, www.waterloo.ansys.com/cfx/.

[8] Femlab, www.comsol.se/femlab/version23.php.

[9] Fluent, www.fluent.com.

[10] Star-CD, www.cd-adapco.com/apps/STAR-CDfcell.htm.

[11] Bernardi, D. M. & Verbrugge, M. W., Mathematical model of a gas diffusion electrode bonded to a polymer electrolyte. *AIChE Journal*, 37, pp. 1151-1163, 1991.

[12] Bernardi, D. M. & Verbrugge, M. W., A mathematical model of the solid polymer-electrolyte fuel cell. *J. Electrochem. Soc.*, 139, pp. 2477-2491, 1992.

[13] Springer, T. E., Zawodzinski, T. A. & Gottesfeld, S., Polymer electrolyte fuel cell model. *J. Electrochem. Soc.*, 138, pp. 2334-2342, 1991.

[14] Gurau, V., Barbir, F. & Liu, H., An analytical solution of a half-cell model for PEM fuel cells. *J. Electrochem. Soc.*, 147, pp. 2468-2477, 2000.

[15] Dannenberg, K., Ekdunge, P. & Lindbergh, G., Mathematical model of the PEMFC. *Journal of Applied Electrochemistry*, 30, pp. 1377-1387, 2000.

[16] Fuller, T. F. & Newman, J., Water and thermal management in solid-polymer electrolyte fuel cells. *J. Electrochem. Soc.*, 140, pp. 1218-1225, 1993.

[17] Nguyen, T. V. & White, R. E., A water and heat management model for proton exchange-membrane fuel cells. *J. Electrochem. Soc.*, 140, pp. 2178-2186, 1993.

[18] Yi, J. S. & Nguyen, T. V., An along-the-channel model for proton exchange membrane fuel cells. *J. Electrochem. Soc.*, 145, pp. 1149-1159, 1998.

[19] Vynnycky, M. & Birgersson, K. E., Analysis of a model for multicomponent mass transfer in the cathode of a polymer electrolyte fuel cell. *SIAM Journal on Applied Mathematics*, 63(4), pp. 1392-1423, 2003.

[20] Birgersson, K. E., Nordlund, J., Ekstr□m, H., Vynnycky, M. & Lindbergh, G., A reduced two-dimensional one-phase model for analysis of the anode of a DMFC. *J. Electrochem. Soc.*, 150(10), pp. A1368-A1376, 2003.

[21] Vynnycky, M. & Birgersson, K. E., On the role of heat transfer in the cathode of a polymer electrolyte fuel cell, *in preparation*.

[22] Bird, R. B., Stewart, W. E. & Lightfoot, E. N., *Transport Phenomena*,

Wiley and Sons, Inc.: USA, pp. 767-770, 2002.

[23] Beavers, G. S. & Joseph, D. D., Boundary conditions at a naturally permeable wall. *J. Fluid Mech.*, 30, pp. 197--207, 1967.

[24] Alazmi, B. & Vafai, K., Analysis of fluid flow and heat transfer interfacial conditions between a porous layer and a fluid layer. *Int. J. Heat and Mass Transfer*, 44, pp. 1735-1749, 2001.

[25] Ochoa-Tapia, J. A. & Whitaker, S., Momentum jump condition at the boundary between a porous medium and a homogeneous fluid: inertial effects. *J. Porous Media*, 1, pp. 201-217, 1998.

[26] Ochoa-Tapia, J. A. & Whitaker, S., Heat transfer at the boundary between a porous medium and a homogeneous fluid: the one-equation model. *J. Porous Media*, 1, pp. 31-46, 1998.

[27] He, W., Yi, J. S. & Nguyen, T. V., Two-phase flow model of the cathode of PEM fuel cells using interdigitated flow fields. *AIChE Journal*, 46, pp. 2053-2064, 2000.

[28] Wang, Z. H., Wang, C. Y. & Chen, K. S., Two-phase flow and transport in the air cathode of proton exchange membrane fuel cells. *J. Power Sources*, 94, pp. 40-50, 2001.

[29] Nguyen, T. V., Modeling two-phase flow in the porous electrodes of proton exchange membrane fuel cells using the interdigitated flow fields. *Electrochemical Society Proceedings*, 99-14 pp. 222-241, 2000.

[30] Cebeci, T. & Bradshaw, P., *Momentum Transfer in Boundary Layers*, Hemisphere Publishing: Washington, 1997.

[31] Landolt-B□rnstein, *New Series IV/1*, Springer: Germany, p. 117, 1977.

[32] Scott, K., Argyropoulos, P. & Sundmacher, K., A model for the liquid feed direct methanol fuel cell. *J. Electroanal. Chem.*, 477, pp. 97-110, 1999.

[33] Baxter, S. F., Battaglia, V. S. & White, R. E., Methanol fuel cell model: anode. *J. Electrochem. Soc.*, 146(2), pp. 437-447, 1999.

[34] Nordlund, J. & Lindbergh, G., A model for the porous direct methanol fuel cells anode. *J. Electrochem. Soc.*, 149(9), pp. A1107-A1113, 2002.

[35] Tannehill, J. C., Anderson, D. A. & Pletcher, R. H., *Computational Fluid Mechanics and Heat Transfer*, Taylor & Francis: USA, 1997.

기 호

a	전류밀도에 대한 상수(PEFC), A.m/mol
A	실험적으로 맞춘 파라메터
B	실험적으로 맞춘 파라메터(DMFC)
B	스칼라, 벡터 또는 텐서양(PEFC)
C	적분상수
D_{ij}	확산계수, m^2/s
$\underline{D}_{i,j}$	물질쌍 (i, j)에 대한 2종 확산계수, m^2/s
Da	Darcy 수
E	전위, V
F	Faraday 상수, As/mol
Fr	Froude 수
g	중력가속도, m/s^2
h	높이, m
$\underline{H}=h_p/h_f$	다공질 지지체의 무차원 높이
I	전류밀도, A/m^2
L	길이, m
M	평균분자량, kg/mol
M_i	물질 i의 몰질량, kg/mol
$\mathbf{M}^{(k)}$, $\langle \mathbf{M} \rangle^{(k)}$	상 k의 확산텐서, $kg.m^2/mol.s$
$\underline{M}$, $\underline{M}_i$	무차원 몰질량
$\mathbf{n}_i$	물질 i의 총 질량유속, $mol/m^2.s$
$\mathbf{N}$	외부로 향하는 단위벡터
p, p'	압력, Pa
P, P'	무차원 압력
R	가스상수, J/mol.K
$Re=[\rho]U^{in}L/\mu$	Reynolds 수
$Sc=\mu/([\rho][D])$	Schmidt 수
T	온도, K
u, v, v, U^{in}	속도, m/s
U, V, $\hat{V}$	무차원 속도

V	체적, m^3
x_i	물질 i의 몰분율
x, y	좌표축, m
$\tilde{x}$, $\tilde{y}$, X, Y	무차원 좌표축

그리스 기호

α	막에서의 물수송계수
α_A	Tafel 기울기(DMFC)
α_c	산소환원에 대한 전달계수(PEFC)
β_1, β_2	유로/다공질 지지체 경계에 대한 상수
γ	기공도
$\Gamma = \Phi Sc \Omega \overline{H}/(\Delta\gamma^{\frac{3}{2}})$	무차원 수
$\delta^2 = 1/Re$	무차원 수
$\Delta = 1/(Re\,\sigma^2)$	무차원 수
$\epsilon = Da^2$	상대투과도에 대한 파라메터
η	과전압(PEFC), V
κ	투과도, m^2
$\Lambda = [i][M]/(\rho U^{in} F)$	무차원 수
μ	동적 점성도, kg/m.s
ρ	밀도, kg/m^3
$\sigma = h_f/L$	무차원 수
$\Sigma = \sigma^2/\epsilon$	무차원 수
$\Phi = ((1+6\alpha_{H_2O})\underline{M}_{H_2O} + \underline{M}_{MeOH} - \underline{M}_{CO_2})$	무차원 수
χ	점근급수에 대한 가상변수
$\Omega = \Lambda/\sigma$	무차원 수

아래첨자

0 (E_0)	개회로전압(PEFC), V
0 (E_0)	실험적으로 맞춘 파라메터(DMFC), V
0, 1	급수확장 지표
A	연료극
av	평균
cell	셀
CH_3OH	메탄올
CO_2	이산화탄소
eff	유효
f	유로
H_2O	물
i, j, k	물질 i, j, k
lim	한계, 제한
min, max	최소값, 최대값
N_2	질소
O_2	산소
p	다공질 지지체

위첨자

(0), (1)	점근급수의 지표
(g)	가스상
in	입구
(l)	액상
out	출구

기타

[ ]	변수의 특징값

Chapter 8

수력학적 네트워크 방법에 의한 PEMFC 스택의 모델링

J. J. Baschuk & X. Li
기계공학과, Waterloo 대학, 캐나다

개 요

고분자전해질막(PEM) 연료전지는 수소와 산소의 화학에너지를 직접 전기에너지로 변환시킨다. 열과 물이 반응의 부산물이므로 PEM 연료전지를 수송용 및 정지형 열병합발전 응용분야에서 기대되는 무배기가스 에너지원으로 간주되고 있다. 본 연구에서 PEMFC 스택의 수학적 모델이 유도된다. 스택에서의 연료와 산화제 유동에 대한 압력 및 질량유량의 분포는 수력학적 네트워크 분석(hydraulic network analysis)으로 결정된다. 이 분포를 운전조건으로 사용하면, 스택의 각 셀의 성능은 이전에 개발된 바 있는 수학적인 단일 셀 모델에 의해 결정된다. 스택 모델은 두 가지의 공통적인 스택 구조(U와 Z형 스택 구조)을 가진 PEMFC 스택에 적용된다. U형은 반응물이 스택의 같은 끝단을 통해 들어가고 나가는 반면, Z형은 반응물이 서로 반대쪽 끝단에서 들어가고 나가는 것이다. 분석된 스택은 50개의 단일 셀로 구성되며, 연료로서는 완전히 가습된 수소나 개질가스를 사용하고 산화제로서는 가습된 산소나 공기를 사용한다. 스택에서의 셀의 평균전압이 각각 동작하는 셀의 전압보다 더 작고 셀 성능의 이러한 차이는 H_2O/O_2 반응물에 비해 개질가스/공기 반응물의 경우가 훨씬 더 크다는 것을 알 수 있다. 스택 내에서 동작하는 셀의 성능저하는 스택 셀 사이에서 반응물의 유동이 균일하지 않은 분포 때문에 발생한다는 것을 알 수 있다. 성능개선 전략은 스택 내에서 균일한 반응물의 분포를 얻을 수 있는가에 달려있으며, 스택 매니폴드의 크기를 증가시키고 1 개의 양극판 당 가스유로의 수를 감소시키며 셀 사이의 가스유로에서 질량유량에 대한 저항을 적절히 변화시키는 것이 포함되고 있다.

1 소개

고분자전해질막(PEM) 연료전지는 수소와 산소의 화학에너지를 직접 전기에너지로 변환시키며, 부산물은 열과 물이다. 또한 PEMFC는 전력밀도가 높고 빠른 기동과 부하추종 특성을 가지고 있어 매력적인 무배기가스 에너지원으로 각광받고 있다[1]. PEMFC가 성공적으로 상용화될 수 있으려면 생산단가가 현재 기준으로 약 200 $/kW에서 30 $/kW로 낮추어져야 한다. PEMFC의 에너지변환 효율과 출력을 증가시키면 kW 당 단가를 줄일 수 있으며, 따라서 PEMFC의 성능을 이해하고 예측할 목적으로 몇 가지 경험적 및 수학적 모델링에 대한 연구가 이루어져 왔다. 모든 응용분야에 대해 요구전력을 만족시키기 위해서는 PEM 셀을 직렬로 연결시켜 PEMFC 스택으로 만들어야 한다. 그러나 단일 셀의 경우에 문제가 되지 않는 열과 물관리 전략을 스택 환경에서는 구현하기가 힘들다. 스택으로 운전되는 PEM 셀의 효율과 출력은 독립적으로 운전되는 PEM 셀의 성능보다 더 낮다[3]. 따라서 단일셀 PEMFC 모델은 PEMFC 스택의 최적화에 직접 적용될 수 없다. 이는 스택의 각 셀에 대한 운전조건이 일반적으로 스택 입구에서의 조건과 같지 않고, 각 유로와 관련된 압력손실의 영향으로 셀들 사이에서도 반응물질의 유동이 불균일하게 분포하기 때문이다.

PEM 연료전지 스택의 모델링에 대한 몇 가지 연구가 문헌으로 발표되어 있다. 원래는 하나의 PEM 연료전지용으로 개발된 경험적 모델이 PEM 연료전지 스택을 모델링하도록 확장되어 왔다. Kim 등[4]의 경험적인 단일 셀 모델이 Chu 등[5]에 의해 스택에 적용되어졌다. 스택 전압은 활성화과전압과 저항과전압 및 물질수송제한을 나타낸 항을 이용하여 전류밀도의 함수로 나타낼 수 있다. 일반화된 정상상태의 전기화학적 모델(generalized steady state electro-chemical model, GSSEM)[6]이 단일 PEM 셀과 스택에 적용되었다. 스택 전압은 활성화과전압, 농도과전압 및 저항과전압, 일산화탄소에 의한 피독(CO poisoning), 열화(aging)로 인한 성능저하 등을 고려하는 항을 통해 반응물의 분압, 전류밀도와 온도에 의존하는 함수이다[7]. 또한 수학적인 PEMFC 모델은 스택 성능을 시뮬레이션하기 위해 확장되어 왔다. Nguyen & White[8]의 단일 셀 모델은 등온, 2차원, 정상상태 조건에서 전극지지체에서의 물질수송과 공기극에서의 전기화학적 반응 및 고분자전해질에서의 수소이온 이동이 포함되어 있다. 가스유로에서의 반응물의 유동과 스택매니폴드를 모델링함으로써 Thirumulai & White[9]는 스택 성능을 시뮬레이션하기 위해 단일 셀 모델을 확장하였다.

PEM 연료전지 내부에 발생하는 전기화학적 반응의 발열성 때문에 스택 내부의 열관리는 스택 설계를 위한 중요한 고려사항이다. Maggio 등[10]은 3 차원 모델을 사용하여 PEM 연료전지 스택에서의 온도와 전류밀도의 분포를 조사했다. 냉각판과 냉각수 및 막전극접합체에서의 온도분포는 에너지보존법칙을 적용하여 확인되었고, 반면에 PEM 연료전지의 전기화학적 성능은 Patel 등[11]의 경험적인 관계식에 의해 결정되었다. Maggio 등[10]의 모델은 정상상태에서 동작하는 스택에 대한 것이었지만, Lee & Lalk[12]의 모델은 과도상태의 시뮬레이션도 가능했다. Maggio 등[10]의 모델과 마찬가지로, Lee & Lalk[12]의 모델은 에너지보존법칙을 사용하여 스택 내부의 온도분포를 결정하였으며, 스택 내의 각 셀 전압은 Kim 등[4]의 경험적인 모델로써 구했다.

PEM 연료전지를 정지용 및 수송용으로 사용하려면 연료와 산화제의 공급 및 열제거 등을 위한 보조장비를 필요로 하며, 스택은 에너지변환 시스템의 한 구성요소로서 동작한다. Barbir 등[13]은 스택, 산화물 공급을 위한 공기압축기 부시스템(subsystem), 연료공급을 위한 가솔린개질기 부시스템, 냉각 부시스템 등으로 구성된 PEMFC 시스템의 모델을 개발했다. 스택의 전기화학적 성능은 경험적이고 선형적인 전압-전류 관계를 사용하여 모델링되었으며, 다양한 운전 압력과 온도에서 시스템의 물의 균형과 효율이 조사되었다. 스택, 공기압축 부시스템, 압축수소공급 부시스템, 냉각 부시스템 등으로 구성되는 PEMFC 스택은 Cownden 등[14]에 의해 모델링되었다. 스택 전압과 출력은 문헌 [6]의 GSSEM에 의해 결정되었으며, 스택과 시스템의 효율이 조사되었다.

본 연구는 PEMFC 스택의 모델을 수립한다. 스택 내부의 반응물분포는 스택의 매니폴드와 가스유로를 네트워크화된 관(pipe network)으로 취급하여 모델링되며, 셀의 전압은 단일 셀에 대해 정상상태, 등온모델(본 저자들[15]에 의해 이전에 수립된 것임)로써 결정된다. 연료로서는 가습된 수소 또는 개질가스, 산화제로서는 가습된 산소 또는 공기로 운전되는 *U* 및 *Z* 형상의 스택이 시뮬레이션되고, 스택 내부에서 반응물의 불균일한 분포를 감소시키기 위한 방법이 조사되며, 본 연구결과를 바탕으로 스택의 성능을 개선시키기 위한 방법이 제시된다.

2 모델 수식화

그림 1에 나타나 있는 것처럼, 일반적으로 PEM 연료전지 스택은 몇 개의 셀이 직렬로 연결되어 있다. PEMFC의 공기극은 산화제에 노출되어 있으며, 반면에 연료는 셀의 연료극으로 공급된다. 스택의 각 셀은 여러 가지 구성요소로 이루어져 있다. 양극판은 전자를 도전시키고, 가스유로라 부르는 홈이 파여져 있어 PEMFC로 연료와 산화제를 공급한다. 연료극과 공기극의 전극지지체 또한 전자를 도전시키고 반응물이 촉매층에 도달하게 한다. 촉매층에서는 전기화학적 반응에 의해 연

료와 산화제의 화학에너지가 전기에너지로 변환된다. 산소는 공기극 촉매층에서 환원되며, 수소는 연료극 촉매층에서 산화된다. 고분자전해질 막은 수소의 산화에 의해 발생된 수소이온을 공기극으로 도전시킴으로써 산소의 환원에 참여하게 된다.

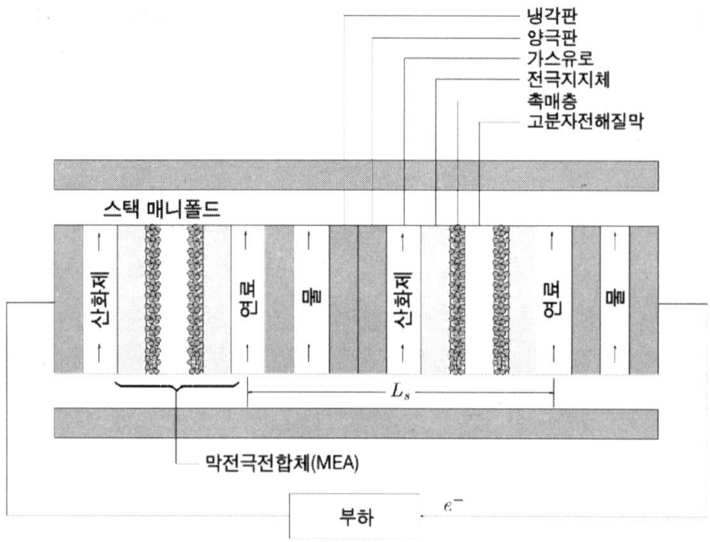

그림 1

PEMFC에 대한 연료와 산화물은 스택의 매니폴드에 의해 공급되며, 연료극 매니폴드는 연료를 공급하고 공기극 매니폴드는 산화제를 공급한다. PEMFC 연료의 주성분은 수소이며, 개질가스가 연료로 사용되면 이산화탄소와 일산화탄소가 포함될 것이다. 일산화탄소는 피독메카니즘[16]을 통해 PEMFC의 성능을 심각하게 저하시킨다. 일산화탄소에 의한 피독을 완화시키기 위해 산소나 공기를 공급하고, 1~4 %의 산소가 연료에 첨가된다. 따라서 연료에는 산소와 질소가 포함되어 있을 수 있다. PEMFC에서 사용된 산화제는 산소로써, 산소공급원으로서 공기를 사용하는 경우에는 질소가 포함되어 있다. 가스유로는 MEA 내에서 전기화학적 반응에 의해 생성된 물을 제거하고 고분자전해질막의 탈수를 방지하기 위해 필요한 습도를 공급한다. 액상 및 수증기상의 물이 산화제와 연료에 모두 존재한다. 연료와 산화제에 덧붙여 PEMFC에서 발생된 열을 제거하고 스택의 온도를 일정하게 유지하기 위해 물이 냉각판을 통해 순환한다.

스택 전압의 항으로 측정되는 스택 성능은 다음과 같이 결정될 수 있다.

$$E_{stack} = \sum_{1}^{N_{cell}} E_{cell} - \sum_{1}^{N_{cell}} \eta_{cp} \tag{1}$$

여기서 N_{cell}은 스택 당 단일셀의 수, E_{cell}은 각 셀(양극판에서 양극판까지)의 전압, η_{cp}는 냉각판으로 인한 저항손실이다. 본 연구에서 각 셀의 전압은 Baschuck & Li[15]의 단일셀 모델로서 구한다. 단일셀 모델은 1차원적이고 셀은 등온으로써 반응물이 완전히 가습된 채 정상상태에서 동작하고 있다고 가정하고 있다. 셀전압은 다음 식으로 계산된다.

$$E_{cell} = E_{rev} - \eta_a - |\eta_c| - 2\eta_{bp} - 2\eta_e - \eta_m \tag{2}$$

여기서 E_{rev}는 가역셀전압, η_a와 η_c는 연료극과 공기극의 촉매층에 영향을 미치는 과전압이다. 양극판, 전극지지체, 고분자전해질막에 의해 발생되는 전압손실을 각각 η_{bp}, η_e, η_m으로 표시한다.

가역 셀전압은 열역학적 평형상태에서 얻어지는 셀의 전위로서, 변화된 형태의 Nernst 방정식을 통해 온도와 반응물 농도의 함수이다. 셀전압은 PEMFC의 다양한 구성요소와 관련된 과전압만큼 가역전압보다 감소하게 된다. 양극판과 전극지지체로 인한 전압손실은 전자이동의 결과로서, 이 과전압은 양극판과 전극지지체를 전기저항으로 생각하여 계산할 수 있다. 수소이온의 이동으로 인해 고분자전해질막에서 전압손실이 발생하고, 전압손실은 Nernst-Planck 방정식에 의해 결정된다. 고분자전해질의 전도도는 습도의 함수이지만, 단일 셀 모델[15]에서는 반응물과 고분자전해질이 완전히 가습되었다고 가정하므로 전도도는 일정하다. 따라서 고분자전해질 막의 과전압은 전도도, 두께, 전류밀도와 같은 막과 관련된 특성의 함수이다.

일산화탄소가 없는 연료로 동작하는 PEM 연료전지의 경우, 공기극 촉매층 과전압이 주된 전압손실이다. 연료극과 공기극의 촉매층 과전압은 촉매층 내에서의 물질의 보존과 수소이온 및 전자의 이동을 고려하면 구할 수 있다. 촉매층 내부의 수소이온 및 전자의 이동은 Ohm의 법칙을 통해 수소이온전류와 이온전류에 관계가 있다.

물질보존은 반응동력학과 물질수송에 대한 모델링을 필요로 한다. 산소 감소는 공기극 촉매층에서 Butler-Volmer식으로 모델링되며, 연료극 촉매층에서는 H_2, CO, O_2의 흡착과 분리, 흡착된 수소와 일산화탄소의 전기적 산화, 그리고 O_2에 의해 H_2와 CO의 이종산화 등이 반응동역학에 포함되어 있다. 촉매층에서의 반응율은 과전압과 반응물농도의 함수이다. 농도의존 함수는 물질수송을 불가피하게 고려해야 한다. 촉매층 내의 농도는 가스유로에서 전극지지체까지의 물질수송에 대한 저항에 의해 영향을 받는다. 가스유로에서 가스유로/전극지지체 경계면까지의 물질전달은 로그함수의 평균농도 관계를 이용하여 계산된다. 전극지지체와 촉매층 내부에서의 물질수송은 확산에 의해서만 이루어진다고 가정하며, 확산계수는 전극지지체와 촉매층의 기공 내에서 액상 물의 양이 다르게 존재할 수 있다고 가정하여 수식화된다. 따라서 PEM 연료전지는 물의 넘침 정도에 따라 시뮬레이션될 수 있다.

물질의 보존과 수소이온 및 전자의 이동을 고려함으로써 촉매층의 과전압에 대한 해를 구할 수 있는 상미분방정식이 얻어진다. 따라서 촉매층과전압은 반응물의 농도, 전류밀도, 그리고 가스유로와 전극지지체 및 촉매층의 특성(기공도, 두께, 전도도 등)에 따라 달라진다.

가역 셀전압과 과전압을 결정하기 위해서는 운전 파라메터 또는 설계 파라메터로 분류되는 몇 가지 입력 파라메터가 필요하다. 설계 파라메터는 PEMFC의 제작방법에 따라 다르며, 전도도와 기공도 및 기하학적인 치수와 같은 특성을 포함하고 있다. PEMFC의 구성요소에 따라 설계 파라메터는 더욱 세분화될 수 있다. 따라서 양극판, 전극지지체, 촉매층, 그리고 고분자전해질막 등의 설계 파라메터가 있다. 운전 파라메터는 전류밀도, 온도, 압력, 반응물질의 구성과 화확량론이 포함되어 있다.

스택 내부의 각 PEM 셀은 같은 설계 파라메터를 가지고 있다. 각 셀이 직렬로 연결되어 있기 때문에 각 셀의 전류밀도는 동일하다. 또한 냉각수의 순환으로 인해 각 셀은 같은 온도를 가지게 된다. 그러나 스택 내에서 질량유량과 압력 분포가 같지 않으면 압력, 반응물질의 구성, 화확량론은 셀마다 다르게 된다.

따라서 여기서 제시하는 스택 모델은 단일 셀 모델과 스택 유동모델의 두 부분으로 구성되어 있다. 단일 셀 모델은 위에서 설명한 대로 셀의 입구압력, 온도, 화학량론, 그리고 가스유로에서의 반응물질의 구성뿐만 아니라 전류밀도와 설계 파라메터를 근거로 하여 각 셀의 전압이 결정된다. 셀의 입구압력, 온도, 화학량론, 그리고 반응물질의 구성을 구하기 위해서는 스택 내의 각 셀 사이의 질량유량과 압력분포가 결정되어야 한다. 이것 역시 스택유동모델의 일부가 된다. 식 (1)에서 냉각판에 의한 전압손실은 냉각판이 단일 셀 모델의 양극판과 같은 과전압을 가지고 있다고 가정함으로서 결정된다. 단일 셀 모델은 다른 문헌[15]에 자세히 설명되어 있으므로 오직 스택 유동모델만 여기서 제시할 것이다.

2.1 스택 유동모델

스택 내의 질량유량과 압력분포는 서로 결합되어 있으므로 동시에 풀어져야 한다. 스택 내부의 연료와 산화제의 흐름은 그림 2에서 설명된 것처럼 관 네트워크로 모델링된다. 본 연구에서는 *U*형과 *Z*형의 두 가지 스택 구조를 고려한다. 다른 스택 구성도 마찬가지로 다루어질 수 있다. 그림 2(a)에 나타나 있듯이 *U*형 구조는 스택의 입구와 출구가 스택의 같은 쪽 끝단에 위치해 있다. 그림 2(b)에 나타나 있는 *Z*형 구조는 입구와 출구가 서로 스택의 반대쪽 끝단에 위치해 있다. *U*형 및 *Z*형 구조의 경우 모두 반응물을 PEMFC의 가스유로로 공급하는 스택 매니폴드 부분을 상부라 부르며, 가스유로의 출구가 스택 매니폴드의 바닥부분에 있다. 그림 2에서처럼 두 PEMFC와 연결 매니폴드 부분을 고려하면 가스유로와 매니폴드 부분의 압력손실은 다음과 같은 관계가 있다.

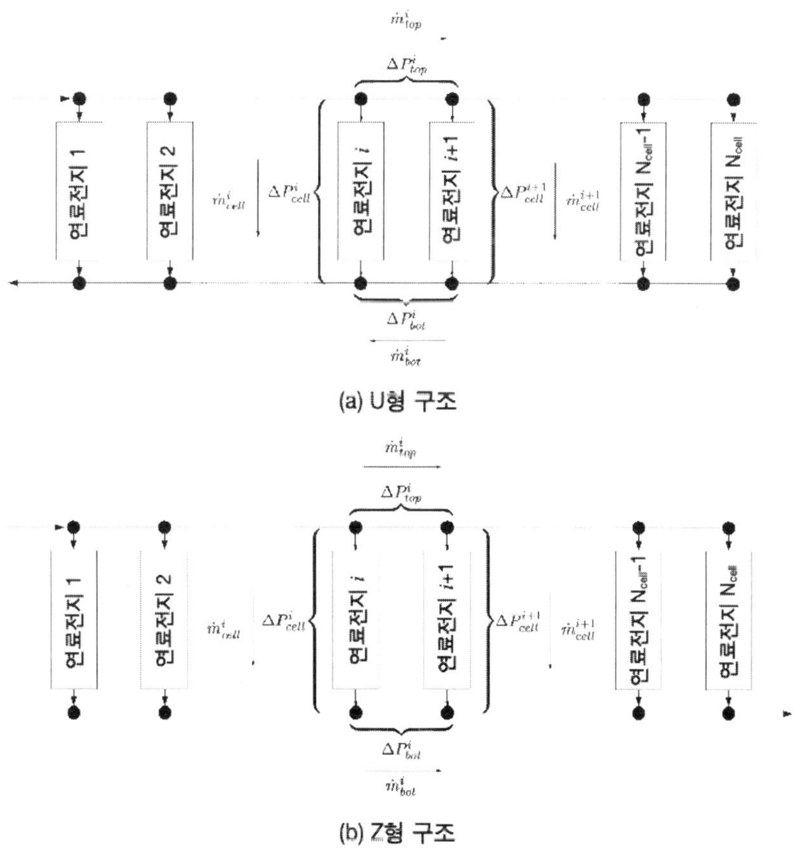

그림 2. 매니폴드 구조의 개략도 (a) *U*형 (b) *Z*형

$$\Delta P_{cell}^{i}(\dot{m}_{cell,\,in}^{i}) - \Delta P_{top}^{i}(\dot{m}_{top}^{i}) - \Delta P_{cell}^{i+1}(\dot{m}_{cell,\,in}^{i}) + \alpha \Delta P_{bot}^{i}(\dot{m}_{bot}^{i}) = 0 \tag{3}$$

여기서 U형 구조의 경우 α는 -1, Z형 구조의 경우는 1이며, 스택 입구에서 $i=1$이다. 각 압력손실은 매니폴드 부분과 가스유로에서 질량유량의 함수이다. 따라서 압력과 질량유량 분포에 대한 해는 동시에 구해져야 한다. 매니폴드 상부의 질량유량은 각 PEM 셀의 가스유로로 유입되는 질량유량과 관계가 있을 수 있다.

$$\dot{m}_{top}^{i} = \dot{m}_{in}^{stack} - \sum_{j=1}^{i} \dot{m}_{cell,in}^{i} \tag{4}$$

여기서 $\dot{m}_{in}^{stack}$은 스택입구에서의 질량유량이다. 스택 매니폴드의 하부에서의 질량유량은 매니폴드의 구성에 따라 다르다.

$$\dot{m}_{\perp}^{i} = \begin{cases} \sum_{j=1}^{i} \dot{m}_{cell,out,}^{j} & Z\text{형 구조} \\ \sum_{j=i+1}^{i} \dot{m}_{cell,out,}^{j} & U\text{형 구조} \end{cases} \tag{5}$$

여기서 $\dot{m}_{cell,out}^{i}$은 가스유로에서 배출되는 질량유량이다. 연료극 및 공기극 촉매층 내에서 발생하는 반응 때문에 가스유로 입구에서의 질량유량은 출구에서의 값과 다르다. 입구 및 출구 질량유량은 다음과 같은 관계가 있다.

$$\dot{m}_{cell,out}^{i} = \dot{m}_{cell,in}^{i} - \Delta \dot{m}_{r} \tag{6}$$

여기서 $\Delta \dot{m}_{r}$은 촉매층에서 소모된 질량이다. 따라서 생성된 질량은 음(−)의 부호로 쓰여질 것이다. 연료극과 공기극의 $\Delta \dot{m}_{r}$값은 다르며 전류밀도의 함수이다.

식(4) 및 (5)와 함께 식 (3)을 적용하여 미지의 N_{cell}개의 $\dot{m}_{cell,in}^{i}$값에 대해 $N_{cell}-1$개의 식을 세울 수 있다. 미지의 $\dot{m}_{cell,in}^{i}$값을 구하기 위해 마지막 하나의 방정식이 필요하며, 이 식은 다음과 같은 전체 스택에 대한 질량보존 방정식이다.

$$\dot{m}_{in}^{stack} = \sum_{i=1}^{N_{cell}} \dot{m}_{cell,in}^{i} \tag{7}$$

식 (7)을 추가함으로써 스택 내부의 질량유량과 압력분포를 결정할 수 있다. 그러나 압력손실과 질량유량 사이의 관계가 먼저 결정되어야 하며, 연료극 및 공기극의 $\Delta \dot{m}_r$값도 결정되어야 한다. 이것은 다음 절에서 다룬다.

2.2 매니폴드 압력손실

스택 매니폴드의 상부 및 하부에서의 압력손실은 다음 식으로 구해진다.

$$\Delta P = \Delta P_m + \Delta P_f \tag{8}$$

여기서 ΔP_m은 유체 운동량의 변화로 인한 압력손실이고 ΔP_f는 벽의 마찰로 인한 압력손실이다. 근사적인 계수값을 유동조건에 사용할 수 없기 때문에 유동의 분기로 인한 손실, 또는 부차적인 손실은 이 수식화과정에 포함시키지 않는다. 그러나 분기/합류 유동과 관련된 부차적인 손실계수에 대한 경험적인 상호관계를 수립하기 위해 따로 실험 조사가 진행 중이므로, 부차적인 손실은 다음 연구에서 통합될 것이다. 운동량의 변화로 인한 압력손실은 다음과 같이 주어진다.

$$\Delta P_m = \frac{\dot{m}}{A_m}(V_{out} - V_{in}) \tag{9}$$

여기서 $\dot{m}$는 매니폴드 부분의 질량유량이고, A_m은 매니폴드의 단면적, V는 속도이다. 매니폴드 부분 내부속도는 다유 식으로 구할 수 있다.

$$V = \frac{\dot{m}}{\rho A_m} \tag{10}$$

여기서 ρ는 유체의 밀도이다. 매니폴드와 가스유로의 유체는 다중성분의 가스상 및 액상의 물로 구성된다. 이 혼합물의 밀도는 압력, 온도 및 가스상의 질량분율에 따라 달라진다. 부록 A에 밀도를 계산하는 것이 설명되어져 있다.

매니폴드 부분의 마찰로 인한 압력손실은 다음과 같이 주어진다.

$$\Delta P_f = \frac{2C_f L_s \rho_{ave} (V_{ave})^2}{d_h^{stack}} \tag{11}$$

여기서 C_f는 마찰계수, L_s는 PEMFC 가스유로 사이의 매니폴드 부분의 길이이며, d_h^{stack}는 스택 매니폴드의 수력직경이다. 아래첨자 'ave'는 입구와 출구값의 산술평균을 말한다. 밀도가 압력과 가스상의 질량분율의 함수이기 때문에 입구와 출구값은 다를 것이다. 거리 L_s는 PEMFC의 두께에 의존하고, 두 양극판과 하나의 MEA 및 하나의 냉각판의 두께와 같다. 본 연구에서는 냉각판은 양극판과 같은 크기를 가지고 있다고 가정한다. 마찰계수는 Reynolds 수의 함수이다[17].

$$C_f = \begin{cases} 6(Re_{dh})^{-1} & Re_{dh} \leq 2000 \\ 0.079(Re_{dh})^{-\frac{1}{4}} & Re_{dh} \leq 4000 \end{cases} \tag{12}$$

여기서 Re_{d_h}는 수력직경을 기초로 한 유동의 Reynolds 수로서 다음과 같다.

$$Re_{d_h} = \frac{\rho_{ave} V_{ave} d_h^{stack}}{\mu_{ave}} \tag{13}$$

유체의 점도는 μ로 표시하고 부록 A의 식으로 계산된다. 식 (11)에서처럼 아래첨자 'ave'는 입구와 출구값의 산술평균을 나타낸다. 2000 ~ 4000 사이의 Reynolds 수에 대해 다음과 같은 마찰계수에 대한 선형관계식이 사용된다.

$$C_f = C_f|_{Re_{d_h}=2000} + \left(\frac{Re_{d_h} - 2000}{2000}\right)\left(C_f|_{Re_{d_h}=4000} - C_f|_{Re_{d_h}=2000}\right) \tag{14}$$

여기서 $C_f|_{Re_{d_h}} = 2000$과 $C_f|_{Re_{d_h}} = 4000$은 2000과 4000의 Reynolds 수에서의 마찰계수값이다.

2.3 셀 압력손실

식 (8)로써 계산되는 전체 압력손실과 함께 PEMFC 가스유로에 대한 압력손실의 계산은 매니폴드 부분과 비슷하다. 그러나 가스유로의 입구와 출구 사이의 질량유량의 변화 때문에 ΔP_m과 ΔP_f의 수식화는 매니폴드 부분의 수식화와 다르다. 운동량의 변화로 인한 압력손실은 다음과 같다.

$$\triangle P_m = \frac{1}{A_{fc}}\left(\dot{m}_{out} V_{out} - \dot{m}_{in} V_{in}\right) \tag{15}$$

여기서 A_{fc}는 가스유로의 단면적이다. 매니폴드 및 가스유로와 함께 양극판이 그림 3에 나타나 있다. 그림에서 사형(蛇形, serpentine) 및 병렬형(parallel)의 두 가지의 유로구조를 볼 수 있다. 두 구조 모두 하나의 양극판에 여러 개의 유로를 만들 수 있다. 본 연구에서 양극판의 가스유로는 질량유동에 대해 동일한 크기의 저항을 가진다고 가정한다. 따라서 양극판 상의 모든 가스유로에서의 압력손실은 하나의 가스유로에서의 유동을 고려하여 구해진다. 하나의 가스유로로 출입하는 질량은 다음과 같이 구해진다.

$$\dot{m} = \frac{\dot{m}_{cell,in}}{n_c} \tag{16}$$

$$\dot{m}_{out} = \frac{\dot{m}_{cell,out}}{n_c} \tag{17}$$

여기서 n_c는 하나의 양극판 당 가스유로의 수이다.

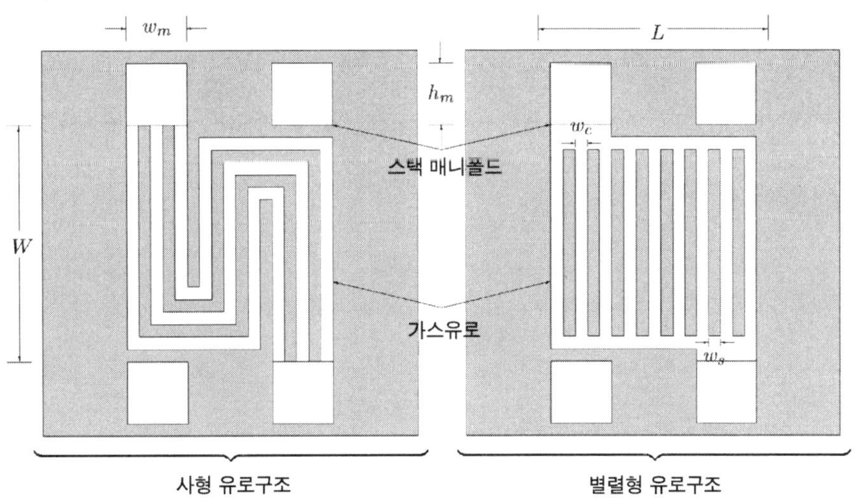

그림 3. 사형 및 병렬형 유로를 갖는 양극판의 개략도

마찰로 인한 압력손실은 다음과 같이 결정된다.

$$\Delta P_f = \frac{2\, C_f\, L_{fc}\, \rho_{ave}\, (V_{ave})^2}{d_h^{fc}} \tag{18}$$

여기서 L_{fc}는 가스유로의 길이이고 D_{fc}는 가스유로의 수력직경이다. 식 (18)의 마찰계수, 평균밀도, 평균속도를 구하는 것은 스택의 매니폴드 부분과 같다. 이는 전기화학적 반응을 위해 촉매층으로 흘러들어가는 반응물질로 인한 벽의 흡입(wall suction) 마찰계수와 공기극 촉매층으로부터 유출되는 반응생성물로 인한 벽의 배출(wall blowing) 마찰계수에 미치는 영향이 고려되지 않음을 의미한다. 실제로 벽의 흡입/배출은 마찰계수에 큰 영향을 미칠 수도 있으므로, 운동량, 열 및 질량의 수송에 미치는 영향이 수치적으로 연구되고 있으며 관련 자료가 구해지면 포함시킬 예정이다.

양극판 상에 형성된 유로에서의 반응물질의 유동과 관련된 압력손실의 계산에 대한 위의 방법에서 사형 유로설계에서처럼 유동방향이 굽어지거나 바뀌는 경우에 발생하는 부차적인 손실(minor loss)은 관련 정보가 없기 때문에 포함되지 않았다. 현재 사형 유로에서의 관련 압력손실을 측정하기 위해 실험이 진행 중이며, 여기서 다루는 모델을 개선하기 위해 부차적인 손실계수에 대한 상호관계가 수립되어 포함될 예정이다. 그러나 매니폴드와 사형유로에 관련된 분기/합류 흐름에 대한 부차적인 손실은 스택 내부의 총 압력손실에 영향을 미치지만, 스택의 셀들 사이의 반응물질분포에 미치는 영향은 상대적으로 작다는 것을 지적해 두고자 한다. 따라서 본 연구에서 제시하는 최종결과에 대한 영향 또한 작기 때문에 무시할 수 있다.

2.4 촉매층에서 소모된 질량

연료극과 공기극의 촉매층에서 소모된 질량은 서로 다르지만 보통 다음과 같이 쓸 수 있다.

$$\Delta \dot{m}_r = \sum_{i = species} \Delta \dot{m}_r^i \tag{19}$$

여기서 합계 기호는 촉매층에 존재하는 모든 물질에 대한 것이다. 연료극 촉매층의 경우 존재하는 물질은 H_2, CO, CO_2, O_2, N_2, 와 H_2O이다. 연료극 촉매층에서 소모된 H_2와 CO와 O_2의 양은 Faraday의 법칙을 사용하여 다음과 같이 계산될 수 있다.

$$\frac{\dot{m}_r^{H_2}}{\widehat{M}_{H_2}} + \frac{\Delta\dot{m}_r^{CO}}{\widehat{M}_{CO}} - 2\frac{\Delta\dot{m}_r^{O_2}}{\widehat{M}_{O_2}} = \frac{I_\delta A_{cell}}{2F} \tag{20}$$

여기서 I_δ는 전류밀도, A_{cell}은 PEMFC의 활성영역, F는 Faraday 정수, $\widehat{M}$은 분자량이다. CO의 농도는 ppm 수준이며, O_2의 농도는 1~4 %이다. 그 결과, 연료극 가스유로로부터 제거된 O_2와 CO의 양은 제거된 H_2의 양보다 훨씬 더 작다. 따라서, 해를 구하는 과정을 간단히 하기 위해 $\Delta\dot{m}_r^{CO}$와 $\Delta\dot{m}_r^{O_2}$의 값은 무시된다. 소모된 CO의 양을 무시할 수 있으므로, CO_2의 질량유량은 가스유로의 입구와 출구 사이에 변화하지 않을 것이다. 만약 질소가 존재한다면 질소는 연료극 촉매층에서 반응하지 않는다. 공기극 촉매층에서 생성된 물은 PEMFC를 실제로 운전할 때 공기극 가스흐름에 의해 제거된다. 따라서 본 연구에서는 어떠한 물도 더해지거나 연료극 가스유로로부터 제거되지 않는다고 가정한다. 그러므로 연료극 촉매층에서 소모되는 유일한 물질은 H_2이며, 연료극에서 소모된 질량은 다음과 같다.

$$\Delta\dot{m} = \Delta\dot{m}_r^{H_2} \tag{21}$$

공기극 촉매층에서 존재하는 물질은 H_2O와 O_2 및 N_2이다. 질소는 공기극 촉매층에서 반응하지 않으며, 소모된 산소의 양은 Faraday의 법칙에 의해 다음과 같이 계산될 수 있다.

$$\Delta\dot{m}_r^{O_2} = \frac{I_\delta A_{cell}}{4F}\widehat{M}o_2 \tag{22}$$

PEMFC에 의해 생성된 모든 물은 공기극의 가스유로로 들어간다고 가정된다. 따라서 공기극 촉매층에서 소모된 물의 양(실제로는 생성된 것임. 따라서 아래 식에서는 음(−)의 부호가 된다)은 다음과 같다.

$$\Delta\dot{m}_r^{H_2O} = -\frac{I_\delta A_{cell}}{2F}\widehat{M}_{H_2O} \tag{23}$$

음(−)의 부호는 공기극 촉매층에서 생성된 물이 공기극 가스유로에 더해지며 제거되지 않는다는 것을 나타낸다. 따라서 공기극 촉매층에 의해 소모된 물질의 양은 다음과 같다.

$$\Delta \dot{m}_r = \Delta \dot{m}_r^{O_2} + \Delta \dot{m}_r^{H_2O} \tag{24}$$

2.5 경계조건

위와 같은 모델 수식화에 대한 경계조건은 온도, 압력, 반응물질의 구성 등이 포함되어 있으며, 스택 입구를 기준으로 명시된다. 반응물질의 유량은 명시된 스택 전류밀도와 반응물질의 원하는 화학량론에 기초하여 결정된다. 다음에 스택 성능과 스택 출구에서의 반응물질은 앞서 제시한 모델에 의해 결정된다. 다음 절에서는 수립된 모델에 대해 어떻게 경계조건을 적용하는가에 대한 내용을 자세히 다룬다.

3 수치적 과정

단일 셀 모델과 마찬가지로 스택 유동모델을 위한 입력 파라메터는 운전 파라메터와 설계 파라메터로 구분된다. 설계 파라메터는 스택 매니폴드의 치수와 스택의 구조이다. 운전파라메터는 스택 입구에서의 스택 전류밀도, 온도, 압력, 화학량론과 반응물질의 구성 등이다. 스택 화학량론은 다음과 같이 정의된다.

$$\zeta_a^{stack} = \frac{2FN_{H_2}^{stack}}{N_{cell} I_\delta A_{cell}} \tag{25}$$

$$\zeta_c^{stack} = \frac{4FN_{H_2}^{stack}}{N_{cell} I_\delta A_{cell}} \tag{26}$$

여기서 스택의 연료극과 공기극으로 공급되는 수소 및 산소의 입구에서의 몰당 유량은 각각 $N_{H_2}^{stack}$와 $N_{O_2}^{stack}$로 표시된다. 화학량론과 전류밀도를 이용하면 연료극 매니폴드에서의 수소 및 공기극 매니폴드에서의 산소의 입구 몰당 유량이 산출될 수 있다. 스택 입구에서의 질량유량은 몰당 유량 및 반응물의 구성에 의해 결정될 수 있다.

매니폴드 부분과 가스유로에서의 압력과 질량유량 사이의 관계는 비선형적이다. 따라서 질량유량과 압력분포는 반복계산과정을 통하여 계산되어야 한다. 수치적으로 해를 구하는 것은 $\dot{m}_{cell,\, in}^i$의 추정치로부터 시작하여 2개 반복계산과정이 필요하다. 외부루프 반복과정은 스택 내부의 압력과 질량유량 분포에 대해 해를 구한다. 주어진 질량유량에 대해 가스유로나 스택 매니폴드에서의 압력손실을 결정하기 위한 과정이 반복된다. 따라서 내부루프 반복과정은 질량유량의 평가값에 대해 ΔP_{cell}^i, ΔP_{top}^i, ΔP_{bot}^i의 값을 구하는데 필요하다.

3.1 외부루프 반복과정

$\dot{m}^i_{cell,\,in}$의 평가치를 사용하면 식 (4)와 (5)를 이용하여 $\dot{m}^i_{top}$ 및 $\dot{m}^i_{bot}$값을 계산할 수 있다. 이 질량유량 값들을 식 (3)에 적용하면 압력 오차는 다음과 같다.

$$r^i_p = \Delta P^i_{cell}\left(\dot{m}^i_{cell,\in}\right) - \Delta P^i_{\top}\left(\dot{m}^i_{\top}\right) - \Delta P^{i+1}_{cell}\left(\dot{m}^{i+1}_{cell,\in}\right) + \alpha\Delta P^i_{\bot}\left(\dot{m}^i_{\bot}\right) \quad (27)$$

오차는 가정한 질량유량을 변화시킴으로써 영(zero)으로 할 수 있다.

$$\begin{aligned} 0 = \; & \Delta P^i_{cell}\left(\dot{m}^i_{cell,in} + \Delta\dot{m}^i_{cell,in}\right) - \Delta P^i_{top}\left(\dot{m}^i_{top} + \Delta\dot{m}^i_{top}\right) \\ & - \Delta P^{i+1}_{cell}\left(\dot{m}^{i+1}_{cell,in} + \Delta\dot{m}^{i+1}_{cell,in}\right) + \alpha\,\Delta P^i_{bot}\left(\dot{m}^i_{bot} + \Delta\dot{m}^i_{bot}\right) \end{aligned} \quad (28)$$

식 (27)과 (28)을 결합시키고 Taylor 급수 전개를 이용하면 $\Delta\dot{m}^i_{cell,\,in}$, $\Delta\dot{m}^i_{top}$, $\Delta\dot{m}^i_{bot}$ 사이의 관계를 구할 수 있다.

$$\begin{aligned} -r^i_p = \; & \frac{d\Delta P^i_{cell}}{d\,\dot{m}^i_{cell,in}}\Delta\dot{m}^i_{cell,in} - \frac{d\Delta P^i_{top}}{d\,\dot{m}^i_{top}}\Delta\dot{m}^i_{top} \\ & - \frac{d\Delta P^{i+1}_{cell}}{d\,\dot{m}^{i+1}_{cell,in}}\Delta\dot{m}^{i+1}_{cell,in} + \alpha\frac{d\Delta P^i_{bot}}{d\,\dot{m}^i_{bot}}\Delta\dot{m}^i_{bot} \end{aligned} \quad (29)$$

어기서 도함수는 수치적으로 계산된다[18]. 식 (4)와 (5)로부터 $\Delta\dot{m}^i_{top}$와 $\Delta\dot{m}^i_{bot}$는 $\Delta\dot{m}^i_{cell,\,in}$항으로 다시 쓸 수 있다.

$$\Delta\dot{m}^i_{top} = -\sum_{j=1}^{i}\Delta\dot{m}^i_{cell,in} \quad (30)$$

$$\Delta\dot{m}^i_{\bot} = \begin{cases} \displaystyle\sum_{j=1}^{i}\Delta\dot{m}^j_{cell,\in} & Z \text{ 구조} \\ \displaystyle\sum_{j=i+1}^{N_{cell}}\Delta\dot{m}^j_{cell,\in} & U \text{ 구조} \end{cases} \quad (31)$$

따라서 식 (29)는 $\Delta\dot{m}^i_{cell,\,in}$의 N_{cell}값에 대해 $N_{cell}-1$개의 식을 만드는데 사용

될 수 있다. Z형 구조의 경우는 다음과 같다.

$$\begin{aligned} -r_p^i = & \frac{d\Delta P_{cell}^i}{d\dot{m}_{cell,in}^i}\Delta\dot{m}_{cell,in}^i + \frac{d\Delta P_{top}^i}{d\dot{m}_{top}^i}\sum_{j=1}^{i}\Delta\dot{m}_{cell,in}^j \\ & - \frac{d\Delta P_{cell}^{i+1}}{d\dot{m}_{cell,in}^{i+1}}\Delta\dot{m}_{cell,in}^{i+1} + \frac{d\Delta P_{bot}^i}{d\dot{m}_{bot}^i}\sum_{j=1}^{i}\Delta\dot{m}_{cell,in}^j \end{aligned} \tag{32}$$

그리고 U형 구조의 경우는 다음과 같다.

$$\begin{aligned} -r_p^i = & \frac{d\Delta P_{cell}^i}{d\dot{m}_{cell,in}^i}\Delta\dot{m}_{cell,in}^i + \frac{d\Delta P_{top}^i}{d\dot{m}_{top}^i}\sum_{j=1}^{i}\Delta\dot{m}_{cell,in}^j \\ & - \frac{d\Delta P_{cell}^{i+1}}{d\dot{m}_{cell,in}^{i+1}}\Delta\dot{m}_{cell,in}^{i+1} - \frac{d\Delta P_{bot}^i}{d\dot{m}_{bot}^i}\sum_{j=1}^{i}\Delta\dot{m}_{cell,in}^j \end{aligned} \tag{33}$$

$\Delta\dot{m}_{cell,in}^i$에 대해 풀어야 할 최종 방정식은 전체 질량보존식인 식(7)에서 얻을 수 있다.

$$\sum_{i=1}^{N_{cell}}\Delta\dot{m}_{cell,in}^i = 0 \tag{34}$$

가정한 질량유량분포값을 수정을 위해 LU 분해[18]와 같은 선형방정식 해결법을 이용하여 식 (34)와 식 (32) 또는 (33)을 풀 수 있다. 이로써 질량유량 계산값이 갱신된다.

$$\dot{m}_{cell,in}^i|^{\neq w} = \dot{m}_{cell,in}^i|^{old} + \Delta\dot{m}_{cell,in}^i \tag{35}$$

$\Delta\dot{m}_{cell,in}^i$의 갱신된 값을 사용하면 다음 조건에서 수렴할 때까지 새로운 $\Delta\dot{m}_{cell,in}^i$의 값을 얻을 수 있다.

$$\sum_{i=1}^{N_{cell}}\left|r_p^i\right| \leq 1\times 10^{-3} \quad \text{Pa} \tag{36}$$

3.2 내부루프 반복과정

가스유로와 스택 매니폴드에서의 압력손실은 입구 및 출구의 질량유량, 밀도, 그리고 점성도의 함수이다. 밀도와 점성도는 가스상의 질량분율(χ), 가스상의 물질 몰분율(x_i) 및 압력의 함수이다. 그러나 출구압력은 압력손실이 계산될 때까지 알 수 없다. 따라서 가스유로 또는 스택 매니폴드에서의 압력손실을 결정하기 위해 반복계산과정이 필요하다.

외부루프에서 계산된 질량유량으로부터 가스유로의 입구나 스택 매니폴드에서 압력, 가스상의 질량분율, 가스상의 물질 몰분율이 구해진다. 출구에서 χ값과 x_i값을 구하기 위해 출구에서의 각 물질의 질량유량을 알아야 한다. 물 이외의 물질의 경우 질량유량은 즉시 계산될 수 있다. 스택 매니폴드 부분의 입구와 출구에서 물 이외의 다른 물질의 질량유량은 같다. 따라서 연료극 가스유로에서의 H_2의 질량유량과 공기극 가스유로에서의 O_2의 질량유량은 각각 $\Delta\dot{m}_r^{H_2}$과 $\Delta\dot{m}_r^{O_2}$에 의해 감소되며, 물 이외의 모든 물질의 질량유량은 가스유로의 입구와 출구에서 같다.

액상 또는 수증기 형태로 빠져나가는 물의 양은 가스유로나 스택 매니폴드 부분의 출구압력에 의존한다. 출구에서의 가스상의 물의 최대 몰분율은 다음과 같다.

$$x_{H_2O,out}^{\max} = \frac{P_{sat}^{H_20}}{P_{out}^{k}} \tag{37}$$

여기서 $P_{sat}^{H_2O}$는 물의 포화압력이고 P_{out}^{k} 는 출구압력의 계산값이다. 이 몰분율값에 의해 수증기의 최대 질량유량을 다음과 같이 구할 수 있다.

$$\dot{m}_{H_2O_{(g)},out}^{\max} = \frac{x_{H_20_{(g)},out}^{\max}\widehat{M}_{H_2O_{(g)}}}{1-x_{H_20_{(g)},out}^{\max}} \sum_{i\neq H_2O_{(g)};H_2O_{(l)}} \frac{\dot{m}_{i,out}}{\widehat{M}_i} \tag{38}$$

물(액체와 기체)의 총 질량유량은 다음과 같다.

$$\dot{m}_{H_2O_{out}}^{total} = \dot{m}_{H_2O_{(g)},in} + m_{H_2O_{(l)},in} - \dot{m}_r^{H_2O} \tag{39}$$

여기서 $\Delta\dot{m}_r^{H_2O}$는 공기극 가스유로의 경우 영(zero)이 아니다. 식 (38)과 (39)를 사용하면 액상 및 수증기상의 물의 질량유량은 다음과 같이 구할 수 있다.

$$\dot{m}_{H_2O_{(g)},out} = \begin{cases} \dot{m}^{total}_{H_2O_{(g)},out} & \dot{m}^{max}_{H_2O_{(g)},out} \geq \dot{m}^{total}_{H_2O,out} \\ \dot{m}^{max}_{H_2O_{(g)},out} & \dot{m}^{max}_{H_2O_{(g)},out} < \dot{m}^{total}_{H_2O,out} \end{cases} \tag{40}$$

$$\dot{m}_{H_2O_{(l)},out} = \begin{cases} 0 & \dot{m}^{max}_{H_2O_{(g)},out} \geq \dot{m}^{total}_{H_2O,out} \\ \dot{m}^{total}_{H_2O,out} - \dot{m}^{max}_{H_2O_{(g)},out} & \dot{m}^{max}_{H_2O_{(g)},out} < \dot{m}^{total}_{H_2O,out} \end{cases} \tag{41}$$

출구의 질량유량을 알면 출구의 가스상 몰분율과 가스상의 질량분율을 다음 식으로 구할 수 있다.

$$x_{i,out} = \frac{\dot{m}_{i,out}/\widehat{M}_i}{\sum_{j \neq H_2O_{(l)}} \dot{m}_{j,out}/\widehat{M}_j} \tag{42}$$

$$\chi_{out} = 1 - \frac{\dot{m}_{H_2O_{(l)},out}}{\sum \dot{m}_{i,out}} \tag{43}$$

입구 및 출구에서 압력, 몰분율, 질량분율, 질량유량의 값을 사용하여 가스유로 또는 스택 매니폴드에서의 압력손실을 식 (8)로써 구할 수 있다. 이후 출구압력에 대한 새로운 추정값을 계산하는데 이 ΔP의 값을 사용할 수 있다.

$$P^{k+1}_{out} = P_{in} - \Delta P \tag{44}$$

다음 조건이 만족될 때까지 계산은 반복된다.

$$\left| \frac{P^{k+1}_{out} - P^{k}_{out}}{P^{k}_{out}} \right| \leq 1 \times 10^{-6} \tag{45}$$

3.3 수치 과정 요약

내부 및 외부 반복계산루프를 이용하여 주어진 전류밀도에서 스택에서의 질량유량과 압력분포는 다음 절차에 따라 구해진다.

1. $\dot{m}^{i}_{cell,in}$에 대한 초기값이 계산된다.
2. 내부 반복루프를 사용하여 $\dot{m}^{i}_{cell,in}$, ΔP^{i}_{cell}, ΔP^{i}_{top}, ΔP^{i}_{bot}의 평가값이 계산된다.

3. $\dot{m}^{i}_{cell,in}$ 의 값이 계산되어 새로운 $\dot{m}^{i}_{cell,in}$ 값을 계산하는데 사용된다.
4. 단계 2와 3(외부 반복계산 루프)은 수렴 때까지 반복된다.
5. 전류밀도는 변화될 수 있으며, 위의 과정은 부하조건의 범위에 따라 스택 성능을 결정하기 위해 되풀이된다.

스택 흐름모델에 의해 PEMFC의 각 셀의 입구에서 질량유량과 구성성분 및 압력에 대한 해를 구할 수 있다. 이 값들은 각 셀의 E_{cell}값을 계산하기 위해 문헌 [15]의 단일 셀 모델에 사용된다. 또한 문헌 [15]의 모델에 의해 계산된 η_{cp}의 값에 따른 셀 전압은 스택전압을 결정하기 위한 식 (1)에 사용된다.

4 결과 및 토의

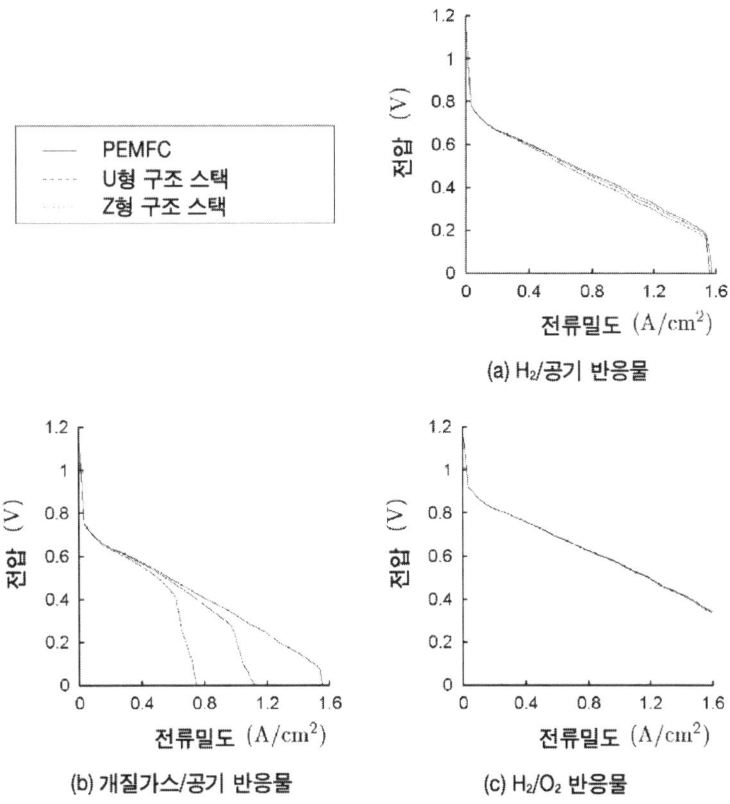

그림 4. 여러 가지 연료 및 산화제에 대한 단일셀 PEMFC, 50개의 셀을 갖는 U형 및 Z형 구소의 스택의 성능을 비교한 분극곡선. (a) H_2/공기 반응물 (b) 개질가스/공기 반응물 (c) H_2/O_2반응물. 스택의 분극곡선은 선택의 전압을 스택의 셀 수로 나누어진 값으로 그렸다.

그림 4는 독립적으로 동작하는 단일 PEM 셀의 성능을 50개의 셀로 구성된 *U*형 및 *Z*형 구조의 스택과 비교하고 있다. 그림은 단일 셀 전압을 스택의 셀 수로 나눈 스택전압(평균 셀 전압)과 비교하고 있다. 단일 셀과 스택 내의 셀 모두 하나의 양극판에 240 cm^2의 활성영역과 3개의 사형(serpentine) 가스유로를 가지고 있다. 양극판, 전극지지체, 촉매층, 고분자전해질과 같은 셀과 스택의 다양한 구성요소에 대한 설계파라메터가 표 1에 주어져 있다. 셀과 스택의 연료극 및 공기극은 같다고 가정한다. 연료극 및 공기극 스택 매니폴드의 단면적은 모두 1.54 cm^2이며, 셀 또는 스택의 연료극 및 공기극에 대한 설계파라메터는 같다고 간주한다. 단일 셀과 스택은 연료극과 공기극 입구의 압력이 250 kPa, 온도 358 K, 각각 1.1과 2의 화학량론으로 동작한다.

표 1. 여러 가지 셀과 스택 구성요소에 대한 설계 파라메터

	파라메터	값
양극판	ρ_{bp}	$6 \times 10^{-5}\ \Omega \cdot m$
	W	0.155 m
	L	0.155 m
	h_p	0.002 m
	h_c	0.002 m
	w_s	0.00262 m
	w_c	0.002 m
	n_c	3
	n_g	11
전극지지체	ρ_e^{bulk}	$6 \times 10^{-5}\ \Omega \cdot m$
	δ_e	2.5×10^{-4} m
	ϕ_e	0.4
촉매층	δ_c	2.0465×10^{-5} m
	m_{Pt}	0.004 kg/m^2
	f_{Pt}	0.2
	ℓ_m	0.9
	κ_s	72700 S/m
고분자전해질막	δ_m	1.64×10^{-4} m
	K_E	$7.18 \times 10^{-20}\ m^2$
	K_p	$1.8 \times 10^{-18}\ m^2$
	C_{H^+}	1200 $mole/m^3$
	D_{H^+}	$4.5 \times 10^{-9}\ m^2/s$
스택	w_m	0.0124 m
	h_m	0.0124 m
	N_{cell}	50

연료로서 완전히 가습된 수소와, 산화제로서 21%의 O_2와 79%의 N_2로 구성된 완전히 가습된 공기로서 동작하는 단일 셀 및 스택의 성능이 그림 4(a)에 비교되어 있다. 그림 4(b)는 연료로서 75%의 H_2와 25%의 CO_2로 구성된 완전히 가습된 개질가스와, 산화제로서 완전히 가습된 공기를 사용하는 단일 셀 및 스택(개질가스/공기 반응)의 성능을 비교하고 있다. 또 연료로서 완전히 가습된 수소와, 산화제로서 완전히 가습된 산소로서 동작하는 단일 셀 및 스택(H_2/O_2 반응)의 성능이 그림 4(c)에 비교되어 있다. 수소/공기 및 개질가스/공기로써 동작하는 경우, 스택에서의 평균 셀전압은 독립적으로 동작하는 단일 셀의 전압보다 더 작다. 셀과 스택 사이의 성능 차이는 개질가스/공기로 운전될 때 훨씬 더 커진다. H_2/O_2로 동작하면 스택의 평균 셀전압이 단일 셀전압과 거의 같게 된다. 이는 H_2/O_2로 동작하도록 설계된 스택은 보통 H_2/공기 또는 개질가스/공기로서는 잘 동작하지 않을 것이라는 경험과 일치한다. 또한 그림 4에서 *Z*형 구조의 스택은 *U*형 구조의 스택보다 성능이 더 뛰어나다는 것은 명백하다.

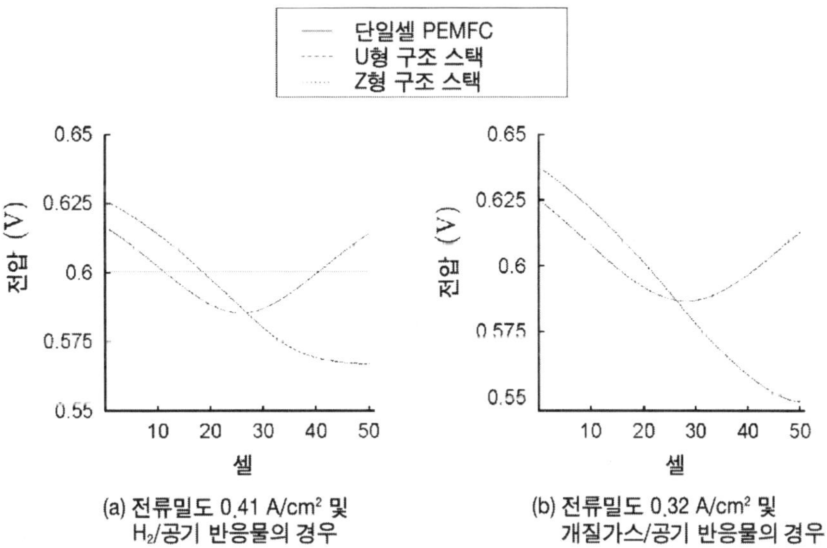

그림 5. 운전조건에 따른 U형 및 Z형 구조스택의 각 셀의 전압

스택과 단일 셀의 성능 차이는 스택의 셀들 사이에서 전압이 변화하기 때문이다. 이 셀 간 전압변화가 *Z*형 및 *U*형 구조의 스택에 대해 그림 5에 나타나 있으며, 그림 5(a)와 5(b)는 각각 H_2/공기 및 개질가스/공기로 동작하는 경우 셀 간의 선압변화를 보여주고 있다. 그림 5의 스택의 평균 셀전압은 대략 0.6 V로써,

시뮬레이션에 의해 구한 전류밀도는 H_2/공기 조건에서는 0.41 A/cm^2, 개질가스/공기 조건에서는 0.32 A/cm^2였다. 스택의 각 셀(스택 입구에서부터 번호가 매겨져 있다)의 전압이 독립적으로 동작하는 단일 셀의 전압과 비교된다. 스택의 입구 및 출구 부근에서 *Z*형 구조 스택의 셀들은 독립적으로 동작하는 단일 셀보다 전압이 더 높으며, 반면에 *U*형 구조 스택의 경우 스택 입구 부근의 셀들만이 더 좋은 성능을 나타내고 있다. 그러나 스택의 대부분의 셀은 단일 셀보다 전압이 낮으며, 그 결과 스택의 평균 셀전압은 단일 셀전압보다 더 작게 된다.

셀 간 전압의 변화는 다음과 같은 스택의 전압 분산도에 의해 정량화될 수 있다.

$$S_E = \frac{E_{cell}^{\max} - E_{cell}^{\min}}{\frac{1}{N_{cell}}\sum_1^{N_{cell}} E_{cell}} \times 100\% \tag{46}$$

여기서 $E_{cell}^{\max}$와 $E_{cell}^{\min}$는 각각 스택 내의 최대 및 최소 셀전압이다. 그림 5(a)의 H_2/공기 반응의 경우, *U*형 구조 스택에 대한 전압분산도는 9.8% , Z형 구조 스택은 5.0%이다. 개질가스/공기 반응의 경우, *U*형 구조 스택에 대한 전압분산도는 15%, *Z*형 구조 스택은 6.2%이다. 그림 5에 나타나 있지는 않지만, 반응물이 H_2/O_2이면서 0.88 A/cm^2의 전류밀도(0.6 V의 평균 셀전압에 해당)로 동작하면 *U*형 및 *Z*형 구조의 경우 각각 전압분산도는 겨우 0.0021%와 0.0018%에 지나지 않는다. 단일 셀과 비교할 때 전압분산도가 크다는 것은 스택 성능이 떨어진다는 것을 나타낸다. *Z*형 구조 스택은 *U*형 구조 스택보다 성능이 뛰어나고 전압분산도가 작다. 반면에 개질가스/공기로 동작하면 성능이 가장 낮고 전압분산도가 가장 높다. 따라서 실제로 셀의 성능을 최대화하기 위해서는 전압분산도를 낮추고 셀 간 성능을 균일하게 하는 것이 바람직하다.

그림 5의 셀 간 전압변화는 압력손실분포에서 기인하는 것으로써 스택 내의 셀들 사이에서 질량유량이 불균일하게 분포하는 원인이 된다. 스택에 있는 셀들 사이의 이러한 질량유량의 불균일한 분포로 인해 연료극과 공기극의 화학량론이 셀마다 변화하게 된다. 질량유량 분포가 스택 내의 셀전압 분포에 어떻게 영향을 미치는가를 설명하기 위해 *Z*형 스택의 연료극과 공기극의 셀 화학량론이 그림 6에 제시되어 있다. H_2/공기의 반응물과 0.41 A/cm^2의 전류밀도로 동작하면 그림 6(a)처럼 스택의 셀 사이에서 연료극의 화학량론이 약간 변화한다. 그러나 공기극의 화학량론 변화는 그림 5(a)에 나타난 셀전압 분포와 유사하다. 공기극의 화학량론은 공기극의 가스유로의 질량유량이 더 크기 때문에 연료극 화학량론 보다는 더

크게 변화한다. 연료극 가스유로에서의 평균 Reynolds 수는 약 32이지만, 불활성 N_2 가스의 존재 때문에 Reynolds 수는 공기극의 가스유로에서 약 640이다.

개질가스/공기의 반응물과 0.32 A/cm^2의 전류밀도로 동작하면 그림 6(b)처럼 연료극 및 공기극의 화학량론 모두 변화하게 된다. 연료극 화학량론은 불활성 이산화탄소의 존재로 인해 유량이 더 크기 때문에 수소연료의 경우보다 개질가스의 경우에 변화가 더 크다. 해당 가스유로에서의 평균 Reynolds 수는 개질가스 연료의 경우 약 112이다.

셀 전압의 변화와 마찬가지로 셀 간 화학량론의 변화는 다음 식과 같은 스택의 화학량론 분산도에 의해 정량화될 수 있다.

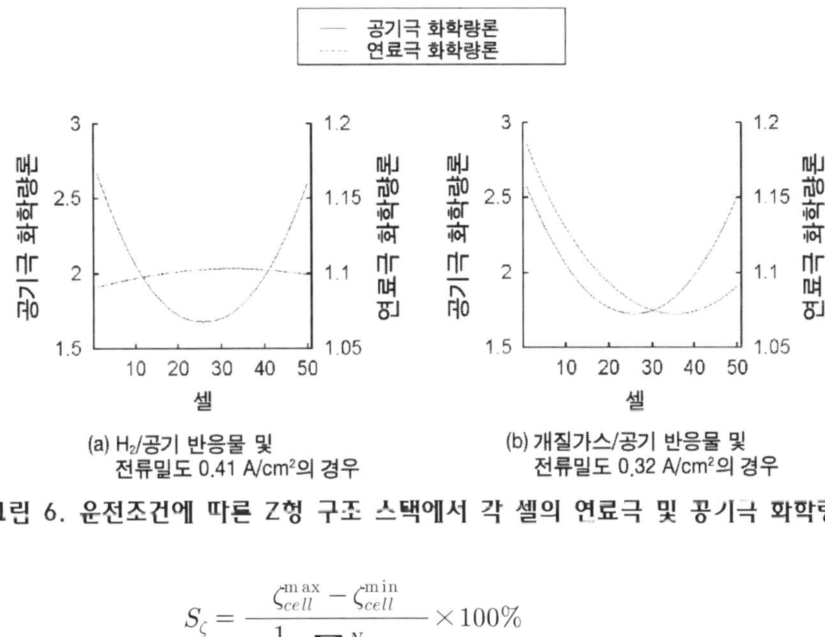

(a) H_2/공기 반응물 및 전류밀도 0.41 A/cm^2의 경우

(b) 개질가스/공기 반응물 및 전류밀도 0.32 A/cm^2의 경우

그림 6. 운전조건에 따른 Z형 구조 스택에서 각 셀의 연료극 및 공기극 화학량론

$$S_\zeta = \frac{\zeta_{cell}^{\max} - \zeta_{cell}^{\min}}{\frac{1}{N_{cell}}\sum_1^{N_{cell}} \zeta_{cell}} \times 100\% \tag{47}$$

여기서 $\zeta_{cell}^{\max}$과 $\zeta_{cell}^{\min}$은 각각 스택의 셀 화학량론의 최대와 최소값이다. 그림 6(a)의 H_2/공기 반응물의 경우 연료극 화학량론 분산도는 단지 약 1% 정도인 반면, 공기극의 화학량론 분산도는 50%이다. 그림 6(b)처럼 개질가스/공기 반응물을 사용하면 연료극 화학량론 분산도는 10%이고 공기극의 화학량론 분산도는 42%가 된다. H_2/공기 반응물의 경우 더 큰 전류밀도를 사용하기 때문에 개질가스/공기 반응물의 경우보다 H_2/공기 반응물의 경우 공기극의 화학량론 분산도가 더 크다.

전류밀도가 더 크면 질량유량이 증가하고 화학량론 분산도도 더 커진다. 개질가스/공기 반응물을 사용하고 전류밀도가 0.32 A/cm^2일 때, 공기극의 가스유로에서의 평균 Reynolds 수는 약 501이며, 반면에 앞서 언급한 것처럼 공기극 가스유로에서의 평균 Reynolds 수는 H_2/공기를 사용하는 경우 약 640이다. 그러나 개질가스/공기 반응물이 사용될 때, 연료극의 화학량론 분산도가 더 크면 셀전압의 분산도도 더 커진다.

PEMFC 스택 내의 질량유량 분포가 균일하면 전압분산도를 감소시키고 스택 성능을 개선시킨다. 매니폴드시스템의 측면 분지관(分枝, branch)를 통한 유동의 균일성 정도는 측면 분지관과 매니폴드 사이의 단면적의 비율, 측면 분지관과 매니폴드에서의 질량흐름에 대한 저항에 따라 다르다. 측면 분지관과 매니폴드 사이의 단면적의 비율은 다음과 같이 정의된다.

$$\bar{f} = \frac{n_b A_b}{A_m} \tag{48}$$

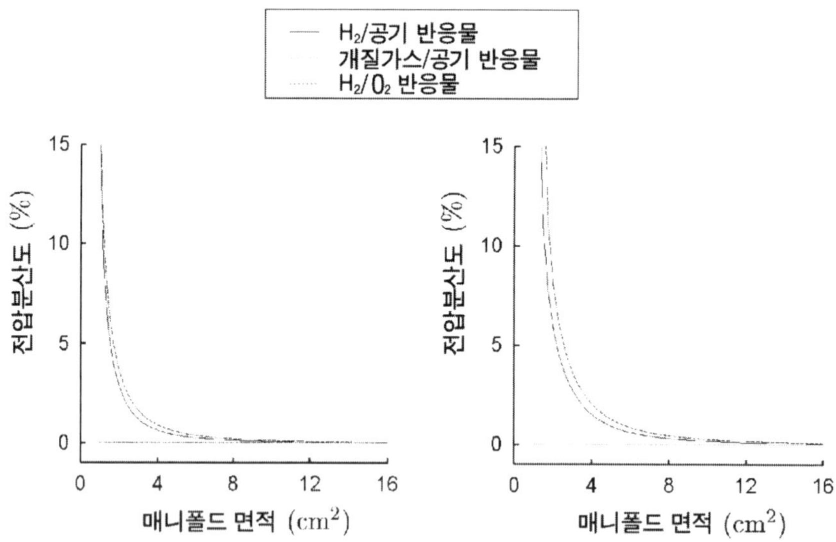

그림 7. 양극판 당 3개의 유로를 갖는 각 구조의 경우 스택 매니폴드의 단면적이 전압분산도에 미치는 영향. (a) Z형 구조스택 (b) U형 구조스택. H_2/공기 반응물의 경우 전류밀도는 0.41 A/m^2, 개질가스/공기 반응물의 경우는 0.32 A/m^2, H_2/O_2 반응물의 경우는 0.88 A/m^2이다.

여기서 n_b는 측면 분지관의 수, A_b는 각 측면 분지관의 단면적, A_m는 매니폴드의 단면적이다. 본 연구에서 고려된 PEMFC 스택의 경우 식 (48)은 다음과 같이 된다.

$$\bar{f} = \frac{n_c N_{cell} A_{fc}}{A_m} \tag{49}$$

원칙적으로 균일한 질량유량 분포는 $\bar{f}$가 영(zero)으로 될 때 얻어진다. 그러나 실제로는 유한한 $\bar{f}$의 값에서 거의 균일한 유동이 얻어질 수 있다. 식 (49)로부터 스택 매니폴드의 단면적을 증가시키면 $\bar{f}$가 감소될 수 있다.

H_2/공기 반응물과 0.32 A/cm^2의 전류밀도, 개질가스/공기 반응물과 0.41 A/cm^2의 전류밀도, 그리고 H_2/O_2 반응물과 0.88A/cm^2의 전류밀도로써 동작하는 스택의 경우에 대해 스택 매니폴드의 단면적이나 매니폴드의 면적이 전압분산도에 미치는 영향이 그림 7에 나타나 있다. 연료극과 공기극의 매니폴드에서의 질량유량이 다르면 매니폴드의 면적이 달라져야 하지만, 그림 7의 결과는 연료극과 공기극의 매니폴드 면적이 같음을 보여준다. 만약 H_2/O_2 또는 개질가스/공기 반응물이 사용되면 매니폴드 면적이 증가함에 따라 전압분산도가 감소함을 알 수 있다. 그림 7에서 고려된 매니폴드 면적 범위 내에서 H_2/O_2 반응물이 사용되면 전압분산도는 거의 영이며 매니폴드 면적과는 관계가 없다. 실제로 H_2/O_2 반응물의 경우, 임계 매니폴드 면적(이 면적 이하에서 셀 간 전압은 크게 변화한다)은 훨씬 더 작다.

표 2. 양극판 당 3개의 가스유로를 가지는 경우, 1%의 전압분산도에 해당하는 임계 스택 매니폴드 면적과 f값

반응물	구조	전류밀도	매니폴드 면적	$\bar{f}$
H_2/공기	Z	0.41 A/cm^2	3.3 cm^2	1.8
개질가스/공기	Z	0.32 A/cm^2	3.8 cm^2	1.6
H_2/공기	U	0.41 A/cm^2	4.9 cm^2	1.2
개질가스/공기	U	0.32 A/cm^2	5.6 cm^2	1.1

*U*형 구조의 스택은 *Z*형 스택보다 셀 간 전압변화가 더 크며, 개질가스/공기 반응물로 동작하는 것은 H_2/공기 반응물로 동작하는 것보다 전압분산도가 더 커진다. 이는 1%의 전압분산도에 대응하는 임계 매니폴드 면적과 $\bar{f}$값을 나타낸 표 2로써 분명해진다. 1%의 전압분산도를 얻기 위해서는 *U*형 구조 스택이 *Z*형 구조

스택보다 더 큰 매니폴드 면적이 필요하다. 스택 구조가 주어지면 개질가스/공기 반응물의 경우는 H_2/공기 반응물의 경우보다 더 큰 매니폴드 면적을 필요로 한다. 따라서 H_2/공기 반응물에 대해 설계된 스택에 개질가스/공기 반응물을 공급하면 효과적으로 동작하지 않을 수도 있다.

또한 양극판 당 가스유로의 수(n_c)를 줄이면 식 (49)의 $\bar{f}$값을 감소시킬 수 있으므로 셀 간 전압변화를 줄일 수 있다. 이를 설명하기 위해 하나의 사형 가스유로를 갖는 양극판을 사용한 U와 Z형 구조의 스택에 대해 매니폴드 면적이 전압분산도에 미치는 영향을 그림 8에서 나타내고 있다. 그림 8의 시뮬레이션 결과에 사용된 양극판 설계 파라메터가 표 3에 주어져 있다. 사용된 n_c값(그림 7에서 3, 그림 8에서 1) 이외에, 그림 8의 시뮬레이션에서 사용된 모든 다른 파라메터(스택구조, 반응물의 성분, 전류밀도 등)는 그림 7에서와 동일하다. 그림 7과 8에 나타난 경향 또한 유사하다. H_2/공기 또는 개질가스/공기 반응물이 사용될 때 매니폴드 면적을 증가시키면 전압분산도는 감소하지만, H_2/O_2 반응물이 사용될 때 매니폴드 면적은 전압분산도에 영향을 미치지 않는다. 매니폴드 면적이 주어지면 Z형 구조 스택은 U형 구조 스택보다 전압분산도가 더 작다.

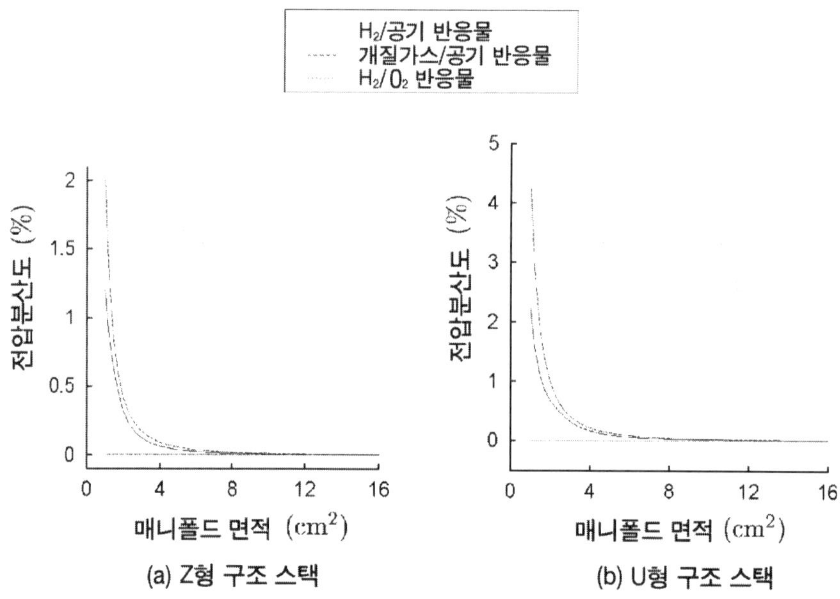

그림 8. 양극판 당 1개의 유로를 갖는 경우 각 스택 구조에 대해 스택 매니폴드 면적이 전압분산도에 미치는 영향 (a) Z형 (b) U형. 전류밀도는 H_2/공기 반응물의 경우 0.41 A/m^2, 개질가스/공기의 경우 0.32 A/m^2, H_2/O_2 반응물의 경우 0.88 A/m^2 이다.

표 3. 양극판 당 1개의 유로를 갖는 양극판의 설계파라메터

파라메터	값
ρ_{bp}	$6 \times 10^{-5}\ \Omega \cdot m$
W	0.155 m
L	0.155 m
h_p	0.002 m
h_c	0.002 m
w_s	0.00213 m
w_c	0.002 m
n_c	1
n_g	37

가스유로의 수를 감소시키는 것이 전압분산도와 매니폴드 면적 사이의 일반적인 관계에 영향을 미치지 않더라도, n_c가 감소되면 전압분산도의 크기는 크게 감소한다. 따라서 3개가 아닌 하나의 가스유로가 각 양극판에 존재하면 1%의 전압분산도에 해당하는 매니폴드 면적은 더 작을 것으로 예상된다. 표 4는 양극판 당 1개의 가스유로를 사용하는 스택에 대해 1%의 전압분산도에 해당하는 임계 매니폴드 면적과 $\bar{f}$값이 주어져 있다. 표 2와 4를 비교하면 n_c= 1의 스택에 대한 임계 매니폴드 면적은 n_c = 3일 때의 면적의 약 1/3이다. 그러나 $\bar{f}$값들 사이의 변화는 더 작으며 n_c =1의 스택에 대한 $\bar{f}$값은 n_c= 3인 스택의 $\bar{f}$값보다 약 20% 더 크다.

표 4. 양극판 당 1개의 가스유로를 갖는 tm택의 경우 전압분산도 1%에 해당하는 임계스택매니폴드 면적과 $\bar{f}$값

반응물	구조	전류밀도	매니폴드 면적	$\bar{f}$
H_2/공기	Z	$0.41\ A/cm^2$	$1.1\ cm^2$	2.2
개질가스/공기	Z	$0.32\ A/cm^2$	$1.4\ cm^2$	1.8
H_2/공기	U	$0.41\ A/cm^2$	$1.6\ cm^2$	1.6
개질가스/공기	U	$0.32\ A/cm^2$	$2.0\ cm^2$	1.3

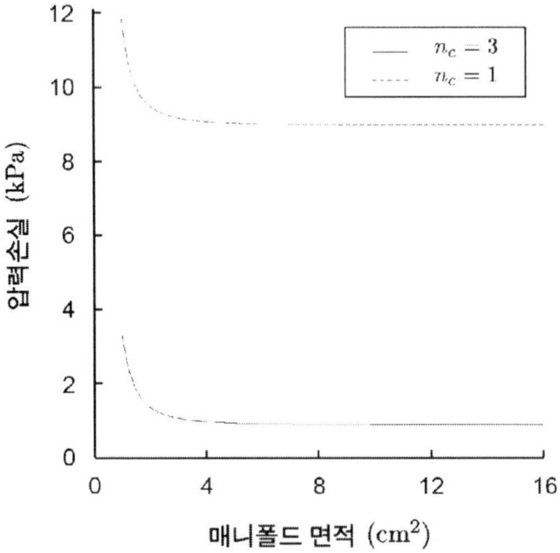

그림 9. H2/공기 반응물, 전류밀도 0.41 A/m^2, 양극판 당 1개 또는 3개의 유로를 가지는 Z형 구조의 스택에 대한 공기극 유동 압력손실

매니폴드 단면적과 가스유로의H 수 모두 스택의 압력손실에 영향을 미친다. *Z* 형 구조 스택에서의 공기극 흐름에 대한 압력손실이 그림 9에 나타나 있다. 공기는 공기극 반응물로 사용되며 전류밀도는 0.41 A/cm^2이다. 양극판 당 가스유로의 수가 3에서 1로 줄어들면 압력손실은 약 9 배까지 증가한다. 그러나 매니폴드 면적이 스택 압력손실에 미치는 일반적인 영향은 가스유로의 수에 관계없이 동일하다. 매니폴드 면적이 증가하면 처음에는 압력손실이 감소하지만, 그 후는 매니폴드 면적에 무관하게 된다. 압력손실/매니폴드 면적 그래프의 이러한 현상은 매니폴드로 인한 마찰손실이 전체 스택의 압력손실에 영향을 주지 않는다는 것을 의미한다. 스택 압력손실은 거의 가스유로에 따라 달라진다. 실제로 n_c = 1이 사용될 수 있는 최소한의 값이다. 그러나 셀의 크기에 따라 가스유로의 유동경로와 운동량손실이 너무 커서 압력손실이 과도해질 수도 있다. 이와 같이 압력손실이 크면 가스압축에 필요한 기생전력을 증가시켜 전체 스택 효율을 감소시킨다. 따라서 많은 셀들로 구성된 대형 스택의 경우 보통 n_c = 3이 사용된다.

관 네트워크(pipe network)에서는 질량유량의 분포가 각 관에서의 유동저항에 의해 영향을 받는다. 질량흐름에 대한 저항이 큰 관은 질량유동에 대한 저항이 작은 관보다 질량유량이 더 작다. 따라서 PEMFC 스택에서 질량유량과 셀 전압의 셀 간 변화를 감소시킬 수 있는 한 가지 방법은 가스유로에서 질량유동에 대한 저항을 바꾸는 것이다. 본 연구에서는 가스유로에서의 질량유동에 저항은 마찰로 인한 압력손실의 항인 식 (18)을 추가함으로써 바꿀 수 있다.

$$\Delta P_f = \zeta \frac{2\, C_f\, L_{fc}\, \rho_{ave}\, V_{ave}^2}{d_h^{fc}} \tag{50}$$

여기서 ζ는 유동저항 파라메터로서 1 보다 크면 가스유로에서 질량유동에 대한 저항을 증가시킨다. 실제로 가스유로의 수력직경을 줄이고 가스유로의 길이를 증가시키거나 또는 가스유로에 유동 방해물을 설치함으로써 질량유동에 대한 저항이 증가될 수 있다.

스택의 셀들 사이에서 유동저항 파라메터를 변화시켜 전압분산도를 감소시키는 것은 H_2 /공기 반응물과 0.41 A/cm^2의 전류밀도로 운전되는 Z형 구조 스택을 고려해서 설명될 수 있다. 셀 간 공기극의 화학량론 변화를 감소시키기 위해 공기극의 가스유로에 대한 유동저항 파라메터는 다음 식에 따라 결정된다.

$$\zeta_i = \frac{\zeta_c^i}{\zeta_c^{\min}} \tag{51}$$

여기서 $\zeta_c{}^i$는 그림 6(a)에서 셀 i의 공기극 화학량론이고 $\zeta_c{}^{\min}$은 그림 6(a)에서 최소공기극 화학량론이다. 이러한 ζ값들을 사용하면 그림 10에 나타나 있는 것처럼 $\zeta=1$을 사용할 때의 변화에 비해 공기극 화학량론의 셀 간 변화가 크게 감소된다. ζ_i의 변수값의 변화가 그림 10에 삽입되어 있다. 공기극의 화학량론이 감소하면 전압분산도는 0.5%가 되며, 이는 스택의 모든 셀에 대해 $\zeta=1$을 사용하여 얻어지는 5%의 전압분산도보다는 훨씬 더 작다. 가변의 유동저항 파라메터를 사용하면 공기극의 스택 압력손실이 단지 1.8 kPa에서 2.0 kPa로 증가할 뿐이다. 이러한 11% 증가는 양극판 당 가스유로의 수를 3에서 1로 줄여서 전압분산도가 감소됨으로써 초래된 800% 이상의 압력손실 증가보다 훨씬 더 작다. 따라서 가변 ζ_i가 사용되면 스택의 압력손실을 극복하는데 필요한 에너지는 더 작을 것이며, 시스템의 효율을 높일 것이다. 그러나 셀 간 유동저항을 변화시키는 것은 각 양극판을 주문제작할 필요가 있기 때문에 구현되기 어려울 것이다.

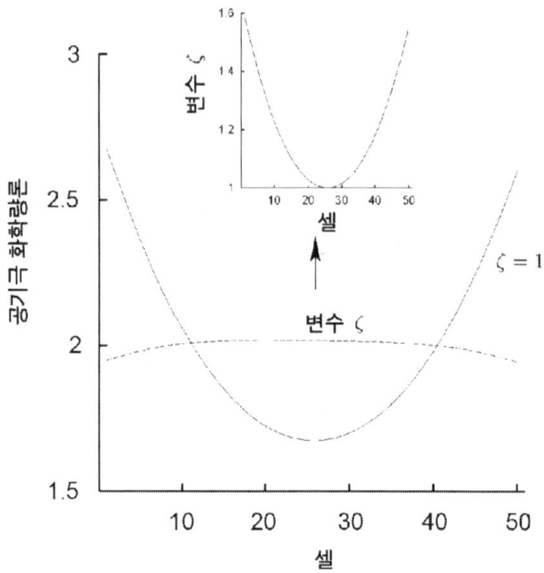

그림 10. $\zeta=1$인 경우와 가변시킨 경우(점선)의 유동저항 파라메터를 사용한 Z형 구조스택에 대한 공기극 화학량론

마지막으로 위의 모델링 결과는 5 kW, 50개 셀로 구성된 PEMFC 스택을 기반으로 하고 있다는 것을 지적해 두고자 한다. 그러나 우리는 제시된 모델을 검증할 시험결과를 얻을 수 없다. 따라서 위 결과는 당장은 정성적으로 다루어져야 한다. 그러나 본 연구에서 사용된 단일 셀 모델은 단일 셀 시험결과[15]로 검증이 되었으며, 스택 유동모델은 다른 응용분야[23, 24]에 대한 실험결과로 검증되었다.

이러한 의미에서 제시된 모델은 PEMFC 스택의 설계와 최적화를 위한 유용한 도구로 이용될 수 있다.

5 Conclusions

50개의 활성셀과 *U* 및 *Z*형 구조 스택의 성능은 두 부분으로 구성된 수학적 모델을 사용하여 시뮬레이션되었다. 모델의 첫번째 부분은 수력학적 네트워크(hydraulic network) 분석을 통해 연료전지의 스택 매니폴드와 가스유로에서의 질량유량과 압력분포를 결정했다. 수력학적 네트워크(hydraulic network) 분석의 결과는 모델의 두 번째 부분에 대한 입력파라메터로서 사용되며, 거기서 이전에 수립된 수학적 모델로써 스택의 각 셀의 전압을 계산했다. 따라서 스택 내의 질량유량의 분포는 스택의 각 셀의 전압에 영향을 미쳤다. 셀의 질량유량이 작으면 셀전압도 낮아진다. 질량유량 분포와 각 셀전압 사이의 이러한 관계는 독립적으로 동작하는 연료전지에 비해 스택 내에서 동작하는 연료전지의 성능을 저하시킨다. 단일 셀과 스택 내의 셀 사이의 성능차이는 Z형보다 U형 구조의 스택에서 더 컸으며, 연료극/공기극이 H_2/공기보다개질가스/공기로서 완전히 가습되어 동작할 때가 더 컸다. 성능차이를 없애기 위해서는 스택의 각 셀의 질량유량을 같게 해야 하므로, 질량유량 분포를 균일하게 하기 위한 세 가지의 방법은 조사되었다. 첫 번째 방법은 스택 매니폴드의 단면적을 증가시는 것이었고, 두 번째 방법은 양극판 당 가스유로의 수를 줄이는 것이었다. 마지막으로, 스택 내의 질량유량 분포를 균일하게 하기 위해서는 가스유로에서 질량유동에 대한 저항을 셀 사이에서 변화시키면 된다.

Acknowledgments

본 연구는 PEMFC에 대한 대형 연구프로젝트의 일부분으로서, Auto 21 NCE, NRC Institute for Fuel Cell Innovation, Hydrogenics Corporation과 PalCan Fuel Cell 주식회사에서 관련 기술을 지원받았다. 캐나다의 Natural Science and Engineering Research Council에서도 자금을 일부 지원했다.

부록 A : 특성 결정

가스유로와 스택 매니폴드에서의 유체는 액상 물방울을 갖는 다중성분 가스상으로 구성되어 있다고 가정된다. 유체의 밀도와 점도는 가스유로와 스택 매니폴드에서의 압력손실을 계산할 필요가 있다. 유체의 밀도는 다음과 같이 주어진다[20].

$$\frac{1}{\rho} = \frac{\chi}{\rho_g} + \frac{1-\chi}{\rho_{H_2O_{(l)}}} \tag{52}$$

여기서 ρ_g는 가스혼합물의 밀도이고 $\rho_{H_2O_{(l)}}$은 액체 물의 밀도이다. 가스상의 밀도는 이상기체 관계식으로 계산된다.

$$\rho_g = \sum_{i=species} \frac{x_i P \widehat{M}_i}{\wp T} \tag{53}$$

여기서 합계기호는 가스유로 또는 스택 매니폴드에 존재하는 모든 기체물질을 포함한다. 액체 물의 밀도는 문헌 [21]에서 구할 수 있고, 85 ℃의 온도에서 968

kg/m^{3}과 같다.

가스유로 및 스택 매니폴드에서의 유체의 점성도는 문헌 [20]에서 다음 식과 같이 얻을 수 있다.

$$\frac{1}{\mu}=\frac{\chi}{\mu_g}+\frac{1-\chi}{\mu_{H_2O_{(l)}}} \tag{54}$$

여기서 μ_g는 가스혼합물의 점성도이고, $\mu_{H_2O_{(l)}}$은 액체 물의 점성도이다. 가스혼합물의 점성도를 구하기 위해 다음과 같은 Wilke 상호관계식이 이용된다.

$$\mu_g=\sum_{i=1}^{N}\frac{x_i\mu_i}{\sum_{j=1}^{N}x_j\phi_{ij}} \tag{55}$$
$$\phi_{ij}=\frac{1}{\sqrt{8}}\left(1+\frac{\widehat{M}_i}{\widehat{M}_j}\right)^{-\frac{1}{2}}\left[1+\left(\frac{\mu_i}{\mu_j}\right)^{\frac{1}{2}}\left(\frac{\widehat{M}_j}{\widehat{M}i}\right)^{\frac{1}{4}}\right]^2$$

여기서 각 가스점성도는 다음과 같은 식을 사용하여 얻는다.

$$\frac{\mu_i}{\mu_{i,293K}}=\left(\frac{T}{293K}\right)^n \tag{56}$$

액체 물의 점성도는 다음과 같은 관계식으로 구할 수 있다[17].

$$\ln\left(\frac{\mu_{H_2O_{(l)}}}{\mu_o}\right)=-1.704-5.306\omega+7.003\omega^2 \tag{57}$$
$$\omega=\frac{273K}{T}$$
$$\mu_0=1.788\times10^{-3}\quad \mathrm{kg/(m\cdot s)}$$

참고문헌

[1] Hamelin, J., Agbossou, K., Laperriere, A., Laurencelle, F. & Bose, T., Dynamic behavior of a PEM fuel cell stack for stationary applications. *International Journal of Hydrogen Energy*, 26(6), pp. 625-629, 2001.

[2] Bar−On, I., Kirchain, R. & Roth, R., Technical cost analysis for PEM fuel cells. *Journal of Power Sources*, 109(1), pp. 71-75, 2002.

[3] Costamagna, P. & Srinivasan, S., Quantum jumps in the PEMFC science and technology from the 1960s to the year 2000 Part II. Engineering, technology development and application aspects. *Journal of Power Sources*, 102(1-2), pp. 253-269, 2001.

[4] Kim, J., Lee, S. M., Srinivasan, S. & Chamberlin, C., Modeling of proton exchange membrane fuel cell performance with an empirical equation. *Journal of the Electrochemical Society*, 142(8), pp. 2670-2674, 1995.

[5] Chu, D., Jiang, R. & Walker, C., Analysis of PEM fuel cell stacks using an empirical current−voltage equation. *Journal of Applied Electrochemistry*, 30(3), pp. 365-370, 2000.

[6] Amphlett, J., Baumert, R., Mann, R., Peppley, B., Roberge, P. & Harris, T., Performance modeling of the Ballard Mark IV solid polymer electrolyte fuel cell II. Empirical model development. *Journal of the Electrochemical Society*, 142(1), pp. 9-15, 1995.

[7] Fowler, M., Mann, R., Amphlett, J., Peppley, B. & Roberge, P., Incorporation of voltage degradation into a generalised steady state electrochemical model for a PEM fuel cell. *Journal of Power Sources*, 106 (1−−2), pp. 274-283, 2002.

[8] Nguyen, T. & White, R., A water and heat management model for proton exchange−membrane fuel cells. *Journal of the Electrochemical Society*, 140(8), pp. 2178-2186, 1993.

[9] Thirumulai, D. & White, R., Mathematical modeling of proton−exchange membrane fuel−cell stacks. *Journal of the Electrochemical Society*, 144(5), pp. 1717-1723, 1997.

[10] Maggio, G., Recupero, V. & Mantegazza, C., Modelling of temperature distribution in a solid polymer electrolyte fuel cell stack. *Journal of Power Sources*, 62(2), pp. 167-174, 1996.

[11] Patel, D., Maru, H., Farooque, M. & Ware, C., Methodology for predictive testing of fuel cells. *Journal of the Electrochemical Society*, 131(12), pp. 2750-2756, 1992.

[12] Lee, J. & Lalk, T., Modeling fuel cell stack systems. *Journal of Power Sources*, 73(2), pp. 229-241, 1998.

[13] Barbir, F., Balasubrumanian, B. & Neutzler, J., Trade–off design analysis of operating pressure and temperature in PEM fuel cell systems. *Proceedings of the ASME Advanced Energy Systems Division*, pp. 305–315, New York, 1999. ASME Advanced Energy Systems Division, The American Society of Mechanical Engineers.

[14] Cownden, R., Nahon, M. & Rosen, M., Modelling and analysis of a solid polymer fuel cell system for transportation applications. *International Journal of Hydrogen Energy*, 26(6), pp. 615-623, 2001.

[15] Baschuk, J. & Li, X., Mathematical model of a PEM fuel cell incorporating CO poisoning and O_2 (air) bleeding. *International Journal of Global Energy Issues*, 20(3), pp. 245-276, 2003.

[16] Oetjen, H. F., Schmidt, V., Stimming, U. & Trila, F., Performance data of a proton exchange membrane fuel cell using H_2/CO as fuel gas. *Journal of the Electrochemical Society*, 143(12), pp. 3838-3842, 1996.

[17] White, F., *Fluid Mechanics*, Third Edition, McGraw–Hill: New York, 1994.

[18] Press,W., Teukolsky, S., Vetterling, W. & Flannery, B., *Numerical Recipes in C: The Art of Scientific Computing*, Second Edition, Cambridge University Press: Cambridge, 1992.

[19] Idelchik, I., *Handbook of Hydraulic Resistance*, Third Edition, CRC Press: Boca Raton, 1994.

[20] Wallis, G., *One–dimensional Two–phase Flow*, McGraw–Hill: NewYork, 1969.

[21] Reynolds, W. & Perkins, H., *Engineering Thermodynamics*, Second Edition, McGraw–Hill: New York, 1977.

[22] Reid, R., Prausnitz, J. & Sherwood, T., *The Properties of Gases and Liquids*, McGraw–Hill: New York, 1977.

[23] Zhang, J. & Li, X., Coolant flow distribution and pressure loss in ONAN transformer windings – Part I: Theory and model development.

IEEE Transactions on Power Delivery, 19(1), pp. 186-193, 2004.

[24] Zhang, J. & Li, X., Coolant flow distribution and pressure loss in ONAN transformer windings, Part II: Optimization of design parameters. *IEEE Transactions on Power Delivery*, 19(1), pp. 194-199, 2004.

기 호

A_{cell}	연료전지의 활성면적 (m^2)
A_m	스택 매니폴드의 단면적 (m^2)
A_{fc}	가스유로의 단면적 (m^2)
C_f	벽의 마찰계수
$C_{\text{H+}}$	고분자전해질에서의 고정전하농도 (mole/m^3)
$D_{\text{H+,ref}}$	고분자전해질에서의 수소이온 확산계수 (m^2/s)
d_h	수력직경 (m)
E	셀 또는 스택 전압 (V)
f_{pt}	탄소지지체에 대한 백금의 질량비
f_w	액상물에 의해 범람된 전극지지체 빈 공간의 체적분율
F	Faraday 상수 (96495 C/mole)
h_c	가스유로의 깊이 (m)
h_m	스택 매니폴드 단면의 높이 (m)
h_p	양극판의 고체부분 두께 (m)
I_δ	셀의 전류밀도 (A/m^2)
K_E	고분자전해질의 전기동역학적 투과도 (m^2)
K_p	고분자전해질의 수력학적 투과도 (m^2)
l_m	고분자전해질에 의해 점유된 촉매층 빈공간의 비율
l_{H_2O}	액상물에 의해 점유된 촉매층 빈공간의 비율
L	연료전지 활성역역의 길이 (m)
L_{fc}	가스유로의 길이 (m)
L_s	셀 사이의 스택 매니폴드의 길이 (m)
$\dot{m}$	질량유량 (kg/s)
m_{Pt}	단위 전극면적 당 백금 질량
$\Delta\dot{m}_r$	촉매층에서 소모된 물질의 양 (kg/s)

$\widehat{M}_i$	물질 i의 분자량 (kg/mole)
N_{cell}	스택의 셀의 수
n_c	양극판에서의 가스유로의 수
n_g	사형 가스유로가 양극판을 가로지르는 회수
N^i_{stack}	스택입구에서 물질 i의 몰유량 (mole/s)
ΔP	압력손실 (Pa)
ΔP_f	마찰로 인한 압력손실 (Pa)
ΔP_m	운동량의 변화로 인한 압력손실 (Pa)
P	압력 (Pa)
$\underline{R}$	일반 가스상수 (8.314 J/mole · K)
Re_{dh}	Reynolds 수
r^i_p	나머지 압력 (Pa)
S	분산도 (%)
$\underline{S}$	화학량론
T	연료전지 또는 스택의 온도 (K)
V	속도 (m/s)
W	연료전지 활성영역의 폭 (m)
w_c	가스유로의 폭 (m)
w_m	스택매니폴드 단면의 폭 (m)
w_s	가스유로 지지체의 폭 (m)
x_i	물질 i의 몰분율

그리스 기호

α	U형 구조의 스택인 경우 −1, Z형 구조의 스택인 경우는 1
δ_c	촉매층의 두께 (m)
δ_e	전극지지체의 두께 (m)
δ_m	고분자전해질막의 두께 (m)
ζ	유동저항 파라메터
η	과전압 (V)
k_s	촉매층 고체상의 전도도 (S/m)
μ	점성도 (N · s/m^2)

ρ	밀도 (kg/m^3)
ρ_e^{bulk}	전극지지체의 저항율 ($\Omega\cdot$m)
ρ_{bp}	양극판의 저항율 ($\Omega\cdot$m)
ϕ_e	전극지지체의 기공도
ϕ_c	촉매층의 기공도
χ	가스상의 몰분율

아래첨자

a	연료극
ave	평균값
bot	스택매니폴드의 바닥 부분
bp	양극판
c	촉매층; 공기극
cell	연료전지
e	전극지지체
fc	가스유로
g	가스
in	입구의 값
l	액체
m	고분자전해질막
out	출구값
rev	가역
top	스택매니폴드의 상부

위첨자

cell	연료전지
k	반복회수
max	최대값
min	최소값
new	반복적인 파라메터의 현재값
old	반복지인 파라메터의 이전값
stack	스택

Chapter 9

직접메탄올 연료전지의 2상 마이크로유체역학, 열과 물질 수송

G. Lu & C.-Y. Wang
Department of Mechanical Engineering and Electrochemical Engine Center (ECEC),
The Pennsylvania State University, USA.

개 요

이 장은 직접메탄올 연료전지(DMFC) 기술의 최근 발전에 대해 개괄적으로 살펴본다. 우리는 DMFC가 현재 휴대용으로써 직면하고 있는 주된 기술적 문제를 설명하는 것으로부터 시작하여, 메탄올의 산화동역학(oxidation kinetics)과 함께 메탄올과 물 및 열의 기본적인 수송과정이 이 문제를 성공적으로 해결하는 열쇠를 가지고 있음을 보여준다. 이후 우리는 2상 마이크로유체역학, 열 및 물질의 수송을 포함하는 결정적인 수송현상을 밝히기 위해 보충실험과 모델링작업을 설명한다. 우리는 이러한 기본적인 수송현상을 더 잘 이해하면 어떻게 DMFC의 설계에서 발상의 전환을 이룰 수 있는가를 설명하고, 매우 얇은 막인 Nafion®112을 통해 메탄올과 물의 교차(crossover)가 매우 낮다는 실험적인 증거를 보여준다. 낮은 메탄올의 교차로 인한 연료효율은 78%에 달하며 막을 통한 순수한 물 수송계수는 1보다 작음을 알 수 있다. 이러한 뛰어난 특성은 고농축 메탄올을 직접 사용할 수 있으므로 차세대 휴대용 DMFC용으로 에너지밀도를 더 높일 수 있게 된다. 마지막으로, 마이크로 DMFC에 대한 최근 연구를 살펴본다.

1 소 개

직접메탄올 연료전지(direct methanol fuel cell, 이하 DMFC)는 메탄올의 산화와 산소의 환원을 기반으로 하여 전기를 발생시키는 전기화학적 셀이다. 그림 1은 DMFC의 셀 구조와 동작원리를 나타내고 있다. 물로 희석된 낮은 몰 농도의 메탄올용액은 연료극유로를 통과하는 환원제 역할을 한다. 일단 유로내에서 탄소천이나 탄소종이로 구성된 지지체층을 통해 물로 희석된 용액이 확산된다. 지지체층은 물 희석 메탄올의 산화에 의해 생성된 전류를 모아 집전체 판으로 수송한다. 연료극의 백금-루테늄(platinum-ruthenium) 촉매층에서 발생되는 전체 산화반응은 다음과 같이 주어진다.

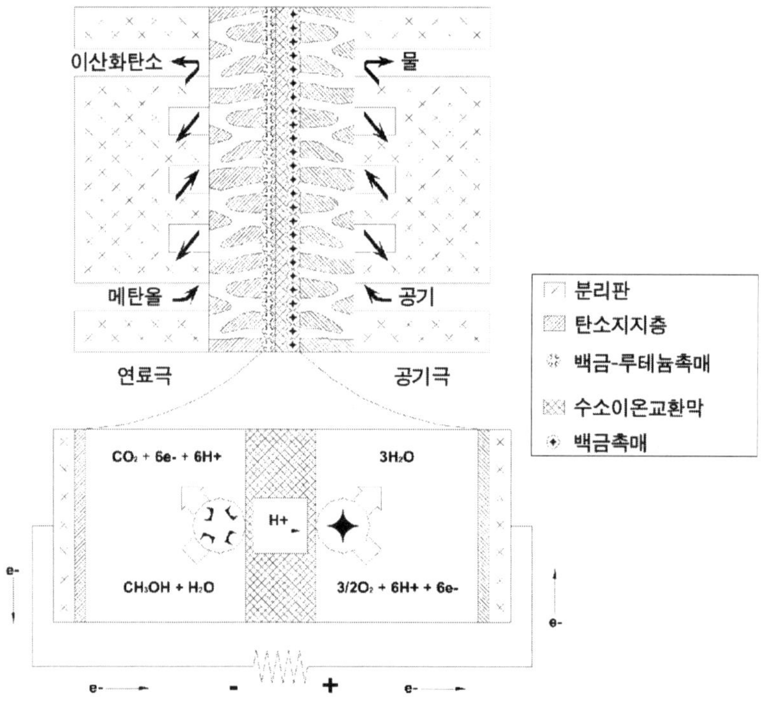

그림 1. DMFC의 동작원리

$$CH_3OH + H_2O \rightarrow CO_2 + 6H^+ + 6e^- \qquad (1)$$

산화반응으로부터 생성된 이산화탄소는 기포 형태로 연료극으로부터 배출되고 흐르는 물-메탄올 용액에 의해 제거된다.

공기는 공기극의 유로에 공급된다. 공기 중에서 산소는 백금 촉매층에서 전자 및 수소이온과 결합하여 물이 된다. 공기극에서 발생하는 환원반응은 다음과 같다.

$$\frac{3}{2}O_2 + 6H^+ + 6e^- \rightarrow 3H_2O \quad (2)$$

이 두 전기화학적 반응이 결합되어 다음과 같이 전체 셀반응을 형성한다.

$$CH_3OH + \frac{3}{2}O_2 \rightarrow CO_2 + 2H_2O \quad (3)$$

Jet Propulsion Laboratory(JPL)와 Giner Inc.의 저명한 Halpert 등[2], Siemens의 Baldauf & Preidel[3], Los Alamos National Laboratory(LANL)의 Ren 등[4], Newcastle 대학의 Scott과 동료들[5-7], Pennsylvania State University의 Wang과 동료들[8, 11] 등의 많은 그룹에 의해 DMFC에 대한 광범위한 연구가 이루어져 왔다. DMFC를 H_2/공기로 동작하는 고분자전해질 연료전지(PEFC)와 비교한 연구가 LANL 그룹에 의해 제시되었으며[4-12], DMFC는 백금-루테늄이 필요하며 0.05~0.30 W/cm^{2}의 출력밀도를 달성하기 위해서 DMFC는 약 5배 이상의 많은 백금이 필요함을 보였다.

세계적으로 DMFC에 대한 연구가 최근에 기하급수적으로 증가함에 따라, 많은 검토결과가 보고되었다. Gottesfeld & Zawodzinski[13]는 수송용을 목적으로 한 Los Alamos의 연구를 간단히 요약했으며, DMFC 기술이 수송용으로서 강력한 대체 전원이 되려면 개선의 여지가 많다고 지적했다. 이러한 문제들 중에서 개질가스/공기의 연료전지와 경쟁하기 위해서는 촉매의 양을 줄이는 것이 가장 큰 문제이며, 가까운 장래에는 해결책을 찾기가 어려울 것이다. 그 책의 뒷부분에서 Gottesfeld & Wilson[12]은 휴대용으로서의 DMFC에 대한 전망을 다루었다. Lamy 등[14]은 메탄올의 산화반응 메카니즘, 2종 또는 3종의 전기적 촉매의 사용, 전극 구조와 구성재질이 메탄올의 산화활동에 미치는 영향, 메탄올의 교차가 낮으면서 수소이온을 도전시키는 막의 개발 등을 포함하여 DMFC의 기초에 대해 심층검토를 행하였다. DMFC는 2010년 이전에 휴대용 전원으로서 상용화될 것이며, 기술적인 도약이 일어나 그 뒤 10년 후에는 DMFC로 자동차를 구동할 수 있을 것이라고 예측되었다. Arico 등[15]은 기본적이고 기술적인 면에서 DMFC의 최근 발전에 대해 다루었다. 기본적인 면은 메탄올의 교차가 존재할 때 메탄올의 산화와 산소환원의 전기촉매반응에 관련된 것이며, 기술적인 면은 수소이온 전도막은 물론이고 MEA의 제작기술에 초점을 맞추었다. Neergat 등[16]은 새로운 수소이온전도막과 전기촉매반응을 포함하여 새로운 DMFC용 물질에 대해 뛰어난 검토를 제시했다. Narayanan 등[17]과 Muller 등[18]은 휴대용 DMFC 시스템에서 물의 균형이 가장 중요함을 자세히 다루었다.

예상한 대로 DMFC는 H^2/공기 PEFC보다 출력밀도가 더 낮고, 현재 0.6~0.7 W/cm^2의 출력밀도를 달성하기 위해서는 연료극과 공기극의 백금양을 1 mg/cm^2 이하로 해야 할 필요가 있다. 그러나 DMFC는 쉬운 연료저장, 가습의 불필요, 간단한 설계 등과 같은 장점을 가지고 있다. 따라서 DMFC는 현재 휴대용 전원의 선두주자로 생각되고 있다. 리튬이온 배터리와 경쟁하기 위해서는 DMFC 시스템의 첫 번째이자 가장 중요한 특성은 에너지밀도 Wh/L이 더 높아야 한다는 것이다. 이 때문에 다음과 같은 네 가지의 핵심적인 기술적 도전을 극복할 필요가 있다.

(1) 연료극 상에서 낮은 비율의 메탄올 산화 동력학
(2) 고분자막을 통한 메탄올의 교차
(3) 물 관리
(4) 열관리

이 장은 DMFC의 기초가 되는 메탄올, 물, 열의 기본적인 수송과정을 다룬다. 기본적인 수송현상은 전기화학적 동력학과 함께 앞서 언급한 네 가지 기술적인 도전을 다루는 결정적이다. 2절은 열역학과 DMFC의 전기화학적 동력학을 요약한다. 3절은 실험적 관찰을 기반으로 DMFC 연료극과 공기극에서 2상 마이크로유체 현상을 논의한다. 4절은 메탄올 교차와 물관리 문제에 대해 초점을 맞추어 DMFC에서의 질량 수송현상을 설명한다. 5절은 DMFC에서의 열전달과 이것이 물수송과 결합된 현상을 다룬다. 6절은 현재 활발히 연구 중인 수학적인 모델링과 실험적 진단기법에 대해 검토한다. 마지막으로 7절에서는, 우리는 마이크로시스템에 전력을 공급하기 위해 DMFC 기술을 적용한 흥미로운 예를 제시한다.

2 DMFC의 기초

2.1 셀의 구성요소와 분극곡선

DMFC의 핵심은 연료극과 공기극 사이에 퍼플루오로 슬폰산(perfluorosulfonic, PFSA) 막을 삽입한 막전극접합체(membrane electrode assembly, MEA)이다. 수화(hydration)된 상태에서 고분자전해질은 수소이온을 잘 전도시킨다. 이 막의 양쪽 면에 연료극과 공기극이 존재하고, 연료극쪽에서는 일반적으로 백금-루테늄이 도포되어 있고 공기극 측에서는 탄소 상에 지지된 백금이 있어 이를 촉매층이라 부른다. 여기서 식 (1)과 (2)로서 나타내지는 반쪽 셀반응이 촉진된다. MEA

의 외부에는 그림 2와 같이 몇 가지 기능을 충족시키기 위해 직조되지 않은(non-woven) 탄소종이 또는 직조된(woven) 탄소천으로 만들어진 지지체층(backing layer)이 형성되어 있다. 지지체층의 주요 목적은 확산을 통해 촉매층에 가스분포를 최적화시키는 것뿐만 아니라 촉매층에서 유로의 마루부분(rib)으로 전류를 집전하는 것이다. 또한 촉매층밖으로 물 수송을 용이하게 해야 한다. 이 후자의 기능은 소수성 고분자인 폴리테트라 플루오로 에틸렌(polytetra-fluoroethylene, PTFE)을 지지체층에 코팅함으로써 얻을 수 있다. 고분자의 소수성 때문에 공기극 촉매층에 존재하는 과잉된 물이 유로 안을 흐르는 가스에 의해 셀로부터 제거될 수 있으며 따라서 물이 범람하는 것을 줄일 수 있다.

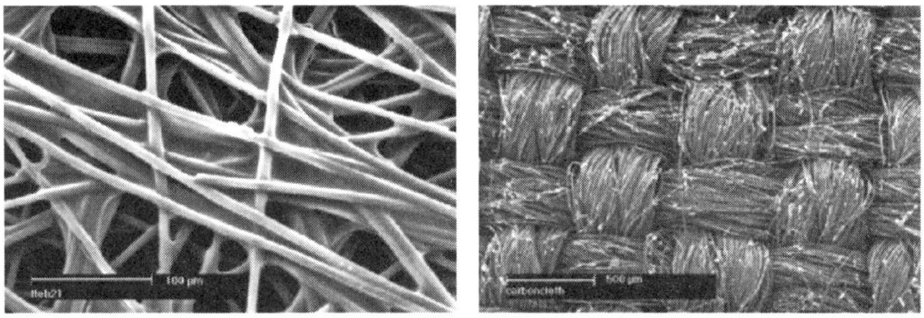

(a) (b)

그림 2. SEM사진 (a) 탄소종이 (b) 탄소천

촉매층의 미세구조는 전기화학적 반응과 물질 확산의 동력학에 대해 가장 중요한 것이다. 그림 3은 DMFC 연료극과 공기극의 미세구조에 대한 전자현미경 (scanning electron microscopy, SEM)의 스케닝 이미지를 보여주며, 그림에서 전기화학적 반응을 위한 높은 표면적이 명확하게 보이고 있다.

(a) anode (b) cathode

그림 3. 전극의 SEM 영상

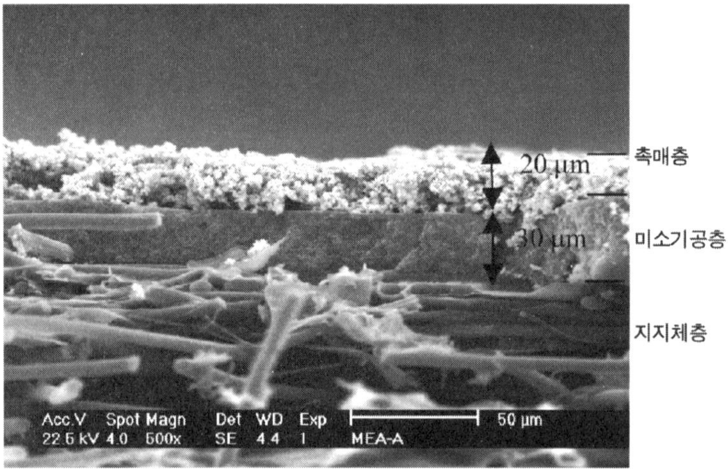

그림 4. 지지체층, 미소기공층, 촉매층의 단면 SEM 사진

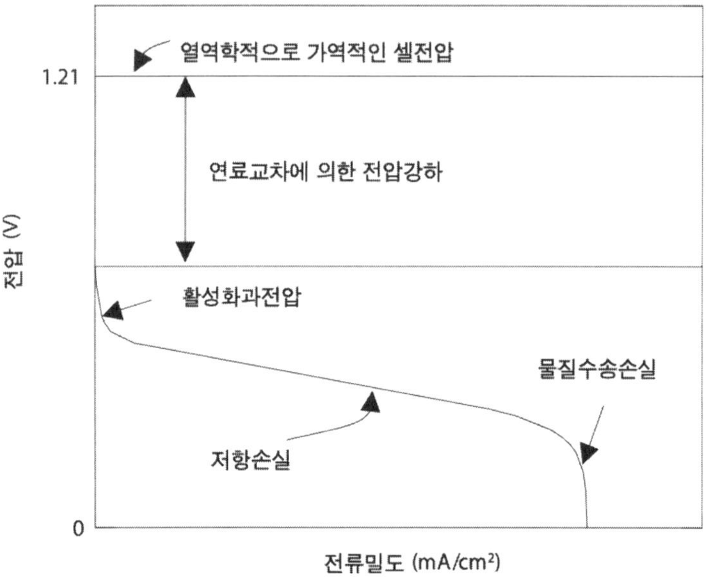

그림 5. DMFC의 분극곡선

지지체층, 미소기공층(microporous layer, MPL), 촉매층으로 구성되어 있는 MEA 조각의 단면적에 대한 SEM이 그림 4에 나타나 있다[9]. 평균두께가 30μm인 MPL이 탄소종이 지지체층에 덮여져 있다. 두께 약 20μm인 연료극 촉매층은 MPL을 덮고 있다. 연료극에서 이 MPL은 공급장소에서 촉매장소로 메탄올을 수

송하는데 대한 저항으로서 작용한다. 공기극에서는 MPL이 액상의 물이 넘치는 것을 줄이도록 돕는다[19].

그림 5는 대표적인 DMFC에 대해 전류밀도—전압의 분극곡선을 보여준다. DMFC에 대한 열역학적 평균 셀전압은 2.2절에서 계산한 대로 약 1.21V와 같다. 그러나 DMFC의 실제 개회로전압은 주로 연료교차 때문에 이러한 열역학적 값보다 훨씬 더 작다. 메탄올 교차는 DMFC에서 중요한 주제이므로 4.1절에서 완전히 다룰 것이다. 외부 전기회로로 전류가 흐르면, 분극곡선은 세 가지 영역으로 구분된다. 동역학적 제어, 저항 제어, 그리고 질량수송 제어 등이 그것이다. DMFC의 동역학적 제어 영역은 공기극에서의 산소환원 동력학은 물론이고 연료극에서의 느린 메탄올 산화 동력학으로 특징지워진다. 이 영역에서 DMFC는 메탄올의 교차로 인해 가장 큰 전압손실이 발생한다. 이에 대한 더욱 상세한 논의는 2.3절에서 다룬다. 분극곡선에서 셀전압이 거의 선형적으로 감소하는 영역은 저항제어 영역이다. 고분자전해질이 보통 잘 수화되는(hydrated) DMFC의 경우, 이 부분의 전압손실은 최소가 된다. 마지막 부분은 질량수송 제어영역이라고 부른다. 이 영역에서는 연료극으로의 메탄올 수송이 잘 이루어지지 않아 질량수송에 의해 전류가 제한되거나, 또는 공기극에서의 산소결핍과 물의 범람으로 인해 산소공급이 제한되는 단계이다. 질량수송 제어영역에서는 셀전압이 급격히 강하한다.

2.2 열역학

연료전지의 열역학적 평형 전위는 다음 식으로부터 계산될 수 있다.

$$\Delta E = -\frac{\Delta g}{nF} = -\frac{\Delta h - T\Delta s}{nF} \tag{4}$$

표 1은 25 ℃, 1기압에서 보통의 연료전지 반응에 대한 열역학적 데이터를 나타내고 있다. 액체 공급 DMFC의 경우, n=6이고 열역학적 셀전위는 H_2/공기로 동작하는 PEFC와 비슷한 1.21 V이다.

연료전지의 열역학적 효율은 전체 화학에너지에 대한 가능한 최대 전기적 일의 비율로 다음과 같이 정의된다.

$$\eta_{rev} = -\frac{\Delta g}{\Delta h} = -\frac{nF\Delta E}{-\Delta h} \tag{5}$$

표 1. 연료전지 반응의 열역학적 데이트 (연료 1몰당)

반응	T(K)	Δg (kJ/kg)	Δh (kJ/kg)	Δs (kJ/kg K)	n	ΔE (V)	η_{rev}
PEFC	298	−237	−285	−162	2	1.23	0.83
DMFC	298	−704	−727	−77	6	1.21	0.97

PEFC: $H_2 + \frac{1}{2}O_2 \rightarrow H_2O$; DMFC: $CH_3OH + \frac{3}{2}O_2 \rightarrow CO_2 + 2H_2O$.

표 1에 나타나 있는 것처럼, DMFC의 이론적인 열역학적 효율은 25℃에서 97%에 달한다.

그러나 실제적인 에너지 효율은 전압 및 연료의 손실을 고려하면 훨씬 더 낮다. 전기적 효율은 가능한 최대의 일에 대한 실제 전기적 일의 비율로 정의된다.

$$W_{act} = -nFV_{cell} \tag{6}$$

여기서 V_{cell}은 전류 I에서의 셀전압이다. 따라서 전기적 효율은 다음과 같이 쓸 수 있다.

$$\eta_{voltaic} = \frac{W_{act}}{W_{\max}} = \frac{-nFV_{cell}}{\Delta g} = \frac{-nFV_{cell}}{-nFV\Delta E} = \frac{V_{cell}}{\Delta E} \tag{7}$$

예를 들면, 셀이 0.4V에서 운전되고 있다면, 전기적 효율은 단지 33%이다. 이와 같이 낮은 효율은 DMFC의 연료극과 공기극에 존재하는 큰 과전압 때문이다.

또한 DMFC에서는 메탄올 교차로 인한 연료효율이 있으며, 다음과 같이 정의할 수 있다.

$$\eta_{fuel} = \frac{I}{I + I_{xover}} \tag{8}$$

여기에서 I_{xover}는 동작 전류밀도 I에서 메탄올 교차에 의한 등가전류밀도이다. 따라서 DMFC의 총 에너지 효율은 다음과 같다.

$$\eta = \eta_{rev}\, \eta_{voltaic}\, \eta_{fuel} \tag{9}$$

DMFC에서 연료효율 η_{fuel}을 80%라 하면, 0.4V의 셀전압에서 전체 에너지 효율은 $\eta = 97\% \times 33\% \times 80\% = 25.6\%$가 된다. 비교를 위해 0.7 V의 셀전압에서 동작하는 PEFC의 효율은 $\eta = 83\% \times 0.7/1.23 = 40.5\%$가 된다. PEFC의 에너지 효율은 주로 무시할 수 있을 정도로 작은 연료교차와 연료극에서의 수소산화에 대한 과전압으로 인해 상대적으로 더 높다. 높은 에너지변환 효율을 달성하기 위해서는 높은 연료효율(예를 들면 80% 이상)을 유지하기 위해 메탄올 교차를 제어해야 한다는 것이 그림 (6)으로부터 명백하다. 또한 높은 전압에서 DMFC를 동작시키는 것이 바람직하다. 따라서 고전압에서의 성능은 휴대용 DMFC 개발에서 우선순위가 높다.

따라서 DMFC 내에서 생성된 열은 다음 식으로 나타낼 수 있다.

$$Q = \frac{IV_{cell}}{\eta} - IV_{cell} = IV_{cell}(1/\eta - 1) \tag{10}$$

총 에너지효율의 정의를 대입하면 열발생에 대한 다른 형태의 식이 다음과 같이 얻어진다.

$$Q = (-\Delta h)\frac{I + I_{xover}}{nF} - IV_{cell} \tag{11}$$

여기서 오른쪽 첫 번째 항은 전력발생과 교차에 의해 소모된 메탄올의 화학에너지를 나타내는 반면, 두 번째 항은 발생된 전기 에너지를 나타낸다.

2.3 메탄올 산화와 산소환원 동력학

메탄올 교차와 함께 느린 연료극 동력학은 전력밀도 면에서 수소 연료전지보다 DMFC가 3~4 배 정도 더 낮다. 많은 연구가 연료극에서의 메탄올 산화에 초점을 맞추었다[21]. 연료극에서 메탄올의 전기촉매적 산화의 메카니즘이 다단계인 것으로 가정되었다[22, 23]. 백금-루테늄(Pt-Ru) 촉매를 사용한 다른 구조의 연료극이 개발되었으며[24], Pt-Ru 이외의 몇 가지 연료극 촉매가 연구되었다[25, 27]. 추가적으로, 셀 성능에 마치는 연료극의 전기화학적 반응의 영향이 실험적으로 연구되었다[28, 30]. Lamy 등[14]과 Arico 등[15]은 전기촉매에 대한 가장 최근의 연구를 폭 넓게 검토했다. DMFC 시스템에 의해 수송된 연료의 양이 고정된다면, 더욱 활성적인 메탄올 산화 촉매는 높은 셀전압에서 특정한 출력밀도를 낼 수 있으며, 따라서 직접 셀의 에너지효율, 즉 에너지 밀도에 영향을 미치게 된다.

메탄올 산화반응(methanol oxidation reaction, MOR)의 활성화과전압은 다음과 같은 Tafel 동력학식으로 나타낼 수 있다.

$$\eta_a = b_a \log\left(\frac{I}{I_{0,a}}\right) \tag{12}$$

여기서 b_a과 $I_{o,a}$는 각각 MOR의 Tafel 기울기와 교환전류밀도이다. 연료극의 활성화 분극를 나타내는 편리한 방법은 Ren 등[28]에 의해 제안된 대로 MeOH 연료극 – H_2 공기극 셀을 사용하며, 이에 대해서는 7절에서 더욱 자세히 다룬다.

DMFC 공기극에서의 산소환원반응(oxygen reduction reaction, ORR)은 마찬가지로 느리므로, 공기극 과전압을 증가시킨다. 따라서 Tafel 식은 다음과 같이 보통 ORR 동력학을 나타내는데 사용된다.

$$\eta_c = b_c \log\left(\frac{I}{I_{0,c}}\right) \tag{13}$$

여기서 ORR에 대한 Tafel 기울기는 메탄올 산화가 없는 경우 약 70 mV/decade이다. 그러나 DMFC에서 ORR은 교차된 메탄올의 산화와 함께 동시에 발생한다. 그 결과 DMFC에 대한 b_c는 H_2/공기로 동작하는 PEFC에 대한 b_c보다 더 크게 된다.

3 2상 유동 현상

3.1 연료극에서의 기포동역학

연료극 상에서 이산화탄소는 MOR의 결과로 생성된다. CO_2 기포가 지지체층의 표면으로부터 능률적으로 제거될 수 없다면, 지지체 표면을 덮어서 유효 물질전달 영역을 줄이게 되며, 또한 특히 결과적으로 최대의 체적 전력과 에너지 밀도를 갖는 초소형 및 소형 휴대용 연료전지에 요구되는 작은 크기의 유로의 경우에 유동이 차단된다. 따라서 연료극에서의 가스관리는 DMFC 설계에 중요한 문제가 된다. Argyropoulos 등[5, 31]은 다양한 운전조건 아래에서 연료극 유로에서의 2상흐름 패턴을 관찰한 첫 번째 연구그룹 중의 하나일 것이다. 연료극에서의 이 흐름을 가시화하는 것은 DMFC 내의 기포동역학을 이해하는 귀중한 기회가 될 것이다. 그러나 이 연구는 셀성능이 낮은 상태에서 이루어졌다. 최근에는, Lu & Wang [32]은 연료극에서의 기포역학과 공기극에서의 액체 물방울(그리고 물 범람) 역학을 가시화하기 위해 개량된 투명 DMFC를 개발했다. 이 최근의 연구는 다음 두 절에서 상세히 설명된다.

3.1.1 유동 가시화

그림 6은 연료전지의 분극 특성을 구하기 위한 전자부하 시스템, 액체연료를 공급하기 위한 연동(peristaltic) 펌프, 온도제어기를 갖는 전기히터, 압력 안전밸브, 유동계기 및 압력 게이지 등으로 구성된 실험장비의 구성도를 나타낸다. 유동을 가시화하기 위해 Sony의 디지털 비디오 카메라 기록계가 실험에서 사용되었으며, 오프라인에서 영상이 편집될 때 시간순서에 따라 스틸사진이 캡쳐되었다. 또한 소형 대상물의 명확한 그림을 얻기 위해 초소형 Nikkor 렌즈(60 mm f/2.8D)를 가진 Nikon N70 사진기가 사용되었다.

그림 7은 투명 연료전지의 사진을 보여준다. 전지는 폴리카보네이트 판과 짝을 이룬 한 쌍의 스테인레스 강판으로 구성되었다. 총 8개의 평행유로(폭 1.92 mm, 깊이 1.5 mm, 유로벽의 폭 1 mm)는 대략 5 ㎠의 활성영역을 형성하는 스테인레스 강판을 기계가공하여 제작되었다. MEA와 접촉하는 스테인레스 강판의 표면은 접촉저항을 최소로 하기 위해 30 nm의 Cr과 300 nm의 Au로 코팅되었다. 유동의 거동을 직접 관찰할 수 있기 위해 투명한 폴리카보네이트 판이 스테인레스 강판을 덮어 창을 형성한다.

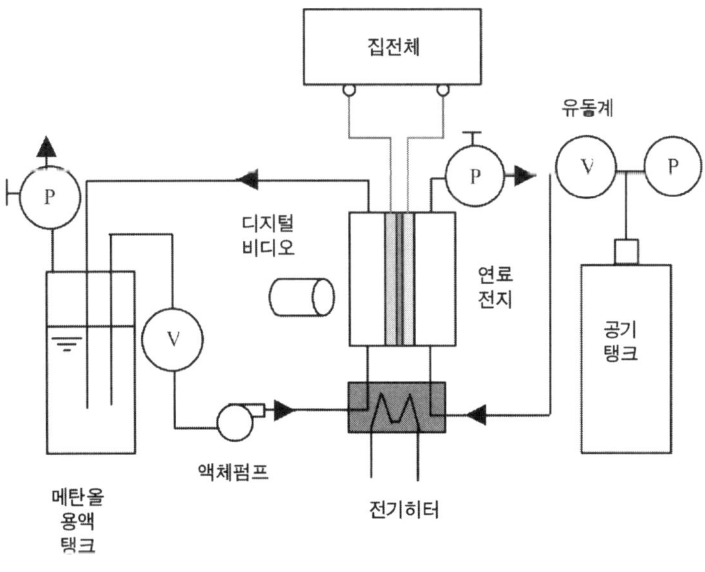

그림 6. 유동가시화 실험 장치

그림 7. 투명 연료전지

폴리카보네이트 판은 오목하게(concave) 설계되었으며, 스테인레스 강판은 이에 맞추어 볼록한(convex) 패턴을 가지고 있다. 이와 같이 독특하게 설계함으로써 인접한 평행유로 사이에서 흐름이 누설되지 않게 된다. 셀의 입구 및 출구 매니폴드 또한 폴리카보네이트 판을 기계가공하였다.

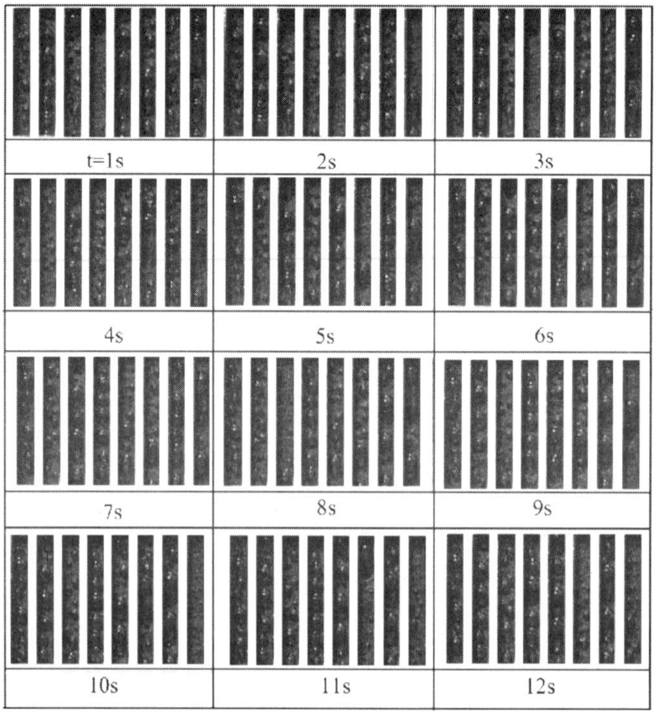

그림 8. 100 mA/㎠와 85℃에서 2 몰의 MeOH와 가습되지 않은 공기가 공급되는 경우 지지체로서 탄소종이의 MEA를 사용한 DMFC 연료극에서의 기포동역학 영상

그림 8은 공급온도 85 ℃, 전류밀도 100 mA/㎠에서 지지체층으로서 소수성 탄소종이를 갖는 MEA에 대해 각 시간마다 일련의 영상을 보여준다. 1초 간격의 영상은 시간해상도가 1/30초인 동영상으로부터 캡쳐된 것이다. 또한 2상 유동이 주기적으로 나타나고 셀이 정상상태에서 동작한다는 사실 때문에 첫 번째 영상의 시간은 임의로 선택되었다. 그림 8에 나타나 있는 것과 같이 CO_2 기포는 특정한 위치에서 핵을 이루어 유로에 크고 분산된 가스슬러그(slug, 동그란 작은 덩어리)를 형성한다. CO_2 기포는 크고(~2 mm) 유로크기에 의해 제한되며 모양 상 길어졌고 연료극 유로를 따라 지지체층에서 분산되어 분포한다. 이 기포유동은 일반적으로 Taylor 기포로 분류된다. 기포운동은 유체유동의 운동량, 기포에 대한 부력, 그리고 기포와 지지체 사이의 표면장력에 의해 지배된다. 기포가 더 커져서 떨어질 때까지 강한 표면장력에 의해 탄소종이에서 부착되어 있으므로, DMFC의 기포 동역학에서 표면장력의 지배적인 영향을 그림 8로부터 알 수 있다. 일단 기포가 충분한 크기가 되면 분리되어 유로에 있는 지지체 표면을 따라 빠르게 이동한다. 이 이동과정은 지지체 표면에 이미 존재하는 모든 작은 기포를 일소시키며, 새로운 기포가 가장 작은 크기에서 다시 형성되어 분리될 수 있는 직경까지 커지게 된다. 결론적으로 2상 유동은 규칙적이면서 간헐적으로 존재한다. 탄소종이로 이루어진 MEA 상의 흐름패턴은 기포의 축적에 따라 기포유동이나 슬러그유동의 특성을 가진다.

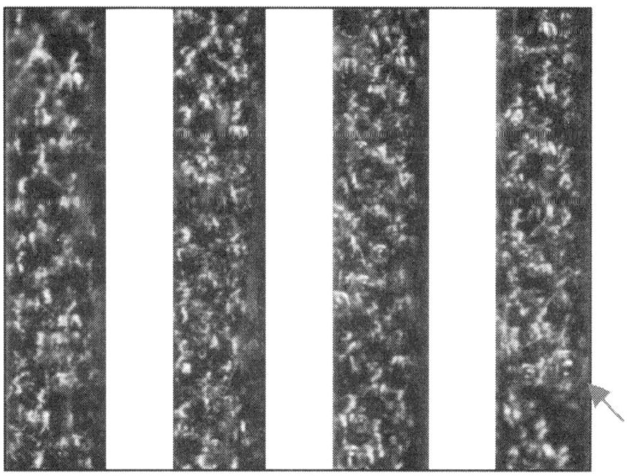

그림 9. 100 mA/㎠와 85℃에서 1 몰의 MeOH와 가습되지 않은 공기가 공급되는 경우 친수성 탄소천을 사용한 연료극 측에서의 기포 거동

그림 9는 역시 공급온도 85 ℃에서 친수성 탄소천으로 이루어진 MEA 상에서의 기포거동을 보여준다. 탄소천의 표면은 훨씬 더 커칠기 때문에 실험과 동영상에서

2상유동을 명확히 관찰할 수 있다 하더라도 빛의 굴절 때문에 또렷한 스틸사진을 캡쳐하는 것이 당면과제이다. 대안으로써 스틸사진을 얻기 위해 초소형 Nikkor 렌즈를 가진 Nikon N70 카메라가 사용되었다. CO_2 기포는 친수성 탄소천에서 더 작은 크기로서(~0.5 mm) 더욱 균일하게 생성됨을 알 수 있다. 따라서 탄소천 MEA 상의 유동은 기포유동의 특성을 가진다.

소수성 탄소종이와 친수성 탄소천 사이의 기포거동의 차이는 기포성장의 기본 과정을 고려하여 설명될 수 있다. 탄소종이와 탄소천의 기공구조의 차이를 비교하는 것은 매우 통찰력이 있는 방법이다. 그림 2는 이 두 지지체의 SEM 현미경 사진을 보여준다. 명확히, 탄소천의 기공은 좀 더 규칙적으로 분포되어 있는 반면에 탄소종이의 기공은 임의로 분포되어 있다. 이러한 기공분포 차이는 CO_2 기포가 탄소종이보다 탄소천에서 더 균일하게 형성되는 원인이 된다.

3.1.2 기포직경과 표류속도

지지체층에서 분리되는 기포의 직경은 표면의 습윤도와 큰 관련이 있다. 직경 d_p, 표면 접촉각도 θ의 하나의 기공에서 기포가 성장하여 분리되는 경우를 고려하자. 실험적 관찰로부터 알고 있는 것처럼 기포 분리과정이 부력과 표면장력 효과에 의해 지배된다고 가정하면, 힘의 평형으로부터 분리 시의 기포직경 d_b는 다음과 같이 예측된다[33].

$$d_b = \left(\frac{4 d_p \sigma \sin\theta}{g(\rho_l - \rho_g)} \right)^{\frac{1}{3}} \tag{14}$$

탄소종이와 탄소천의 경우 대표적인 기공크기가 10 μm이므로[34], 식 (14)의 계산 결과 소수성 탄소종이(예를 들면 θ = 100°)의 기포분리 직경은 0.68 mm, 친수성 탄소천(예를 들면 θ = 10°)의 기포분리 직경은 0.38 mm였다. 이 이론적인 추정값은 실험 관찰과 일치한다.

일단 기포가 분리되면 강한 표면장력 때문에 구형 상태로 유지된다. 이 기포가 유로의 크기보다 작다면, 관성력과 중력 사이의 평형으로부터 얻어진 것처럼 액체를 통한 기포의 표류속도는 무한대의 정지된 액체를 통한 기포상승속도의 상호관계로부터 다음과 같이 평가될 수 있다[35].

$$u_b = \frac{d_b^2 \, g\,(\rho_l - \rho_g)}{12\mu_l} \tag{15}$$

3.1.3 압력 강하

전체적인 평가를 위해 DMFC 연료극의 유로를 통한 2상마찰 압력강하는 동질유동을 가정함으로써 근사화될 수 있다. 보통 두 상(phase)의 유량이 매우 작아지면 DMFC 연료극의 2상 유동은 층류(laminar)이다. 대표적인 조건에서 동작되는 50㎠ DMFC의 경우, 연료극의 압력강하는 수 kPa 정도이다.

3.2 공기극에서의 액상 물의 수송

H_2/공기 PEFC의 공기극의 물의 범람의 중요성은 문헌 [36-39]에서 강조되었다. 마찬가지로 DMFC의 공기극에서의 물관리도 중요한 문제로 확인되었다[4]. DMFC 공기극에서 존재하는 액체 물을 적절한 수준으로 유지하면 고분자막의 가습에 도움이 되므로 수소이온의 전도도를 증가시킨다. 그러나 공기극의 성능을 유지하기 위하여 과도한 물의 범람은 피해야 한다.

3.2.1 공기극에서의 물의 넘침

공기극에서 물은 확산과 전기삼투흡인에 의해 수분이 존재하는 연료극으로부터 수송될 뿐만 아니라 산소 환원반응에 의해 생성된다. 공기극에서의 액체 물의 형성과 분포를 지배하는 파라메터는 입구공기의 화학량론(또는 체적유량), 전류밀도, 셀온도 및 확산계수와 전기삼투흡인 계수와 같은 막의 물이동 특성을 포함하고 있다.

형식적으로 확산, 전기삼투, 수력학적 투과에 의해 막을 통과하여 공기극에 도달한 물유속은 다음 식으로 나타낼 수 있다[40].

$$j_m = -D\frac{\Delta C_{c-a}}{\delta_m} + n_d\frac{I}{F} - \frac{K_m}{\mu_l}\Delta P_{c-a}\frac{\rho_l}{M_{H_2O}} = \alpha\frac{I}{F} \tag{16}$$

명확하게, 식 (16)의 오른쪽 3개항은 각각 막을 통해 이루어지는 물 수송의 3 가지 모드를 나타낸다. 분자확산은 농도구배에 의해 이루어진다. 전기삼투흡인은 전류밀도에 비례하고, 투과는 수력학적 압력차에 의해 이루어진다. 막을 통과하는 순수한 물 유속은 식 (16)에 정의된 것과 같이 물의 순수송계수 α에 의해 쉽게 계산될 수 있다. 이 중요한 파라메터는 DMFC 시스템에서의 물관리전략을 제시한다. 그것은 막을 통해서 전기삼투흡인, 확산 및 대류가 결합된 결과이다. Nafion®

117과 같은 두꺼운 막의 경우, 막 두께가 증가함에 따라 다른 2 가지 형태의 물 수송이 약해지므로, α는 전기삼투흡인 계수와 비슷하게 된다.

액체 물과 접촉하는 Nafion 전해질에 대한 전기삼투흡인 계수 n_d는 그림 10에서 볼 수 있듯이 온도에 따라 달라지며[40], 그 관계는 다음과 같은 수식으로 구현된다.

$$n_d = 1.6767 + 0.0155T + 8.9074 \times 10^{-5}T^2 \tag{17}$$

여기서 T는 ℃로 나타낸 셀온도이다.

공기극으로 수송되고 공기극에서 생성된 물의 총 유량은 다음과 같이 주어진다.

$$j_{H_2O} = (\alpha + \frac{1}{2})\frac{I}{F} \tag{18}$$

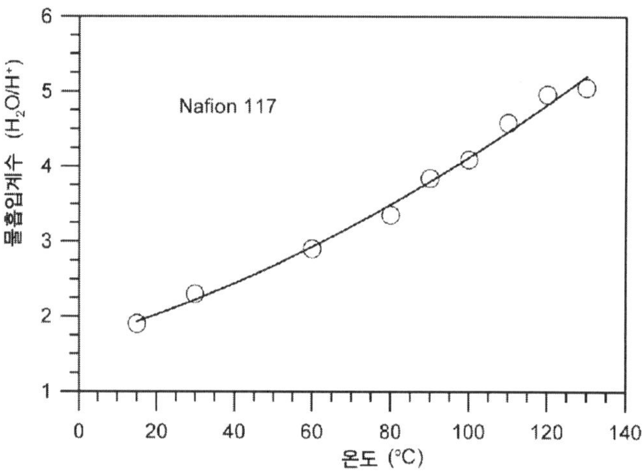

그림 10. 온도의 함수인 물흡인 계수

정상상태에서 이 물의 양은 공기극의 공기유동을 통해 제거되는 양과 균형을 이루어야 한다. 완전히 건조된 공기가 공기극 유로로 공급된다고 가정하면 그것의 몰유량은 다음과 같이 공기 화학량론의 함수로 나타낼 수 있다.

$$j_{air} = \frac{1}{0.21}\,\xi\,\frac{I}{4F} \tag{19}$$

여기서 ξ는 전류밀도 I에서 정의된 화학량론이다.

ORR로 인한 산소의 결핍율은 간단히 다음과 같이 주어진다.

$$j_{O_2} = \frac{I}{4F} \tag{20}$$

간단한 물 평형관계에 의해 공기극의 출구에서 공기의 상대습도를 다음과 같이 구할 수 있다.

$$RH_{exit} = \frac{p_{H_2O}}{p_{sat}(T)} = \frac{\frac{I}{F}(\frac{1}{2}+\alpha)}{\xi\frac{1}{0.21}\frac{I}{4F} - \frac{I}{4F} + \frac{I}{F}(\frac{1}{2}+\alpha)} \times \frac{p_{total}}{p_{sat}(T)}$$
$$= \frac{1+2\alpha}{\frac{\xi}{0.42}+0.5+2\alpha} \times \frac{p_{total}}{p_{sat}(T)} \tag{21}$$

임계 공기 화학량론은 상대습도 $RH_{exit} = 100\%$ = 100%일 때 얻어진다.

$$\xi_{cri} = 0.21\left[(2+4\alpha)\frac{p_{total}}{p_{sat}(T)} - (1+4\alpha)\right] \tag{22}$$

이러한 문턱(threshold) 화학량론은 액체 물의 형성을 나타내므로 공기극에서 물이 범람하고 있는 상태를 나타내고 있다. 공기극의 배출공기는 액체 물을 이동시키므로, 실제의 화학량론이 식 (22)에서 주어진 것보다는 더 작으면 공기극에서는 쉽게 물이 넘치게 된다. 반면에, 실제 공기 화학량론이 더 크면, 공기극의 배출공기는 비포화상태가 된다. 이 경우, 공기극의 물의 범람을 피할 수 있다. 그러나 공기유량이 큰 경우 증발을 통해 물의 손실이 너무 많아지게 된다. 외부 응축기(condenser)에서 수증기를 회수하면 컴팩트한 휴대용 시스템을 만들기가 어려워진다. 따라서 휴대용 DMFC 시스템의 경우, 공기 화학량론은 식 (22)로 주어진 임계값보다 더 작게 설계되어야 하며, 이는 동시에 휴대용시스템의 경우 공기극에서 소량의 물의 범람은 불가피하다는 것을 의미한다.

3.2.2 물 범람의 가시화

공기극을 가시화하는 것은 물범람의 본질을 이해하는 유용한 진단도구이다. 그림 11은 그림 7의 투명한 셀을 사용하여 85 ℃로 예열된 가습되지 않은 공기와

68 mL/min의 체적유량으로 공급되는 PTFE로 처리된 탄소종이 상에 형성된 물방울의 영상을 나타내고 있다. 셀의 전류밀도는 100 mA/cm^2이었다. 고온에서는 친소성이 감소되기 때문에 물방울이 탄소종이 표면에 부착되어 있는 것을 그림 11로부터 알 수 있다. 전류밀도가 고정되어 있을 때, 물방울이 서서히 성장하는 동안 셀 전압은 점점 감소한다.

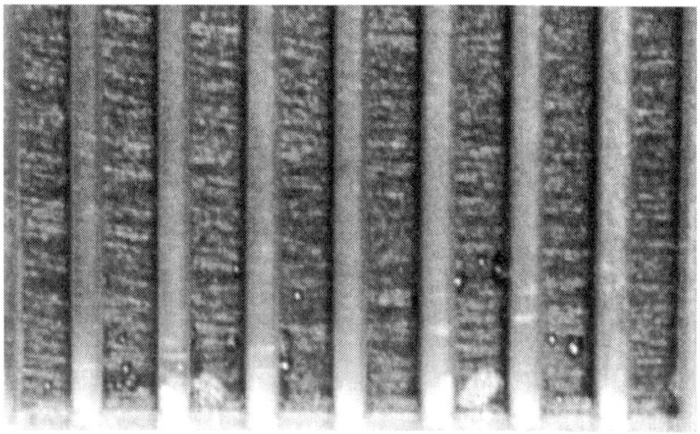

그림 11. 100 mA/cm^2, 85℃에서 2 몰의 MeOH와 가습되지 않은 공기(68 mL/min 및 1 psig)가 공급될 때 Toray 탄소종이를 사용한 공기극에서의 물방울 형성

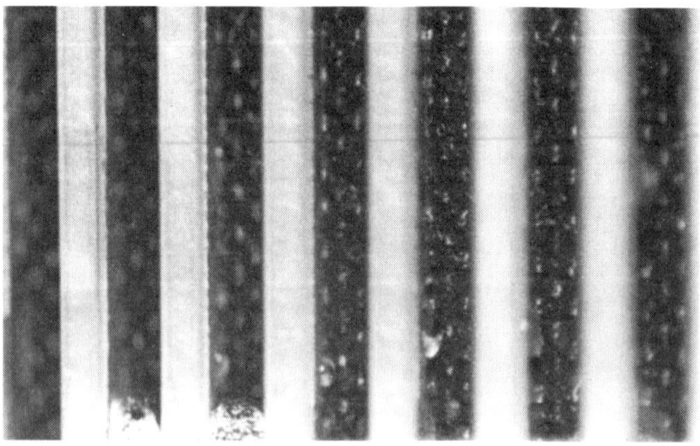

그림 12. 60 mA/cm^2, 85℃에서 2 몰의 MeOH와 가습되지 않은 공기(161 mL/min 및 1 psig)가 공급될 때 ELAT 탄소종천을 한 쪽면에만 사용한 공기극의 물의 범람

그림 12는 85 ℃로 예열된 가습되지 않은 공기가 공급된 경우 단면(單面, single-sided) ELAT 탄소천에서 물이 범람하는 영상을 보여준다. 탄소천의 표면은 높은 소수성 때문에 액체방울이 거의 없지만, 스테인리스 강의 마루(rib) 부분과 탄소

천 사이의 접촉모서리에서 액체방울 또는 "물기서림(sweating)"이 나타남을 그림 12에서 알 수 있다. 이는 마루부분이 오히려 친수성을 띠기 때문이다. 161 ML/min.의 큰 유량과 60 mA/cm^{2}의 낮은 전류밀도에서 마루부분과 탄소천 가스확산층 사이의 모서리쪽에 물기가 서리는 것은 흥미있는 현상이다. 비교하자면, 스테인리스 강의 마루 부분과 카본지 GDL 사이에서 100 mA/cm^{2}의 높은 전류밀도와 68 mL/min의 낮은 유량으로는 물기가 전혀 나타나지 않는다(그림 11 참조).

물의 범람에 대한 기본적인 과정과 지지층 재질과의 관계는 아직도 규명되어야 할 부분이 많다.

4 물질수송 현상

4.1 메탄올 교차

메탄올 교차는 메탄올이 보통 사용되는 퍼플루오로술폰산(perfluorosulfonic acid, PFSA) 막의 고분자 구조를 투과하는 것을 막지 못하기 때문에 발생한다. 확산과 전기삼투흡인은 고분자 막을 통한 메탄올 수송 및 공기극의 백금 촉매 위치에서 반응하기 위한 주요한 원동력으로써, 공기극에서 혼합전위(mixed potential)를 발생시키는 원인이 된다. 공기극의 이 혼합전위는 셀전압을 감소시키는 원인이 된다. 공기극에 도달하는 메탄올 또한 연료효율을 감소시켜 시스템의 에너지밀도를 감소시킨다.

DMFC에서의 메탄올 교차는 실험적 및 이론적으로 널리 연구되었다. Narayanan 등[42] 및 Ren 등[43]은 막의 두께를 달리하여 메탄올의 교차유속을 측정하여 주어진 셀 전류밀도에서 메탄올의 교차는 막의 두께에 반비례함을 보임으로써 확산이 지배적인 원인임을 밝혔다. 또 Ren 등[44]은 확산을 전기삼투흡인 과정과 비교함으로써 막을 통한 메탄올 수송에 있어서 전기삼투흡인의 중요성을 보였다. 그들은 메탄올의 전기삼투흡인은 대류효과에 의한 것이며, 희석된 메탄올은 전기삼투적으로 흡인되는 물분자와 함께 이동한다고 분석하였다. Valdez & Narayanan[45]은 메탄올 교차에 대한 온도 효과를 연구하여 메탄올의 교차율이 셀의 온도와 함께 증가한다는 것을 보여주었다. Ravikumar & Shukla[30]는 4 bar의 산소압력에서 액체로 공급되는 DMFC를 운전시켜 메탄올 공급농도가 2 M 이상이 되면 셀 성능은 메탄올 교차에 의해 크게 영향을 받는다는 것과, 운전온도가 증가함에 따라 이 효과는 증가한다는 것을 발견했다. Wang 등[46]은 질량분석계를 사용하여 DMFC에서 공기극 유출물의 화학적 구성성분을 분석했다. 그들은 막을 통과하는 메탄올이 Pt 촉매가 존재하는 경우 공기극에서 완전히 이산화탄소로 산화된다는 것을 발견했다.

또 공기극의 전위는 메탄올 산화매개물에 의한 백금촉매의 피독은 물론이고 동시에 발생하는 메탄올 산화와 산소환원으로 인한 혼합전위현상에 의해 영향을 받는다. Kauranen & Skou[47]는 공기극에서의 메탄올 산화와 산소환원 반응을 나타내는 준 경험적 모델(semi-empirical model)을 제시하고, 표면피독으로 인한 메탄올 산화가 존재하면 산소환원 전류가 감소한다고 결론지었다. Kuver & Vielstich[48]는 온도나 메탄올 농도와 같은 반응조건에 대한 메탄올교차의 의존도를 연구했다. 또 운전조건 하에서 연료전지에서의 메탄올의 교차를 평가할 수 있는 주기적인 전압전류 측정기법을 제시했다. Scott 등[49]은 셀 온도, 공기극 압력, 연료유량 및 메탄올 농도가 출력성능에 미치는 영향을 조사했다. Gurau & Smotkin[50]은 온도, 연료유량 및 농도에 따른 교차량의 변화를 측정하기 위해 가스 색층분석법(chromatography)을 이용했다. Heinzel & Barragan[51]은 DMFC에서의 메탄올 교차에 대해 광범위하고도 가장 최근의 연구를 검토하였으며, 메탄올 농도, 압력, 온도, 막 두께 및 촉매 형상(catalyst morphology) 등의 영향에 대해 논의하였다.

메탄올 교차가 작은 막이 개발되면 셀 성능과 연료효율은 확실히 증가할 것이다[14, 16, 52-54]. 대안으로써 Wang과 공동연구자들[9, 10, 55]은 메탄올 교차를 감소시키기 위하여 연료극 지지체 구조를 변경시키는 것을 제시했다. 메탄올 수송을 줄이기 위한 추가적인 방벽을 만들기 위해 컴팩트한 미소기공층을 연료극 지지체에 추가함으로써 고분자막을 통한 메탄올의 교차율을 감소시킬 수 있음을 보였다. 연료극 지지체나 막에서 물질수송 저항을 증가시킴으로써 메탄올 교차를 제어하는 두 가지 수단 모두 교차전류 I_c와 물질수송 제한전류 $I_{A,lim}$ 사이에 존재하는 다음과 같은 간단한 관계식에 의해 수식화될 수 있다.

$$I_c = I_{c,oc}\left(1 - \frac{I}{I_{A,\mathrm{lim}}}\right) \tag{23}$$

여기서 $I_{c,oc}$는 개방회로에서의 교차전류이며 I는 운전전류이다. 메탄올 교차를 줄이기 위해 두꺼운 막을 사용하는 기존 방법에서는 $I_{c,oc}$는 작으며 $I_{A,\mathrm{lim}}$은 높게 설정된다. 반면에 연료극 지지체에 있는 방벽을 설치하는 것은 근본적으로 연료극 제한전류 $I_{A,\mathrm{lim}}$를 줄여서 $I_{c,oc}$를 $I_{A,\mathrm{lim}}$의 50~80%가 되게끔 큰 비중을 차지하도록 하는 방법이다. 후자의 방법은 두 가지의 직접적인 장점이 있다. 첫째는 높은 농도의 연료가 사용될 수 있으므로 DMFC 시스템의 에너지밀도를 훨씬 더 높일 수 있다. Lu 등[10]은 8 M의 메탄올 용액을 연료극에 성공적으로 공급할 수 있음을 보였으며, Pan[55]은 최근에 10 M(또는 30% 체적농도)의 메탄올연료 용액으로 운전되는 DMFC에 대해 보고한 바 있다. 둘째로, 이 형태의 DMFC는 공기극에서 연료극으로 물이 쉽게 역류할 수 있는 Nafion 112와 같은 얇은 막을 사용할 수 있기 때문에[10, 56] 다음 절에서 논의될 휴대용 DMFC의 또 다른 주요 문제를 다룰 수 있게 된다.

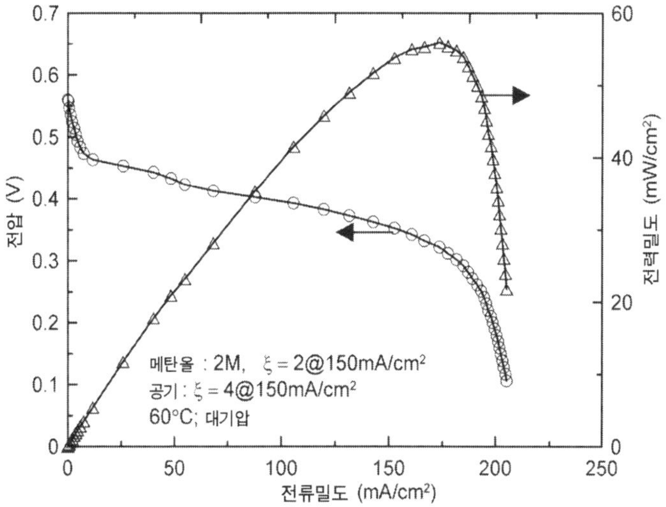

그림 13. 휴대용으로 설계된 DMFC에 대한 분극 및 전력밀도 곡선

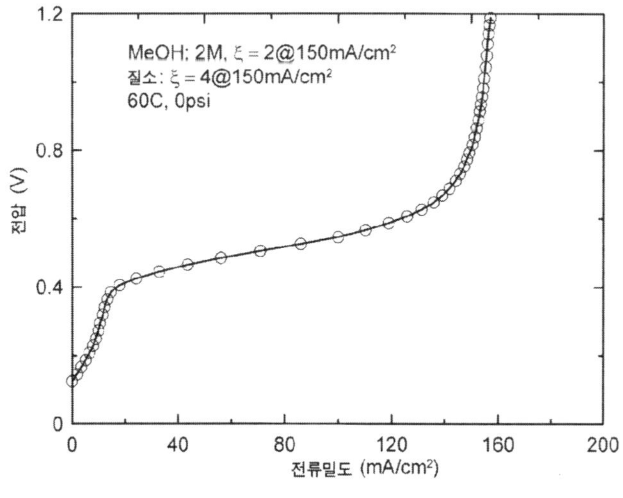

그림 14. 공기극에서 가습된 질소를 사용하고 회로가 개방된 상태에서 메탄올의 교차 전류밀도 측정치. 제한전류밀도는 교차율을 증가시킨다.

예를 들어, 그림 13은 위에서 말한 새로운 개념과 Nafion 112와 같은 매우 얇은 막을 사용한 DMFC 설계에 대한 분극곡선을 보여준다. 셀은 $150\,mA/cm^2$의 전류밀도에서 연료극 화학량론 2 및 공기극 화학량론 4로 운전되었다. 셀에서의 물질수송 한계전류밀도 $I_{A,\mathrm{lim}}$가 205 mA/cm^{2}와 같다는 것이 그림 13에서 분명하다. 그림 14는 회로가 개방된 상태에서 교차량을 얻기 위해 가습된 질소를 사용할 때, $I_{c,oc} = 157\,mA/cm^2$가 되는 셀의 분극거동을 나타낸다. 식 (23)에 따르면, $150\,mA/cm^2$의 운전 전류밀도에서 교차전류는 $I_c = 42\,mA/cm^2$이다. 따라서 식 (8)에서 정의된 연료효율은 150/(150+42) = 78%에 달한다. 이 실험으로 셀이 잘 설계되면 Nafion 112와 같은 아주 얇은 막을 사용하더라도 아주 높은 연료 효율을 얻을 수 있다는 직접적인 증거를 제시한다. 마지막으로, 이 셀은 특히 휴대용에 적합한 운전조건 하에서, 60 ℃에서 $56mW/cm^2$의 전력밀도를 낼 수 있다.

4.2 휴대용 DMFC 시스템에서의 물 관리

물 관리는 휴대용 DMFC 시스템의 새로운 중요한 문제로 부상하고 있다. 메탄올교차 문제에 의해 연료극의 연료용액이 매우 희석되었으며, 이는 다량의 물이 시스템으로 운반될 필요가 있으므로 연료 혼합물의 에너지 함량이 감소된다는 것을 의미한다. 또 연료극에서 메탄올의 산화를 위해 메탄올 1 몰 당 1 몰의 물이 필요하며, 물의 전기삼투흡인 계수가 수소이온 당 2.5 개의 물 분자와 같다고 가정하면 2.5×6 몰의 물이 Nafion 117과 같은 두꺼운 막을 통해서 공기극으로 흡인된다. 그래서 이로 인해 메탄올 1 몰 당 16개의 물분자가 연료극에서 손실된다. 따라서 연료극의 물이 보충되어야 한다. 반면에 공기극 내부에서는, 전기삼투와 메탄올 1 몰의 산화로 인해 발생되는 6개의 수소이온을 소모함으로서 발생되는 또 따른 3개의 물분자로 인해 연료극으로부터 15개의 물분자가 수송된다. 다량 물의 존재하면 공기극이 범람하여 성능을 감소시킨다. 심각한 물의 범람을 피하기 위해 공기극으로부터 물을 제거하고 전기삼투흡인으로 인한 물의 손실을 보충하기 위해 물을 연료극으로 공급하는 어려운 작업은 휴대용 DMFC에서 혁신적인 물 관리방법을 필요로 한다.

전통적으로 물의 범람을 방지하기 위해 공기극의 가스유량(높은 화학량론)을 높게 한다. 이 방법은 기생전력의 소모를 증가시킬 뿐만 아니라 연료전지에서 과도한 물을 제거하기 때문에 외부에서의 물 회수를 더욱 곤란하게 한다(3.2.1 참조). 공기극으로부터의 물 제거를 최소화함으로써 연료극의 과도한 물범람 없이 회수에 의해 외부에서 연료극에 물을 보충하는 방법은 공학적인 중요한 문제점이 되어 있다. 셀에서의 물 흐름에 대한 이해와 그것을 조절하는 능력은 휴대용 DMFC 시스템에 대한 기본적인 관심사항이다. 이것이 DMFC 모델링이 중요한 역할을 담당하는 영역이다.

공개된 문헌에서, Blum 등[57]은 연료극에 물을 공급할 필요가 없으며 셀은 소모된 메탄올 몰 당 정확히 2 몰의 물이 손실되어 완전한 물 평형 상태를 유지한다는 조건 하에서 물중화(water-neutral) 개념을 제시했다. 이 조건은 $\alpha = -1/6$에 정확히 해당된다. 최근에 Peled 등[56]은 기공이 없는 수소이온 전도성 막과 3 bar에서 산화제로서 산소를 사용함으로써 낮은 전류밀도에서 α를 작게 하거나 심지어는 음(−)으로 한 때의 실험적 데이터를 보고했다. 막 사이의 수압차에 의한 대류효과는 전기삼투흡인을 상쇄할 수 있으며, 따라서 α는 60℃에서 약 3의 전기삼투흡인 계수보다 훨씬 더 작아진다고 간주되었다.

α가 작은 DMFC는 연료극이 과도한 물을 필요로 하지 않기 때문에 물관리 면에서 매우 바람직하며, 4.1절에서 제시된 메탄올 수송장벽 개념과 연계하여 연료극에 높은 농도의 메탄올 연료를 사용할 수 있다. 또 공기극으로부터 물을 제거할 필요가 작거나 없기 때문에 휴대용 시스템의 응축기(condensor)의 용량을 줄이거나 아예 설치할 필요가 없다. PEFC의 액체 물 수송에 대한 우리의 이론[19, 58]에 기초하여, 우리는 공기극 상에 수압을 형성하고 이러한 수압차로 인한 물의 역류를 촉진시키기 위해 얇은 막(Nafion 112)을 사용함으로써 그림 4에서와 같이 미소한 다공질층을 사용하는 독특한 MEA 구조를 설계했다. 그러한 MEA는 α값이 매우 낮으므로 일반적으로 서 α MEA 기술이리 부른다.

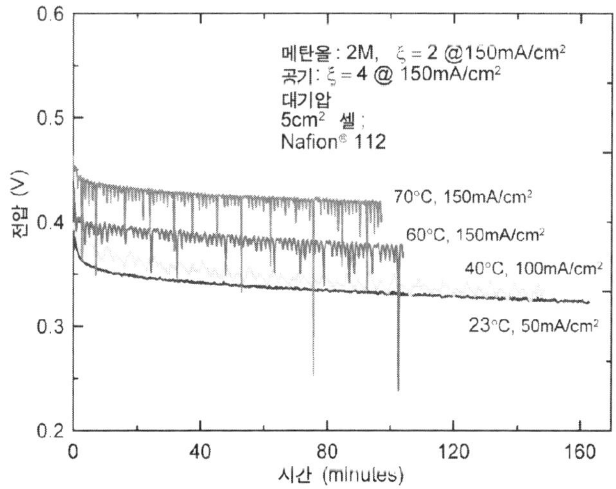

그림 15. 순 물수송계수 α를 측정하기 위해 전류를 일정하게 유지한 때의 셀전압 변화

그림 15는 여러 가지 온도에서 습기 포획장치(trap)를 사용하여 순 물수송계수 α를 측정하기 위한 일련의 실험에서 일정한 전류부하에 대한 셀전압의 변화를 보여준다[59]. 정상상태의 전력밀도는 23℃에서 16 mW/cm^2, 40 ℃에서 33.3 mW/cm^2, 60 ℃에서 56 mW/cm^2에 달한다. 예를 들어 23 ℃에서 50 mA/cm^2, 40 ℃에서 100 mA/cm^2인 낮은 전류밀도에서 셀전압은 넓은 운전구간에서 안정되어 있다. 반면에 60 ℃ 및 70 ℃에서 150 mA/cm^2와 같은 높은 전류밀도에서는 일단 큰 전류밀도에 의해 생성된 CO_2 가스의 슬러그가 일시적으로 연료극 유로를 차단하여 연료극 상에서 단기간(short-lived) 물질수송을 제한시키면 셀전압은 때때로 급격하게 변화하게 된다. 연료극 유로의 설계 시에 가스관리 문제를 주의깊게 다루면 이 전압변동을 쉽게 제거할 수 있을 것이다.

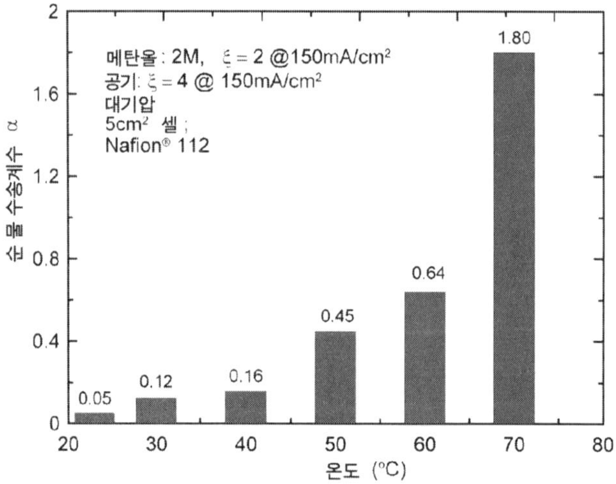

그림 16. 메탄올과 공기의 유량이 일정할 때 온도에 따른 순 물수송계수 α

그림 16은 여러 가지 온도에서 측정한 순 물수송계수 α를 나타내고 있다. α는 실내 온도에서 단지 0.05이고, 60 ℃에서 공기 화학량론이 4, 메탄올 화학량론 2인 경우 α는 0.64와 같음을 알 수 있다. 그림 15와 16의 일련의 실험이 가지는 중요한 의미는 상업적으로 구할 수 있는 Nafion 막과 MEA 재료가 사용되었으며 셀은 가압시키지 않고 대기압으로 운전되었다는 사실이다.

5 열 수송

DMFC의 열관리는 물 및 메탄올의 수송과정과 직접적인 관련이 있다. 첫째로, DMFC는 훨씬 더 낮은 에너지효율(셀이 0.3~0.4 V 사이에서 동작할 때 단지

20~25% 정도임) 때문에 H_2/공기로 운전되는 PEFC보다 열이 훨씬 더 많이 발생한다. 즉 20 W DMFC 시스템의 경우 60~80 W의 열이 발생한다. 열은 대표적으로 연료극 상에서는 액체연료에 의해, 공기극 상에서는 물의 증발에 의해 DMFC에서 제거된다. 또한 후자는 DMFC에서의 물 손실양과 외부 응축기에 의한 물회수 부하의 크기를 결정한다. 따라서 셀의 온도가 높으면 메탄올 산화반응을 촉진시키는 반면 물의 증발손실의 관점에서는 그것이 실제적으로 가능하지 않을 수도 있다. 더욱이 셀의 온도가 높으면 메탄올 교차율을 증가시켜 연료효율과 시스템 에너지밀도를 감소시킨다.

Argyropoulos 등[60]은 DMFC 스택에 대한 1차원 열 모델을 제시하였다. 이 모델에서는, 시스템 내부의 열흐름 뿐만 아니라 스택의 여러 가지 구성요소의 온도변화가 평가되었다. Dohle 등[61]은 보조장비를 위한 전력을 고려하여 DMFC의 열과 전력 관리를 설명하였다. 그러나 휴대용 DMFC 시스템에 대한 열흐름 분석은 공개된 문헌에서 찾아볼 수 없다.

DMFC 반응에서 생성된 총 열은 2.2절의 식 (11)에서 유도되었다. 또 연료극에서 액상의 물이 증발하여 가스상으로 바뀜으로 해서 열의 싱크가 존재한다. 이것을 다음과 같이 나타낼 수 있다.

$$Q = -\Delta H_{vapor} = -j_e \Delta h_{lg} \tag{24}$$

여기서 Δh_{lg}는 증발잠열이나. 증발 물 유속 j_e는 다음 식으로 계산될 수 있다.

$$j_e = \left(\frac{\xi}{0.84} \frac{p_{sat}(T)}{p_{total}} - 0.5 \right) \frac{I}{F} \tag{25}$$

여기서 첫 번째 항은 공기극의 배기가스에 존재하는 수증기의 양을 대략적으로 나타내며, 두 번째 항은 연료극에서 ORR에 의해 생성된 수증기를 나타낸다. 따라서 DMFC에서 발생된 순수한 열은 다음 식으로 주어진다.

$$Q_{total} = -\Delta h \cdot \frac{I + I_{x,over}}{6F} - IV_{cell} - \left(\frac{\xi}{0.84} \frac{p_{sat}(T)}{p_{total}} - 0.5 \right) \frac{I}{F} \Delta h_{lg} \tag{26}$$

이러한 열의 양은 물로 희석된 연료용액(연료냉각)을 순환시키거나 또는 스택 주변장치에 의한 공기냉각에 의해 제거되어야 한다. DMFC의 열관리를 분석하고 열흐름이 물관리에 어떻게 영향을 미치는지 이해하기 위해서는 연구해야 할 것이 많이 남아있다. 열관리는 휴대용 DMFC 전력시스템의 개발에 있어 중요한 기술적 문제가 될 것으로 예상된다.

6 수학적 모델링과 실험적 진단

DMFC의 기본적인 전기화학적 반응 메카니즘을 규명하기 위한 연구가 계속되고 있는 반면에, 촉매에 대한 새로운 구성성분과 구조를 연구하고 새로운 막과 메탄올의 교차를 방지하기 위한 방법을 개발하기 위해 물 관리, 가스관리, 유로설계와 최적화, 다른 응용분야를 위한 셀의 대형화 등과 같은 DMFC와 관련된 중요한 시스템 문제가 대두되고 있다. 액체가 공급되는 DMFC의 연료극과 공기극 모두에서는 물질, 전하, 운동량의 전달, 다중 전기화학적 반응, 가스-액체 2상 유동 등의 수 많은 물리화학적 현상이 일어나고 있다. 액체가 공급되는 연료극에서 이산화탄소의 방출은 2상 유동의 결과가 되며, 이로 인해 반응물질의 공급과 생성물질의 이동과정을 더욱 복잡하게 만든다. 이 모든 과정은 직접적으로 결합되어 있으므로 최적의 셀 설계와 동작조건을 찾기 위한 필요성이 대두된다. 따라서 복잡하고 상호작용하는 이러한 현상을 잘 이해하는 것은 필수적이며 결합된 수학적인 모델링과 자세한 실험적 방법을 통해 가장 쉽게 이해할 수 있을 것이다. 1절에서 논의된 휴대용 DMFC 시스템에 대한 네 가지 기술적인 문제 중의 세 가지는 DMFC에서 발생하는 메탄올과 물과 열의 수송과정에 대해 기본적으로 이해할 필요가 있다는 것은 명백하다. 이는 기본적인 모델링을 수행하기 위한 훌륭한 기회가 된다.

모델링에 대한 다른 좋은 주제는 마이크로 DMFC 시스템이다. 유로길이가 짧고 동작온도가 낮으며, 표면장력이 지배적이고, 시스템의 기생전력 손실이 작아야 하는 것 등으로 인해 연료극에서의 이산화탄소 봉쇄와 공기극의 물 범람 모두는 특히 마이크로 시스템에서 심각한 문제가 된다[62, 66]. 마이크로 DMFC의 일반적인 특징에 대한 좀 더 자세한 논의는 7절에 주어져 있다.

또 DMFC 기술은 고도의 최적화가 필요한 시스템이다. 여러 가지 운전 파라메터가 DMFC의 성능에 영향을 미친다. 이러한 변수들은 셀의 온도, 물로 희석된 메탄올용액의 몰농도, 연료극 압력, 연료극과 공기극의 화학량론, 유로설계 등이다. 셀의 온도가 높으면 촉매활성도를 증가시키지만 공기극으로부터의 물 손실 또한 증가시킨다. 반응물이 촉매 위치에 도달할 수 있도록 공기극과 연료극 상에서 생성되는 이산화탄소 가스 기포와 액상 물은 효율적으로 제거되어야 한다. 유량을 증가시키면 이산화탄소 '슬러그'를 제거하고 공기극의 '물 범람'을 방지할 수 있다. 그러나 유량을 증가시키려면 펌프의 전력이 더 필요하게 된다. 공기극 상에 유량을 너무 높게 하면 고분자막을 건조시켜 수소이온의 전도도를 감소시키고 따라서 셀의 성능을 감소시킬 것이다. 이러한 파라메터들의 상호의존성을 이해하는 것은 DMFC의 성능을 최적화하는데 있어 중요한 역할을 한다.

따라서 DMFC 모델링은 DMFC에서의 수송과 전기화학적 현상을 기본적으로 이해하고 셀의 설계와 운전조건의 최적화를 위한 유용한 도구를 제공하는 것을 목적으로 해야 한다. 연료극과 공기극 모두에서 2상 유동을 다룰 필요가 있으며, 지지체층을 표면처리하는 정확한 이유와 액상 수송을 제어하는 물리적인 과정들 둘 다 모두 알려져 있지 않다는 점에서 이 모델링에 대한 연구가 진행되고 있다.

6.1 수학적인 모델링

문헌에서 Scott 등[67~69]은 DMFC에서의 수송과 전기화학적 과정을 연구하기 위해 여러 가지의 간략화된 단일상(single phase) 모델을 개발했다. Baxter 등[70]은 액체가 공급되는 DMFC 연료극에 대한 1차원의 수학적 모델을 개발했다. 이 연구에서 주된 가정은 이산화탄소는 오직 액체 속에서만 용해되므로 연료극 모델이 단일 상의 모델이 된다. Wang & Savinell[71]은 증기로 공급되는 연료극 촉매층에서의 반응과 수송을 설명하기 위해, 거시적 동일 모델(macro homogeneous model)을 사용하여 촉매층의 구조가 셀 성능에 미치는 영향을 시뮬레이션했다. Kulikovsky 등[72]은 2차원 모델을 사용하여 증기로 공급되는 DMFC를 시뮬레이션하여 지지체와 촉매층 및 기존 막에서의 상세한 전류밀도 분포를 새로운 집전체와 비교하였다. 나른 논문에시 Kulikovsky[73]는 연료극의 친수성 기공에서 액상 형태의 메탄올 수송을 고려함으로써 액체로 공급되는 DMFC를 수치적으로 연구했다. Kulikovsky의 논문에서 중요한 메탄올교차 현상은 무시되었다. Dohle 등[74]은 증기로 공급되는 DMFC에 대해 1차원의 모델을 제시하였고 교차현상이 포함되어 있다. 셀 성능에 대한 메탄올 농노의 영항이 연구되었다.

3개의 논문[75-77]에서 Meyers & Newman은 막에서 다중성분 물질의 평형을 설명하기 위한 이론적인 기본틀을 전개했다. 농축용액 이론을 기반으로 한 막에서의 물질 수송과 막의 팽창이 그들의 모델에서 고려되었다. 다공질 전극에서의 수송현상 또한 그들의 수학적 모델에 포함되었다. 그러나 압력에 의한(pressure-driven) 유동의 영향은 고려되지 않았다. 또한 이산화탄소가 액체 속에서 완전히 용해된 상태로 있을 만큼 충분히 묽다고 가정함으로써 연료극으로부터의 이산화탄소 수송은 무시되었다. Nordlund & Lindbergh[78]는 수학적 모델링과 실험적 검증에 의해 연료극에 대한 다공질 구조의 영향을 연구했다. 그들은 또한 이산화탄소가 전극 내에서 가스로서 방출되지 않는다고 모델에서 가정했다. 최근 Wang & Wang[79]은 2상 다중성분 모델을 제시하여 연료극과 공기극 지지체에서의 모세관 효과를 설명하였다. 연료극과 공기극의 전기화학적 반응 이외에도 그들의 모델은 지지체층과 유로에서 가스 및 액상의 확산과 대류를 고려하였다. 그 모델은 확산, 대류, 전기삼투에 의한 메탄올 교차의 결과로서 공기극에서 메탄올 산화의 혼합된 전위 영향을 완전히 설명하였다. Wang & Wang의 모델은 CFD 기법을 이용하여 해를 구했으며 실험에 의한 분극곡선으로 검증되었다. 그 결과 DMFC 연료극에서의 가스상 수송이 결정적으로 중요하다는 것을 보였다. Divisek 등[80]은 이와 유사한 2상 2차원의 DMFC 모델을 제시했다. 지지체층에서의 2상 유동과 모세관 영향이 고려되었다. 또 ORR과 MOR에 대한 상세한 다단계 반응모델이 수립되었다. Murgia 등[7]은 액체가 공급되는 DMFC의 경우 촉매층, 확산층, 고분자막에 대한 현상학적 수송방정식을 기반으로 한 1차원, 2상, 다중성분 정상상태 모델을 수립하였다.

DMFC 시스템을 모델링하기 위해 많은 노력이 있었음에도 불구하고 규명되어야 할 부분이 많이 남아 있으며, 특히 대두되고 있는 휴대용 시스템의 설계 분야에서 많은 연구가 이루어져야 한다. 몇몇 연구는 2상 흐름의 지배적인 효과를 다루었다. 지금까지 어떤 모델도 휴대용 시스템의 연료극 또는 공기극에서 기하학적 유로의 영향과 유체흐름에 대한 GDL의 습윤도 특성을 포함한 미시적 유체이론을 충분히 자세하게 다루지 않았다. 모델링 연구는 메탄올과 물과 열의 수송과정의 난해한 결합을 완전히 밝힐 필요가 있다. 휴대용 DMFC 시스템의 성공적인 설계와 운전을 위해 이를 이해하는 것이 중요하다. 마지막으로 DMFC 시스템의 미소기공층과 메탄올과 물의 흐름을 제어하기 위해 이 기공층을 적절하게 형성시키는 것의 중요한 역할이 인식되기 시작했지만, 많은 것이 해결될 필요가 있다.

6.2 실험적 진단

마찬가지로 실험적 진단은 DMFC 개발의 중요한 요소이다. DMFC에 대한 진단기법은 다음 내용을 포함하고 있다.

- 공기극의 전기화학적 활성영역을 결정하기 위한 주기적인 전압전류측정법(cyclic voltammetry, CV)
- 연료극의 전기화학적 활성영역을 결정하기 위한 CO 분리법
- 전기화학적 임피던스 분광학(electrochemical impedance spectroscopy, EIS)
- Ren 등[28]에 의해 제안된 것처럼 CH_3OH/H_2 셀을 통한 연료극 분극특성
- 공기극에서 (FITR, GC 또는 적외선 CO_2 센서 등을 사용하여) CO_2를 검출하거나 CH_3OH/H_2 셀에서 한계전류를 측정함으로써 메탄올 교차율 측정(Ren

등[28])
- 다중유로 전위안정화장치(multi channel potentiostat)와 연계하여 분할된 셀(segmented cell)을 통한 전류분포 측정(Mench & Wang[40])
- CH_3OH과 H_2O의 물질평형 분석(Narayanan 등[17]과 Muller 등[18])

또 3.1.1과 3.2.2절에서 설명된 것처럼 연료극에서의 2상 기포역학(bubble dynamics)의 가시화[5, 31, 32]와 공기극에서의 액체방울 동역학(liquid droplet dynamics)[32]은 셀의 설계와 최적화를 위한 유용한 도구이다.

Mench & Wang[40]은 분할된 셀과 다중유로 전위안정화장치를 기반으로 한 50 cm^2 DMFC에서 전류분포를 측정하기 위한 실험기법을 설명했다. 이 방법에서 분리된 집전체의 마루(rib) 부분은 절연기판(예를 들면 Lexan 판) 안에 내장되어 분할된 유로판을 형성한다. 그 뒤 연료극과 공기극용 유로판은 표준 MEA와 조립되어 독립적으로 제어가능한 하부셀(subcell)을 갖는 연료전지가 된다. 모든 하부셀은 다중유로 전위안정화장치와 연결되어 실험을 동시에 담당할 수 있게 된다. 따라서 측정된 하부셀 전류로부터 전체 연료전지의 전류밀도 분포를 알 수 있다. 이 방법의 공간적 시간적 해상도는 사용가능한 유로의 수와 전위안정화장치의 성능에 따라 다르다. DMFC에서 공기극의 물 범람의 본질을 밝히기 위해 넓은 범위의 공기극 유량에 대해 전류밀도 분포가 측정되었다. 그림 17은 공기극 유량이 크거나 작은 경우의 전류밀도 분포를 나타내고 있다. 공기극 화학량론이 높은 경우(그림 17(a)) 모든 3 개의 전압에 대해 전류가 상당히 균일함을 알 수 있다. 예상대로 셀전압이 감소함에 따라 전류밀도는 증가한다. 공기극 화학량론이 낮은 경우(산소 환원반응의 경우는 여전히 과도하다) 그림 17(b)는 출구쪽의 공기극 부분이 완전히 물이 넘쳐 전류가 거의 영(zero)이 됨을 확실히 알 수 있다. 그림 17에 제시된 정보는 혁신적인 공기극 유로설계를 확인하는 데 이용될 수 있고 물 관리 능력이 개선된 MEA 구조를 개발할 수 있게 한다.

물질평형 분석은 휴대용 DMFC 시스템의 개발을 위한 결정적인 진단도구임이 증명되었다. 이 분석에서, 적외선 CO_2 센서에 의해 측정되는 메탄올 교차율에 따른 연료극 측에서의 메탄올의 평형이 이루어졌다. 또 연료극과 공기극측 모두에서 물의 평형이 이루어지며, 공기극측 물은 습기포획에 의해 조심스럽게 모아진 뒤 측정된다[17, 18, 59]. Muller 등[18]은 그러한 분석으로부터 DMFC 연료극에서 물의 평형을 이루려하는 것은 매우 부정적이므로, 메탄올 교차가 작으며 물의 교차 또한 작은 막의 개발이 요구된다는 것을 밝혔다.

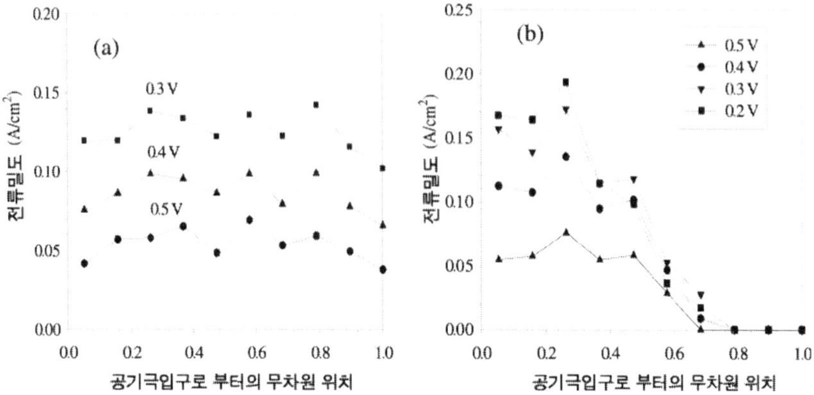

그림 17. 50cm^2 DMFC의 전류밀도 분포. (a) 공기극의 공기유량이 큰 경우 (0.1A/cm^{2}에서 화학량론 85) (b) 공기극의 공기유량이 작은 경우 (0.1A/cm^{2}에서 화학량론 5)

6.3 모델 검증

Wang & Wang[79]의 2상 DMFC 모델은 5cm^{2}의 흑연셀(graphite cell)에 대해 실험적으로 검증되었다. 셀의 형상과 MEA의 구성 및 운전조건에 대한 간단한 설명이 그림 18에 주어져 있다. 그림 18(a)는 두 가지 경우의 셀온도에서 분극곡선을 예측하기 위한 모델의 성능을 나타내고 있다. 모델 및 실험에 의한 분극곡선은 동역학적 및 저항성 제어영역에서 뿐만 아니라 질량수송 제어영역에서도 매우 잘 일치하고 있다. 이때 메탄올산화 동역학은 0.1 M 이상의 몰농도에 대해 영차(zero-order) 반응으로 모델링되지만, 0.1 M 이하의 몰농도의 경우는 1차(first-order) 반응으로 모델링된다. 이러한 반응차수의 변환과 몰농도의 변화는 직접적인 동역학적 측정결과와 일치한다. 그림 18(a)에서 볼 수 있듯이 50 ℃에서 질량수송 한계전류밀도가 더 낮은 것은 액체와 가스상에서 모두 확산계수가 더 낮기 때문이며, 저온에서 가스상의 메탄올증기 포화농도가 낮기 때문이다. 그림 18 (b)는 동일한 모델과 물리적 특성데이터를 사용하되 메탄올농도를 다르게 한 경우에 대해 분극곡선의 수치결과와 실험결과가 마찬가지로 만족스럽게 일치함을 보여준다. 이 실험에 따라 2 M의 경우에 대해 모델 예측 결과는 성능이 약간 더 낮아지고(주로 메탄올교차가 더 크기 때문) 한계전류밀도가 커짐을 보여준다. 전체 I-V 곡선을 검증하는 데 있어서 Murgia 등[7] 또한 비슷한 성공적인 결과를 보고하고 있다.

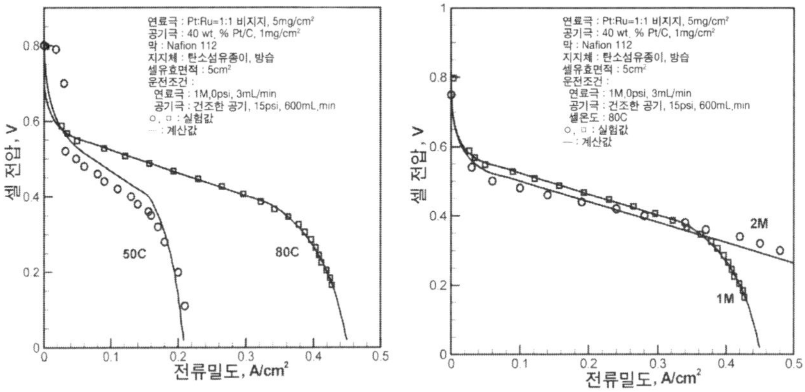

(a) 온도의 영향 (b) 농도의 영향

그림 18. DMFC의 2차원 모델에 의한 계산치를 실험데이터와 비교한것
(a) 온도의 영향 (b) 농도의 영향

그림 18로부터 명백한 것처럼 셀의 전체 성능데이터에 대한 모델 검증이 만족스러우며, 이러한 고도로 정교한 2상 모델을 측정된 분포상태와 비교함으로써 마지막 검증이 이루어진다. 그림 19는 신뢰성이 높으며 근본원리에 입각한 DMFC 모델을 수립하려는 의도를 보여준다. 그림 19(a)는 Mench & Wang[40]의 전류분포 측정기법을 이용하여 측정된 국소적인 일련의 분극곡선을 나타내고 있으며, 그림 19(b)는 Wang & Wang[79]의 2상 DMFC 모델로써 예측되는 동일한 일련의 분극곡선을 나다내고 있다. 공기 화학량론을 5라는 낮은 값으로 신중하게 선택하면(전기화학적 반응에 필요한 양으로서는 낮지 않음) 공기극의 GDL은 물이 넘치게 되어 전류밀도의 분포가 균일하지 않게 된다.

그림 19의 두 그래프는 성성적으로 유사성이 있다. 예들 들어 실험결과와 모델결과로부터 건조한 공기입구 부근의 국소적인 분극곡선은 전압-전류 사이의 관계가 단조로운 함수가 됨을 알 수 있다. 또한 실험과 시뮬레이션으로부터 출구 가까이의 분극곡선 모양은 공기극 GDL에서 물이 넘치고 있다는 명백한 증거임을 알 수 있다. 또 다른 흥미있는 것은 측정되고 예측된 평균 셀 분극곡선을 보면 공기극에서 물이 넘친다는 어떠한 징후도 나타나지 않음으로써 셀 내부에서 발생하는 복잡한 물리화학적 현상을 규명하기 위해 상세한 분포상태를 측정하는 것이 절대적으로 필요하다는 것을 알려주고 있다. 마지막으로 실험과 모델 사이에서 만족할 만한 정량적 비교가 상세하게 이루어지지 않음을 그림 19로부터 알 수 있다.

분포상태에 대한 예측값와 측정값이 정량적으로 잘 일치하는 결과를 얻기가 어렵기 때문에 전체적인 분극곡선 뿐만 아니라 DMFC 내부에서의 자세한 분포상태에 대한 정확한 정량적 예측값이 얻어지기 전에 개선된 특성 데이터베이스와 정교한 모델이 필요할 것이라는 것을 암시하고 있다.

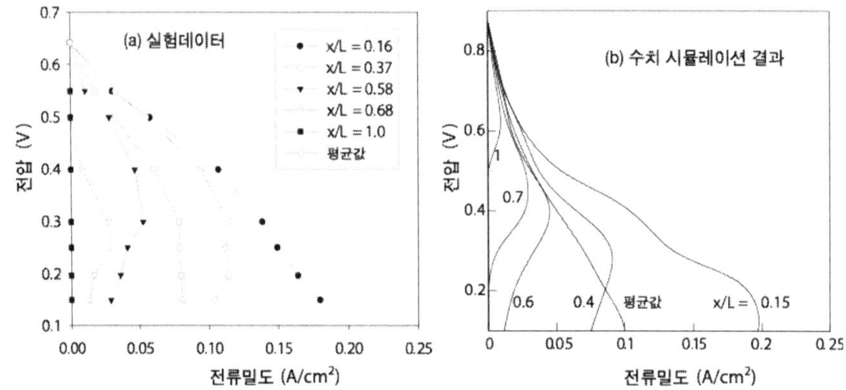

그림 19. 0.1 A/cm^{2}에서 연료극의 화학량론 27 및 공기극의 화학량론 5인 DMFC에 대한 (a) 실험치와 (b) 모델예측치의 국소 분극곡선 비교

그림 19의 두 그래프는 정성적으로 유사성이 있다. 예를 들어 실험결과와 모델결과 모두 건조한 공기입구 부근의 국지적인 분극곡선은 전압-전류 관계가 단조로운 함수가 됨을 가리킨다. 또한 실험과 시뮬레이션으로부터 출구 가까이의 분극곡선의 모양은 공기극 GDL에서 물이 넘치는 명백한 증거이다. 또 다른 흥미있는 것은 측정되고 예측된 평균 셀 분극곡선을 보면 공기극에서 물이 넘친다는 어떠한 징후도 나타나지 않음으로써 셀 내부에서 발생하는 복잡한 물리화학적 현상을 규명하기 위해 상세한 분포상태를 측정하는 것이 절대적으로 필요하다는 것을 알려주고 있다. 마지막으로 실험과 모델 사이에서 만족할만한 정량적 비교가 상세하게 이루어지지 않음을 그림 19로부터 알 수 있다.

분포상태에 대한 예측결과와 측정결과가 정량적으로 잘 일치하는 결과를 얻기가 어렵기 때문에 전체적인 분극곡선 뿐만 아니라 DMFC 내부에서의 자세한 분포상태에 대한 정확한 정량적 예측값이 얻어지기 전에 개선된 특성 데이터베이스와 정교한 모델이 필요할 것이라는 것을 암시하고 있다.

7 응용 : 마이크로 DMFC

마이크로 전원은 단일 칩 상에서 검출, 계산, 구동, 제어 및 통신을 가능하게 하는 미래의 집적 마이크로시스템의 핵심기술이다. 간단한 액체연료 저장, 대기온도에서의 운전, 간단한 구조 등과 같은 장점 때문에 DMFC는 미래의 마이크로 전원의 선두주자로서 많은 주목을 받아왔다[17].

집접회로(IC) 제작기술 덕분에 반응물이 공급되는 DMFC 양극판의 마이크로 유로의 패턴이 고해상도와 높은 반복성으로 실리콘웨이퍼 상에 구현될 수 있다. Kelley 등[81]은 실리콘(Si) 웨이퍼를 기판으로 사용하는 0.25 cm^2의 마이크로 DMFC를 연구했다. 그 마이크로 DMFC의 연료극 촉매는 탄소가 코팅된 Si 웨이퍼 상에 Pt-Ru 합금을 함께 전기증착(coelectrodepositing)시켜 처리되었다. 0.5 M의 메탄올용액을 사용하여 마이크로 DMFC를 시험한 결과 대형 DMFC에 거의 근접하는 출력전류밀도를 얻었다. 이후의 논문[62]에서 그들은 Si 기판 상에 미세하게 제작되고 연료극 촉매로서 Pt-Ru를 전기증착시킨 실험용 셀(부피 12mm^3)이 성능의 손실 없이 촉매부하를 0.25 mg/cm^2까지 성공적으로 감소시켰다고 발표했다. 이와 달리 Pavio 등[64]은 마이크로 연료전지시스템과 실험용 DMFC의 양극판용 재질의 대안으로써 저온 공동소성 세라믹(low-temperature co-fired ceramic, 이하 LTCC) 재료를 조사하여 이를 사용한 연구결과를 보고했다.

또 마이크로 전기기계 시스템(micro electro-mechanical system, 이하 MEMS) 기술을 사용한 실리콘웨이퍼 기반 마이크로 PEMFC가 널리 개발 중에 있다[66, 82, 85]. Lee 등[66]은 평판형으로 배열되어 직렬연결된 '플립플롭(flip-flop)' 구조로 된 마이크로 연료전지를 설계한 것을 보고했다. Maynard & Meyers[82]는 0.5~20 W 휴대용 통신기 및 계산기용 소형 DMFC에 대한 개념설계를 제시했다. Heinzel 등[83]은 반응물로 수소와 공기를 사용하고 대기 압력과 온도에서 운전되는 랩탑(laptop) 컴퓨터에 전원을 공급하기 위한 실험용 소형 연료전지 스택을 선보였다. 가장 최근에 Yu 등[84, 85]은 실리콘을 미세 기계가공하여 만든 두 개의 판 사이에 두 개의 MEA를 끼워서 직렬연결시킨 한 쌍의 소형 연료전지를 제작했다.

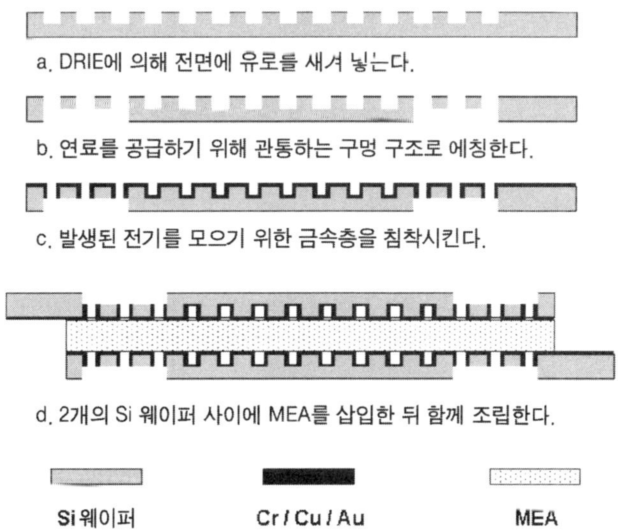

그림 20. μ DMFC의 제작과정 흐름도

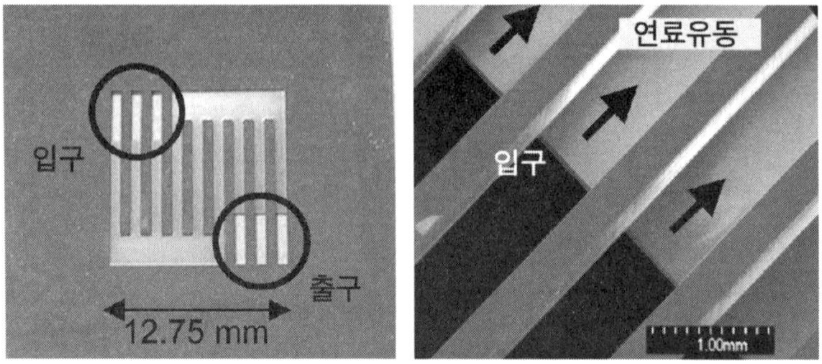

그림 21. 유로가 형성된 실리콘 웨이퍼

Lu 등[10]의 최근 연구에서 제시한 실리콘웨이퍼의 제작과정이 그림 20에 설명되어 있다. 그림 21은 유로패턴이 형성된 실리콘웨이퍼의 사진이 나타나 있다. 실리콘웨이퍼의 유로는 깊이가 400 μm이다. 유로와 인접한 두 개의 유로를 분리시키는 마루부분(rib) 모두 폭이 750 μm, 유로길이는 12.75 mm이었다. 셀에는 약 9개의 사형(蛇形, serpintine) 유로가 있으며 셀 유효면적은 약 1.625 cm^2이다. 전류를 모으고 MEA와 실리콘웨이퍼 사이의 접촉저항을 최소화하기 위해, Ti/Cu/Au(각각 두께가 0.01/3/0.5 μm)가 전자빔증착(electron beam evaporation)에 의해 각 웨이퍼의 전면에 코팅되었다. 그림 22는 실리콘 기반 마이크로 DMFC를 대기 압력, 1 M의 메탄올 용액을 사용하고 온도를 변화시킨 때의 셀의 분극곡선이 나타나 있다[10]. 예열되지 않은 공기 유량은 88 mL/min였고 메탄올 공급율은 2.83 mL/min였다. 실온에서 셀전압이 0.196 V일 때 셀의 최대 전력밀도는 14.27 mW/cm^2였다. 온도가 40 ℃로 증가되면 최대 전력밀도는 0.214 V에서 24.75 mW/cm^2였다. 이는 온도가 증가할수록 전극의 동역학, 특히 연료극에서의 메탄올의 산화도 증가되기 때문이다. 같은 이유로 60 ℃의 온도와 0.258 V의 전압에서 최대 전력밀도는 47.18 mW/cm^2였다.

실리콘기반 마이크로 DMFC에서 나타나는 문제는 실리콘기판이 매우 부서지기 쉽고, 밀봉이나 MEA와 유로판 사이의 접촉저항을 감소시키기 위해 셀을 강하게 압착시킬 수 없다는 것이다. 또 전도도를 개선시키기 위해 집전체로서 두꺼운 금박(gold)층이 실리콘 기판 위에 코팅되어야 한다. 실리콘웨이퍼 대신에 유로판/집전체로서 광화학적 식각(photochemical etching)에 의한 스테인레스 강을 사용할 수 있다[86]. 스테인레스 강은 실리콘보다 전도도가 훨씬 더 크므로 표면에 금속을 두껍게 코팅하지 않아도 된다. 또 광화학적 식각법은 단순하고 고품질이며 전환이 빠른 저비용 공정이므로 스테인레스 강 표면에 미세한 유로를 형성시키는데 사용된다.

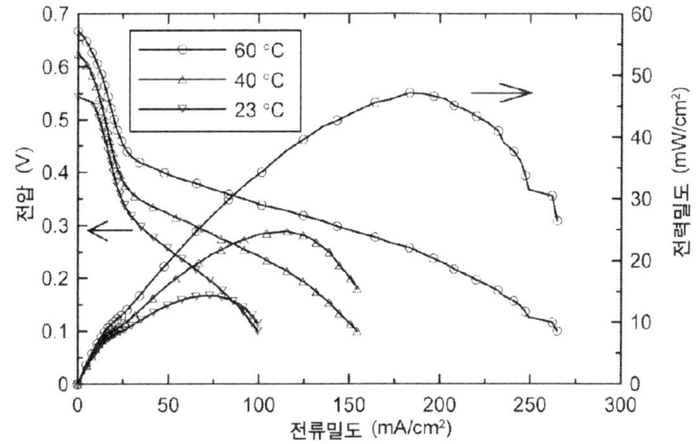

그림 22. 대기압에서 공기유량 88mL/min, 메탄올 유량 2.83mL/min인 경우 1M의 메탄올 용액을 사용하여 온도를 변화시킨 때의 분극 및 전력밀도 곡선

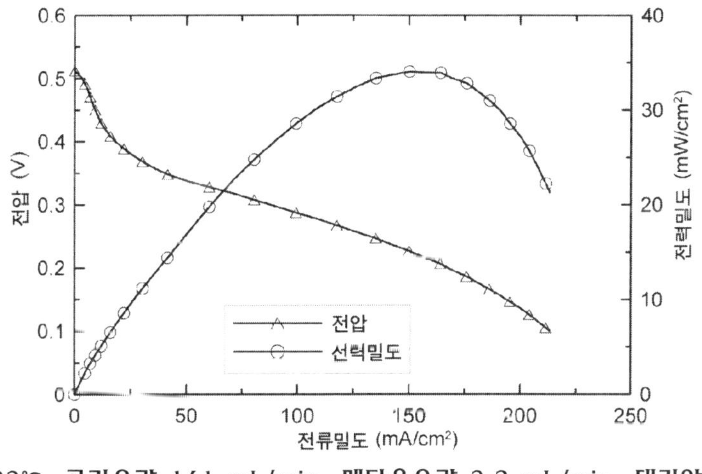

그림 23. 22℃, 공기유량 161 mL/min, 메탄올유량 2.2 mL/min, 대기압에서 2M의 메탄올용액을 사용한 경우의 분극곡선

그림 23은 22 ℃와 대기압에서 2 M의 메탄올 용액을 사용한 분극곡선과 출력밀도 곡선을 나타내고 있다. 이 DMFC의 유로판은 스테인레스 강을 광화학적으로 식각하여 만들어졌다. 유로와 셀의 크기는 이전의 실리콘 기반 마이크로 DMFC와 동일하다[10]. 메탄올 유량은 2.2 mL/min이고 공기유량은 161 mL/min였다. 실온에서 0.3 V일 때 전류밀도는 90 mA/cm^{2}에 달하고 최대 전력밀도는 0.23 V에서 34 mW/cm^{2}였다. 그림 24는 40 ℃, 대기압에서 2 M의 메탄올 용액을 사용한 경우 동일한 스테인레스 강 셀의 분극곡선과 출력밀도 곡선을 보여준다. 셀 성능은 0.3 V에서 200 mA/cm^2, 최대 전력밀도는 0.26 V에서 62.5 mW/cm^{2}였다.

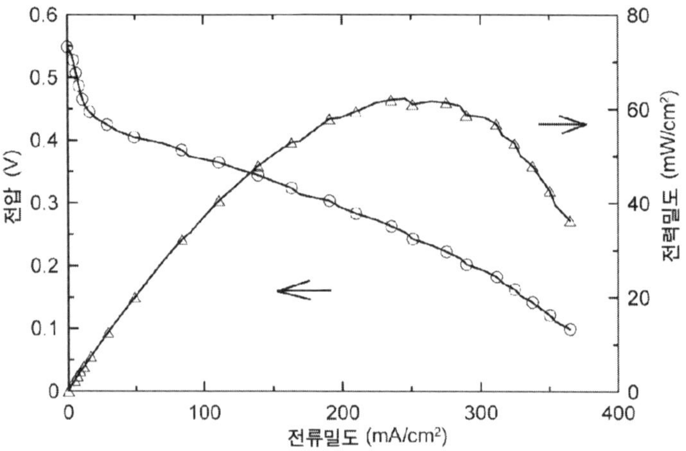

그림 24. 40 ℃, 공기유량 161 mL/min, 메탄올유량 2.2 mL/min, 대기압에서 2M의 메탄올용액을 사용한 경우의 분극곡선

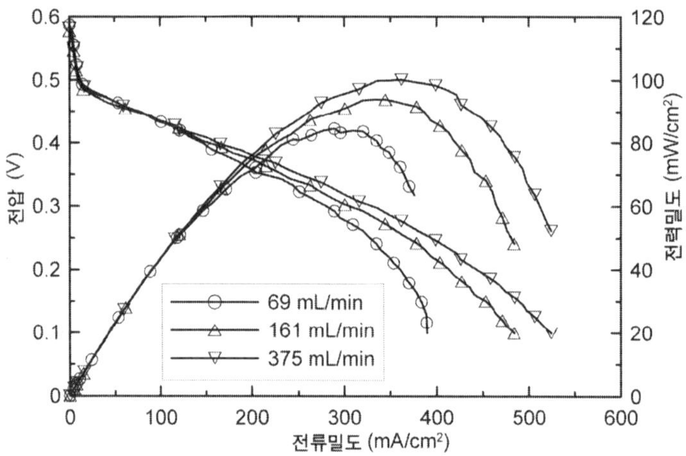

그림 25. 60 ℃, 메탄올유량 2.2 mL/min, 대기압에서 공기유량을 변화시킬 때 2M의 메탄올용액을 사용한 경우의 분극곡선

그림 25는 공기유량을 변화시켰을 때의 분극곡선 및 출력밀도 곡선을 나타낸다. 전류밀도가 낮은 경우 공기유량이 변하여도 셀 전압은 거의 동일하다. 전체적인 셀 성능은 공기유량이 증가함에 따라 개선된다. 공기유량이 375 mL/min인 경우 셀 성능은 0.3 V에서 330 mA/cm^2, 최대 전력밀도는 0.28 V에서 100 mW/cm^{2}였다.

그림 26은 수소가 공기극에 사용되었을 때 온도를 변화시킨 경우 연료극의 분극 거동을 나타내고 있다. 예상대로 온도가 증가함에 따라 연료극 과전압은 감소했다. 이와 같이 H_2-반응 역전극(H_2-evolving counter electrode)을 사용하면 연료극

과전압은 동적 수소전극(dynamic hydrogen electrode)을 사용한 실제의 동역학적 결과(real kinetic results)와 다소 차이가 날 수 있다[28]. 그러나 H_2-반응 공기극을 사용하는 것은 여전히 DMFC에서 연료극의 특성을 평가하는 간단하고 유용한 방법이다.

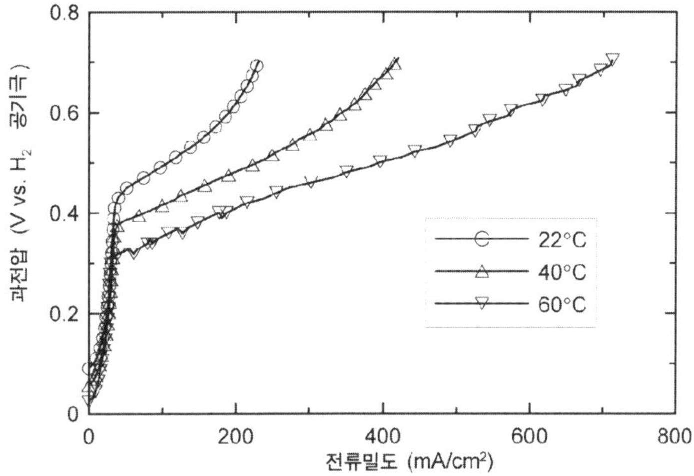

그림 26. 2.2 mL/min 유량의 2M 메탄올 용액, 수소유량 161 mL/min, 대기압에서 공기극에 수소를 공급한 때의 연료극 과전압

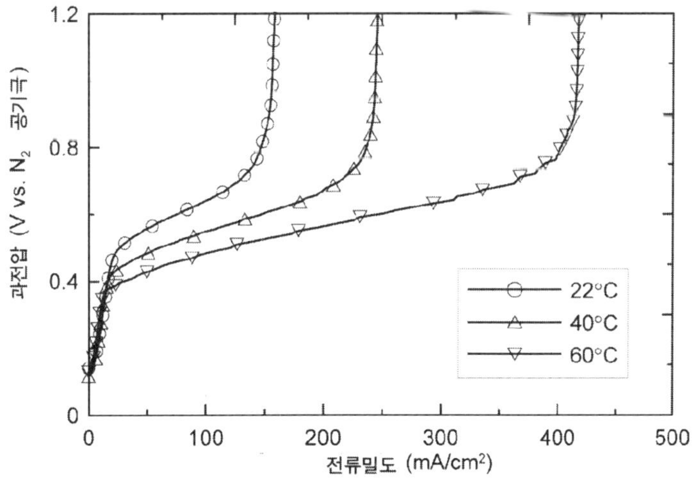

그림 27. 2.2 mL/min 유량의 2M 메탄올용액, 질소유량 161 mL/min, 대기압에서 개회로 전압에서의 메단올 교차율

그림 27은 공기극에서 공기를 가습된 질소로 대체하였을 때의 분극거동을 나타낸다. MeOH 연료극과 N_2 공기극으로 구성된 그러한 셀은 메탄올의 교차율을 측정할 수 있다. 메탄올이 연료극에서 공기극으로 확산해 감에 따라 N_2 공기극에서의 전기화학적 반응은 다음과 같다.

$$CH_3OH + H_2O \rightarrow CO_2 + 6H^+ + 6e^-$$

위의 반응으로부터 생성된 수소이온은 막의 연료극측으로 돌아간 뒤 결합하여 H_2를 방출한다.

$$6H^+ + 6e^- \rightarrow 3H_2$$

따라서 개회로전압에서의 메탄올 교차율은 그러한 셀의 분극거동에서 관찰되는 한계전류밀도로부터 결정될 수 있다[28]. 메탄올 교차율은 MEA 단부의 누설 때문에 MEA 면적이 작으면 상대적으로 크다는 것을 그림 27로부터 알 수 있다[86].

요약하면, 스테인리스 강의 광화학적 식각에 의해 제작된 마이크로 DMFC는 고출력용으로 인상적인 성능(즉 60 ℃에서 100 mW/cm^2)를 달성했다. 앞으로는 펌프의 전력을 줄이기 위해 공기와 연료의 공급률을 낮출 필요가 있다. 이러한 관점에서 공기극은 공기를 흡입하고 연료극은 액체연료를 펌프 없이 공급하는 스스로 작동하는 마이크로 DMFC는 많은 가능성을 지니고 있다. 마이크로 DMFC에서 더욱 개발되어야 할 사항은 시스템 체적을 줄이고 연료탱크의 메탄올 농도를 증가시켜 에너지 밀도를 증가시키는 것이다.

8 요약과 전망

최근의 DMFC 모델 및 진단기법의 요약과 함께, 마이크로 및 휴대용 DMFC에서 발생하는 메탄올과 물 및 열의 기본적인 수송과정을 살펴보았다. DMFC가 최근의 리튬이온 배터리 기술과 경쟁하기 위해서는 중요한 문제들이 여전히 존재한다. 이러한 문제를 극복하고 새로운 설계 개념을 도출하기 위해서는 복합유동의 가시화와 수송과정의 시뮬레이션을 통해 얻어진 기본적인 수송현상을 잘 이해하는 것이 필수적임을 이 장에서 강조했다. 종래와는 달리 얇은 Nafion 막을 기반으로 한 DMFC는 연료효율이 80%에 달할 수 있고 물의 교차계수는 1 보다 더욱 작은 반면 60 ℃, 대기압에서 출력밀도를 56 mW/cm^{2}로 유지할 수 있음을 보였다.

DMFC에 대한 2상 모델의 성능이 점점 개선되고 있으며, 이 모델은 액상수송에 비해 메탄올의 가스상 수송이 중요함을 밝히고 있다. 또한 DMFC에서의 메탄올, 물, 열의 수송과정에 대한 결합모델을 동시에 개발하는 쪽으로 많은 노력을 기울이고 있다. 그러한 모델은 휴대용 DMFC 시스템의 독특한 설계와 운전영역을 발견하는데 극히 유용하며, 고농도 메탄올(가능한 한 순수 메탄올)을 사용하여 에너지밀도를 높이고, 물과 메탄올의 교차를 낮게 유지하며, 고전압에서의 성능을 개선시킬 필요가 있다. 후자의 두 요소로 인해 DMFC는 고효율이 된다. DMFC의 모델 개발의 목적은 모델의 정확도를 증가시키고 계산속도를 개선시키는 것이 아니라, 셀의 설계에 있어 새로운 개념을 도출하거나 정확한 개선목표를 정하는 쪽으로 진행될 것이라 예상된다.

재질에 대한 정확한 데이터베이스와 같은 다른 중요한 연구문제가 Wang[87]에 의해 논의되었다.

참고문헌

[1] Boslet, S. W., Experimental study of a direct methanol fuel cell, M.S. thesis, The Pennsylvania State University, 2001.

[2] Halpert, G., Narayanan, S. R., Valdez, T., Chun, W., Frank, H., Kindler, A., Surampudi, S., Kosek, J., Cropley C. & LaConti, A., Progress with the direct methanol liquid-feed fuel cell system. Proc. of the 32nd Intersociety Energy Conversion Engineering Conference, 2, AIChE: New York, pp. 774-778, 1997.

[3] Baldauf, M. & Preidel, W., Status of the development of a direct methanol fuel cell. Journal of Power Sources, 84, pp. 161-166, 1999.

[4] Ren, X., Zelenay, P., Thomas, S., Davey, J. & Gottesfeld, S., Recent advances in direct methanol fuel cells at Los Alamos National Laboratory. Journal of Power Sources, 86, pp. 111-116, 2000.

[5] Scott, K., Taama, W. M. & Argyropoulos, P., Carbon dioxide evolution patterns in direct methanol fuel cells. Electrochemica Acta, 44, pp. 3575-3584, 1999.

[6] Scott, K., Mass transfer in flow fields. Handbook of Fuel Cells, eds W. Vielstich, H. A. Gasteiger & A. Lamm, John Wiley and Sons Ltd.: England, 1, p. 70, 2003.

[7] Murgia, G., Pisani, L., Shukla, A. K. & Scott, K., A numerical model

of a liquid-feed Solid polymer electrolyte DMFC and its experimental validation. Journal of the Electrochemical Society, 150, pp. A1231-A1245, 2003.

[8] Mench, M., Boslet, S., Thynell, S., Scott, J. & Wang, C. Y., Experimental study of a direct methanol fuel cell. Direct Methanol Fuel Cells, The Electrochemical Society Proceedings Series: Pennington, NJ, 2001.

[9] Lim, C. & Wang, C. Y., Development of high power electrodes for a liquid-feed direct methanol fuel cell. Journal of Power Sources, 113, pp. 145-150, 2003.

[10] Lu, G. Q., Wang, C. Y., Yen, T. J. & Zhang, X., Development and characterization of a silicon-based micro direct methanol fuel cell. Electrochimica Acta, 49, pp. 821-828, 2004.

[11] Yen, T. J., Fang, N., Zhang, X., Lu, G. Q. & Wang, C. Y., A micro direct methanol fuel cell operating at near room temperature. Applied Physics Letters, 83, pp. 4056-4058, 2003.

[12] Gottesfeld, S. & Wilson, M. S., Polymer electrolyte fuel cells as potential power sources for portable electronic devices. Energy Storage Systems for Electronics Devices, eds T. Osaka & M. Datta, Gordon and Breach Science Publishers: Singapore, p. 487, 2000.

[13] Gottesfeld, S. & Zawodzinski, T. A., Adv. in Electrochemical Science and Engineering, ed. C. Tobias, Vol. 5, Wiley and Sons: New York, 1997.

[14] Lamy, C., Leger, J.-M. & Srinivasan, S., Modern Aspects of Electrochemistry, eds J. Bockris & O' M et al., Kluwer Academic/Plenum Publishers: New York, p. 53, 2001.

[15] Arico, A. S., Srinivasan, S. & Antonucci, V., DMFCs: From fundamental aspects to technology development. Fuel Cells, 1, pp. 133-161, 2001.

[16] Neergat, M., Friedrich, K. A. & Stimming, U., New material for DMFC MEAs. Handbook of Fuel Cells, eds W. Vielstich, H. A. Gasteiger & A. Lamm, John Wiley and Sons Ltd.: England, Chap 63, pp. 856-877, 2003.

[17] Narayanan, S. R., Valdez, T. I. & Rohatgi, N., DMFC system design for portable applications. Handbook of Fuel Cells, eds W. Vielstich, H. A. Gasteiger & A. Lamm, John Wiley and Sons Ltd.: England,

Chapter 65, pp. 894-904, 2003.
[18] Muller, J., Frank, G., Colbow, K. & Wilkinson, D., Transport/kinetic limitations and efficiency losses. Handbook of Fuel Cells, eds W. Vielstich, H. A. Gasteiger & A. Lamm, John Wiley and Sons Ltd.: England, Chap 62, pp. 847-855, 2003
[19] Pasaogullari, U. & Wang, C. Y., Two-phase transport and the role of microporous layer in polymer electrolyte fuel cells. Electrochimica Acta, submitted for publication: 2004.
[20] Barendrecht, E., Electrochemistry of fuel cells. Fuel cell systems, eds L. J. M. J. Blomen & M. N. Mugerwa, New York, p. 75, 1993.
[21] Wasmus, S. & Kuver, A., Methanol oxidation and direct methanol fuel cells: a selective review. Journal of Electrochemical Society, 461, pp. 14-31, 1999.
[22] Lin, W. F., Wang, J. T. & Savinell, R. F., On-line FTIR Spectroscopic investigations of methanol oxidation in a direct methanol fuel cell. Journal of the Electrochemical Society, 144, pp. 1917-1922, 1997.
[23] Hamnett, A., Mechanism and electrocatalysis in the direct methanol fuel cell. Catalysis Today, 38, pp. 445-457, 1997.
[24] Thomas, S. C., Ren, X. & Gottesfeld, S., Influence of ionomer content in catalyst layers on direct methanol fuel cell performance. Journal of the Electrochemical Society, 146, pp. 4354-4359, 1999.
[25] Liu, L., Pu, C., Viswanathan, R., Fan, Q., Liu, R. & Smotkin, E. S., Carbon supported and unsupported Pt-Ru anodes for liquid feed direct methanol fuel cells. Electrochimica Acta, 43, pp. 3657-3663, 1998.
[26] Hayden, E., The promotion of CO electro-oxidation on platinum-bismuth as a model for surface mediated oxygen transfer. Catalysis Today, 38, pp. 473-481, 1997.
[27] Page, T., Johnson, R., Hormes, J., Noding, S. & Rambabu, B., A study of methanol electro-oxidation reactions in carbon membrane electrodes and structural properties of Pt alloy electro-catalysts by EXAFS. Journal of Electroanalytical Chemistry, 485, pp. 34-41, 2000.
[28] Ren, X., Springer, T. E. & Gottesfeld, S., Water and methanol uptakes in Nafion membranes and membrane effects on direct methanol cell

performance. Journal of the Electrochemical Society, 147, pp. 92-98, 2000.

[29] Arico, S., Creti, P., Modica, E., Monforte, G., Baglio, V. & Antonucci, V., Investigation of direct methanol fuel cells based on unsupported Pt-Ru anode catalysts with different chemical properties. Electrochimica Acta, 45, pp. 4319-4328, 2000.

[30] Ravikumar, M. K. & Shukla, A. K., Effect of methanol crossover in a liquid feed Polymer-electrolyte direct methanol fuel cell. Journal of the Electrochemical Society, 143, pp. 2601-2605, 1996.

[31] Apgyropoulos, R., Scott, K. & Taama, W. M., Gas evolution and power performance in direct methanol fuel cells. Journal of Applied Electrochemistry, 29, pp. 663-671, 1999.

[32] Lu, G. Q. & Wang, C. Y., Electrochemical and flow characterization of a direct methanol fuel cell. Journal of Power Sources, 134, pp. 33-40, 2004.

[33] Wallis, G. B., One Dimensional Two-Phase Flow, McGraw-Hill: New York, 1969.

[34] Mathias, M. F., Roth, J., Fleming, J. & Lehnert, W., Diffusion media material and characterisation. Handbook of Fuel Cells . Fundamental, Technology and Application, eds W. Vielstich, A. Lamm & H. A. Gasteiger, Volume 3, John Wiley & Sons, pp. 517-537, 2003.

[35] Whalley, P. B., Boiling, Condensation and Gas-Liquid Flow, Clarendon press: Oxford, p. 16, 1987.

[36] Springer, T. E., Zawodzinski, T. A. & Gottesfeld, S., Polymer electrolyte fuel cell model. Journal of the Electrochemical Society, 138, pp. 2334-2341, 1991.

[37] Wang, Z. H., Wang, C. Y. & Chen, K. S., Two-phase flow and transport in the air cathode of proton exchange membrane fuel cells. Journal of Power Sources, 94, pp. 40-50, 2001.

[38] Wang, C. Y., Two-phase flow and transport. Handbook of Fuel Cells, eds W. Vielstich, H. A. Gasteiger & A. Lamm, John Wiley and Sons Ltd.: England, 3, pp. 337-348, 2003.

[39] Yang, X. G., Zhang, F. Y., Lubawy, A. & Wang, C. Y., Visualization of liquid water transport in a polymer electrolyte fuel cell. Elect-

rochemical & Solid-State Letters, in press, 2004.
[40] Mench, M. M. & Wang, C. Y., An in situ method for determination of current distribution in PEM fuel cells applied to a direct methanol fuel cell. Journal of the Electrochemical Society, 150, pp. A79-A85, 2003.
[41] Ren, X. & Gottesfeld, S., Electro-osmotic drag of water in poly (perfluorosulfonic acid) membranes. Journal of the Electrochemical Society, 148, pp. A87-A93, 2001.
[42] Narayanan, S. R., Frank, H., Jeffries-Nakamura, B., Smart, M., Chun, W., Halpert, G., Kosek, J. & Cropley, C., Proton Conducting Membrane Fuel Cells I, eds S. Gottesfeld, G. Halpert & A. Landgrebe, The Electrochemical Society Proceedings Series: Pennington, NJ, PV 95-23, p. 278, 1995.
[43] Ren, X., Zawodzinski, T. A., Uribe, F., Dai, H. & Gottesfeld, S., Proton Conducting Membrane Fuel Cells I, eds S. Gottesfeld, G. Halpert & A. Landgrebe, The Electrochemical Society Proceedings Series: Pennington, NJ, PV 95-23, p. 284, 1995.
[44] Ren, X., Springer, T. E., Zawodzinski, T. A. & Gottesfeld, S., Methanol transport through nation membranes, electro-osmotic drag effects on potential step measurements. Journal of the Electrochemical Society, 147, pp. 466-474, 2000.
[45] Valdez, T. I. & Narayanan, S. R., Proton Conducting Membrane Fuel Cells II, eds S. Gottesfeld, T. F. Fuller & G. Halpert, The Electrochemical Society Proceedings Series: Pennington, NJ, PV 98 27, p. 380, 1998.
[46] Wang, J. T., Wasmus, S. & Savinell, R. F., Real-Time Mass spectrometric study of the methanol crossover in a direct methanol fuel cell. Journal of the Electrochemical Society, 143, pp. 1233-1239, 1996.
[47] Kauranen, P. S. & Skou, E., Mixed methanol oxidation/oxygen reduction currents on a carbon supported Pt catalyst. Journal of Electroanalytical Chemistry, 408, pp. 189-198, 1996.
[48] Kuver, A. & Vielstich, W., Investigation of methanol crossover and single electrode performance during PEMDMFC operation .Astudy

using a solid polymer electrolyte membrane fuel cell system. Journal of Power Sources, 74 (2), pp. 211–218, 1998.

[49] Scott, K., Taama, W. M., Argyropoulos, P. & Sundmacher, K., The impact of mass transport and methanol crossover on the direct methanol fuel cell. Journal of Power Sources, 83(1.2), pp. 204–216, 1999.

[50] Garau, B. & Smotkin, E. S., Methanol crossover in direct methanol fuel cells: a link between power and energy density. Journal of Power Sources, 112, pp. 339–352, 2002.

[51] Heinzel, A. & Barragan, V. M., A review of the state–of–the–art of the methanol crossover in direct methanol fuel cells. Journal of Power sources, 84, pp. 70–74, 1999.

[52] Peled, E., Duvdevani, T., Aharon, A. & Melman, A., A direct methanol fuel cell based on a novel low–cost nanoporous proton–conducting membrane. Electrochemical and Solid State Letters, 3(12), pp. 525–528, 2000.

[53] Nunes, S. P., Ruffmann, B., Rikowski, E., Vetter, S. & Richau, K., Inorganic modification of proton conductive polymer membranes for direct methanol fuel cells. Journal of Membrane Science, 203(1.2), pp. 215–225, 2002.

[54] Yamaguchi, T., Ibe, M., Nair, B. N. & Nakao, S., A pore–filling electrolyte membrane–electrode integrated system for a direct methanol fuel cell application. Journal of the Electrochemical Society, 149(11), pp. A1448–A1453, 2002.

[55] Pan, Y., Ph.D. Thesis, The Pennsylvania State University, 2004.

[56] Peled, E., Blum, A., Aharon, A., Philosoph, M. & Lavi, Y., Novel approach to recycling water and reducing water loss in DMFCs. Electrochemical and Solid–State Letters, 6, pp. A268–A271, 2003.

[57] Blum, A., Duvdevani, T., Philosoph, M., Rudoy, N. & Peled, E., Water neutral micro direct–methanol fuel cell (DMFC) for portable applications. Journal of Power Sources, 117, pp. 22–25, 2003.

[58] Pasaogullari, U. &Wang, C. Y., Liquid water transport in gas diffusion layer of polymer electrolyte fuel cells. Journal of the Electrochemical Society, 151, pp. A399–A406, 2004.

[59] Lu, G. Q., Liu, F. Q. & Wang, C. Y., Water transport through Nafion

112 membrane in direct methanol fuel cells. Electrochemical & Solid-State Letters, 8(1), pp. A1-A4, 2005
[60] Argyropoulos, P., Scott, K. & Taama, W. M., One-dimensional thermal model for direct methanol fuel cell stacks Part I. Model development. Journal of Power Sources, 79, pp. 169-183, 1999.
[61] Dohle, H., Mergel, J. & Stolten, D., Heat and power management of a direct-methanol-fuel-cell (DMFC) system. Journal of Power Sources, 111, pp. 268-282, 2002.
[62] Kelley, S. C., Deluga, G. A. & Smyrl, W. H., Miniature fuel cells fabricated on silicon substrates. AICHE J, 48, pp. 1071-1082, 2002.
[63] Mench, M. M., Wang, Z. H., Bhatia, K. & Wang, C. Y., Design of a micro direct methanol fuel cell. Proceedings of the International Mechanical Engineering Congress and Exposition (IMECE), November 11-16, 2001.
[64] Pavio, J., Bostaph, J., Fisher, A., Hallmark, J., Mylan, B. J. & Xie, C. G., LTCC fuel cell system for portable wireless electronics. Advancing Microelectronics, 29, pp. 1-8, 2002.
[65] Dyer, C. K., Fuel cells for portable applications. Journal of Power Sources, 106, pp. 31-34, 2002.
[66] Lee, S. J., Chang-Chien, A., Cha, S. W., O' Hayre, R., Park, Y. I., Saito, Y. & Prinz, F. B., Design and fabrication of a micro fuel cell array with 'flip-flop' interconnection. Journal of Power Sources, 112, pp. 410-418, 2002.
[67] Scott, K., Argyropoulos, P. & Sundmacher, K., A model for the liquid feed direct methanol fuel cell. Journal of Electroanalytical Chemistry, 477, pp. 97-110, 1999.
[68] Sundmacher, K. & Scott, K., Direct methanol polymer electrolyte fuel cell: Analysis of charge and mass transfer in the vapour-liquid-solid system. Chemical Engineering Science, 54, pp. 2927-2936, 1999.
[69] Argyropoulos, P., Scott, K. & Taama, W. M., Hydrodynamic modelling of direct methanol liquid feed fuel cell stacks. Journal of Applied Electrochemistry, 30, pp. 899-913, 2000.
[70] Baxter, S. F., Battaglia, V. S. & White, R. E., Methanol fuel cell model:

anode. Journal of the Electrochemical Society, 146, pp. 437-447, 2000.

[71] Wang, J. & Savinell, R. F., Electrode Materials and Processes for Energy Conversion and Storage, eds S. Srinivasan, D. D. Macdonald & A. C. Khandkar, The Electrochemical Society Proceedings Series: Pennington, NJ, PV 94-23, p. 326, 1994.

[72] Kulikovsky, A. A., Divisek, J. & Kornyshev, A. A., Two-dimensional simulation of direct methanol fuel cell a new (embedded) type of current collector. Journal of the Electrochemical Society, 147, pp. 953-959, 2000.

[73] Kulikovsky, A. A., Two-dimensional numerical modelling of a direct methanol fuel cell. Journal of Applied Electrochemistry, 30(9), pp. 1005-1014, 2000.

[74] Dohle, H., Divisek, J. & Jung, R., Process engineering of the direct methanol fuel cell. Journal of Power Sources, 86, pp. 469-477, 2000.

[75] Meyers, J. P. & Newman, J., Simulation of the direct methanol fuel cell I. Thermodynamic framework for a multicomponent membrane. Journal of the Electrochemical Society, 149, pp. A710-A717, 2002.

[76] Meyers, J. P. & Newman, J., Simulation of the direct methanol fuel cell II. Modeling and data analysis of transport and kinetic phenomena. Journal of the Electrochemical Society, 149, pp. A718-A728, 2002.

[77] Meyers, J. P. & Newman, J., Simulation of the direct methanol fuel cell III. Design and optimization. Journal of the Electrochemical Society, 149, pp. A729-A735, 2002.

[78] Nordlund, J. & Lindbergh, G., A model for the porous direct methanol fuel cells anode. Journal of the Electrochemical Society, 149, pp. A1107-A1113, 2002.

[79] Wang, Z. H. & Wang, C. Y., Mathematical modeling of liquid-feed direct methanol fuel cells. Journal of the Electrochemical Society, 150, pp. A508-A519, 2003.

[80] Divisek, J., Fuhrmann, J., Gartner, K. & Jung, R., Performance modeling of a direct methanol fuel cell. Journal of the Electrochemical Society, 150, pp. A811-A825, 2003.

[81] Kelley, S. C., Deluga, G. A. & Smyrl, W. H., A miniature methanol/air

polymer electrolyte fuel cell. Electrochemical and Solid-State Letters, 3, pp. 407-409, 2000.
[82] Maynard, H. L. & Meyers, J. P., Miniature fuel cells for portable power: design considerations and challenges. The Journal of Vacuum Science and Technology B, 20, pp. 1287-1297, 2002.
[83] Heinzel, A., Hebling, C., Muller, C., Zedda, M. M. & Muller, C., Fuel cells for low power applications. Journal of Power Sources, 105, pp. 250-255, 2002.
[84] Yu, J. R., Cheng, P., Ma, Z. Q. & Yi, B. L., Fabrication of a miniature twin-fuel-cell on silicon wafer. Electrochimica Acta, 48, pp. 1537-1541, 2003.
[85] Yu, J. R., Cheng, P., Ma, Z. Q. & Yi, B. L., Fabrication of miniature silicon wafer fuel cells with improved performance. Journal of Power Sources, 124(1), pp. 40-46, 2003.
[86] Lu, G. Q. & Wang, C. Y., Development of micro direct methanol fuel cells for high power applications. Journal of Power Sources, in press.
[87] Wang, C. Y., Fundamental models for fuel cell engineering. Chemical Reviews, 104, pp. 4727-4766, 2004.

기 호

b_a	연료극 메탄올 산화 반응의 Tafel 기울기
b_c	공기극 산소 환원 반응의 Tafel 기울기
D	확산계수
d_b	기포직경
d_p	지지체층 기공크기
ΔE	열역학적 평형 전위
F	Faraday 상수
g	중력가속도
Δg	연료 1 몰 당 Gibbs 자유에너지 변화
Δh	연료 1 몰 당 엔탈피 변화
Δh_{ig}	증발잠열
I	운전 전류밀도

$I_{A,\mathrm{lim}}$	연료극 물질수송 한계 전류밀도
$I_{c,oc}$	개회로 상태에서의 교차전류
$I_{o,a}$	연료극 교환전류밀도
$I_{o,c}$	공기극 교환전류밀도
$I_{x\ \mathrm{over}}$	메탄올 교차 전류밀도
j_{air}	공기극 입구에서의 공기의 몰유량
j_e	물증발 유속
j_{H2O}	물유속
j_{O2}	산소 소모율
K_m	막의 수력학적 투과도
M_{H2O}	물의 분자량
n	연료 1몰 당 전달된 전자의 수
n_d	물의 전기삼투흡인 계수
p_{H2O}	물의 분압
$p_{\mathrm{sat}}(T)$	포화압력
p_{total}	운전압력
Q	열발생율
RH	상대습도
Δs	연료 1몰 당 엔트로피 변화
T	온도
u_b	액체를 통한 기포 표류속도
V_{cell}	셀 전압
W_{act}	전기적 일
$W_{\max}$	최대 가능한 일

그리스 기호

α	막을 통한 순 물수송계수
δ_m δ m	막의 두께
η	총 에너지효율
η_a	연료극 활성화과전압
η_{fuel}	연료효율
η_{rev}	열역학적 효율

$\eta_{voltaic}$	전압효율
μ	동적 점성도
μ_l	액체물의 점성도
θ	표면접촉각
ρ_l	액체밀도
ρ_g	가스밀도
σ	액체/가스 계면장력
ξ	전류밀도 I에서 정의된 화학량론
ξ_{cri}	임계 공기 화학량론

역자약력

박 한 용
학력 : 부산대학교 전기공학과 졸업
경력 : 부산대학교 대학원 전기공학과(공학박사)
현 해군사관학교 전기공학과 교수
관심분야 : 연료전지 및 연료개질 시스템의 해석, 모델링, 실장 등

황 영 진
학력 : 2003년, 경상대학교 기계공학과(공학박사)
경력 : 1994 ~ 1999 : 두원중공업(주) 기술연구소
2000 ~ 2004 : 경상대학교 기계공학과 연구원
2004 ~ 현재 : 경남테크노파크 기술혁신지원단 선임연구원
관심분야 : 기계공학을 전공했으며 '최적설계와 경량화', '신재생에너지', '수소에너지 저장 및 활용'등에 관심이 있다. 저서로는 'CATIA V5 입문', 'CATIA V5 응용', 'CATIA V5 예제' 등 다수 있음

정 건 용
학력 : 1988. 9. ~ 1992. 8. Rensselaer Polytechnic Institute / Ph.D
1980. 3. ~ 1982. 2. 서울대학교 / 공학석사
1976. 3. ~ 1980. 2. 한양대학교 / 공학사

연료전지에서의 수송현상

A-JIN

지은이와 협의 인지 생략

인 쇄 : 2008년 7월 10일
발 행 : 2008년 7월 15일
역 자 : 박 한 용 · 황 영 진 · 정 건 용
발 행 처 : 도서출판 아진
135-010
서울시 강남구 논현동 148-9 한미빌딩 201호
TEL:02-737-0663 FAX:02-737-0664
Homepage:ajin.to
E-mail:kgb@ajin.to
발 행 인 : 김 근 배
등록번호 : 제300-1995-56호
ISBN : 978-89-5761-255-2 93550

- 본 도서는 산업자원부 지정 서울산업대학교 에너지 기술이력양성센터에 의해 편찬되었습니다. -

가격 30,000원